Maximilian Haberer
Tape Matters

… acoustic studies düsseldorf

—
Herausgegeben von
Dirk Matejovski und Kathrin Dreckmann

Band 8

Maximilian Haberer
Tape Matters

―

Ästhetik, Materialität und Klangkonzepte des Tonbandes

düsseldorf university press

D 61 – Düsseldorf
Ursprünglich eingereicht als Dissertationsschrift im Fach Medien- und Kulturwissenschaft an der Philosophischen Fakultät der Heinrich-Heine-Universität Düsseldorf unter dem Titel „Tape Matters. Studien zu Ästhetik, Materialität und Klangkonzepten des Tonbandes".

ISBN 978-3-11-145269-2
e-ISBN (PDF) 978-3-11-145306-4
e-ISBN (EPUB) 978-3-11-145333-0
ISSN 2702-8658
e-ISSN 2702-8666

Library of Congress Control Number: 2024938000

Bibliografische Information der Deutschen Nationalbibliothek
Die Deutsche Nationalbibliothek verzeichnet diese Publikation in der Deutschen Nationalbibliografie; detaillierte bibliografische Daten sind im Internet über http://dnb.dnb.de abrufbar.

© 2024 Walter de Gruyter GmbH, Berlin/Boston
d|u|p düsseldorf university press ist ein Imprint der Walter de Gruyter GmbH
Einbandabbildung: RussieseO/iStock/Getty Images Plus
Satz: Integra Software Services Pvt. Ltd.
Lektorat: Freyja Melsted

dup.degruyter.com

Vorwort und Danksagung

Die Erforschung auditiver Medienkulturen hat in den vergangenen 20 Jahren enorm an Konjunktur gewonnen. Musik-Machen und -Hören, so der vorherrschende Tenor, ist spätestens mit Anbeginn der phonographischen Reproduktion eine Sache technischer Vermittlung. Auf dem Weg vom Kopf und der Hand des*der Komponist*in, vom Kehlkopf des Sperlings, vom Surren der Elektronenröhre und dem Rauschen der Blätter über die Vibrationen der Membran, das Kratzen der Nadel, die Magnetisierungen des Ringkopfes und die Kompressionen des MP3-Kodierers zu Lautsprechern, Kopfhörern, Sensoren, Mittelohren, Cochlear-Haarzellen und Hirnströmen erfährt Klang – was auch immer wir hierunter verstehen wollen – vielfache mediale Wandlungen. Klang und Musik lassen sich in diesem Sinne privilegiert über ihre medialen Interrelationen verstehen. Damit werden sie zum Gegenstand einer kulturwissenschaftlichen Medienwissenschaft.

Die vorliegende Arbeit will einen Beitrag zu diesem Klang-Medien-Verstehen leisten und beleuchtet die Ästhetik, Materialität und Klangkonzepte des Tonbandes, das, trotz oder wegen seiner Omnipräsenz in den Musikproduktionen der zweiten Hälfte des 20. Jahrhunderts, bisher nur wenig Beachtung in der Musik- und Medienwissenschaft gefunden hat. Daran knüpft sich die Hoffnung, letztlich in mehrere Richtungen erkenntnisstiftend zu sein und sowohl die materiellen Anforderungen und Bedingungen des Tonbandes deutlich machen zu können als auch die (kultur-)spezifischen Umgangsweisen mit Klang auf Tonband anzuzeigen, die gleichsam Einfluss auf die Klangästhetiken und -konzepte der Moderne nehmen.

Wie bei so einem großen Projekt zu erwarten, galt es auf dem Weg einige diskursive Hürden, Wirrungen und Widersprüche zu überwinden. So erscheint das Tonband häufig als prototypisches Speichermedium und ideales Anrufungsobjekt analoger Nostalgie, nur um an anderen Stellen quer zu üblichen Analog/Digital-Klassifizierungen zu liegen. Dass diese Ambivalenzen noch produktiv gewendet werden konnten, ist auch dem Dialog und der Unterstützung einer Reihe von Betreuer*innen, Kolleg*innen und Freund*innen zu danken.

Zuvorderst ist hier mein Doktorvater Prof. Dr. Dirk Matejovski zu nennen, der mein Vorhaben über die Jahre kontinuierlich unterstützt hat und dessen strukturierender Blick und medienkulturwissenschaftliche Literatur- und Diskurskenntnis meiner Arbeit entschieden Kontur und Richtung verliehen haben. Ebenso möchte ich meinem Zweitgutachter Prof. Dr. Wolfgang Ernst danken, dessen Perspektive auf Techno-Logien ich äußerst schätze und dessen Arbeiten zu den Zeitwe(i)sen der Magnetophonie Inspirations- und stetiger Reflexionspunkt meines eigenen Denkens waren. Besonderer Dank gilt darüber hinaus PD Dr. Kathrin Dreckmann, die meine Arbeit von Beginn an mitbetreut hat und mich an wichtigen

Stellen, an denen ich einmal nicht weiterkam, vor allem bei Fragen nach Medienfunktionen des Speicherns und Übertragens, immer gut beraten und auch motivieren konnte.

Danken möchte ich auch allen Teilnehmer*innen des Doktorand*innen- und Habilitationskolloquiums von Prof. Matejovski, die mir über die Jahre geholfen haben, meine Ideen weiterzuentwickeln und sie in Form zu bringen. Insbesondere Dr. Tomy Brautschek und Dr. Elfi Vomberg sowie Ann-Kathrin Allekotte und Bastian Schramm, deren Anmerkungen, Kritik und Korrekturen meine Arbeit immer besser gemacht haben. In diesem Zuge möchte ich mich auch bei Prof. Dr. Jens Gerrit Papenburg bedanken, der 2018/19 während seiner Zeit als Vertretungsprofessor am Institut für Medien- und Kulturwissenschaft der HHU Düsseldorf am Kolloquium teilgenommen hat und dem ich wertvolle Hinweise zum Tonband verdanke sowie bei Jun.-Prof. Dr. Anna Schürmer und Florian Schlittgen, die vor allem während ihrer Zeit als geschätzte Kolleg*innen an der HHU mein Arbeiten und Denken geprägt haben. Für die aufmerksame Lektüre zentraler Kapitel möchte ich zudem Dr. Adina Lauenburger, Dr. Björn Sonnenberg-Schrank, Dr. Steffen Just und José Gálvez danken, die mir auf den letzten Metern vor der Einreichung noch erheblich weitergeholfen haben. Zudem möchte ich Freyja Melsted für ihre emsige Lektüre und ihr Lektorat danken, auf die ich mich immer verlassen konnte und durch die meine Arbeit sprachlich ungemein gewonnen hat.

Zuletzt möchte ich mich bei meiner Familie und bei allen Freund*innen bedanken, die immer ein offenes Ohr für mich hatten – vor allem bei Alex, Julian und Hannah. Mit ihnen habe ich meine Überlegungen oft als erstes teilen dürfen und dadurch nicht nur meinen, sondern auch ihre Köpfe mit Tonbandschleifen, Rotationstonköpfen und Hochfrequenz-Vormagnetisierung gefüllt. Vielen Dank für eure Ratschläge, euer Verständnis und eure Unterstützung.

Inhalt

Vorwort und Danksagung —— V

Einleitung —— 3

1 **Vormagnetisierung: Den Phonographen überwinden —— 13**
 1.1 Klangtechnologien als Gegenstand der Medienkulturwissenschaft —— 13
 1.2 Spuren, Versatzstücke und Ansätze der Tonbandforschung —— 20
 1.3 Tape D(el)ays: Die Erfindungs- und Technikgeschichte des Tonbands —— 42
  1.3.1 Fun ist ein Stahlband: Ursprünge, Technik und Diskurse früher Magnettonverfahren —— 42
  1.3.2 Sound on plastic, it's fantastic! Von Fritz Pfleumers Lautschriftträger zum *Magnetophon K1* —— 46
  1.3.3 Die ‚Entdeckung' der Hochfrequenz-Vormagnetisierung —— 49
  1.3.4 War on Tape: Das Tonband im Zweiten Weltkrieg —— 50
  1.3.5 Kalifornische Kriegsbeute: Jack Mullin, *Ampex* und Bing Crosby —— 53

2 **Hand-Werk-Zeug: Theorien und Begriffe —— 57**
 2.1 Materie / Material / Materialität —— 67
 2.2 Material(i)(tät)(en) des Klangs —— 71
 2.3 Das handwerkliche Materialbewusstsein —— 77
 2.4 Das Tonband als technologisches Objekt | Klang als epistemisches Ding —— 81
 2.5 Musik-Medien in den *Science and Technology Studies* (STS) —— 83
 2.6 Zur Montage als Medienkunstpraxis —— 85

3 **Werkstattberichte: Schneiden, Messen, Schichten —— 92**
 3.1 Schneiden, Kleben, Hören: Das Tonband in der *Musique Concrète* —— 105
  3.1.1 Die Konjunktur der abgeschnittenen Glocke (*clouche coupée*) —— 107
  3.1.2 Die (Über-)Arretierung der geschlossenen Rille (*sillon fermé*) —— 112
  3.1.3 Technische Verweigerung: Die ersten Magnetbandgeräte im Pariser Studio —— 115
  3.1.4 Die Phonogènes —— 117

	3.1.5	Das Dreispur-Magnetophon —— **122**
	3.1.6	Das *Morphophone* —— **124**
	3.1.7	*Orphée 51* und der schleppende Einzug der Maschinen —— **126**
	3.1.8	Pierre Henrys Gesellenstück: *Le Voile d'Orphée* —— **129**
	3.1.9	*Orphée 53*: Das Missverständnis von Donaueschingen —— **135**
	3.1.10	Das zerschnittene Band: Henrys Abschied —— **137**
	3.1.11	Traktierung des Klangobjekts: Phänomenologie, Akusmatik, Experiment —— **137**
	3.1.12	Cut, Transpose, Reverse: Tonband und Schere als ‚Besteck' der Klang- und Höranalyse —— **147**
3.2	Messen, Schichten, Ordnen: Das Tonband in der Elektronischen Musik —— **154**	
	3.2.1	‚Authentische' Schichtarbeit: Werner Meyer-Epplers frühe Tonbandexperimente —— **159**
	3.2.2	Exkurs: Das Sonische (bei Wolfgang Ernst) —— **164**
	3.2.3	Terminologische (Neu-)Bestimmung der Elektronischen Musik —— **168**
	3.2.4	Werner Meyer-Epplers Experimentalsystem —— **169**
	3.2.5	Erforschung der Klangwahrnehmung: Parallelen zwischen Meyer-Eppler und Schaeffer —— **177**
	3.2.6	Das Studio für Elektronische Musik des WDR —— **181**
	3.2.7	Die verschalteten *Magnetton-Bandspieler MB 2* —— **186**
	3.2.8	Vom AEG *Tonschreiber b* zum *Tempophon* —— **189**
	3.2.9	Ton-Band-Transformation: Klangver- und -bearbeitung auf und mit Magnetband im Studio für Elektronische Musik —— **202**
	3.2.10	Messen, Teilen, Skalieren: Das Tonband als medientechnischer Agens der seriellen Musik —— **207**
3.3	Schichten, Schichten, Schichten: Das Tonband in der populären Musik —— **219**	
	3.3.1	Prolog: Der treue Phonograph —— **221**
	3.3.2	(Un-)Treue Bänder: *High fidelity* und die tonbandtechnische Verschiebung des Reproduktionsimperativs —— **229**
	3.3.3	Early Adopter und *bricoleur par excellence*: Les Paul —— **232**
	3.3.4	Das manipulierte *Ampex 300* —— **236**
	3.3.5	Enthüllung und Verdeckung der magischen Geräte —— **238**
	3.3.6	*Multitrack recording*: Materialisierung und Katalysation der Klangschichtung und Zeitachsenverschiebung im Studio —— **241**

3.3.7	Von der *high fidelity* der Phonographie zur *no fidelity* des Tonbands —— **245**	
3.3.8	Fat Icons: Tonband-Soundsignaturen —— **250**	
3.3.9	The Tape Side of the Moon: Tonbandprophet Joe Meek —— **257**	

Phonographendämmerung? Oder: Wie man mit dem Tonband philosophiert —— 265

Quellenverzeichnis —— 281

Abbildungsverzeichnis —— 307

Personen- und Sachregister —— 309

Play and Record.

Einleitung

Imagine,
a world where every home appliance has not AI but reel-to-reels built into them. And it's not just limited to houses; even the Central Temple and the Space Elevator have reel-to-reels built inside them. The road pavement is, of course, not asphalt, but made of magnetic material. People's memories are also duplicated using magnetic technology. If you take a deep breath, the magnetic dust floating in the air will trigger someday someone's dream or memory in a flash. This is the magnetic memory city, „Magnesia". We recorded the music about the story of forgetting and rebellion, liberation that happens in this place. Please listen to it! (Open Reel Ensemble 2023a)

Samstag, 15. April 2023. Das *Open Reel Ensemble*, bestehend aus den Künstlern Ei Wada, Haruka Yoshida und Masaru Yoshida, veröffentlicht ihre zweite Konzept-EP *Magnetize* (2023b). Die Magnetband-Odyssey, die in dem begleitenden *digital book* beschrieben wird, erzählt die Geschichte einer fiktiven Stadt namens Magnesia, in der nicht Computerchips und Neuronale Netze den Puls der Zeit bestimmen, sondern magnetisierende Ringköpfe und Plastikbänder mit Eisenoxidbeschichtung. Über das von der Zentralregierung von Magnesia entwickelte ‚Ultimedium' ist es den Magnesianern möglich, durch Magnetbandtechnik ihre Erinnerungen zu duplizieren, um so nach ihrem physischen Ableben in neuen Körpern mit ihren alten Erinnerungen wiedererweckt werden zu können. Als jedoch bekannt wird, dass die im Ultimedium magnetisch gespeicherten Erinnerungen von der Regierung heimlich mit einem ‚Pulse-Code-Modulation-Virus' infiziert werden, um sie damit zu digitalisieren und die Bevölkerung nach Wiedererweckung unter Kontrolle zu bringen, revoltieren die noch nicht infizierten, analogen Magnesianer. Sie plündern die Masterbänder des Ultimediums und überspielen sie mit einem *dance track*.

Als Nachkommen der Magnesianer hat das *Open Reel Ensemble* spezielle Techniken entwickelt, um ausschließlich mit Magnetbändern zu musizieren und dem von ihnen angebeteten Medium zu huldigen. Sie *scratchen* mit Tape, trommeln auf ihm herum wie auf einem *drumset*, verbinden Bandschleifen mit einem Stab zu einem Tonbandbogen (*Jigakkyu*) und spielen Tonbandgeräte wie eine Orgel, indem sie die einzelnen Spuren einer *eight track*-Maschine den Tasten eines Keyboards zuordnen. In dem mit der EP zusammen veröffentlichten Musikvideo MAGNETIZE (2023c) sind die drei Musiker in einem Studio zu sehen, wie sie unter extensivem Körpereinsatz ihr Bandmaterial auf diese Weise kreativ malträtieren und zu einem, angesichts der destruktiven Techniken fast schon konservativ-klingenden, *four to the floor tech-house track* zusammenfügen. Dabei werden die Ansichten der einzelnen Tonbandperformances von Kamerafahrten durch das Innenleben der Bandmaschinen unterbrochen, die *close ups* von Röhren, Platinen, Kabeln, Riemen, Antriebswellen und Tonköpfen zeigen. Nach und nach

Abb. 1: Das *Open Reel Ensemble* im Musikvideo *MAGNETIZE*. © Open Reel Ensemble.

werden die ekstatischen Performer in dem Video von einer steigenden Tonbandflut[1] umgeben und von einem Sturm aus Bandstreifen erfasst, die sie gegen Ende des Videos fast zu verschlingen scheinen (vgl. Abb. 1).

Das *Open Reel Ensemble* sind kreative Anachronisten – künstlerische Medienarchäologen (vgl. u. a. Huhtamo 1995; Parikka und Hertz 2010; Parikka 2012, S. 136 ff.), die verbunden mit einer rahmenden *myth-science* (vgl. O'Sullivan 2016) Technologien der Vergangenheit bergen, um Gegenwartsalternativen zu entwerfen. Phantasmen eines Was-wäre-wenn-Szenarios, geknüpft an konkrete technologische Potentiale und dort eingeschriebene, wiederabzurufende Imaginarien. Damit sind die Tonbandperformances des *Open Reel Ensembles* mehr als nostalgisch verklärte Retromanien. Sie schwelgen nicht in *tape saturation*, sondern begehren viel mehr die Materialität von Tonbändern und Bandmaschinen. Sie fetischisieren die Haptik der plastischen Tonträger und kehren das elektromechanische Innere der Geräte nach außen. Ihr affirmativ-destruktiver Umgang mit dem Medium scheint damit auf etwas Verlorengegangenes der Gegenwartskultur zu zeigen; auf etwas das da war, aber nicht mehr da ist. Sie konkretisieren das (mehr oder weniger) latente Trauma digitaler Immaterialität und erkennen in der Invertierung und Ausstellung von Tonbandtechnologie ein wiederzuerkennendes Geheimnis.

---

[1] Laut *behind the scenes*-Video über 900 km Tonband (vgl. Open Reel Ensemble 2023d).

Ausgehend von den zeitgenössischen Ausgrabungen des *Open Reel Ensembles* will auch die vorliegende Arbeit nach Tonbändern fragen. Jedoch nicht nach ihrem Wiedergang als kritische Zombies einer digitalen Medienkultur (vgl. Hertz and Parikka 2012), sondern nach ihrem Ursprung und ihrer musikkulturellen Bedeutung. Auf welche Materialität(en) verweist das *Open Reel Ensemble*, wenn es heute Bandmaschinen wiederbelebt? Was ist da verlorengegangen und was wird da geborgen? Wann und wo buchstabiert sich die von ihm begehrte klangliche Materialität aus? Kurzum: Was ist die auditive Medienkultur des Tonbandes, die das *Open Reel Ensemble* mit seinen Performances abruft?

Spätestens seit dem sogenannten ‚acoustic' bzw. ‚sonic turn' der Nullerjahre stehen Klangtechnologien im Fokus der Medien- und Kulturwissenschaft (vgl. Segeberg 2005). Als Schlüsseltechnologie für die Entwicklung der Musikkultur des 20. Jahrhunderts gilt dabei stets der Phonograph (vgl. u. a. Gelatt 1977; Rothenbuhler and Peters 1997; Katz (2004) 2010), der das Speichern und Abspielen von Schall ermöglicht und in der Folge als medientechnische Wiege der Popmusik verstanden wird (vgl. Großmann 2008a). Auch der Synthesizer (vgl. Pinch and Trocco (2002) 2004) und das Radio (vgl. Hagen 2005) stehen in einem ähnlichen Lichte und ihre Wirkungsdimensionen werden dicht und häufig beschrieben. Das Tonband hingegen findet zwar immer wieder Erwähnung in den zahlreichen Bänden zu Soundtechnologien und Audiokultur, eine tiefgehende, differenzierte Beschäftigung ist jedoch bisher ausgeblieben (vgl. Kapitel 1.2 in dieser Arbeit).

Mehr noch, im Rahmen der zeitgenössischen Reflexion der medientechnisch beeinflussten Klangkultur des 20. und 21. Jahrhunderts erscheint das Tonband strukturell unterthematisiert. Marginalisiert als Technologie des Zweiten, als bloße ‚Nachfolgetechnologie', scheint es eine Art diskursives Schattendasein hinter der aufmerksamkeitsabsorbierenden Diskursmaschine Phonographie zu fristen – was es womöglich der kreativ-subversiven Aneignung und Wiederbelebung durch Künstler*innen wie dem *Open Reel Ensemble* besonders zuträglich macht. Dass das Tonband eine zentrale Stellung in der Musikkultur des 20. Jahrhunderts einnimmt, ist dementgegen unverkennbar – dies zeigen nicht nur Berichte und Bilder aus den ‚Schmieden des Pop', sondern auch die Klangkunst und Diskurse der Musikavantgarde der Nachkriegszeit. Seit der flächendeckenden Einführung von Tonbandgeräten in Ton- und Rundfunkstudios Mitte der 1950er Jahre bis zur Entwicklung und Verbreitung digitaler Aufnahmetechnik in den späten 1970er und frühen 1980er Jahren wird Musik fast ausschließlich auf Tonband produziert. Von Elvis über die *Beatles* und *Pink Floyd*, über Pierre Schaeffer, Karlheinz Stockhausen, William Burroughs, Glenn Gould und Herbert von Karajan bis hin zu Prince und Madonna – Tonbandaufnahmen sind in der Musikkultur der zweiten Hälfte des 20. Jahrhunderts allgegenwärtig und bestimmen die medialen Bedingungen der Audioproduktionen der Nachkriegszeit.

Es besteht folglich eine auffällige Dissonanz zwischen der Omnipräsenz des Tonbands in der Musikkultur auf der einen und der Vernachlässigung der Technologie im wissenschaftlichen Diskurs zu auditiven Medienkulturen auf der anderen Seite. Die vorliegende Arbeit reagiert auf dieses Ungleichgewicht und befasst sich mit den Bedeutungen des Tonbandes für die westliche Musikkultur der Moderne; und zwar dezidiert aus einer medienkulturwissenschaftlichen Perspektive. Dabei geht es weniger um die Erfindungsgeschichte der Technologie – diese ist historisch gut dokumentiert – (vgl. Engel et al. 2013), sondern um die vielfältigen audioästhetischen Anwendungen und Aneignungen des Magnetbandes.

Darüber hinaus provoziert eine Arbeit zum Tonband im Geiste der *Sound Studies* eine Auseinandersetzung damit, wie Klang durch das Tonband zugänglich wird und vor allem, welche Vorstellungen und Konzepte von Klang ein Arbeiten mit Tonband impliziert und anregt. Als chronisch unterbestimmte Ebene zwischen physikalischem Schall und diskursiv-symbolischer Musik wird hierbei Klang als ‚weiches' Konzept verstanden, das dem historischen und (medien-)kulturellen Wandel unterlegen ist (vgl. u. a. Wicke 2008, S. 1 ff.; Ungeheuer 2008, S. 58 f.; Papenburg und Schulze 2011, S. 10). Was Klang in einem abstrakten Sinne ausmacht, erscheint dadurch häufig unklar; so unklar, dass ganze Bücher geschrieben (vgl. Bayreuther 2019), Zeitschriften-Sonderausgaben (vgl. Papenburg 2008) herausgegeben und Vorlesungsreihen (vgl. Papenburg 2019) dazu gehalten werden.

Peter Wicke (2008, S. 1 ff.) und Jens Gerrit Papenburg (Gilli und Papenburg 2021) sprechen daher von unterschiedlichen kulturellen und medialen *Konzepten* bzw. *Konzeptionen* von Klang. „Nicht nur Musik, sondern auch Klang hat damit eine Geschichte" (Wicke 2008, S. 3). Auf basaler Ebene wird Klang dabei (mit Edgard Varèse gesprochen) als „[d]as Rohmaterial von Musik" (Varèse (1966) 1983, S. 15) verstanden – als das, was beim Komponieren und Musizieren „in ein kulturell definiertes Bezugssystem [...] gestellt und erst dadurch relevant [wird]" (Wicke 2008, S. 2). Klang definiert sich damit *ex post* als das, was als musikalisch Gestaltbares und zu Gestaltendes erkannt wird.[2] Bürgerlichen Musikkulturen des 19. Jahrhunderts mit ihrem Aufschreibesystem Partitur liegt bspw. „verstärkt das Klangkonzept des Tones zugrunde, d. h. sie konzipier[n] den Klang der Musik vor allen Dingen als Ton" (Gilli und Papenburg 2021), während zeitgenössische elektronische Tanzmusik Klang primär als affizierende Vibrationen konzipiert. Ebenso lassen sich auch Musikkulturen ausmachen, die Volumen und Lautstärke als ihre zentral zu gestaltende Klangdimension begreifen (vgl. ebd.).

---

2 Hier bilden sich Parallelen zu Adornos Verständnis des musikalischen Materials (vgl. Kapitel 2.2 in dieser Arbeit).

In diesem Zusammenhang bildet die durch die Erfindung des Phonographen möglichgewordene Schallaufzeichnung eine entscheidende Zäsur, da sich Schall durch diese Verdinglichung als (unmittelbar) gestaltbares Material anzeigt. Wie Peter Wicke anmerkt, fallen Schall und Klang dadurch jedoch nicht zusammen, denn das neue Material[3] wird je nach künstlerischer Perspektive und Verwendungsweise unterschiedlich verstanden bzw. als Klang verschieden konzipiert.

> Ob Klang in der Aufnahme als technisches Abbild der akustischen Wirklichkeit, als Repräsentation oder Simulation derselben oder aber als ein von den akustischen Gegebenheiten letztlich unabhängig konzipiertes Artefakt aufgefasst ist, hat nicht nur Auswirkungen auf die produzierten Klanggestalten, sondern auch auf deren sinnliche Perzeption, die den ästhetischen Vorgang ihrer Wahrnehmung als Musik vorgelagert ist. Es ist nicht nur ein jeweils bestimmtes Klangbild, sondern viel grundlegender noch auch ein jeweils bestimmtes Konzept von Klang, das aus dem kreativen Umgang mit der Aufnahmetechnik resultiert. (Wicke 2008, S. 3)[4]

Klang wird folglich nicht als etwas Feststehendes, sondern als Problem verstanden, als etwas, nach dem Musizier- und Kompositionsprozesse befragt werden können. Neben der Frage nach den audioästhetischen Auswirkungen und Interrelationen des Tonbandes tritt damit die Frage nach dem (klang-)epistemischen Regime der Technologie auf, also nach den unterschiedlichen Konzeptionalisierungen von Klang, die beim kompositorischen und analytischen Arbeiten mit Tonband entstehen bzw. aufgerufen werden.

Zusammengefasst besteht das Ziel dieser Arbeit also darin, nach tonbandbedingten Veränderungen der musikalischen (Produktions-)Ästhetik, nach neustrukturierten Kompositionsprozessen sowie nach Klangkonzepten zu fragen. Wo, wann und vor allem wie wird das Tonband in die Musikproduktion einbezogen? Welche Tonbandgeräte werden genau verwendet und wie wird ein Zugriff auf und eine Veränderlichkeit von Klang hierdurch (vor-)bestimmt? Wie verändert sich der Umgang mit Klang über Tonbandtechnologie? Welche materiellen

---

[3] Hier knüpfen vor allem Diskurse zum „phonographischen Material" (vgl. Großmann 2016a, 2016b sowie Großmann und Hanáček 2016) an, die ebenfalls in Kapitel 2.2 diskutiert werden.

[4] Wickes hieraus resultierende begriffliche Zuspitzung von „strukturierte[m] Schall mit Bezug auf die jeweiligen Relevanzverhältnisse im Rahmen einer gegebenen Kultur" (Wicke 2008, S. 3) zum „Sonischen" wird im Folgenden nicht operationalisiert, da sich die versprochene Tiefenschärfe (abgesehen von der Entwicklung des Sonischen zu Sonik und Sonizität (*sonicity*) bei Wolfgang Ernst) nicht erfüllt. Was Wicke mit dem Sonischen zu fassen versucht („kulturalisierter Schall" (ebd., S. 3) und der „Zusammenhang von Technologie, Klang und Musik") ist im dargelegten Klangbegriff bereits enthalten, weshalb im Folgenden auf das „Sonische" als zusätzlichen Begriff verzichtet wird. Als Vorstufe zu Wolfgang Ernsts Begriff des Sonischen wird Peter Wickes Konzept in Kapitel 3.2.2 der vorliegenden Arbeit genauer thematisiert.

Voraussetzungen werden zu einem ästhetischen Dispositiv in der kompositorischen und klanganalytischen Praxis konkret aktualisiert? Welche ästhetischen Konzepte und Vorstellungen von Klang herrschen bereits vor dem Auftreten von Tonbandtechnologie vor und wie verändern sich diese Konzepte mit dem durch Tonbandtechnologie ermöglichten neuen Zugriff auf Klang? Wie verändert sich das kompositorische Denken und werden dabei tonbandspezifische Hörtechniken ausgebildet?

Um diese Fragen zu beantworten, werden in der Arbeit ausführliche Fallstudien angestellt, die den Spuren des Tonbandes in konkreten Diskursen und Kompositionen der Musikkulturgeschichte folgen und dabei das Verhältnis zwischen Medienmaterialität, künstlerischer Praxis und Klangkonzepten reflektieren. Durch diese mediensensitiven *close readings* bzw. dichten (Materialitäts-)Beschreibungen (vgl. Geertz 1973), lassen sich die Bedeutungen der Tonbandtechnologie gewissermaßen ‚freistellen'. Als Gegenstände dienen hierfür primär die Tonbandanwendungen und -diskursivierungen der *Musique Concrète* und der Elektronischen[5] Musik. Neben der besonders frühen Anwendung von Tonbandtechnologien durch beide Schulen, erfolgt die Auswahl der Beispiele vor allem aufgrund ihrer jeweils prägenden Rolle für den kompositorischen und klanganalytischen Umgang mit Tonbändern sowie ihrer extensiven Diskursproduktionen in der Nachkriegszeit, die breiten Einfluss auf die Verständnisse und Reflexionen von Klang und Musik nehmen. Ergänzt werden die Fallstudien durch eine breit angelegte Betrachtung der Verwendungsweisen von Tonbandtechnologie in der populären Musik, die im Diskurs bereits vorhandene Darstellungen und Thesen zu Tonbandaufnahmen eingehend reflektiert und vor dem Hintergrund sich verändernder (bis heute vorherrschender) Produktionsästhetiken und Klangkonzeptualisierungen auswertet.

Um die vielschichtigen Zusammenhänge zwischen den technisch-medialen Konfigurationen und kompositorischen Anwendungen des Tonbandes sowie den damit zusammenhängenden Zugriffsweisen auf und Vorstellungen von Klang angemessen und pointiert untersuchen zu können, werden den Analysen Begriffe und Theorien vorangestellt, mit denen sich die besonderen materiellen Anforderungen und Affordanzen[6] der Tonbandtechnologie, die in gewisser Weise das

---

5 Wenn im Folgenden von „Elektronischer Musik" mit großem „E" die Rede ist, bezeichnet dies die in den 1950er Jahren sich ausbildende Gattung Neuer Musik mit ihren zentralen Akteuren Werner Meyer-Eppler, Herbert Eimert, Robert Beyer, Karlheinz Stockhausen und dem Studio für Elektronische Musik des WDR in Köln. Bei Schreibweise mit kleinem „e" sind hingegen sämtliche Formen elektronischer Musik, und damit auch elektronische Pop- und Tanzmusik, gemeint.

6 Zum Begriff der Affordanz bzw. *affordance* siehe Kapitel 1.1 in dieser Arbeit.

Wesen der Arbeit am Klang mit Tonband ausmachen, fassen und analysieren lassen.

Insgesamt besteht die Arbeit damit aus drei Teilen, die sich grob in (1.) Perspektive, Methode und Geschichte, (2.) Leitbegriffe und -theorien (das analytische Besteck) sowie (3.) Fallstudien unterteilen lassen, oder, entsprechend den Kapiteltiteln, in Vormagnetisierung (Kapitel 1), Hand-Werk-Zeug (Kapitel 2) und Werkstattberichte (Kapitel 3).

KAPITEL 1: VORMAGNETISIERUNG: DEN PHONOGRAPHEN ÜBERWINDEN bildet das Fundament der Arbeit und umfasst die Erörterung der zugrundeliegenden medienkulturwissenschaftlichen Perspektive und Methode, einen Forschungsbericht zu bereits vorhandener Literatur zum Tonband und den hierin enthaltenen zentralen Thesen sowie eine komprimierte Darstellung der Erfindungs- und Technikgeschichte der Magnetophonie von 1888 bis 1948. Die Perspektive und die hiermit verwobene methodische Herangehensweise der Dissertation werden im ersten Kapitel (1.1) „Klangtechnologien als Gegenstand der Medienkulturwissenschaft" dargestellt. Der methodische Ansatz der Dissertation basiert weitgehend auf ähnlichen Arbeiten der kulturwissenschaftlichen Medienwissenschaft und der *Sound Studies*, insbesondere auf Friedrich Kittlers *Grammophon, Film, Typewriter* (1986), Jonathan Sternes *The Audible Past* (2003) sowie auf den Musikmedienanalysen Rolf Großmanns (2008b, 2012). Die Arbeit befindet sich daher an einer Schnittstelle zwischen Kittler'scher Medienarchäologie und praxeologischen Ansätzen. Folglich besteht das Untersuchungskorpus aus der Technologie selbst (Tonband und Tonbandgeräte), den sie umgebenden Diskursen (d. h. Patentschriften, wissenschaftliche Abhandlungen, Gebrauchsanweisungen und Äußerungen von Künstlern über das Tonband) sowie aus Tonbandaufnahmen (insbesondere solche, die die Speicher- und Verarbeitungstechniken des Tonbands exemplifizieren).

In Kapitel 1.2 wird der Forschungsstand zum Tonband wiedergegeben und hieraus emergierend die These ausgebreitet, dass eine differenzierte medienkulturwissenschaftliche Betrachtung der Tonbandtechnik vor allem aufgrund der Wirkungsmacht eines phonographischen (Diskurs-)Regimes ausgeblieben ist. Die These des phonographischen Regimes geht hierbei auf Andrea F. Bohlman und Peter McMurray zurück, die 2017 konstatieren, dass die Fokussierung auf die Phonographie als prototypische Methode der Tonaufzeichnung die Möglichkeiten der Konzeptualisierung von Klang eingeschränkt hat. Darüber hinaus werden die Spuren, Versatzstücke und Ansätze medienkulturwissenschaftlicher Tonbandforschung dargelegt.

Kapitel 1.3 „Tape D(el)ays: Die Erfindungs- und Technikgeschichte des Tonbands" befasst sich mit der Mediengeschichte der Tonbandtechnik. Hierfür werden historische Arbeiten zur Erfindungs- und Verbreitungsgeschichte der Technologie sowie die begleitenden Diskurse zusammengefasst. Angefangen bei der Vorgeschichte in Form früher Skizzen bzw. Patente magnetischer Schallaufzeichnung sowie Ende des 19., Anfang des 20. Jahrhunderts realisierter Draht- und Stahlbandgeräte, über einen Wechsel des Trägermediums zu Papier und schließlich Plastik bis hin zur Verwendung und Weiterentwicklung der Tonbandtechnologie zur Zeit des Zweiten Weltkriegs und der Atlantiküberquerung von Bandmaschinen in der Nachkriegszeit.

In KAPITEL 2: HAND-WERK-ZEUG: THEORIEN UND BEGRIFFE wird das analytische Begriffs- und Theoriebesteck der Arbeit entwickelt. Als neue Materialität der Klang(re)produktion bedingt das Tonband neue materielle Praktiken des Musik-Machens, bei denen auf Tonband gespeicherte Klänge unmittelbar mit den Händen angefasst, an Tonköpfen vorbeigezogen, geschnitten, geklebt, kopiert und zu Schleifen geknüpft werden, was eine gewisse Handfertigkeit erfordert. Das Arbeiten mit Tonband wird daher, im Sinne der weiten Definition Richard Sennetts (2008a, 2008b), als ein *Handwerk* verstanden – als ein besonderes materielles Engagement, das eine innige Verbindung zwischen Hand und Kopf voraussetzt. Hiermit soll die materielle Seite des Komponierens mit Tonband in den Vordergrund gestellt werden, die in den Diskursen der Neuen Musik (und der Musikwissenschaft) größtenteils vernachlässigt wird; vor allem ihr Einfluss auf Produktionsprozesse und Klangverständnisse. So werden im Kompositionsdiskurs der 1950er Jahre, der sich sogar dezidiert mit Fragen des musikalischen bzw. kompositorischen Handwerks angesichts neuer technologischer Möglichkeiten befasst, unter Handwerk gerade nicht die konkreten (händischen) Klangformungen mithilfe von Tonbandtechnik, sondern abstrakte Ordnungsprinzipien verstanden.

Für die weitere produktive und präzise Auseinandersetzung mit der Materialität, den materiellen Praktiken sowie dem künstlerischen Material der Tonbandarbeit werden anschließend in Kapitel 2.1 die Begriffe Materie, Material und Materialität differenziert aufgeschlüsselt sowie in Kapitel 2.2 der in der Musiksoziologie und zuletzt auch in den *Sound Studies* geführte Diskurs zu Materialien und Materialitäten der Musik und des Klangs von Adorno bis Großmann aufgearbeitet. Kapitel 2.3 greift daraufhin noch einmal auf Richard Sennetts Ausführungen zurück und beleuchtet, wie im Handwerk mithilfe von Werkzeugen Wissen bzw. Bewusstsein über das zu bearbeitende Material geschaffen wird; womit sich das Tonband u. a. als ein Werkzeug zur Bearbeitung eines phonographischen Materials verstehen lässt, das über diese Bearbeitung in seiner stofflichen Beschaffenheit reflektiert wird. In wissenschaftstheoretischer Ergänzung wird in Kapitel 2.4 diese entbergende und befragende Funktion des Tonbandes in die Begrifflichkeiten Hans-Jörg Rheinbergers gefasst und das Tonband als „technologisches Objekt" (Rheinberger 1992, S. 70) verstanden, mit dem Klang als „epistemisches Ding" (ebd., S. 67) untersucht wird. Nach einer Zwischenbetrachtung von ähnlich ausgerichteten Klangtechnologieanalysen in den praxeologisch orientierten *Science and Technology Studies* (Kapitel 2.5) erfolgt als Abschluss der begrifflichen und theoretischen Vorüberlegungen eine Aufarbeitung des Klangmontagediskurses unter besonderer Berücksichtigung der Ursprünge der Montage in der bildenden Kunst und vor allem im Film (Kapitel 2.6).

In KAPITEL 3: WERKSTATTBERICHTE. SCHNEIDEN. MESSEN. SCHICHTEN werden schließlich mithilfe des zuvor entwickelten Instrumentariums konkrete Tonbandanwendungen und Klangreflexionen analysiert. Nach einem kurzen Abriss der globalen Veränderungen auditiver Produktionsparadigmen, Ästhetiken und Hörkulturen durch die Verbreitung von Tonbandtechnologie erfolgt in Kapitel 3.1 als erste Fallstudie die Untersuchung der Tonbandverwendungen in der *Musique Concrète* durch Pierre Schaeffer und Pierre Henry. Dabei werden die Entstehungsgeschichte, ästhetischen Leitlinien und Konzepte der *Musique Concrète* entlang ihrer Technologieanwendungen reflektiert. Als Quelle dienen hierfür u. a. die Tagebucheinträge Pierre Schaeffers zwischen März 1949 und Mai 1951, die seine Klangexperimente dieser Zeit und vor allem die ersten Versuche mit Tonbandgeräten im *Club d'Essai* dokumentieren ((1952) 2012). Darüber hinaus werden die von Jacques Poullin und Pierre Schaeffer zur Klangtransformation entwickelten Spezialtonbandgeräte (die *Phonogènes*, das *Magnétophone tripiste* sowie das *Morphophone*) in ihrer Funktionsweise und Anwendung betrachtet sowie erste signifikante mit Tonbandtechnologie realisierte Stücke der *Musique Concrète* (insbesondere Pierre Henrys *Le Voile d'Orphée*) analysiert. Am Ende des Kapitels erfolgt schließlich eine Untersuchung der von Pierre Schaeffer entwickelten Klanganalyse und -philosophie, die er in seinem *Traité des objets musicaux* ((1966) 2017) ausführt, v. a. sein auf Edmund Husserls Phänomenologie basierendes Klangkonzept des Klangobjekts (*l'objet sonore*), das Schaeffer mit Tonbandtechnik ‚abschattet' und freistellt.

Das darauffolgende Kapitel 3.2 ist analog konzipiert und versucht die Verflechtungen des Tonbandgebrauchs der Elektronischen Musik mit ihrer Entwicklungsgeschichte, ästhetischen Konzepten und Klangverständnissen nachzuvollziehen. Als Ausgangspunkt werden die frühen Tonbandexperimente Werner Meyer-Epplers betrachtet und sein Prinzip der ‚authentischen' Komposition durch Übereinanderschichtung elektronischer Klänge auf Tonband erörtert. Sein nicht exklusiv akustisches Verständnis von Klang, das auch unverschallte elektrische Schwingungen auf Tonband als alternative Klangzustände einschließt, wird dabei in Relation zu Wolfgang Ernsts Konzept des Sonischen gesetzt. Nach einer Betrachtung der Bedeutung von Tonbandtechnologie für den Erkenntnisgewinn in Meyer-Epplers Experimentalsystem mithilfe der Terminologie Hans-Jörg Rheinbergers sowie einer Hervorstellung der Parallelen zu der (oftmals in Opposition betrachteten) Klangforschung Pierre Schaeffers, folgt eine Analyse der ersten tonbandtechnischen Einrichtung des Studios für Elektronische Musik des WDR in Köln. Einen besonderen Schwerpunkt erhält hierbei der *Tonschreiber b*, ein während des Zweiten Weltkriegs konstruiertes Tonbandgerät, das nicht nur über eine stufenlos variable Bandgeschwindigkeit verfügt, sondern auch über einen speziell konstruierten Rotationskopf mit vier Abtastspalten, die das Tonband nacheinander entsprechend der eingestellten Rotationsgeschwindigkeit und -richtung auslesen, wodurch tonhöhenunabhängige Tempotransformationen (und *vice versa*) möglich werden. Die Weiterentwicklung des *Tonschreiber b* zum Tonband-Vorbaugerät *Tempophon* in den 1950er Jahren macht das Verfahren auch der kompositorisch-musikalischen Transposition zuträglich. Der *Tonschreiber b* und das *Tempophon* werden dabei als protodigitale Technologien betrachtet, die das Tonband diskretisieren und (als eine Frühform eines *perceptual codings*) die Hörwahrnehmung unterlaufen bzw. bewirtschaften sowie zu Reflexionen des (Zeit-)Wesens von Klang anregen. Abschließend wird die Bedeutung der Skalierbarkeit von Klang durch Tonbandtechnologie für die Entwicklung der Seriellen Musik reflektiert.

Kapitel 3.3 untersucht schließlich die Co-Genese der Produktionstechniken sowie der klangästhetischen und -konzeptionellen Entwicklungen in der populären Musik der 1950er und 1960er Jahre mit der Einführung und Nutzung von Tonbandtechnologie. Anders als in den beiden vorangegangenen Fallstudien wird hier jedoch weniger historisch-mikroanalytisch als vielmehr thesengeleitet-makroanalytisch vorgegangen und die im Diskurs über Aufnahmekultur, ästhetische Praktiken und Klangideale populärer Musik bereits vorhandenen Darstellungen mit Blick auf Tonbandtechnologie ausgewertet und weiterentwickelt. Dabei wird vor allem den Thesen nachgegangen, dass die Verwendung von Tonbändern in den Studios der amerikanischen und britischen Musikindustrie eine Verschiebung und Brechung des phonographischen Imperativs treuer Klangnachbildung (*fidelity*) bewirkt und ein ästhetisches Ideal maximaler Klangdichte sowie das Herstellen idiosynkratischer Soundsignaturen fördert. Wiederkehrender Ankerpunkt und Untersuchungsgegenstand sind dabei die Werke und ästhetischen Konzepte des Musikers Les Paul, der die Entwicklung von Mehrspurenverfahren katalysiert und einen Archetyp synthetischer Tonbandproduktionen und -manipulationen darstellt. Am Ende des Kapitels steht schließlich eine Analyse von Joe Meeks Studio-Konzeptalbum *I Hear a New World* von 1960, das als eine klangliche Reflexion und Affirmation der veränderten audioästhetischen Gestaltungsmöglichkeiten durch Tonbandtechnologie verstanden wird, das die *British Invasion* und die experimentelle *recording culture* der 1960er Jahre vorbereitet.

Zuletzt werden im abschließenden Kapitel Phonographendämmerung? Oder: Wie man mit dem Tonband philosophiert die Fäden der drei Analysen zusammengeführt und in einer Schlussbetrachtung die Bedeutungsdimensionen des Tonbandes für die auditive Medienkultur reflektiert und Potentiale für zukünftige Arbeiten ausgelotet.

1 Vormagnetisierung: Den Phonographen überwinden

1.1 Klangtechnologien als Gegenstand der Medienkulturwissenschaft

Die Untersuchung von Medientechnologien als Agenten der Musikkultur ist spätestens seit der klangkritischen Wende Anfang der 2000er Jahre eines der zentralen Anliegen der Medien- und Kulturwissenschaft (vgl. u. a. Segeberg 2005; Volmar und Schröter 2013a). In Anschluss u. a. an die medienarchäologischen[7] Schriften Friedrich Kittlers zu Aufschreibesystemen und zur Medienbasis des Hörens (vgl. u. a. Kittler 1984, 1986, 1990, 2002) werden auditive Kulturen und Klangtechnologien mit medienkulturwissenschaftlichen Ohren hinsichtlich ihrer materiellen Bedingungen, Dispositive, Diskurse, Praktiken und Bedeutungen analysiert. Die Hinwendung zum Klanglichen findet dabei im Rahmen eines weiter gefassten *sonic* (Porcello 2007), *auditory* (Bull 2013) bzw. *acoustic* (Meyer 2008) *turns* der Geistes-, Sozial- und Kulturwissenschaften statt, der seinen Ausgang und konturierendes Movens im englischsprachigen Raum (insbesondere in Nordamerika) nimmt und vor allem in den sozialwissenschaftlich geprägten *Science and Technology Studies* (STS) stattfindet.[8] In ihrem Artikel „Sound Studies: New Technologies and Music" von 2004 beschreiben Trevor Pinch und Karin Bijsterveld die Emergenz eines entschieden interdisziplinären Forschungsfeldes, für das sie die Bezeichnung *Sound Studies* vorschlagen, das die Zusammenhänge zwischen Medientechnologien und Klangkulturen erforscht:

> *Sound Studies* is an emerging interdisciplinary area that studies the material production and consumption of music, sound, noise, and silence, and how these have changed throughout history and within different societies, but does so from a much broader perspective than standard disciplines such as ethnomusicology, history of music, and sociology of music. (Ebd., S. 636)

---

7 Zwar bezeichnet Friedrich Kittler seine Methode selbst nicht als Medienarchäologie und distanziert seine Herangehensweise später sogar von Wolfgang Ernsts Entwurf einer Medienarchäologie (vgl. Armitage und Kittler 2006, S. 32), seine auf Foucault und McLuhan aufbauenden Analysen von Medienmaterialitäten, die sich gegen kanonisierte, lineare Narrative von Mediengeschichte wenden, werden in zeitgenössischer Literatur jedoch als medienarchäologische Ansätze verstanden (vgl. u. a. Parikka 2012, S. 66 ff.). Hieran anschließend werden im Folgenden Kittlers Medienanalysen (vor allem der 1980er und 1990er Jahre) als Kittler'sche Medienarchäologie bezeichnet.

8 Als wichtiges Inaugurationsereignis gilt der internationale Workshop „Sound Matters: New Technology in Music" an der Universität Maastricht im November 2002 (vgl. Pinch und Bijsterveld 2004).

Zu den *Sound Studies* zählen Pinch und Bijsterveld dabei nicht nur aktuelle Forschungsansätze – wie z. B. Jonathan Sternes Monografie *The Audible Past: Cultural Origins of Sound Reproduction* (2003) –, sondern, retrospektiv, auch vergangene Arbeiten, die sich mit Musiktechnologien und Klangkulturen befassen, wie z. B. die Schriften R. Murray Schafers zu Soundscapes der Moderne ((1977) 1994). Unter dem Überbegriff der *Sound Studies* (vgl. u. a. Schulze 2008a; Sterne 2012b) – manchmal auch *Acoustic Studies* (Matejovski 2014), *Soundcultures* (Kleiner und Szepanski 2003), *Audio Cultures* (Cox und Warner 2004) oder *Auditory Cultures* (Bull und Back 2006) – entstehen so in den folgenden zwanzig Jahren eine ganze Reihe von Arbeiten, die sich gezielt mit den Auswirkungen von Medientechnologien auf Musik und Klangkulturen (und *vice versa*) befassen. Exponierte Beispiele hierfür sind neben Sternes *The Audible Past* z. B. Emily Thompsons *The Soundscape of Modernity. Architectural Acoustics and the Culture of Listening in America, 1900–1933* (2002), Trevor Pinchs und Frank Troccos *Analog Days – The Invention and Impact of the Moog Synthesizer* ((2002) 2004), Mark Katz' *Capturing Sound: How Technology Has Changed Music* ((2004) 2010) und Karin Bijstervelds *Mechanical Sound: Technology, Culture, and Public Problems of Noise in the Twentieth Century* (2008) sowie, für den deutschen Sprachraum, Wolfgang Hagens *Das Radio. Zur Geschichte und Theorie des Hörfunks – Deutschland/USA* (2005), Jens Gerrit Papenburgs *Hörgeräte. Technisierung der Wahrnehmung durch Rock- und Popmusik* (2011) und Kathrin Dreckmanns *Speichern und Übertragen: Mediale Ordnungen des akustischen Diskurses 1900–1945* (2017).

Im deutschsprachigen Raum stößt die sonische Wende vor allem im Umfeld der Kunsthochschulen (vgl. Meyer 2008) sowie in der Medien- und Kulturwissenschaft auf Resonanz. So veranstaltet die *Gesellschaft für Medienwissenschaft* 2003 ihre Jahrestagung zu dem Thema „Sound. Zur Technologie und Ästhetik des Akustischen in den Medien", deren Ergebnisse 2005 in einem gleichnamigen Sammelband münden (vgl. Segeberg und Schätzlein 2005). Wie oben dargestellt, können in der deutschsprachigen Medienwissenschaft vor allem Anschlüsse zu den wesentlich älteren medienarchäologischen Musiktechnologieanalysen Friedrich Kittlers hergestellt werden, die, der Definition von Pinch und Bijsterveld folgend, als eine Art *German Sound Studies avant la lettre* verstanden werden können. Wie Daniel Morat und Hansjakob Ziemer in der Einleitung zu ihrem *Handbuch Sound* beschreiben, kommt es in den 2010er Jahren schließlich zu einer „Konsolidierung des Forschungsfelds [der *Sound Studies*, MH] durch die Publikation von Readern und Handbüchern" sowie durch die „Etablierung eigener (Online-)Zeitschriften wie dem *Journal of Sonic Studies* (2011 ff.) oder den *Sound Studies. An Interdisciplinary Journal* (2016 ff.)" (Morat und Ziemer 2018b, S. vii). Auf deutscher Seite ist hierfür stellvertretend die Gründung der *AG Auditive Kultur und Sound Studies* der *Gesellschaft für Medienwissenschaft* zu nennen, die jährlich eigene themenspezifische Tagungen ausrichtet und das Online-Magazin *Auditive Medienkulturen* herausgibt.

Dass „[d]ie Forschungsrichtung der *Sound Studies* [...] in den Geistes- und Kulturwissenschaften angekommen" (2013b, S. 9) ist, stellen auch Axel Volmar und Jens Schröter 2013 in der Einleitung zu ihrem Sammelband *Auditive Medienkulturen* fest, erkennen jedoch noch die Notwendigkeit „einer stärkeren Reflexion und Deutung der auditiven Kultur [...] [zu der g]erade die Kultur- und Medienwissenschaft [...] erheblich [...] beitragen" (ebd., S. 10) könne. Die von ihnen in der Folge aufgestellten methodischen und theoretischen Zugänge für die Beschäftigung mit *auditiven Medienkulturen* sind mitunter leitgebend für die vorliegende Arbeit zu den Medien- und Klangkulturen des Tonbandes. Sie stellen fest, dass die Aufgabe einer kulturwissenschaftlichen Musikmedienanalyse nicht darin bestehen sollte, im Sinne von Jonathan Sternes Kritik der *audiovisual litany* (2003, S. 15 ff.), in die ontologische Falle einer vermeintlich ‚natürlichen' Ordnung oder Hierarchie der Sinne zu tappen. Stattdessen sehen sie die Medienkulturwissenschaft darin gefordert, kulturelle und mediale Praktiken, Diskurse und sozio-technische Kollektive von Hör- und Klangkulturen zu untersuchen. Eine betont medien*kultur*wissenschaftliche Klanganalyse behandle dementsprechend „konkrete sozio-technische Konstellationen, Netzwerke oder Dispositive, in denen Klänge verschiedenster Art operieren und Fertigkeiten des Hörens ausgebildet werden" sowie „mediale Praktiken der Klanggestaltung" (Volmar und Schröter 2013b, S. 14).

Methodisch schlagen Volmar und Schröter vor, sich an die Kittler'sche Medienarchäologie sowie an praxeologische Ansätze wie die *Actor-Network-Theory* (ANT) oder die STS anzulehnen und diese idealiter unter der Betrachtung konkreter Praktiken, Diskurse und Technologien produktiv miteinander zu verknüpfen (vgl. ebd., S. 16 ff.). Die vorliegende Arbeit orientiert sich methodisch an diesen Eckpfeilern der medienkulturwissenschaftlichen Klangforschung, die deshalb im Folgenden, ausgehend von Volmars und Schröters Darstellungen und ergänzt durch ähnliche und weiterführende Literatur, näher beschrieben und zusammengeführt werden.

Wie Volmar und Schröter erläutern, ist die Medienarchäologie Friedrich Kittlers „Vorbild für eine auf die Kultur- und Wissenschaftsgeschichte der akustischen Medien ausgerichtete Strömung innerhalb der *Sound Studies*" (ebd., S. 16). Als paradigmatisches Referenzwerk dient hierbei häufig Kittlers *Grammophon, Film, Typewriter* (1986), in welchem er u. a. seine bekannte These ausarbeitet, dass Medien, verstanden als kulturtechnisch apriorische Aufschreibesysteme, „unsere Lage" (S. 3) bestimmen. Die auditive Kultur des 20. Jahrhunderts sei demnach durch die Erfindung und Verbreitung des Phonographen geprägt, welcher, im Gegensatz zu vorherigen Klangspeichersystemen wie der Partitur, nicht mehr (in den Begriffen Jacques Lacans) Symbolisches, sondern Reales aufzeichne, da er dazu in der Lage sei, Frequenzen (Schwingungen in der Sekunde) ‚bewusstseinslos' zu speichern.

Der Phonograph hört eben nicht wie Ohren, die darauf dressiert sind, aus Geräuschen immer gleich Stimmen, Wörter, Töne herauszufiltern; er verzeichnet akustische Ereignisse als solche. Damit wird Artikuliertheit zur zweitrangigen Ausnahme in einem Rauschspektrum. (Ebd., S. 39 f.)

Das unvorstellbare Reale, das „Unaufschreibbare an der Musik und unmittelbar ihre Technik" (Kittler 1984, S. 142), was Kittler als ‚Sound' bezeichnet, werde somit reproduzierbar und der Phonograph unterlaufe Literatur und Musik gleichermaßen (vgl. Kittler 1986, S. 38 ff.). Dies habe nicht zuletzt gravierende Auswirkungen auf die Musikkultur und -ästhetik der Moderne, die sich durch das kompositorische Arbeiten mit soundtechnischem Realen (mit Frequenzen und Geräuschen) statt mit symbolischen Repräsentationen aus ihrer pythagoreischen Zwangsjacke befreien könne. In diesem Sinne begründe der Phongraph den Anfang vom Ende des diatonischen Musiksystems und katalysiere die kompositorische Auseinandersetzung mit Obertonreihen und Geräuschen (vgl. ebd., S. 42 ff.).

Kittlers Medienarchäologie gräbt also sinnbildlich Medientechnologien aus und analysiert sie hinsichtlich ihrer Aufschreibebedingungen, um danach zu fragen, wie sie Kulturen strukturieren bzw. Lagen bestimmen. Wie Matthias Koch und Christian Köhler verdeutlichen, geht es Kittler dabei, entgegen der Vorwürfe eines dogmatischen Technikdeterminismus, nicht darum, Medientechnologien zu alleinigen Determinanten des Sagbaren zu erklären, sondern sie in Weiterentwicklung der Foucault'schen Archäologie des Wissens als kulturtechnische *a priori* offenzulegen (vgl. Koch und Köhler 2013, S. 162 sowie Parikka 2012, S. 69 f.).

Genauso wie die Regeln von Foucaults historischem Apriori sich nicht von außen den Elementen einer Diskursformation auferlegen, sondern „sie genau in das einbezogen [sind], was sie verbinden" (Foucault 1981, 236), ist damit auch Kittlers Apriori – eben als kulturtechnisches – in das Netzwerk einbezogen, das es verbindet. (Koch und Köhler 2013, S. 162)

In diesem Sinne sei Kittlers Ansatz als Transparentmachung der Verschaltung heterogener Praktiken anhand diskursiver Positivitäten zu verstehen. Ihm gehe es vor allem um eine Beschreibung und Sichtbarmachung der Zusammenhänge zwischen Medientechnologien, Kulturen und Diskursen (vgl. ebd., S. 165 f.). Eigen ist Kittler dabei dennoch eine genuine Technikzentrierung – im Vordergrund steht bei ihm die mediale Bedingung von Kultur, die Medien *vor* den Dingen, weniger ihre praktischen Ver- und Umwendungen.

Fortgeführt findet sich diese Perspektive in Wolfgang Ernsts Medienarchäologie wieder, der seine medienontologischen, zeitkritischen Klangforschungen in expliziter Abgrenzung zur kulturwissenschaftlichen *Sound Studies* versteht (vgl. Ernst

2016, S. 21). Den *Sound Studies* und kulturellen Praktiken genuin zugeneigt ist dagegen Rolf Großmanns Adaption der Kittler'schen Medienanalyse, der in seinen Schriften u. a. die (Medien-)Materialität des Klangs adressiert (vgl. u. a. 2013) und die Phonographie als Aufschreibesystem der Popmusik versteht (vgl. 2008a). Als präferierte Methodik schlägt Großmann in zwei Aufsätzen (2008b; 2012) vor, Musikmedien bzw. Medienkonfigurationen im Sinne audio-ästhetischer Medien-Dispositive zu untersuchen, um die „Wechselwirkung zwischen medialen Konfigurationen und den in und mit ihnen wirksamen ästhetischen Artefakten und Prozessen" (2012, S. 207) zu erschließen. Zunächst ausgehend von der Baudry'schen Apparatustheorie versteht Großmann Dispositive als ästhetisch wirksame (An-)Ordnungen; als das „spezifische Zueinander-gestellt-sein im Ensemble der ästhetisch wirksamen Elemente," durch das „unverstandene[] Artefakte und Vorgänge [...] ästhetischer Phänomene" als „technikkulturelle[] Ökologie[n]" (ebd., S. 208) verständlich werden. Der in diese Richtung weiterentwickelte Dispositivbegriff

> [...] rückt Medien, Werkzeuge, Haltungen, sedimentierte kulturelle und situative Strukturen ins Zentrum, in dem bisher Werke, Autoren und deren Rezeption standen. Damit korrespondiert er erkenntnistheoretisch mit medienreflexiven Ansätzen: Wie der Begriff des Mediums thematisiert das Dispositiv mit den Artefakten auch die Konstellationen ihrer Entstehung, Transformation und Wirkung. (Ebd., S. 209)

Um medienabhängige audio-ästhetische Prozesse adäquat zu analysieren, reiche es dabei nicht aus, die technischen Konstellationen und medialen Funktionen der beteiligten Apparate ‚einfach' zu beschreiben, stattdessen müssten die für den jeweiligen ästhetischen Prozess *wirksamen* Elemente der Technologien fokussiert und in ihren An- und Umwendungen reflektiert werden. „Aus dieser Sicht gibt es nicht *das Dispositiv*, sondern ein Ensemble von jeweils im Hinblick auf das Erkenntnisziel ausgewählten Elementen und Relationen, in denen Medienapparate spezifisch kartographiert sind" (ebd., S. 211). Großmann geht es also zentral um die konkreten Aktualisierungen der technisch-medialen Konfigurationen in der ästhetischen Praxis, womit er eine starke Technikzentrierung zu vermeiden versucht. Sein Ansatz kann dahingehend als eine Art Brückenschlag zu praxeologischen Ansätzen der *Sound Studies* verstanden werden, die häufig im Rahmen der „Ethnologie, der Actor-Network-Theory (ANT) oder den Science and Technology Studies (STS)" (Volmar und Schröter 2013b, S. 17) entstehen.[9]

Großmanns Verständnis von Dispositiven als aktualisierte technologische Potentiale erinnert dabei stark an das aus der angloamerikanischen Sozialwissen-

---

[9] Vgl. hierzu v. a. die Beiträge in Pinch und Bijsterveld 2012. Eine Beschreibung der Untersuchung von Musik-Medien im Rahmen der STS findet sich zudem in Kapitel 2.5 dieser Arbeit.

schaft bekannte Affordanzkonzept, das im weitesten Sinne die in einem Objekt veranlagten Handlungsangebote beschreibt.[10] Der Begriff der *affordance* geht dabei auf den Wahrnehmungspsychologen James J. Gibson zurück, der davon ausgeht, dass auf Grundlage einer ‚direkten Wahrnehmung' Objekte primär anhand ihrer Handlungspotentiale vergegenwärtigt werden. Affordanzen versteht Gibson damit als das, was die Umwelt unmittelbar zur Handlung anbietet – „what it *provides* or *furnishes*, either for good or ill" (1979, S. 127). Dabei sind die Affordanzen eines Objekts unabhängig von der Intention des wahrnehmenden Subjekts; Sie sind die objektiven handlungsfähigen Eigenschaften von Dingen, die durch konkrete Anwendungen realisiert bzw. aktualisiert werden (vgl. Scarlett und Zeilinger 2019, S. 9). Sie sind sowohl funktional, indem sie gewisse Handlungen ermöglichen und andere verhindern, als auch relational, indem die Potentiale von unterschiedlichen Lebewesen unterschiedlich wahrgenommen und realisiert werden. Damit enthält Gibsons Konzept eine dynamische Offenheit, die das Erkennen unterschiedlicher Handlungsoptionen durch verschiedene Wissensrahmen zulässt, ohne dabei in einen Relativismus oder Konstruktivismus zu verfallen, da die Handlungsangebote und -einschränkungen für ihn in den Dingen liegen.

Ähnlich wie mit Großmanns Dispositivbegriff, kann mit Gibsons Affordanzkonzept also das Verhältnis zwischen materialer Beschaffenheit bzw. den Eigenschaften einer Technologie und den tatsächlich mit ihnen vollzogenen Handlungen untersucht werden. Den Vorteil dieses entschieden interrelationalen Ansatzes für eine Untersuchung von Klangtechnologien erkennen u. a. Ragnhild Brøvig-Hanssen und Anne Danielsen in ihrem Buch *Digital Signatures* (2016), in welchem sie auf Basis von Gibsons Affordanztheorie[11] herausstellen, wie digitale Soundtechnologien in Kompositionsprozessen unterschiedlichen Musiker*innen unterschiedliche Handlungspotentiale anbieten. Klangtechnologien im Sinne von Affordanzen zu analysieren, heißt dementsprechend danach zu fragen, welche Handlungen sie zulassen bzw. nahelegen, aber auch wer diese Potentiale warum und wofür konkret realisiert.

---

10 Für eine Übersicht der Entwicklung und Bedeutung des Affordanzbegriffs in der Sozialwissenschaft vgl. u. a. Zillien 2008; Lepa 2012 sowie Davis und Chouinard 2016. Im Folgenden wird v. a. auf Gibsons Affordanzverständnis eingegangen und nicht auf Don Normans divergierende Verwendung des Begriffs im Rahmen seiner Designtheorie, die Affordanz nicht mehr interrelational, sondern nutzerzentriert definiert, als Gebrauchseigenschaften eines Objekts, die *privilegiert* wahrgenommen werden und gestaltbar sind (vgl. Norman 1988).
11 Genauer: Auf Basis einer Lesart von Gibsons Affordanztheorie durch Ian Hutchby, der das Konzept für eine kritische Technologieforschung nutzbar zu machen versucht (vgl. Hutchby 2001).

Eine ähnliche Zwischenposition, und in diesem Sinne ebenfalls vorbildhaft für diese Arbeit, nimmt Jonathan Sterne in *The Audible Past* (2003) ein – ohne sich explizit auf Dispositive oder *affordances* zu stützen. In dem für die *Sound Studies* inzwischen kanonischen Werk untersucht Sterne die „cultural origins of sound reproduction" (S. 2), also die sozialen und kulturellen Bedingungen (und Auswirkungen) der Entwicklung von Phonographie, Radiophonie und Telefonie im 19. und frühen 20. Jahrhundert (vgl. ebd.). In heuristischer Verbindung von Medienarchäologie und sozialkonstruktivistischen Ansätzen geht Sterne zentral der Frage nach, wie die Vor- und Frühgeschichte der Klangreproduktion sich sowohl aus einer Kultur der Moderne ergibt als auch entschieden zu ihr beiträgt (vgl. ebd., S. 7 ff.). Da Sterne davon ausgeht, dass Hören (*listening*) etwas kulturell Gelerntes ist, interessieren ihn dabei im Besonderen, welche technologiespezifischen Hörtechniken (*audile techniques*) sich in diesem Umfeld ausbilden und welche Konzepte bzw. Vorstellungen von Klang vorherrschen. Das moderne, medientechnische Hören stehe demnach sowohl in Abhängigkeit von den verfügbaren Klangreproduktionstechnologien als auch von den kulturell und sozial geprägten Anwendungen derselben.

> Sound-reproduction technologies are artifacts of vast transformations in the fundamental nature of sound, the human ear, the faculty of hearing, and practices of listening that occurred over the long nineteenth century. Capitalism, rationalism, science, colonialism, and a host of other factors – the „maelstrom" of modernity, to use Marshall Berman's phrase – all affected constructs and practices of sound, hearing, and listening. (Ebd., S. 2)

Sterne versucht folglich die Reziprozität zwischen Klangtechnologien, auditiver Wahrnehmung und Klangverständnissen näher zu beleuchten. Medienarchäologisch geht er dabei vor, wenn er seine Geschichte der Klangreproduktion entlang verschütteter Medienartefakte analytisch und nicht chronologisch verfasst und dabei Geschichte als „philosophical laboratory" (ebd., S. 27) begreift. Praxeologisch ist *The Audible Past* hingegen dort, wo Sterne die medienkulturelle Herausbildung von Hörpraktiken untersucht (vgl. ebd., S. 87 ff.) und das Abhören von Klangreproduktionen nach präsupponierten Originalen als Ergebnis sozialer Organisation begreift (vgl. ebd., S. 215 ff.).

Indem Sterne „konkrete Praktiken mit je konkreten Technologien zur Erzeugung, Übertragung, Speicherung, Bearbeitung und Wiedergabe von Klangereignissen" (Volmar und Schröter 2013b, S. 21) untersucht, entspricht seine Herangehensweise der von Volmar und Schröter geforderten idealtypischen Methodologie einer kultur- und medienwissenschaftlich orientierten *Sound Studies*, bei der Klänge und Klangtechnologien dezidiert nach ihren Bedeutungszusammenhängen befragt werden. Zusammen mit Großmanns Dispositiv-Modell sowie Gibsons Affordanzkonzept, die beide Aktualisierungen bzw. Realisierungen technisch-medialer Konfigurationen bzw. materiell-inhärenter Handlungspotentiale in den Untersuchungsvordergrund stellen, ist Sternes Heuristik – die produktive Verbindung medienarchäologischer Untersuchungen von Medienmaterialitäten mit praxeologischen Mediengebrauchsanalysen – für die vorliegende Arbeit methodologisch leitgebend. Angesichts des postulierten Fragehorizonts nach medienbedingten Veränderungen der musikalischen (Produktions-)Ästhetik, also nach neustrukturierten Kompositionsprozessen und Re-Konzeptualisierungen von Klang durch das Tonband, bedeutet dies im Konkreten für diese Arbeit, den produktionsästhetischen Anwendungen der Technologie detailliert nachzugehen und nach Bedeutungszusammenhängen zu fragen.

1.2 Spuren, Versatzstücke und Ansätze der Tonbandforschung

Angesichts der Vielzahl an Publikationen zum Verhältnis zwischen Klangkulturen, -ästhetik, -wissen und technischen Medien, die in den vergangenen 20 Jahren im Zuge der *Sound Studies*-Genese erschienen sind, überrascht es, dass sich, zumindest im deutschen und englischen Sprachraum, kaum einschlägige Werke zu den kulturellen Dimensionen des Tonbandes finden. Vielmehr entsteht sogar der Eindruck, dass in den meisten Publikationen, die sich explizit mit den Zusammenhängen zwischen Audiotechnologie und Musik befassen, das Tonband im Vergleich etwa zum Phonographen, der Schallplatte, der Audiokassette, dem Walkman oder auch der CD und dem mp3-Format so gut wie keine Erwähnung findet und ihm diesem Anschein nach auch keine besondere Bedeutung für die Entwicklung der Musik- und Klangkultur des 20. Jahrhunderts beigemessen wird. Jonathan Sternes kanonisierender *Sound Studies Reader* umfasst z. B. Beiträge zur Kassette, Hörgeräten, Hosokawas „Walkman Effect"-Text, einen Aufsatz von Michael Bull zum *iPod*-Hören, Kittlers Überlegungen zum Grammophon, einen Auszug aus Pinch und Troccos Synthesizer-Monografie, Anmerkungen von Lisa Gitelman zum Phonographen sowie zwei Beiträge zum Telefon und einen zum Radio von Michelle Hilmes (vgl. Sterne 2012b), jedoch keinen einzigen zum Tonband, trotz der bekannten Omnipräsenz von Bandmaschinen in Ton- und Rundfunkstudios in der zweiten Hälfte des 20. Jahrhunderts.

Während sich dieses Muster in den meisten Readern und Sammelbänden aus dem Bereich der *Sound Studies* und auditiven Medienkulturen fortzuschreiben scheint (vgl. u. a. Segeberg und Schätzlein 2005, Bull und Back 2006, Schulze 2008a, Matejovski 2014, Novak und Sakakeeny 2015, Papenburg und Schulze 2016, Morat und Ziemer 2018a sowie Schramm 2019), ist dies selbstverständlich nicht gleichbedeutend mit einer vollkommenen diskursiven Aussparung von Tonbandtechnologie. Allein in den Bereichen der Ingenieurswissenschaften und Physik finden sich zahlreiche Beiträge zu den technischen Eigenschaften und zur Entwicklung des Magnetbandes (vgl. u. a. Wheeler 1988, Blouch und Anderson 1963 sowie Sakamoto et al. 1982). Vor allem im Umfeld der Ende der 1940er, Anfang der 1950er Jahre sich institutionell konsolidierenden Tontechnik (*audio engineering*; vgl. Schmidt Horning 2013, S. 70 ff.) erscheinen einschlägige Publikationen zu Tonband und Tonbandtechnik (vgl. hierzu zusammenfassend Jorysz 1954). Mit der Monografie *Zeitschichten* von Friedrich Engel et al. (2013) und dem Sammelband *Magnetic Recording. The First 100 Years* (Daniel, Mee und Clark 1999) liegen zudem umfassende historische Aufarbeitungen der Erfindungs- und Technikgeschichte der Magnetbandtechnologie vor (siehe außerdem Thiele 1993). Die kulturellen Dimensionen der Tonbandpraxis spielen jedoch weder bei den natur- und ingenieurswissenschaftlichen noch bei den geschichtswissenschaftlichen Publikationen eine Rolle. Zwar streifen Engel et al. in ihren äußerst quellenreichen, über 600 Seiten umfassenden *Zeitschichten* auch erste musikalische Verwendungen von Magnetbandtechnik, über einen Vermerk gehen diese Beschreibungen jedoch nicht hinaus – die Autor*innen interessiert viel mehr die Entstehungsgeschichte und die Verbreitung der Geräte; Ästhetische und klangepistemologische Dimensionen finden (in einer geschichtswissenschaftlichen Arbeit konsequenterweise) keine Erwähnung.

Ausgelassen werden in der vorliegenden Arbeit, die sich primär mit medienabhängigen musikästhetischen Paradigmen und Klangkonzepten befasst, Tonbandanwendungen und -bedeutungen in nicht-musikalischen Kontexten, wie z. B. in der Literatur und im Theater. Hier ist vor allem auf die Cut-Up-Arbeiten William S. Burroughs sowie auf Samuel Becketts Einpersonenstück *Krapp's Last Tape* (1958) hinzuweisen, die in der Literatur- und Theaterwissenschaft vielfach vor dem Hintergrund ihres Tonbandgebrauchs besprochen werden (zu Burroughs siehe u. a. Fahrer 2009 sowie Teague 2021; zu Beckett siehe u. a. Connor 2014 sowie Schmitz-Emans 2015). William S. Burroughs verbindet in den 1960er Jahren Tonbandtechnologie mit seinem bekannten Cut-Up-Verfahren, bei dem er durch das Zerschneiden und zufallsgeleitete Collagieren präexistenter Materialien neue Texte generiert. Der Cut-Up dient in Burroughs' Kunst der Entlarvung und Durchbrechung gängiger Wort-Reiz-Reaktionsketten sowie der Darstellung simultaner Wahrnehmungsvorgänge und Rauschzustände (Fahrer 2009, S. 20 ff.). Dementsprechend erkennt Burroughs großes Potential in der Tonbandtechnologie, um seine material-, ideologie- und sprachkritische Technik auszuweiten und auf die Klangebene zu übertragen. In *Electronic Revolution* ((1970) 2001) imaginiert er z. B. verschiedene subversive Anwendungsbereiche von Tonbandaufnahmen, etwa als Waffe zur Verbreitung von Gerüchten, zur Diskreditierung von Gegnern und zur Herbeiführung und Eskalation von Aufständen (vgl. ebd., S. 19 f.). Burroughs' veröffentlichte Tonbandexperimente, wie z. B. *Nothing but the Recordings* (1981), bestehen in der Regel aus Sprachaufnahmen (nicht aus Musik oder elektronischen Klängen), die mithilfe der Cut-Up-Technik neu und zufällig arrangiert werden. Der Cut-Up stellt dabei primär ein literarisches Verfahren dar, das durch Tonbandtechnologie erweitert wird.

Bei Samuel Becketts Theaterstück *Krapp's Last Tape* (1958) handelt es sich um ein Einpersonenstück, bei dem der Protagonist (Krapp) an seinem 69. Geburtstag dreißig Jahre alte Tonbandaufnahmen von sich selbst abhört, auf denen er die Ereignisse des vergangenen Jahres und seine Lebens- und Liebesvorstellungen reflektiert. Das Stück verdeutlicht die „Differenz zwischen Tonbandstimme und der Stimme eines lebendigen Sprechers" (Schmitz-Emans 2015, S. 100) sowie die akustische Konfrontation mit der Vergangenheit, wodurch das Tonband „zum maschinellen Repräsentanten eines vergangenen *anderen* Ichs wird" (ebd.). *Krapp's Last Tape* zeigt folglich eine neue zeitliche (Selbst-)Disposition auf, die durch das Tonband ermöglicht wird, sowie ein sich hierdurch veränderndes Verständnis von Zeit (vgl. hierzu auch Ernst 2012, S. 99 ff.):

> Tape brings together the continuous and the discontinuous; more, it disallows the discontinuity between the continuous and the discontinuous. For that reason, it is the medium that most seems to embody the predicament of temporal embodiment – by linking us to our losses, making it possible for us to recall what we can no longer remember, keeping us in touch with what nevertheless remains out of reach, making us remain what we no longer are. Tape extends and attenuates us, distributing us through the time, or times, that we are, without ever being able to have. In this sense, tape might also seem to provide an allegory for its own broken, looped temporality, being, as it must be henceforth, at once all over and still somehow going on. (Connor 2014, S. 101)

Ebenfalls ausgeklammert werden in dieser Arbeit Beiträge und Ansätze der Kultur- und Sozialwissenschaft, die die kulturelle Bedeutung von Tonbandgeräten für den privaten Anwendungsbereich reflektieren. Hier sind insbesondere die Arbeiten Karin Bijstervelds und Annelies Jacobs zum sogenannten *sound hunting* (Bijsterveld 2004) und zu Tonbandgeräten in Wohnzimmern der weißen europäischen und US-amerikanischen Mittelklasse zu nennen (Bijsterveld und Jacobs 2009) sowie Aufsätze von Laura Nieblig (2021) und Benjamin Burkhart (2021) zur Verwendung von Tonbändern und Bandmaschinen in der DDR. Bedingt durch die breite Zugänglichkeit von Bandmaschinen ab Mitte der 1950er Jahre entwickelt sich das Anfertigen von Tonbandaufnahmen im 20. Jahrhundert zu einem Massenphänomen und, wie Alex Cummings argumentiert, auch zu einem Statussymbol (vgl. 2013, S. 69 ff.). Tonbandgerätehersteller wie *Ampex* wenden sich zu dieser Zeit dezidiert an private Konsument*innen der (vor allem männlich-weißen) Mittelschicht mit *high fidelity*-Hobby, es erscheinen zahlreiche Ratgeber für die Anfertigung privater Tonbandaufnahmen (vgl. u. a. Knobloch 1957, Sharps 1961, Monse 1963 sowie Nijsen 1967) und vielerorts werden sogenannte *sound hunter*-Vereinigungen und *recording clubs* gegründet, wie etwa die *World Tape Pals*, die 1963 mehr als 25.000 Mitglieder aus 64 Ländern zählen (vgl. Nijsen 1967, S. 134).

Angesichts dieser Ausmaße erscheint die kulturelle Bedeutung der privaten Tonbandaufnahme – die massenhafte klanglichen Vermessung des Selbst und der Umwelt[12] – erst in Ansätzen aufgearbeitet und bedarf, ähnlich wie die in dieser Arbeit untersuchte Bedeutung des Tonbandes für die professionelle und künstlerische Musikproduktion, weiterer Erschließung.

Erwähnenswert scheinen vor diesem Hintergrund auch Arbeiten zur Audiokassette, die im Gegensatz zu ihrer Muttertechnologie Tonband wesentlich häufiger und einschlägig im Rahmen kulturwissenschaftlicher Arbeiten thematisiert wird (vgl. u. a. Manuel 1993, Jansen 2009, Johns 2012, Weber 2018 sowie v. a. Fruth 2018). Mit Pia Fruths *Record. Play. Stop.* (2018) liegt hierfür eine umfassende Untersuchung der Kulturgeschichte der Kassette vor, die nicht nur die Erfindungs- und Technikgeschichte, sondern auch die Sozialgeschichte und Kommunikationskultur des Mediums betrachtet. Dabei identifiziert Fruth die Konsument*innenorientierung der Audiokassette – das einfache, zugängliche Design, durch das „Menschen auch ohne technische Grundkenntnisse auf ein- und demselben Gerät aufnehmen und abspielen" (ebd., S. 20) können – als entscheidendes Merkmal der Technologie. Die Kultur der Audiokassette zeichne sich dabei durch eine Pluralität der Sozialgeschichten aus; Sie sei die Vielzahl der divergenten aber dennoch miteinander verschränkten Kassettenanwendungen durch Konsument*innen (vgl. ebd., S. 24 f.). Als Alltagsbegleiter stehe die Kassette dabei für „Mobilität, Modernität und Jugendlichkeit" (ebd., S. 332).

> Sie hilft genauso, Freizeit zu gestalten wie einen eigenen Lebensstil zu entwickeln, sie tritt als kommerzielles Massenmedium genauso in Erscheinung wie als individuell gestaltetes Kreativmedium, als mobiler Reisebegleiter genauso wie – gemeinsam mit dem Rekorder – als fester Einrichtungsgegenstand eines Jugendzimmers. (Ebd., S. 332 f.)

Bei ihrer Analyse der (kreativen) Verwendung von Kassetten als Kommunikationsmittel u. a. der Postpunk-Szene stellt Fruth fest, dass die *do it yourself*-Kultur des Mediums zu einer dialogischen Ästhetik selbstständiger Produktion mit einfachen Mitteln geführt habe und die Kassette sich der Vermarktung immer ein Stück weit zu entziehen scheine: „Kassetten [lassen sich] im Gegensatz zu anderen Massenmedien wie der Schallplatte nie vollständig standardisieren und kommerziell vereinnahmen" (ebd., S. 328). Den Verschluss des Tonbandes in eine schützenden Kassette versteht Fruth dabei als wichtige Komplexitätsreduktion, um „Menschen mit einem weniger ausgeprägten Sinn für Technik zu erreichen" (ebd., S. 72). Das Wegsperren des montagefreundlichen Bandes in einen Plastikkasten sorge für eine „Usability für Nicht-Profis" (ebd., S. 69) und bilde eine wichtige, wenn nicht sogar *die* Voraus-

---

[12] Ein Ergebnis dieser weitverbreiteten Praxis sind sicherlich auch Murray Schafers Arbeiten zu Soundscapes (vgl. 1969).

setzung für die Emergenz von DIY, Punk-Kommunikation und Mixtape-Kultur. Das Band wird bei der Audiokassette eben nicht angefasst, manuell bewegt und geschnitten, sondern ausschließlich über das Druckknopf-Interface des Rekorders gesteuert. Dies unterscheidet nicht nur die Kassette vom Tonbandgerät, sondern auch Fruths Perspektive von dem der vorliegenden Arbeit. Während Fruth die reduzierten handwerklichen Anforderungen der Audiokassette als Katalysator einer niederschwelligen DIY-Konsument*innenkultur betrachtet, betont diese Arbeit gerade das offene, veränderungsfreudige Design der Bandmaschine und die damit einhergehenden handwerklichen Herausforderungen und Klang-Material-Interaktionen, durch die Klang auf Tonband wortwörtlich zu Händen kommt.

Von Arbeiten zur Konsument*innenkultur des *home recordings* und der Audiokassette abgesehen, findet sich das Tonband in medien- und musikwissenschaftlichen Betrachtungen schließlich auch im Rahmen größerer Historiografien wieder, z. B. in Publikationen zur Geschichte der Rock- und Popmusik (vgl. u. a. Wicke 2001, Wicke 2011 sowie Diederichsen 2014), der Klangreproduktionsmedien und Studiotechnik (vgl. u. a. Burgess 2014, Schmidt Horning 2013, Théberge 1997, Katz (2004) 2010 und Morton 2004) sowie der experimentellen und elektronischen Musik (vgl. u. a. Holmes 2020, Manning 2013, Ruschkowski 2019 und Taruskin 2010). Darüber hinaus wird das Tonband gelegentlich als Bestandteil bzw. Beispiel übergreifender Narrative und Theorien verwendet, z. B. im Kontext medientheoretischer Überlegungen (vgl. u. a. Ernst 2012, 2015 und 2016)[13] oder musik- und medienästhetischer Figuren (vgl. Baumgärtel 2015). Das Tonband wird hierbei jedoch in der Regel nur unter spezifischen Gesichtspunkten eingebunden und analysiert.

Peter Wicke etwa betrachtet in seiner Geschichte der Rock- und Popmusik das Tonband im Rahmen einer umfassenden Revolution der Musikkultur in den 1950er und 1960er Jahren; als Bestandteil eines sich zu dieser Zeit ausbildenden Popmusik-Dispositivs, das eine „Ästhetik des Widerspruchs" ausbildet, die „kontextbezogen, konnotativ, assoziativ" (Wicke 2011, S. 10) ist. Zwar bescheinigt er, dass „Single-Schallplatte und Magnettonband [...] den Umgang mit Musik gravierend veränder[n]" (ebd., S. 7), die Mehrspuraufnahme den ‚alten' „Imperativ der Aufführbarkeit" (ebd., S. 69) bricht und Sound dadurch zur „zentralen ästhetischen Kategorie" (ebd., S. 73) der Musikproduktion wird – womit Wicke wertvolle Hinweise auf die Rolle des Tonbandes in der Popmusik gibt, die in Kapitel 3.3 dieser Arbeit näher thematisiert wird –, jedoch liegt Wickes Fokus nicht singulär auf dem Medium Tonband und den medienspezifischen Praktiken, sondern auf der

---

[13] Auch Kittlers Auslassungen zum Tonband in *Grammophon, Film, Typewriter* (1986) lassen sich in dieser Weise verstehen: als Exemplare einer auf den Phonographen zurückreichenden Zeitachsenmanipulation des Lacan'schen Realen; gleichzeitig fällt diese Tonbandthematisierung aber auch in den Bereich der Mediengeschichtsschreibung.

Kulturgeschichte und -ästhetik der Popmusik, zu der neben dem Tonband auch andere Medien und vor allem diverse soziale Transformationen beitragen. Ähnliches lässt sich für Diedrich Diederichsens Pophistoriografie und -analyse *Über Pop-Musik* (2014) feststellen, der das Tonband als Bedingung und Mittel eines semiotischen Pop-Musik-Systems versteht – als Technologie zur Aneignung (fremder) musikalischer Zeichen (vgl. ebd., XVIff.). Da Diederichsen Pop-Musik primär als „eine indexikalische Kunst" (ebd., S. XIX)[14] versteht, die mit phonographischen Punctum-Effekten arbeitet, nimmt Tonbandtechnologie in seiner Theorie nur einen sekundären Platz ein. Sie ermöglicht für ihn nur einen anderen Umgang mit dem primär verstandenen „phonographischen Besonderen" (ebd., S. 18).[15]

Dieses Verständnis des Tonbandes als Sekundäres, als phonographische Technologie zweiter Ordnung, findet sich auch in Rolf Großmanns Analysen der Medienkultur(en) populärer Musik wieder, der ebenfalls „[d]ie Geburt des Pop im Geist der phonographischen Reproduktion" (Großmann 2008a) verortet. Für ihn basiert populäre Musik „im Gegensatz zur westeuropäischen Kunstmusik auf einer klangschriftlichen Notation" (ebd., S. 132) und damit auf der Phonographie, womit er das Tonband, das bei ihm keine nähere Erwähnung findet, als nur eine weitere phonographische Technologie versteht. Die nächsten technologischen Revolutionen nach der über DJ-Kultur und Dub-Remixes mutierten analogen Phonographie stellen für ihn daher auch erst Synthesizer und Sequenzer dar (vgl. ebd., S. 129). Eine ähnliche Position zur Phonographie vertritt auch Mark Katz in *Capturing Sound. How Technology Has Changed Music* ((2004) 2010), indem er das Wesen der Musikpraxis des 20. Jahrhundert und des Denkens über Musik in der Schallaufzeichnung erkennt (vgl. ebd., S. 54 f.). Eine Vielzahl der Veränderungen der musikalischen Ästhetik und Praxis dieser Zeit lassen sich nach seiner Darstellung als sogenannte „phonograph effects" verstehen. „Simply put, a phonograph effect is any change in musical behaviour [...] that has arisen in response to sound-recording technology" (ebd., S. 2). Wie bei Großmann findet das Tonband bei Katz keine gesonderte Erwähnung, sondern stellt einfach eine *weitere* Form phonographischer Reproduktionstechnologie dar.[16]

---

14 Diederichsen gebraucht hier die von Charles Peirce geprägte Zeichentrias aus Ikon, Index und Symbol, wobei Index die Qualität eines Zeichens bezeichnet, auf etwas anderes zu verweisen. Peirce Terminologie bzw. Zeichenklassifizierung wird auch für die vorliegende Arbeit übernommen und die Begriffe Ikon, Index und Symbol in diesem Sinne angewendet (vgl. Peirce (1903) 1983).
15 Eine detaillierte Betrachtung der Rolle von Tonbandtechnologie in Diederichsens Pop-Musik-Theorie findet sich in dieser Arbeit in Kapitel 3.3.8.
16 Eine genauere Thematisierung dieser diskursvereinnahmenden, usurpierenden Tendenz des Phonographischen findet sich am Ende dieses Kapitels.

Regelmäßig thematisiert wird darüber hinaus die richtungsweisende Rolle des Tonbandes für die Entwicklung der *recording culture* des 20. Jahrhunderts in Publikationen zur Geschichte der Klangreproduktionsmedien und Studiotechnik.[17] Die hier aufgestellten Thesen zur Bedeutung von Tonbandtechnologie spiegeln an vielen Stellen diejenigen der oben behandelten Pophistoriografien wider (ein Gros der Literatur, mindestens Mark Katz' *Capturing Sound*, ließe sich problemlos beiden Kategorien zuordnen). Paradigmatisch für diese Perspektive sind Richard James Burgess' *The History of Music Prodution* (2014) sowie Susan Schmidt Hornings *Chasing Sound* (2013).[18] Beginnend mit der Erfindung des Phonographen und ersten mechanischen Aufnahmeverfahren zeichnet Richard Burgess in *The History of Music Production* (2014) die Genese der modernen Musikproduktion anhand technologischer und soziohistorischer Entwicklungen nach. In Kapitel fünf „The Studio Is Interactive" befasst sich Burgess auf knapp dreizehn Seiten auch mit der Erfindungsgeschichte und der Verwendung von Tonbandtechnik. Diese habe vor allem zu einer größeren Kontrolle des Aufgenommenen und damit zu einer „dramatic creative expansion" (Burgess 2014, S. 43) beigetragen. „[It] introduced a distinct shift in the degree of ‚fragmentation and control' or ‚disaggregation and intermediation' by the producer" (ebd.). Nach einer kurzen Erläuterung der Technikgeschichte des Tonbandes nennt Burgess schließlich vier Punkte, die sich beim Produktionsprozess durch den Medienwechsel verändert hätten: Die Einführung der Postproduktionsphasen *editing* und *mastering* sowie *sound on sound recording* und *overdubbing* (vgl. ebd., S. 48 ff.).[19] Burgess versteht diese neuen Techniken jedoch nicht als Paradigmenwechsel, sondern als *Fortführungen* der durch die Phonographie angestoßenen zunehmenden Fragmentierung des Produktionsprozesses. Sie sind nur eine weitere Ausweitung der Kontrollmöglichkeiten des*der Produzent*in:

> Magnetic tape's potential to allow the fine tuning of a recorded performance, at first by means of mastering and editing, then through sound on sound and overdubbing, empowe-

---

17 Kapitel 3.3 dieser Arbeit befasst sich umfassend mit Literatur, die eine revolutionäre Rolle des Tonbandes für die Aufnahmekultur der populären Musik feststellt. Das Kapitel ist als thesengeleitete Metastudie angelegt, die die verschiedenen Positionen und wiederkehrende Argumente zusammenführt. In der folgenden Auswertung des Forschungsstandes wird in komprimierter Form auf die beiden analytischen Hauptwerke zur *recording culture* eingegangen – Richard Burgess' *The History of Music Production* (2014) sowie Susan Schmidt Hornings *Chasing Sound* (2013).
18 Vergleichbare Werke mit ähnlichen Thesen sind u. a.: Kealy 1979, Cunningham 1998, Smudits 2003 sowie Milner 2009.
19 Für eine genaue Beschreibung dieser Bearbeitungstechniken siehe Kapitel 3.3 in dieser Arbeit.

red producers to move to a gradational compositional approach. It brought new levels of control over the process and transformed methodologies and required skills. Producers had been active intermediaries since the beginning of recording history but this was a magnitudinous expansion of agency by which producers could influence the musical and sonic outcome. (Ebd., S. 54)

Insgesamt widmet Burgess in seiner Geschichte der Musikproduktion dem Tonband nur wenig Aufmerksamkeit. Studiotechnologien spielen für ihn zwar generell eine wichtige Rolle in der Entwicklung der *recording culture* des 20. Jahrhunderts, den eigentlichen künstlerischen Willen zur Kontrolle des Klangmaterials, die kreative *agency*, sieht er jedoch auf Seiten der Produzent*innen, die in seiner Abhandlung daher wesentlich mehr Raum einnehmen. Zwar erwähnt Burgess, dass die Verwendung von Tonbandtechnologie neue Arbeitsprozesse wie *editing* und *mastering* einführt und die Kontrolle über diverse Klangparameter maximiert, dass diese die Klangästhetik nachhaltig verändern oder gar zu einem anderen Denken über Klang führen können, beschreibt er hingegen nicht.

Das Narrativ der erhöhten Klangkontrolle durch Tonbandtechnik ist auch in Susan Schmidt Hornings Technik- und Kulturgeschichte der *Art of Studio Recording* zu lesen.[20] Im Vergleich zu Burgess gibt sie dem Tonband jedoch wesentlich mehr Raum und beschreibt, dass Tonbandtechnologie amerikanischen *major labels* wie *Capitol Records*, *RCA Victor*, *Columbia*, *Decca*, und *MGM* Ende der 1940er Jahre wie ein Geschenk des Himmels erscheint, das auf einen Schlag zahlreiche Probleme der Plattenproduktion zu lösen scheint:

> It was capable of higher fidelity than disc recording […], dynamic range was not limited by the dimensions of the groove, and surface noise and needle scratch were eliminated from the original recording. (Ebd., S. 106)

Vor allem aber geht Schmidt Horning auch darauf ein, dass sich durch den Einzug von Tonbandgeräten die Arbeitskultur der Tonstudios verändert habe und dass erschwingliche Bandgeräte die Gründung kleiner, unabhängiger Tonstudios und Labels katalysiert hätten, die primär Nischenmärkte der Arbeiterklasse wie „boogie-woogie, rhythm and blues, country, and rock ‚n' roll" (ebd., S. 140) bedienen. Die Verfügbarkeit von Mehrspur-Tonbandgeräten Ende der 1950er Jahre habe schließlich die Produktionsverfahren und -einstellungen im Studio nachhaltig beeinflusst und – wie schon Burgess anmerkt – zu einer weiteren Fragmentierung der Arbeitsschritte geführt.

---

[20] „With tape, recording engineers now had more control during recording, and the ability to manipulate the recording *after* it was made" (Schmidt Horning 2013, S. 104).

> Multi-track recording led not only to postponing decisions for producers and the separation of instruments and musicians from one another in the studio but also to further division of labor that separated the engineer who did the original recording from the mixing of the master. (Ebd., S. 187)

Obwohl Susan Schmidt Horning die Verbreitung und Verwendung von Tonbandtechnologie in amerikanischen Tonstudios detaillierter und nuancierter betrachtet als Burgess, steht sie bei ihr auch nur im Zeichen einer größer angelegten Kulturgeschichte der Klangaufnahme. Technologie(n) versteht sie dabei als bloßer Möglichkeitsrahmen der *recording culture*, die im Wesentlichen durch „user choice, ingenuity, and human aims" (ebd., S. 219) gestaltet wird. Im Fokus stehen bei ihr weniger die Affordanzen und Materialitäten des Tonbandes und mehr ihre Anwender*innen – „engineers, mixers, producers, arrangers, musicians" (ebd.). Damit verfolgt Schmidt Horning eine Art Sozialgeschichte des Tonstudios und lässt ästhetische und klangkonzeptionelle Fragestellungen größtenteils außer Acht.

Mit medienspezifischen Musikkonzepten der populärmusikalischen Klangreproduktion befasst sich hingegen Paul Théberge in *Any Sound You Can Imagine* (1997, S. 186 ff.). Er erkennt im 20. Jahrhundert eine Verschränkung musikalischer Klangkonzepte mit Technologien der Soundreproduktion, die er vor allem im Sprechen von Musiker*innen über Musik und Klang ausmacht.

> Indeed, musicians today (as well as critics and audiences) often speak of having a unique and personal „sound" in the same manner in which another generation of musicians might have spoken of having developed a particular „style" of playing or composing. The term „sound" has taken on a peculiar material character that cannot be separated either from the „music" or, more importantly, from the sound recording as the dominant medium of reproduction. With regards to the latter, the idea of a „sound" appears to be a particularly contemporary concept that could hardly have been maintained in an era that did not possess mechanical or electronic means of reproduction. (Ebd., S. 191)

Die alltägliche Verwendung von Klangreproduktionstechnologie sensibilisiert Théberge zufolge also Musiker*innen dafür, Sound als zentral zu gestaltenden und zu individuierenden Parameter des Musik-Machens zu betrachten. Eine Unterscheidung zwischen phonographischer Reproduktion und Arbeiten mit Tonband macht er jedoch nicht, Sound ist für ihn Sound der Klangreproduktion. Ganz im Gegenteil ignoriert Théberge sogar das Tonband bei einer von ihm angestellten Auflistung der Technologien, die die „contemporary idea of a unique and identifiable ‚sound'" hervorbringen und stabilisieren. Hier nennt er lediglich „radio, television, sound film, and phonograph recording" (ebd., S. 188). Eine Betrachtung der tonbandspezifischen Klang- und Musikkonzepte bleibt damit auch Théberge schuldig, der ebenso wie Burgess und Schmidt Horning einem Primat der Phonographie anheimzufallen scheint.

Wiederkehrend thematisiert wird das Tonband auch im Zusammenhang der Geschichte der experimentellen und elektronischen Musik der Nachkriegszeit. Exemplarisch hierfür stehen die häufig bemühten Monografien *Electronic and Experimental Music. Technology, Music, and Culture* (2020) von Thom Holmes und *Music in the Late Twentieth Century* (2020) von Richard Taruskin.[21] Thom Holmes beschreibt in seinem erstmals 1985 erschienenen und über die Jahre vielfach ergänzten und überarbeiteten Opus Magnum die technologischen Grundlagen und die Geschichte der elektronischen Musik. Hierfür geht er den wesentlichen Erfindungen, Pionieren neuer musikalischer Ideen sowie zentralen Werken nach. Neben Kapiteln zur analogen und digitalen Klangsynthese sowie zum MIDI-Standard umfasst sein Buch dabei auch einen Abschnitt zu Tonbandtechniken und eine umfassende Übersicht der Geschichte der elektronischen und Computer-Musik anhand der weltweit ab den 1950er Jahren sich verbreitenden experimentellen Tonstudios. In seinem Kapitel zu Tonbandkompositionstechniken beschreibt Holmes u. a. die Praxis und Funktionsweise der Tonbandmontage mit *splicing block*, verlustbehaftete Tonbandkopierverfahren, Tape-Echo, *reverberation*, Loops und Delay-Techniken sowie Mehrspuraufnahmen und *reversal* (vgl. Holmes 2020, S. 106 ff.). Die Beschreibung der Bandtechniken erfolgt jedoch eher aus einem didaktischen Impetus und ist entsprechend mehr deskriptiv als analytisch. Eine Besonderheit der Tonbandtechnologie, insbesondere für die elektronische Musik, sieht Holmes in der Möglichkeit, direkt auf dem Medium zu komponieren:

> Until the arrival of the magnetic reel-to-reel tape recorder, electronic music had only been a live performance medium using instruments such as the Theremin, *Ondes Martenot*, or the repurposed turntable. The tape recorder transformed the field of electronic music overnight by introducing experimentation in new sounds, structures, and tonalities that could be achieved by working directly with the raw materials of recorded audio. (Ebd., S. 107)

Die Unmittelbarkeit der Klangbearbeitung auf Tonband erkennt Holmes damit als befreiendes Moment, als einen neuen haptischen Zugang zu Klang, durch den sich nicht nur die Möglichkeiten der Klangtransformation multiplizieren, sondern Klang eine neue materielle Form annimmt: „Holding a strip of magnetic tape in one's hand was equivalent to seeing and touching sound" (ebd.). In seinen Darstellungen der experimentellen Tonstudios der Nachkriegszeit geht er auch auf die technische Ausstattung sowie auf die zentralen ästhetischen Konzepte der hier arbeitenden Künstler*innen ein, wodurch er dem Vorhaben dieser Arbeit

---

21 Zu ergänzen durch Manning 2013 sowie Chadabe 1997. Für den deutschen Sprachraum sind Ruschkowski 2019 sowie Ungeheuer 2002, hierin insbesondere Decroupet 2002 vergleichbare Werke.

durchaus nahekommt; an welchen Stellen und vor allem *wie* beides miteinander verschränkt ist, erläutert Holmes jedoch nur in Ansätzen. Wie genau unterschiedliche Medientechnologien das Denken über Klang verändern und *wie* die Komponist*innen die neue Materialisierung und Zugänglichkeit von Klang in ihren Werken und Schriften reflektieren, spielt keine hervorgehobene Rolle. Vielmehr geht es Holmes darum, einen Überblick über die Genese, Geräte, Personen und Werke der verschiedenen Tonstudios zu verschaffen, weshalb *Electronic and Experimental Music* eine wertvolle Quelle für die vorliegende analytische Arbeit bildet.

Auch Richard Taruskin widmet elektronischen Medien in seiner Geschichte der Musik des späten 20. Jahrhunderts ein eigenes Kapitel, das die Überschrift „The Third Revolution" (2010, S. 175 ff.) trägt. Taruskin beschreibt hier eine Art elektroakustische Wende, die sich in den musikalischen Avantgarden der Nachkriegszeit vollzieht und für die Tonbandtechnologie eine zentrale Rolle spielt. Er betrachtet die Klangbearbeitung auf Magnetband als Erfüllung eines bereits bei den italienischen Futuristen veranlagten Ideals absoluter Klangkontrolle mit elektronischen Mitteln und verortet es in einer genealogischen Linie mit Erfindungen wie dem Theremin oder dem Trautonium. Dabei stellt sich für ihn das Arbeiten mit Tonband als kleinster gemeinsamer Nenner der ansonsten divergenten musikalischen Nachkriegsavantgarde dar. „Though they may have disagreed about everything else, they were united in greeting the new technological marvel" (ebd., S. 176). Das Tonband verbindet in diesem Sinne Personen, Institutionen und Ideologien, die sich in vielen anderen Belangen diametral gegenüber zu stehen scheinen. In ähnlicher Weise wie Thom Holmes erläutert Taruskin in der Folge die Evolution elektronischer Instrumente sowie die ästhetischen Ideale und Werke von Edgard Varèse, Pierre Schaeffer und Pierre Henry, Karlheinz Stockhausen, John Cage und Milton Babbit, Vladimir Ussachevsky und Otto Luening, Bruno Maderna und Luciano Berio bis hin zur Übertragung ästhetischer Prinzipien der elektronischen Musik in Instrumentalwerke wie z. B. bei György Ligetis *Atmosphères* (1961). Zwar versteht Taruskin die Verwendung von Tonbandtechnologie als wichtige Grundlage für eine Wandlung der musikalischen Ästhetik und als verbindendes Element, jedoch stellt er, ebenso wie Thom Holmes, das Tonband unter ein übergeordnetes Narrativ der elektronischen Musik – die von ihm sogenannte dritte Revolution –, das im eigentlichen Zentrum seiner Erzählung steht. Wie das Arbeiten mit Tonband im Spezifischen die Werkästhetik beeinflusst und die Klang- und Musikkonzepte der Komponist*innen informiert, legt Taruskin nicht dar. Das Magnetband ist auch hier eine Technologie zweiter Ordnung; einer von mehreren Agenten der elektronischen Revolution.

Schließlich finden sich Spuren des Tonbandes auch in über die Technologie selbst hinausgehenden medientheoretischen Überlegungen, paradigmatisch in den

Schriften Friedrich Kittlers (vgl. 1986, S. 161 ff.)[22] sowie bei Wolfgang Ernst, der sich in *Gleichursprünglichkeit* (2012, v. a. S. 63 ff.), *Im Medium erklingt die Zeit* (2015, v. a. S. 23 und S. 80 ff.) und in *Sonic Time Machines* (2016, v. a. S. 73 ff. und S. 118) dezidiert auch mit den (medien-)spezifischen Zeitwe(i)sen von Magnettonträgern und Bandmaschinen befasst. In seiner Medienarchäologie beschäftigt sich der Berliner Medienwissenschaftler primär mit impliziten Epistemologien und der Chronopoetik technischer Medien. In Anschluss an Friedrich Kittlers Medienmaterialismus versteht er seine Methode als ein posthumanistisches „epistemological reverse-engineering" (Ernst 2013a, S. 55), um den Blick für mediale Diskontinuitäten zu schärfen und kulturgeschichtlichen Narrativen der Versöhnung zu widersprechen (vgl. ebd., S. 25). Frei nach dem Kittler'schen Credo der medialen Lagebestimmung (vgl. Kittler 1986, S. 3) sucht Ernst nach nicht-diskursiven Infrastrukturen und versteckten Programmen technischer Medien, die das menschliche Denken und Handeln strukturieren. Wenn sich Wolfgang Ernst in seinen Büchern also mit Klang und Musik-Medien befasst, untersucht er diese mit medienarchäologisch leidenschaftslosen, kalten Ohren (vgl. Ernst 2015, S. 12) und grenzt sich explizit von den von ihm als kulturalistisch wahrgenommenen *Sound Studies* ab. Anders formuliert: „Ernst's interest in music and sound is motivated exclusively by epistemology, not by aesthetics" (Papenburg 2017, S. 170). Im Spezifischen stellt sich Ernst die Frage, wie Medienprozesse Zeit organisieren und produzieren (vgl. ebd.) und erkennt Klang als eine „Erkenntnisform des Dynamischen" (Ernst 2015, S. 14), mit der sich das Zeitwesen technologischer Objekte bevorzugt untersuchen lasse. „In technischen Medien", so Ernst in der Einleitung zu *Im Medium erklingt die Zeit*, „waltet eine implizite Musik" (ebd., S. 11); „klangförmige (wenngleich zumeist unhörbare) Erscheinungen" (ebd., S. 14), die Ernst in Anschluss an Peter Wicke als ‚das Sonische' bezeichnet,[23] als „klangspezifische Weisen von Zeit" (ebd.).

> Zusammengespitzt formuliert gibt es ein privilegiertes Verhältnis der unabdinglich zeitlichen Existenz akustischer, klanglicher und musikalischer Artikulation zur Vollzugsweise hochtechnischer Medien. Deren Epistemologie ist geprägt durch sonische Zeitweisen. (Ebd., S. 15 f.)

Technische Medien besitzen demnach eine „implicit sonicity" (Ernst 2016, S. 22), „eingefaltete Zeit" (Ernst 2015, S. 14), die durch Transformation in den Bereich des Hörbaren expliziert bzw. ausgefaltet werden kann. Ernsts prototypisches Beispiel für die implizite Sonizität der technischen Welt ist das Tonband bzw. die Magne-

---

22 Auf Kittlers Verständnis des Tonbandes als Technologie zur Manipulation des phonographischen Realen wird am Ende dieses Kapitels genauer eingegangen.
23 Zum Begriff des Sonischen bei Wolfgang Ernst siehe ausführlich Kapitel 3.2.2 in dieser Arbeit.

tophonie, bei der durch elektromagnetische Induktion Schwingungen auf Dauer, d. h. in „magnetische Latenz" (Ernst 2012, S. 79) gestellt werden. Das Tonbandgerät versetzt Schallereignisse in „Latenzzeit" und damit in einen (mehr oder weniger) unveränderlichen, „unhistorischen Zustand" (ebd., S. 85). Beim Wiederabspielen wird die „elektromagnetisch aufgehobene Zeit" (ebd.) wieder „in Vollzug gesetzt" (ebd., S. 84) und so in der Gegenwart gleichursprünglich akustisch (wieder)erzeugt.

> [A]lle Klänge aus der Vergangenheit sind im Moment des Abspielens reine Gegenwart; aus der Sicht des elektromagnetischen Tonabnehmers bzw. für alle Elektronenröhren macht es keinen Unterschied, ob die Signale aus der Vergangenheit (Speichermedium Band) oder Gegenwart (Rundfunk) stammen. Im Moment der elektrotechnischen Aktualisierung herrscht Gegenwart. (Ebd., S. 85)

Dabei ist es Ernst wichtig, zwischen den verschiedenen Aufzeichnungsmodalitäten der Klangreproduktion – vor allem zwischen Phonographie und Magnetophonie – im Sinne medienepistemologischer Brüche zu unterscheiden. Mechanische Phonographie stelle eine Form der unmittelbaren Einschreibung (expliziter Klanglichkeit) dar, während das Tonbandgerät in sonischer Latenz und damit implizite Sonizität speichere, weshalb Letzteres für seine Analyse des (nicht-akustisch) Sonischen auch einen privilegierten Untersuchungsgegenstand darstellt (vgl. Ernst 2016, S. 76). „What used to be invasive writing has been substituted by electronic recording" (ebd., S. 118).

Heidegger im Sinn, erkennt Ernst damit die Wahrheit der technischen Welt in ihrem Zeitwesen und die Entbergung medialer Tempor(e)alitäten als eine Aufdeckung der „hidden contours of modernity" (Young 2016, S. 16). Die spezifischen Zeitwe(i)sen technischer Medien schlagen sich dabei auch in den mit ihnen hergestellten musikalischen Werken nieder, wie Ernst am Beispiel des „für den Sound des Rock‚n'Rolls maßgeblich[en] *slapback echo[s]*" (Ernst 2015, S. 80) verdeutlicht. Das *slapback echo* ist ein Delay-Effekt, den in den 1950er Jahren u. a. der Produzent Sam Phillips seinen Aufnahmen beimischt, und entsteht dadurch, dass zwei Bandmaschinen miteinander verschaltet werden, sodass ein Eingangssignal mit minimaler Verzögerung doppelt erklingt.[24] Die Bandmaschine wird dadurch zu einer Art „unmenschliche[m] Chronopoet[en]" (ebd., S. 81):

> Elvis Presleys Stimme kam damit 1954/55 in Phillips' Studio erst durch technische Aufzeichnung zu ihrem markanten Echoeffekt. Dieses Echo blieb kein schlicht der Stimme zugefügter Effekt, sondern wurde zum intrinsischen Bestandteil der Stimme selbst. Technologisch induzierte Effekte wie der Wiederhall sind seitdem zu inhärenten Klangeigenschaften geworden – Qualitäten des Sonischen. Die derart synthetisierte Tonbandstimme entspringt

---

[24] Für eine genauere Beschreibung siehe Kapitel 3.3.7 in dieser Arbeit.

einer medienarchäologischen Möglichkeitsbedingung, nämlich der automatischen Kontrolle von Intervallen im Millisekundenbereich – buchstäblich medieninduzierte Zeit. (Ebd.)

Wie bereits erwähnt, ist Ernsts primäres Interesse an Klang und Klangmedien epistemologisch, nicht ästhetisch (vgl. Papenburg 2017, S. 170). Wenn er sich mit den (klang)ästhetischen Auswirkungen des Tonbandes auf den Sound des Rock ‚n' Rolls in Form des *slapback echos* beschäftigt, erfolgt dies vor allem durch Exemplifizierung der tempor(e)alen technischen Wahrheit der Magnetophonie. Grundsätzlich bilden die Schriften Wolfgang Ernsts damit ebenfalls eine äußerst wertvolle Ressource für diese Arbeit, ihr genuines Erkenntnisinteresse ist jedoch grundverschieden. Denn während Ernst seine Medienarchäologie von den *Sound Studies* bewusst abgrenzt, versteht sich die vorliegende Arbeit explizit in Tradition dieser (Nicht-)Disziplin.[25] Die konkreten Verwendungsweisen der Magnetbandtechnologie, die *Kultur* des Tonbands, die Ernst durch seine Abgrenzung bewusst ausklammert, spielen im Gegenteil sogar eine hervorgehobene Rolle. Zwar wird auch in dieser Arbeit die Materialität des Tonbandes in medienwissenschaftlicher Tradition als poietisches Aufschreibesystem betrachtet, von Interesse sind jedoch die Umgangsweisen und Verständnisse dieses Systems, die sich in (medien-)musikalischer Ästhetik und Klangkonzeptualisierungen niederschlagen. Die Frage ist nicht (ausschließlich), welches Zeitregime Tonbandtechnologie manifestiert, sondern wie Begegnungen und Interaktionen mit den neuen Tonbandtempor(e)alitäten musikalische Praktiken und ein Denken über Klang verändern.

Ausführungen zur tonbandtechnischen Fundierung des *slapback echos* sind Wolfgang Ernst nicht exklusiv, auch Tilman Baumgärtel befasst sich in *Schleifen. Zur Geschichte und Ästhetik des Loops* (2015) mit dieser medientechnischen Stimmverdopplung Elvis Presleys, den er aufgrund seines Spiels mit der Tonband-Körperextension als „Prothesengott" (S. 113) bezeichnet. Baumgärtel thematisiert Tonbandtechnologie damit im Rahmen seiner übergreifenden Untersuchung der musik- und medienästhetischen Figur der Schleife. Im Fokus steht bei ihm damit nur eine spezifische Eigenschaft des Tonbandes, nämlich, dass sich mit ihm beliebig große Endlosschleifen aufgenommener Klänge herstellen lassen. Aus diesem Grund taucht das Tonband an vielen Stellen der Loop-Geschichte auf, es wird jedoch weder zentral noch exklusiv gesetzt. Die Anfänge der Ästhetisierung medientechnischer Wiederholungen verortet Baumgärtel bei frühen Filmvorführungen Ende des 19. Jahrhunderts in den USA und bei geloopten Schallplattenrillen Ende der 1940er Jahre in Frankreich; genauer: im Film-Loop des von William Heise für das Studio von Thomas Alva Edison hergestellten Films *Mary Irwin Kiss* (1896) (vgl. ebd., S. 39 ff.) sowie in Pierre Schaeffers Manipulation von Schallplattenspielern zur Her-

---

25 Zu den *Sound Studies* als Nicht-Wissenschaft vgl. Schulze 2012b, S. 243.

stellung geschlossener Rillen, wie sie z. B. in seiner *Étude Pathétique* (1948) zu vernehmen sind (vgl. ebd., S. 53 ff.). Am anderen Ende der Entwicklung sieht Baumgärtel den Loop in der Verschaltung von Synthesizern und Sequenzern (und damit auch *drum machines*) verwirklicht, wie bspw. bei Giorgio Moroders Produktion von Donna Summers *I Feel Love* (1977) zu hören (vgl. ebd., S. 315 ff.); Hier ist die Wiederholung als ästhetisches Prinzip in die Maschine gewandert. Nichtsdestotrotz kreist in *Schleifen* vieles um Tonband-Loops, da die meisten von Baumgärtel diskutierten Schleifenphänomene – z. B. Terry Rileys und Steve Reichs Minimal Music (vgl. ebd., S. 225 ff.) oder *Tomorrow Never Knows* (1966) von den *Beatles* (vgl. ebd., S. 295 ff.) – auf handgemachten Endlosbändern basieren. Die Geschichte des Loops als „Teil einer Kultur der Wiederholung" (ebd., 21) der zweiten Hälfte des 20. Jahrhundert überschneidet sich damit an einigen wichtigen Stellen mit der Kulturgeschichte des Tonbandes. Während Baumgärtel jedoch nur die eine Affordanz der Tonbandtechnik berücksichtigt, beliebig lange Klangabschnitte wiederholbar zu machen, versucht diese Arbeit eine Medienkulturgeschichte des Tonbandes vom Medium bzw. von der Medienpraxis aus zu schreiben und nicht im Zuge einer spezifischen ästhetischen Figur bzw. von einer bestimmten Verwendung des Bandes heraus. Tonbandschleifen spielen hierfür eine zu berücksichtigende, jedoch nicht notwendigerweise singuläre Rolle.

Die bisher besprochenen Spuren medien-, musik- und kulturwissenschaftlicher Tonbandforschung betrachten Magnetbandtechnologie in der Regel unter spezifischen Gesichtspunkten, entweder als Bestandteil größerer Medien- und Musikkulturgeschichten oder als Beispiel für über das Gerät selbst hinausreichende medientheoretische und -ästhetische Phänomene. Hiervon abgesehen lässt sich nur wenig Literatur ausfindig machen, die sich explizit und vorrangig der Medienkultur und -ästhetik des Tonbands widmet. Mit Ausnahme einer *Special Issue: Tape* der Zeitschrift *Twentieth-Century Music* (2017), die am Ende dieses Kapitels besprochen wird, werden diesem Anspruch lediglich ein Aufsatz von Jenny Krause in der Onlinezeitschrift der *Gesellschaft für Popularmusikforschung* (*Samples*) (2014) sowie ein Beitrag von Ragnhild Brøvig-Hanssen in einem Sammelband zu *Material Culture and Electronic Sound* (2013) gerecht.

Der Artikel von Jenny Krause aus dem Jahre 2014 befasst sich mit dem „Einfluss des Magnettonbandes auf die Populäre Musik" und erkennt die Einführung von Tonbandtechnologie in den Tonstudios Anfang der 1950er Jahre als entscheidende Ursache für die Ausbildung von Klang als ästhetische Kategorie der populären Musik. In ihrem Aufsatz geht Krause dabei hauptsächlich der Frage nach, welchen (ästhetischen) Einfluss das Magnetband auf die populäre Musik hat und wie umgekehrt die populäre Musik die Nutzung und Weiterentwicklung des Tonbandes beeinflusst. Sie weist in der Folge darauf hin, dass „[d]as, was den eigentlichen Klang oder Sound ausmacht[]," erst mit Tonbandtechnologie „festgehalten" werden könne (Krause 2014, S. 3), genauer (und mit Verweis auf Théberge 1989): durch die Einführung des Mehrspurenverfahrens. Dieses sei in der Folge von Les Pauls *sound on sound*-Verfahren entstanden und ermögliche „schließlich die getrennte Aufnahme einzelner [...] Stimmen [...] und ein nachträgliches Abmischen" (Krause 2014, S. 11). Nur durch *multitrack recording* sei es in der Folge Produzenten wie Phil Spector oder Berry Gordy möglich geworden, das „Studio als Musikinstrument" zu nutzen:

> Nicht die Technik kreierte seinen Sound, sondern Spector nutzte und manipulierte die ihm zur Verfügung stehende Technik, um den Sound zu kreieren, der ihm vorschwebte – allem voran das Magnettonband, mit dessen Möglichkeiten des Double- und Multitrackings sich sein Soundkonzept erst realisier- und hörbar machen ließ. (Ebd., S. 16)

Ohne genauer auf den Begriff der Materialität, die materiellen Bedingungen des Tonbandes sowie Klang/Musik als zu formendes Material einzugehen, schließt Krause mit der Hypothese, dass die Verwendung von Magnetbandtechnologie „einen direkten Zugriff auf die Materialität von Klang [ermöglicht], was wiederum zu einem kreativen Umgang von Musik als Material zur Folge hatte, der in dem [sic!] Aufnahmestudios zu individuellen Soundkonzepten geführt hat" (ebd., S. 18).

Auch Ragnhild Brøvig-Hanssen geht in ihrem Aufsatz von 2013 den ästhetischen Qualitäten des Tonbandgeräts sowie dem Einfluss der Technologie auf Klangvorstellungen nach. Hierbei erkennt sie zwei zentrale Verschiebungen, die die Einführung von Magnetbandtechnologie ausgelöst habe: Erstens, eine raumzeitliche Trennung von Klängen durch nachträgliche Bearbeitbarkeit des Klangmaterials bzw. *overdubbing*. Durch mehrspurige Tonbandaufnahmen könnten Klänge nicht mehr nur, wie beim Phonographen, aus ihrem zeitlichen Kontext, sondern auch von ihrem raumzeitlichen Ursprung gelöst und mit anderen Klängen verbunden bzw. ihnen gegenübergestellt werden, wodurch eine „new era of schizophonia" (Brøvig-Hanssen 2013, S. 140) eingeläutet wurde. Zweitens bedinge die Montagefähigkeit des Tonbandes die Begründung von drei unterschiedlichen „recording paradigms", die Brøvig-Hanssen in ihrer Analyse identifiziert und die ihrer Ansicht nach bis heute die Aufnahmekultur der Musikindustrie bestimmen. Die drei Aufnahmeparadigmen sind „the documentary event", „the ideal event" und „the surrealistic event" und ergeben sich aus den unterschiedlichen Reaktionen der Toningenieur*innen und Produzent*innen auf die Vervielfachung der Klangmanipulationsmöglichkeiten durch Magnetbandtechnologie. Das dokumentarische Paradigma entspringe aus dem Geiste der Phonographie und zeichne sich durch einen Anspruch aus, ein der Aufnahme vorausgehendes Klangereignis wahrheitsgetreu zu reproduzieren. Die Klangbearbeitungsmöglichkeiten des Tonbandes werden im Zuge dieses Paradigmas dafür verwendet, den Eindruck treuer Reproduktion herzustellen, u. a. auch über Manipulationen und Montagen. Das *ideal event* erhebe keinen Anspruch auf Klangtreue, sondern stelle die Klangidee – „the sonic result alone" (ebd., S. 145) – an die höchste Stelle. Ein Beispiel für dieses Paradigma sieht die Autorin in Glenn Goulds Klavieraufnahmen, der sich der Tonbandmontage zuwendet, um nachträglich virtuelle Perfektion zu erreichen.

> While recordings within the paradigm of the documentary event claim to represent preexisting events from „real life" (events that purportedly actually did happen), recordings of ideal events represent, as the name implies, events from the world of ideas, constructed for the recording only. (Ebd.)

Das dritte Paradigma, *the surrealistic event*, zeichne sich durch einen dezidiert experimentellen Ansatz aus – hier verweist das Tonbandgerät in keiner Weise (weder unmittelbar noch sinnbildlich) mehr auf ein kohärentes Klangereignis. „[T]he term *surrealistic* will identify those recorded musical expressions that have no immediate allegiance to a performance of any sort, actual or virtual" (ebd., S. 146). Zu solchen surrealistischen Tonbandverwendungen zählt Brøvig-Hanssen z. B. John Cages aleatorische Tonbandmontagen, Pierre Schaeffers *Musique Concrète* und Karlheinz Stockhausens Elektronische Musik, aber auch Sam Phillips *slapback echo* und die Tonbandexperimente der Studiojahre der Beatles auf Alben wie *Revolver* (1966) und *Sgt. Pepper's Lonely Hearts Club Band* (1967) (vgl. ebd., S. 146 ff.).

Krause und Brøvig-Hanssen spiegeln in vielerlei Hinsicht Positionen zum Tonband in der Musikgeschichtsschreibung wider, die sich, versteckt in Zwischenkapiteln und Teilabschnitten, schon an anderen Stellen finden. Jenny Krauses Position bildet z. B. Resonanzen mit Peter Wickes Überlegungen zur Medienästhetik der Rock- und Popmusik (vgl. Wicke 2001) und Ragnhild Brøvig-Hanssens Typologie der Aufnahmeparadigmen erinnert stark an Edward Kealys historische Klassifizierung der Produktionsmodi, die mit dem Tonband in einem Craft-Mode münden (vgl. 1979), sowie an Greg Milners *Perfecting Sound Forever* (2009) und Susan Schmidt Hornings *Chasing Sound* (2013), die ähnliche Genealogien der *recording culture* aufstellen. Was Krause und Brøvig-Hanssen jedoch von diesen Ansätzen unterscheidet, ist ihre genuine Fokussierung der Materialität des Tonbandes und der Versuch, Musikgeschichte und -ästhetik entlang der Tonbandtechnologie zu erzählen. Nichtsdestotrotz handelt es sich bei beiden um eher versprengte Ansätze.

Neben diesen partikularen Bemühungen zur Darlegung der musikkulturellen Dimensionen des Tonbandes findet sich in Form einer Sonderausgabe zum Thema „Tape" der Zeitschrift *Twentieth-Century Music* aus dem Jahr 2017 schließlich noch ein koordinierter Ansatz, der sich für diese Arbeit als äußerst aufschlussreich darstellt. In ihrem einführenden Artikel „Tape: Or, Rewinding the Phonographic Regime" postulieren die Gastherausgeber*innen der *Special Issue* Andrea F. Bohlman und Peter McMurray die Existenz eines „phonographic regimes" in der auditiven Kultur, das durch das Denken mit und durch Tonband herausgefordert werden könne. In Verweis auf Martin Jays kanonischen Text „Die skopischen Ordnungen der Moderne" (1992), nach dem das Sehen der Welt und Verständnisse des Sehens selbst in der Moderne durch konkurrierende okulare Modelle geprägt wurden (vgl. ebd., S. 178 f.), suggerieren Bohlman und McMurray, dass sich in der wissenschaftlichen Reflexion auditiver Medienkulturen, genauer gesagt, in den *Sound Studies*, unfreiwillig ein eigenes, internes Regime ausgebildet habe, in welchem der Phonograph das Denken über Klang bestimmt. Wie Klang heute konzipiert und diskutiert werde, sei demnach geprägt durch ein spezifisches Verständnis der Aufzeichnungseigenschaften des Phonographen. Die besonderen Eigenschaften und (Vor-)Urteile des phonographischen Regimes beschreiben Bohlman und McMurray dabei wie folgt:

> The regime coheres around a loose set of assumptions that often appear in tandem in broad claims about what ‚sound recording' is or even what ‚analogue media' are. These include: all sound media are part of the same lineage; that lineage begins with the phonograph; sound recording is an act of inscription – of writing sound; sound media record everything indiscriminately, documenting (or perhaps creating) the Lacanian real; they especially capture the afterlife of the real, embalming the voice of the dead for future generations; and sound recording is an indexical process where time and sound are co-constituted and inextricably linked. These characteristics rarely, if ever, all appear simultaneously in a single text, even in paradigmatic phonographocentric texts such as Friedrich Kittler's *Gramophone, Film, Typewriter* or Lisa Gitelman's *Always Already New* that openly argue for the primacy of phonography. Indeed, many such works offer tantalizing reflections on tape, but always place tape in a subordinate, subsequent role to phonography. (Ebd., S. 8)

Bohlman und McMurray problematisieren insbesondere den universellen Anspruch des phonographischen Regimes, die gesamte auditive Kultur des 20. Jahrhunderts bis hin zu Klang selbst als Phänomene der Medienkultur des Phonographen zu erklären. Dabei entsteht das phonographische Regime nicht erst im vergleichsweise jungen *Sound Studies*-Diskurs, sondern konstituiert sich bereits in der Zeit der ersten Phonographen, Ende des 19., Anfang des 20. Jahrhunderts, „in inventors' statements, manuals, literature, manifestos, and scholarly writing by psychoanalysts and musicologists" (ebd., S. 9). Insbesondere Thomas Edison nähre von Beginn an diesen Mythos des unfehlbaren Phonographenstichels, der perfekt, kontingent und für immer Präsenz bzw. akustische Wahrheit aufzeichne. Emil Berliner übernehme Edisons Rhetorik und betone die erhabenen, metaphysischen Qualitäten phonographischer Aufnahmen, wenn er das Hören aufgezeichneter Stimmen als eine Art „sonic epiphany" (ebd., S. 10) bezeichnet. Einen privilegierten Zugang zum Unbewussten erhalte der Phonograph nicht zuletzt auch in der Literatur der Zeit wie z. B. in Bram Stokers *Dracula* (1897), die die Trope stabilisiere, dass das Gerät dazu in der Lage sei, die brutale Wirklichkeit der Welt und des Subjekts zu zeigen (vgl. Bohlman und McMurray 2017, S. 11).

Auf diese Narrative des Phonographen hebe schließlich auch Friedrich Kittler in *Grammophon, Film, Typewriter* (1986) ab, wenn er dasjenige, das der Phonograph aufzeichnet, als das Lacan'sche Reale bestimme. Demnach sei der Phonograph dazu in der Lage, das „Rauschen des Realen" (Kittler 1986, S. 26) aufzuzeichnen, also „jenen Rest oder Abfall, den weder der Spiegel des Imaginären noch auch die Gitter des Symbolischen einfangen können – physiologischer Zufall, stochastische Unordnung von Körpern" (ebd., S. 28). Mithilfe eines Phonographen aufgezeichneter Klang unterliege folglich weder der Ordnung des Symbolischen (der Sprache) noch der bildlichen Ordnung des Imaginären. Über die Einschreibung von Schallwellen in Wachswalzen speichere der Phonograph das eigentlich unverfügbare Reale, denn gespeicherter Sound sei „das Unaufschreibbare an der Musik und unmittelbar ihre Technik" (Kittler 1984, S. 142). Indem Kittler die Narrative von Edison, Berliner und Broker übernimmt, bewahre er die Wirkungsmacht des phonographischen Regimes. Seine Schriften sowie die Werke nachfolgender Wissenschaftler*innen, die ihre Klang- und Medientheorie ebenfalls aus einer Privilegierung der phonographischen Einschreibung heraus entwickeln, bezeichnen Bohlman und McMurray deshalb als „phonographic regime 2.0" (2017, S. 12).

Mit der *Special Issue* „Tape" wollen die Autor*innen den Universalitäts- und Wahrheitsanspruch des phonographischen Regimes infrage stellen. In Einklang mit der Position dieser Arbeit sehen sie auch die Bedeutung des Tonbandes für die auditive Kultur und Klangkonzepte der Moderne weitgehend vernachlässigt und übertönt durch das phonographische Regime. Denn das Tonband zeichne anders auf als der Phonograph – es sei ein Aufschreibesystem nach eigenem Recht und Poiesis; und werde doch nach Maßstäben der Phonographie gemessen. Eine Fokussierung der spezifischen Materialität(en) des Tonbandes zeige, dass es sich nicht nahtlos in die Ordnung des Phonographen einpassen lasse. Gegenüber der genuinen Linearität, Indexikalität und Treue zum Lacan'schen Realen des Phonographen zeichne sich das Tonband gerade über eine Vielzahl „non-linear cultural techniques (splicing, looping, dubbing)" (ebd., S. 8) aus und lehne sich gegen übliche Analog/Digital-Klassifizierungen auf. Dabei machen Bohlman und McMurray die scharfsinnige Beobachtung, dass zum Kern des „phonographic regime 2.0" eine Art „wilful oblivion of tape" (ebd., S. 14) gehöre.

Kittler calling Pink Floyd „gramophonic" is misleading: by foregrounding the gramophonic, he obscures tape's role in producing such music. Strikingly, Kittler clearly knows this. Like many other theorists and scholars whose writings bolster the phonographic regime, he has already written on multiple occasions about the role tape plays in music albums such as Jimi Hendrix's *Electric Ladyland* or the Beatles' *Magical Mystery Tour*. Indeed, in his conclusion of „Gramophone", Kittler not only closes with a discussion of tape, but he even highlights its place in the production of records: „Storing, erasing, sampling, fast-forwarding, rewinding, editing – inserting tapes into the signal path leading from the microphone to the master disc made manipulation itself possible" (Kittler (1986) 1999, S. 108). (Bohlman und McMurray 2017, S. 14)

In Analogie zu der Tonbandoperation des *rewinds* fordern Bohlman und McMurray somit dazu auf, das phonographische Regime mit dem Tonband zurückzuspulen und die ineinander verflochtene Medien- und Musikgeschichte dementsprechend zu rekapitulieren. In ihrem gemeinsamen Beitrag exemplifizieren sie dies über eine Betonung des Druckknopf-Interfaces von Bandmaschinen, die sie von Phongraphen, Grammophonen und Plattenschneidemaschinen unterscheiden. Druckknöpfe stellen, in ähnlicher Weise wie das Suchrad eines Radios (vgl. Adorno (2006) 2009, S. 96 f.), eine kommunikative, haptisch-hörende Verbindung zwischen Nutzer*in und Klang her: „[I]t provides the listener with feedback and roots the engagement with the machine not just in materiality but also in media logics" (Bohlman und McMurray 2017, S. 12). Zudem lasse sich die Herausbildung einer Kultur des Digitalen auf eine langwierige Vorgeschichte binär magnetisierter Tonbänder zurückführen (vgl. ebd., S. 19).

Jenseits dieser kurzen Beispiele führen Bohlman und McMurray das zum phonographischen Regime alternativ zu errichtende Tonband-Regime jedoch nicht weiter aus und verweisen in ihrer als Aufschlag konzipierten Einleitung stattdessen auf die weiteren Beiträge der *Special Issue*. Diese befassen sich mit unterschiedlichen Facetten der Tonbandnutzung und -bedeutung, von der Bedeutung des Tonbandes für die deutsche Erinnerungskultur der Nachkriegszeit (vgl. Sprigge 2017) über Steve Reichs *Violin Phase* als Instrumentalwerk im Geiste des Magnetbandes (vgl. Auner 2017) bis hin zum Revival der Audiokassette als kreativer Anachronismus (vgl. Demers 2017). Von größtem Interesse für diese Arbeit sind die Beiträge von Peter McMurray (2017) und Brian Kane (2017), die sich mit den spezifischen materiellen Eigenschaften und Auswirkungen des Tonbandes näher beschäftigen.

In seinem Einzelbeitrag befasst sich Peter McMurray mit der Frühgeschichte des Tonbandes und einem zentralen sich dort zeigenden medienontologischen Unterschied zur Phonographie: Im Gegensatz zum einritzenden Stichel des Phonographen wird bei Fritz Pfleumers „tönendem Papier" Stahlstaub auf einem Papierstreifen berührungslos magnetisiert. Dies versteht McMurray als eine für Klangmedien neue Fokussierung auf Oberflächen, die neue Umgangsweisen provoziere.

In short, Pfleumer hit upon a radical form of *superfice*, or focus on media surfaces, that forged new possibilities for creating selective memory within sound media. [...] This *uponness* of tape, as opposed to the grooves cut into Edison cylinders or gramophone discs, or the charge of the wire itself in wire recordings, arises from Pfleumer's idea to affix iron particles on top of paper, initially, and then on cellulose acetate. This non-inscribed, upon-the-surface form of captured sound had a number of implications for tape, including the possibilities, again, of looping/repeating, cutting/splicing, and erasing/reusing. But all of these seem to emerge from an ethos of anti- or at least non-inscription – an embrace of the cheap, reusable, and spoolable qualities of tape. These traits of tape do allow sonic data to be preserved, but they also call attention to the fact that not everything that was preserved (i. e., recorded) should be preserved forever (i. e., saved). Sonic memory and storage, from then on, could be aggressively selective. (McMurray 2017, S. 26 f.)

Im Deutschen ließe sich sagen: Die Phonographie ist die Kunst der Einschreibung; die Tonbandaufnahme hingegen die der Aufschreibung. Klang auf der Oberfläche bekomme eine neue Zeitlichkeit, zwar keine Flüchtigkeit, wie noch der Schalldruck in der Luft, aber auch keine Immortalität wie die Stimmen auf Edisons Phonographen. Auf Tonband werde Klang austauschbar und vergänglich; und das schon qua Design.

The non-inscriptive, magnetization-upon-ness of tape allows it to embrace a certain contingency – this moment, even if recorded now, might vanish in the future, whether erased, cut, or looped. (Ebd., S. 46)

Brian Kane zweifelt in seinem Beitrag an derlei Materialismen, die das Schicksal auditiver Kulturen in die Hände (infra-)strukturierender Medientechnologie legen. Die Bedeutung des Tonbandes ergibt sich für ihn nicht aus der Materialität des Mediums allein, sondern aus dem Zusammenspiel materieller Eigenschaften und Angeboten mit kulturellen Praktiken wie (Ab-)Hören, Komponieren, Aufnehmen, Schneiden usw. Ihn interessiert der Schnittpunkt zwischen Materialität und kultureller Praxis – welche Verwendungsweisen das Tonband anbietet, aber auch wie und wofür Tonbänder konkret verwendet werden. Kane befasst sich, kurz gesagt, mit den Affordanzen von Tonbandtechnologie. „That is, I want to consider the relation between actors and the materiality of tape where the potentialities of use are canalized, delimited, or inflected in relation to previous practices" (Kane 2017, S. 66). Hierfür skizziert Kane drei komprimierte Fallstudien, bei denen eine bestehende kulturelle Praxis auf ‚neue' Tonbandtechnologie trifft, wobei die Betonung, bei nicht einmal fünf Absätzen pro Fall, auf dem Skizzieren liegen muss. Er betrachtet hierfür erstens die Verwendung von Tonbandschleifen in der *Musique Concrète*, zweitens die Relevanz durch Tonband affordierter rhythmischer Präzision für die Serielle Musik und drittens die Praxis des *overdubbings*, also das Übereinanderschichten von Klängen beim Jazzgitarristen Les Paul. Für die *Musique Concrète* stellt Kane fest, dass bei Eintritt des Tonbandes die (zuvor mit manipulierten Plattenspielern hergestellten) Soundschleifen sich dramatisch verändern, da sie hiernach weniger schleifenförmig klingen – die Wiederholungsabstände können mit Tonbandtechnologie verlängert werden und speziell entwickelte Bandmaschinen erlauben eine Vielzahl weiterer Klangverfremdungen, die die Schleife als einziges Mittel obsolet machen. Im Fall der Seriellen Musik erkennt Kane mit Verweis auf Pierre Boulez und Olivier Messiaen die auf Tonband mögliche höhere rhythmische Präzision als zentrale Affordanz. Die mathematischen Organisationsprinzipien des Serialismus hätten jedoch bereits vor dem Eintritt des Tonbandes existiert, weshalb Kane hierin keinen Wechsel der kulturellen Praxis sieht, sondern einen Übergang („relay", ebd., S. 69) von einem Medium zum anderen. Die simple Übertragung kultureller Praktiken bei Medienwechsel auf Tonband identifiziert Kane schließlich auch bei Les Pauls *overdubbing*-Technik, der bereits auf Platten Klang schichtet und dies auf Tonband durch die Montage eines zusätzlichen Tonkopfes fortführt. Zuletzt betont Kane, dass für ihn die tatsächliche Hörbarkeit der Materialität des Tonbandes zur Beurteilung der Relevanz des materiellen Wandels von zentraler Bedeutung ist, und fordert dazu auf, Medientechnologien vor allem hinsichtlich ihrer tatsächlichen Verwendungen und materialen Aktualisierungen zu untersuchen und Methoden zur Untersuchung des Verhältnisses zwischen Materialität und Affordanz zu entwickeln (vgl. ebd., S. 72; vgl. hierzu weiterführend Kane 2015).

Eben dieser Anforderung versucht die vorliegende Arbeit zu entsprechen, indem im Sinne medialer Affordanzen, wie sie Kane versteht, Tonbandanwendungen fokussiert werden und diese Praktiken vor dem Hintergrund der Materialität(en) der Tonbandtechnologie reflektiert werden. Wie bereits angedeutet, stellt Kanes eigener Beitrag hierfür nur einen ersten Vorstoß dar – seine Anmerkungen pro Tonbandpraxis sind eher oberflächlich und beschränken sich auf wenige Absätze. Zudem ist Kane in seinen Skizzen sehr darauf fixiert, in einer Art binärem Schema darzustellen, ob sich eine ästhetische Praxis als Ganzes verändert. *Wie* sich der Umgang mit und ein Denken über Klang konkret verändert und inwiefern sich hierdurch auch ästhetische und epistemologische Verschiebungen ergeben, stellt er nicht dar.

Vor allem zeigt Kane aber die Notwendigkeit auf, Werkzeuge bzw. analytische Begriffe zu entwickeln, mit denen sich die Verschränkungen der Materialität und ästhetischen Praktiken des Tonbands angemessen untersuchen lassen. Aus diesem Grund werden in dieser Arbeit unter KAPITEL 2: HAND-WERK-ZEUG Konzepte und Begriffe reflektiert und angepasst, mit denen sich die materielle Kultur und epistemologische Praxis des Tonbandes fassen lassen. Hierzu gehört vor allem ein Verständnis des Arbeitens mit Tonband als Handwerk, das mit einem handwerklichen Materialbewusstsein verbunden ist, sowie Überlegungen zur Tonbandtechnologie als technologische Objekte zur Untersuchung von Klang als epistemisches Ding.

Insgesamt wird damit der Aufschlag der *Special Issue: Tape* – vor allem die Hypothese eines im Diskurs vorherrschenden *phonographic regimes*, das Tonbandpraktiken und -episteme überschattet – aufgenommen und weiterentwickelt. Wie oben dargestellt, identifiziert die Sonderausgabe von *Twentieth-Century* die Notwendigkeit tonbandfokussierter Gegendarstellungen, bleibt diese in letzter Konsequenz jedoch schuldig und stellt mehr Fragen als Antworten bereit. Eine genaue Darstellung des von Bohlman und McMurray geforderten alternativen Tape Regimes steht weiterhin aus; und wird mit der vorliegenden Arbeit gezielt angegangen.

1.3 Tape D(el)ays: Die Erfindungs- und Technikgeschichte des Tonbands

1.3.1 Fun ist ein Stahlband: Ursprünge, Technik und Diskurse früher Magnettonverfahren

Die initiierende Idee, Schall durch Magnetisierung zu speichern, kann dem Amerikaner Oberlin Smith zugeschrieben werden. Angeblich nur wenige Monate nach Sichtung des gerade erfundenen Phonographen im Laboratorium Edisons, äußert dieser bereits 1878 in zwei Memoranden die Vorstellung, Elektromagnetismus zur Tonaufzeichnung zu nutzen. Zwar scheitert Smith an der Konstruktion eines funktionstüchtigen Apparates, doch die Idee ist formuliert und spätestens seit einer Publikation in der Zeitschrift *The Electrical World* am 8. September 1888 (und wenig später einer Zusammenfassung in der französischen Zeitschrift *La Lumière Electrique* (Wetzler 1888)) in der Welt (vgl. Schoenherr 2002 sowie Holenstein 1996).

Der singuläre Einfluss Smiths auf die Entwicklung der magnetischen Tonspeicherung ist allerdings höchst umstritten, denn bereits vor der Veröffentlichung seiner Idee 1888 lässt sich der Amerikaner Charles Sumner Tainter 1885 „das theoretische Grundprinzip eines Tonspeichersystems mittels magnetoinduktiver Abtastung" (Holenstein 1996, S. 78) patentieren und der Franzose Paul André Marie Janet beschreibt bereits 1887 in einer Abhandlung die Aufzeichnung von Schall durch Magnetisierung eines Stahldrahtes (vgl. ebd). Letztlich wird Smiths Einfluss aber auch dadurch in Zweifel gezogen, dass trotz internationaler Publikation seiner Idee 1888 es noch zehn weitere Jahre dauert, bis mit Poulsens *Telegraphon* (Abb. 2) eine erste funktionierende Umsetzung magnetischer Tonspeicherung zum Patent angemeldet wird (vgl. ebd.).[26]

---

[26] Wahrscheinlich werden Smiths Entwürfe nicht vor 1941 wiederentdeckt, „erste Hinweise darauf und Zitate finden sich in Arbeiten aus den Jahren 1948 und 1949" (Engel et al. 2013, S. 11). Engel et al. verstehen Smith daher nicht als Erfinder, sondern als Vordenker der magnetischen Schallaufzeichnung (vgl. ebd., S. 12 f.).

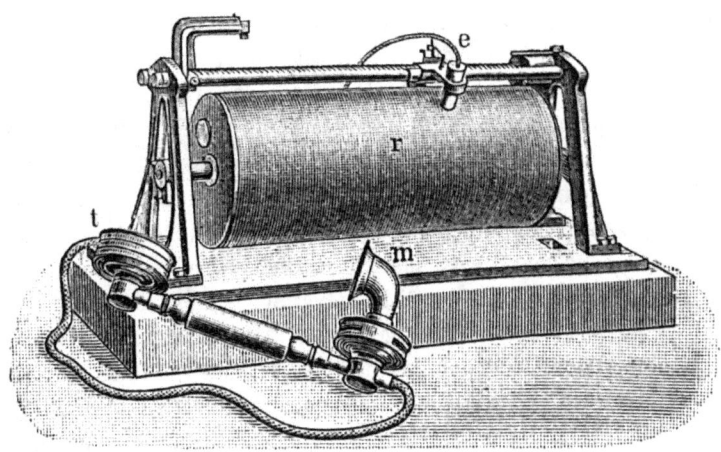

Abb. 2: Valdemar Poulsens *Telegraphon*. © Meyers Großes Konversations-Lexikon.

Der als „Fehlersucher" bei der Kopenhagener Telefongesellschaft angestellte Däne Valdemar Poulsen entwickelt 1898 ein Stahldrahtgerät, das akustische Signale mithilfe eines Telefonhörers auf einen Klavierdraht magnetisch aufzeichnen, abspielen und auch wieder löschen kann. Unter dem Titel *Telegraphon* lässt sich Poulsen am 1. Dezember in Dänemark und am 10. Dezember 1898 in Deutschland „ein Verfahren zum Empfangen und zeitweisen Aufspeichern von Nachrichten, Signalen und dergleichen" (Poulsen 1898) und damit das erste funktionsfähige Magnettongerät patentieren. Wie Engel et al. anmerken, erwähnt Poulsen in der wenig später angemeldeten britischen Patentschrift sogar schon die Möglichkeit, als Tonträger beschichtetes Papier zu verwenden:

> Instead of a cylinder there may be used a disk of magnetizable material over which the electromagnet may be conducted spirally; *or a sheet or strip of some insulating material such as paper may be covered with a magnetisable metallic dust and may be used as the magnetizable surface.* (Poulsen 1899, zit. nach Engel et al. 2013, S. 14)

Nach geringfügigen Verbesserungen durch die Zusammenarbeit mit dem deutschen Telefonhersteller *Max & Genest* kann Poulsen gerade noch rechtzeitig seine Erfindung auf der großen Pariser Weltausstellung 1900 der Weltöffentlichkeit präsentieren. Hier stößt das *Telegraphon* auf große Resonanz und Poulsen wird für seine Erfindung mit einer Goldmedaille ausgezeichnet.

Durch die Pariser Weltausstellung schafft es das *Telegraphon* auch über den Atlantik und die eigens zur Vermarktung des Gerätes gegründete US-Firma *American Telegraphone Company* erwirbt 1905 die Patentrechte von Poulsen. Das Gerät wird als Anrufbeantworter und Diktiergerät vermarktet, bleibt jedoch auch aufgrund von Anwendungsschwierigkeiten weit hinter den Erwartungen zurück. In den kommenden zwanzig Jahren werden weniger als 1.000 Geräte verkauft und bereits 1924 wird die Produktion eingestellt. Grund für das grandiose Scheitern sind neben Missmanagement und misslungener Verkaufsstrategie vor allem die schlechte Tonqualität und die Unzuverlässigkeit des Aufnahmedrahtes, welcher sich immer wieder verdreht und dadurch die Aufnahme unbrauchbar macht. So bleibt das *Telegraphon* gegenüber seiner Phonographenkonkurrenz, dem *Ediphone* und dem *Dictaphone* chancenlos, da diese auf den vergleichsweise günstigen und zuverlässigen Wachszylindern speichern (vgl. Schoenherr 2002, S. 81 f.).

Die Erfindung gerät somit vorerst in Vergessenheit und ihre vermeintliche Rettung, die 1906 von Robert von Lieben und Lee de Forest erfundene Verstärkerröhre und die 1920 von der US-Navy entwickelte Hochfrequenz-Vormagnetisierung, wird nicht auf die Technologie angewendet. Dies liegt unter anderem auch am mächtigen Einfluss der *American Telephone & Telegraph Company* (AT&T), die erfolgreich die kommerzielle Nutzung der Magnetaufzeichnung verhindert. „Das AT&T Management hatte nämlich Angst, daß [sic!] ihre Kunden weniger telefonieren würden, wenn sie ein Aufzeichnungsgerät besäßen" (Holenstein 1996, S. 82 f.).

Die Weiterentwicklung der Magnettontechnik nimmt erst zwanzig Jahre später mit dem deutschen Physiker Curt Stille erneut Fahrt auf. Dieser interessiert sich in den 1910er Jahren zunehmend für Poulsens Erfindung und lässt sich 1918 ein „Verfahren zur elektromagnetischen Aufzeichnung und Wiedergabe von Licht- und Schallwellen auf einem Draht, besonders zur Herstellung sprechender Filme" (Stille 1918) patentieren. 1921 gründet Stille gemeinsam mit August Strauch und Otto Klung die *Hauptgesellschaft für Industrien* mit mehreren Tochtergesellschaften, darunter auch die *Vox Schallplatten- und Sprechmaschinen Aktiengesellschaft*, die *Vox Maschinen AG* sowie ab Mai 1922 das *Telegraphie-Patent-Syndikat* (vgl. Engel et al. 2013, S. 22). Hier entsteht der von Waldemar Hagemann konstruierte *Stillesche Fernschreiber*, eine Weiterentwicklung des *Telegraphons*. 1928 tritt Stille schließlich eine Lizenz zur Produktion und zum Vertrieb von Diktiermaschinen nach Vorbild seines Fernschreibers an Kurt Bauer und seine *Echophon Maschinen A.G.* ab, der in der Folge eine Neukonstruktion des Geräts durch den Betrieb *Ferdinand Schuchhardt, Berliner Fernsprech- und Telegraphenwerk AG* veranlasst. Hier entwickeln Wilhelm Klappenecker und Semi Joseph Begun innerhalb eines Jahres ein „kombiniertes Diktier- und Telephongesprächsaufnahmegerät", das unter dem Namen *Dailygraph* vertrieben wird und u. a. einen Röhrenverstärker sowie „eine automatische Aussteuerung für das Aufzeichnen von Telefonaten" (ebd., S. 28 f.) enthält.

Das etwa ein Kilo schwere Gerät mit zwei Stunden Diktierzeit erfreut sich großer Beliebtheit, allerdings aufgrund geringer Tonqualität weiterhin primär für Sprachaufzeichnungen. Hiervon abgesehen beteiligt sich Curt Stille zudem 1929 an der Entwicklung eines synchron zum Film laufenden Stahlbandgerätes, finanziert vom in England tätigen Ludwig Blattner. Es ist der Beginn einer engen Zusammenarbeit. Blattner sichert sich die Verwertung von Stilles Patenten in England über die eigens gegründete Firma *British Blattnerphone (Stille System) Ltd.* und lässt sich von Stille ein Stahltonband konstruieren, das er im Oktober 1929 der Fachpresse unter dem Titel *Blattnerphone* (Abb. 3) vorführt (vgl. Holenstein 1996, S. 82 ff.).

Abb. 3: Das *Blattnerphone*. © BBC.

Das Stahlband des *Blattnerphones* lässt sich durch von Stille 1918 entwickelte Tonköpfe beidseitig magnetisieren und hat eine Länge von 3000 Metern. Das Gerät wird in den folgenden Jahren bis zum Ende des Zweiten Weltkriegs eine der zentralen Technologien der BBC zur zeitversetzten Sendungsaufzeichnung. In ihrem Jahrbuch von 1932 schreibt die BBC:

> In some ways the most important event of the year has been the adoption by the B.B.C. of the Blattnerphone recording apparatus described in the Technical Section. For years the B.B.C's programme officials have longed for a machine which would be useful on the one hand for recording outside events such as commentaries, speeches, etc., of which normally no record existed, and on the other for rehearsals, and in particular for enabling certain broadcasters to hear themselves as others hear them. (The British Broadcasting Corporation (BBC) 1932, S. 101)

Doch obwohl Stilles und Blattners Stahlbandgeräte im britischen Rundfunk Anfang der 1930er Jahre große Erfolge feiern, hat ihre Erfindung auch entscheidende Nachteile. Abgesehen vom immensen Gewicht und mäßiger Tonqualität haben die Stahlbänder des *Blattnerphones* vor allem auch die leidige Angewohnheit, schnell zu reißen, was aufgrund der Beschaffenheit des Materials zu einer Gefährdung aller Anwesenden führen kann.

> [B]lack in the early thirties it was the forerunner of the magnetic tape recorder which had to be safely stowed away. And when you see the material on which it made its recording, you'll understand why the engineer always handled it with leather gloves. Two giant reels like this whirled through the tape recorder at a frightening 60 inches a second, this stuff, a razor-sharp band of steel. And when this band broke, as it had a habit of doing, everybody had to be well clear of the sharp edge as it sides viciously through the air. (*The New Sound of Music* 1979, TC 00:06:25–00:07:04)

1.3.2 Sound on plastic, it's fantastic! Von Fritz Pfleumers Lautschriftträger zum *Magnetophon K1*

Trotz dieser Probleme ist, vor allem auf Grundlage einer von der AEG (*Allgemeine Elektricitäts-Gesellschaft*) finanzierten Studie Eduard Schüllers, auch die deutsche *Reichs-Rundfunk-Gesellschaft* (RRG) an Stahlbandmaschinen interessiert und lässt eigene Geräte für Reportageaufnahmen entwickeln. Die Verwendung von Stahlbandmaschinen in Deutschland dauert jedoch nur kurz an, denn während Curt Stille noch an der Optimierung seiner Stahltonträger feilt, wird bei der AEG bereits an einer anderen vielversprechenden Tonträgertechnologie geforscht, die viele der oben genannten Probleme der Magnettonspeicherung lösen kann.

Am 28. November 1932 unterzeichnet der Elektronikkonzern einen Vertrag mit dem deutsch-österreichischen Ingenieur Fritz Pfleumer zur Entwicklung eines Magnetbandgerätes, das statt auf Stahlbändern auf mit Stahlpulver beschichtetem Papier, bzw. später Kunststoffband, aufzeichnet. Pfleumer, der Patentinhaber dieser für das Tonbandgerät revolutionären Idee, verblüfft die Fachwelt bereits 1928 mit einem selbstgebauten Prototyp seiner Erfindung, mithilfe dessen er das Wiederbespiel- und Montagepotential von beschichtetem Papier als Tonträger beim Magnettonverfahren demonstriert. Doch Pfleumers sogenannter *Lautschriftträger* ist zu diesem Zeitpunkt bei Weitem noch nicht ausgereift. Immer wieder zerreißt das Gerät das fragile beschichtete Papierband. Es braucht noch drei weitere Jahre der Entwicklung und die Unterstützung des Chemiekonzerns *I. G. Farben Ludwigshafen* (heute BASF), bis das erste alltagstaugliches Gerät unter der Typenbezeichnung *Magnetophon K1* (Abb. 4) der Öffentlichkeit auf der *Zwölften Großen Deutschen Funkausstellung* von 1935 in Berlin vorgestellt wird (vgl. Schoenherr 2002). Hier stößt das Gerät flächendeckend auf positive Resonanz und gilt mithin als „Schlager der Ausstellung". Der für die AEG anwesende Eduard Schüller berichtet von „ungeheure[m] Andrang" und von einer „Sensation" (zit. nach Engel et al. 2013, S. 83). Sowohl Industrie als auch Ministerien zeigen sich hochinteressiert an der Erfindung und die erste

Fertigungsserie von 50 Stück ist schnell verkauft bzw. geordert (vgl. ebd., S. 83 ff.). Auch das Presseecho ist durchweg positiv und lobt den „sprechende[n] Draht in einer neuen Form", bei dem „[f]ast alle Mängel [...] mit einem Schlag beseitigt [sind], nur die Vorzüge sind geblieben" (Rhein 1935, zit. nach ebd., S. 85 f.).

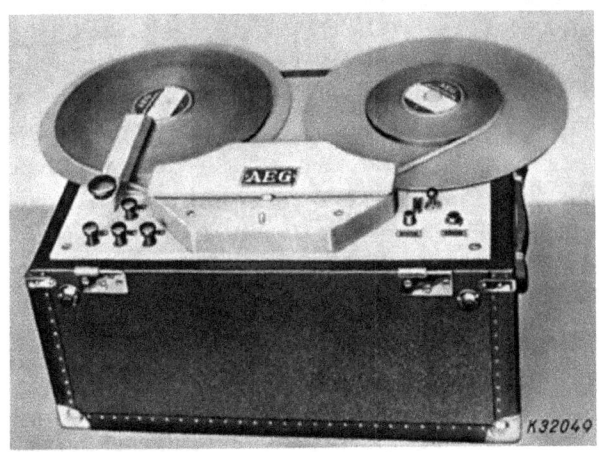

Abb. 4: Das *Magnetophon K1*. © AEG.

Neben Pfleumers beschichtetem Papierband, das mithilfe der *I. G. Farben* durch ein mit Carbonyleisenpulver beschichtetes Kunststoffband aus Acetylcellulose ersetzt wird, verwendet das erste *Magnetophon* einen von Eduard Schüller neu entwickelten Ringkopf, der „zur Basis fast aller modernen Löschköpfe, Aufsprech- und Wiedergabewandler" (Holenstein 1996, S. 84) wird und heute als eines der „wichtigsten Teil[e] der modernen Tonbandtechnik" (ebd.) gilt. Zuvor sind Aufnahmeköpfe von Magnetbandgeräten meist wie Phonographennadeln oder Meißel geformt und beschädigen das fragile Band. Schüllers Ring hingegen ist dazu in der Lage, ein starkes Magnetfeld präzise auf kleine Bandaufschnitte zu übertragen, ohne dieses auch nur zu berühren (vgl. Schoenherr 2002).

Das Design und die Funktionsweise des sogenannten Koffertonbandgerätes wird vorbildhaft für den Gerätestandard der folgenden dreißig Jahre: Zwei liegende Spulen, drei Tonköpfe (ein Löschkopf, ein Aufnahmekopf und ein Wiedergabekopf), drei Motoren für Bandantrieb, Bandauf- und -rückwicklung sowie vier Druckknöpfe (Rücklauf, Wiedergabe, Aufnahme und Halt). Zur Aufzeichnung wird das Band zuerst an dem Löschkopf vorbeigezogen, der durch Induktion einer gleichmäßigen Spannung das Band ‚entmagnetisiert'. Hiernach zieht das geleerte Band am Aufnahmekopf vorbei, der tonfrequente Spannungen zuführt, wobei „die magnet[ischen] Feldlinien des Spalts in die wirksame Schicht des Tonbands über[treten] u. [...] sie im Takt des Schalls" (o. V. 1985, S. 232) magnetisieren.

Zur Wiedergabe wird der Vorgang umgekehrt. Lösch- u. Sprechkopf sind abgeschaltet, im Hörkopf induziert (elektromagn. Induktion) das bewegte Band Wechselspannungen, die verstärkt u. dem Lautsprecher zugeführt werden. (Ebd.)

Ein großer Vorteil des *Magnetophons* gegenüber Stahltonträgergeräten ist seine Portabilität. Der Lieferumfang des *K1* beinhaltet neben dem Koffertonbandgerät noch zwei weitere kleine Koffer für Verstärker und Lautsprecher. Mit einer Bandlaufzeit von 25 Minuten empfiehlt die AEG die Verwendung des Gerätes insbesondere „für die Verwendung bei Aufsichtsratssitzungen, Gerichtssitzungen, bei großen politischen Reden und Polizeiverhören" (AEG-Prospekt des *Magnetophon K1*, zit. nach Holenstein 1996, S. 85). Von Musikaufnahmen ist noch keine Rede, denn während das Magnetophon der Konkurrenz aus dem Bereich der Stahlbandmagnettonverfahren weit überlegen ist, hat es weiterhin Probleme mit Klangqualität und störenden Hintergrundrauschen. Hier ist Emil Berliners Grammophon der Bandmaschine noch weit voraus.

Dennoch finden bereits 1935/36 erste Versuch einer musikalischen Anwendung statt. Engel et al. berichten von einem erhaltenen (allerdings nicht mehr abspielbaren) Versuchsband der *I. G. Farben*, das vermutlich eine Konzertaufnahme vom 27. April 1935 im Nationaltheater Mannheim beinhaltet und damit die erste „Magnetband-‚live'-Musikaufzeichnung überhaupt" (2013, S. 97) darstellt. Etwas später, dafür aber eindeutig zuzuordnen und abspielbar, sind Aufnahmen des *London Philharmonic Orchestras* unter der Leitung von Sir Thomas Beecham vom 19. November 1936 im Ludwigshafener „Feierabendhaus", von denen u. a. der zweite und dritte Satz der Symphonie Nr. 39 in Es-Dur von Wolfgang Amadeus Mozart erhalten sind. Nach der Aufführung soll sich Beecham tief beeindruckt von der Erfindung gezeigt haben, das „erhebliche Gefälle zwischen Wachsplatten- und Magnetophonband-Qualität" (ebd.) wird ihm aber vermutlich nicht entgangen sein.

Die ernüchternden Erfahrungen in der Musikaufzeichnung bringen die AEG und die *I. G. Farben* daher nicht davon ab, ihr Gerät weiterhin primär für Diktierzwecke zu vermarkten. Von größerem Interesse ist das *Magnetophon* jedoch auch für Sprach- und Musikwissenschaftler*innen. Schon die Erfindung des Phonographen bewegt Musikethnolog*innen Ende des 19., Anfang des 20. Jahrhunderts dazu, Schallaufnahmen der von ihnen untersuchten Stimmen, Sprachen und Gesänge anzufertigen (vgl. Dreckmann 2014 und weiterführend Dreckmann 2017, S. 53 ff. Zum Einfluss des Phonographen auf ethnografische Praktiken im Allgemeinen vgl. Brady 1999). Die größere Portabilität und einfache Bedienbarkeit des *Magnetophons* stellt sich für diesen Bereich daher als vielversprechende Erleichterung der mobilen Klangaufzeichnung dar. Wolfgang Sichardt reist 1936 bspw. mit einem *Magnetophon K2* in abgelegene schweizer Kantone, um „älteres und ältestes Melodiegut zu erschließen" (Sichardt 1936, zit. nach Engel et al. 2013, S. 98). Das 1935 in Berlin zur „Erforschung und Pflege deutschsprachigen Kulturguts" gegründete *Staatliche Institut für Deutsche Musikforschung* (STIDMF), inklusive einer SS-Amtsstelle „Ahnenerbe", verwendet ab 1939 *Magnetophone*, um das „geistige[] Kulturgut[] aller umzusiedelnden ‚Volksdeutschen'" (vor allem in Südtirol, aber auch in Belgien, Galizien, Wolhynien und Schweden) aufzuzeichnen (vgl. Engel et al. 2013, S. 99).

Doch selbst für Sprachaufnahmen findet die neue Tonbandtechnologie fast ausschließlich in Deutschland breitflächige Anwendung. Amerikanische Elektronikunternehmen haben die Entwicklung von Magnettonträgern lange unterschätzt und stellen erst ab 1938 kommerzielle Magnettongeräte her, die wohlgemerkt noch auf Stahldraht und -band aufzeichnen. In Sachen Kunststofftonträger besteht ein beachtlicher Innovationsrückstand. Während Tonbandgeräte in Deutschland zur Zeit des Zweiten Weltkriegs eine wichtige Rolle einnehmen und weiterentwickelt werden, konzentrieren sich die Alliierten auf andere Klangtechnologien. Magnettonbandgeräte, so die hier gängige Meinung, wären ohnehin nicht dazu in der Lage, an die Tonqualität von Grammophonaufnahmen heranzureichen (vgl. Holenstein 1996, S. 87 ff.).

1.3.3 Die ‚Entdeckung' der Hochfrequenz-Vormagnetisierung

Ein Zufall soll diesen Eindruck zum Trugschluss wandeln und die „eigentliche Geburtsstunde der High-Fidelity" (ebd., S. 88) markieren. Im Zuge von Experimenten mit neuentwickelten Verstärkern entdeckt der bei der *Reichs-Rundfunk-Gesellschaft* angestellte Physiker Walter Weber 1940 versehentlich die Hochfrequenz-Vormagnetisierung (wieder). Ein Verstärker gerät ungewollt in eine Rückkopplungsschleife mit dem angeschlossenen *Magnetophon* – Sender- und Empfängerrolle wurden vertauscht und statt Signale vom Tonbandgerät zu verstärken wirkt der Verstärker nun als Generator und führt dem Bandgerät eine hohe Frequenz zu. Zu Webers Überraschung führt dieses Missgeschick nicht zur Überspielung der Tonaufzeichnung, sondern entfernt nur das sonst immer zu hörende Störgeräusch. „Mit anderen Worten: Wenn eine Hochfrequenz dem Aufzeichnungskopf zusätzlich zugeführt wird, sinkt das Störgeräusch" (Hans-Joachim von Braunmühl, Leiter des Laboratoriums der RRG, in einem Zeitungsinterview, zit. nach ebd., S. 86).

Physikalisch betrachtet ist das Prinzip der Hochfrequenz-Vormagnetisierung hochspannend und löst ein schon lange bekanntes Grundproblem des Magnettonverfahrens: Die Abbildung von relativer Stromstärke auf Magnetfeldlinien, also die

Wandlung von elektrischer in magnetische Information, ist, unabhängig vom zu magnetisierenden Material, niemals linear. Genauer gesagt, die Remanenz, also die Magnetisierung der magnetischen Teile, die nach Durchlaufen des magnetischen Feldes (Ringkopf) auf dem Tonband zurückbleibt, steht von Grund auf nicht in einem linearen Zusammenhang mit der einwirkenden Feldstärke. Durch das Hinzuführen eines hochfrequenten, für das menschliche Gehör nicht wahrnehmbaren Signals, kann nun die erforderliche Proportionalität zwischen eingehendem Audiosignal und Bandremanenz hergestellt werden. Eine genaue Beschreibung der einzelnen physikalischen Vorgänge ist sehr kompliziert und soll den Expert*innen des Fachs überlassen werden (für eine genauere Beschreibung siehe Drenner 1947 sowie Minnesota Mining and Manufacturing Company (3 M) 1968). Für die Zwecke dieser Arbeit soll jedoch festgehalten werden, dass ein durch Umwandlungsverfahren entstehendes Hintergrundrauschen durch die Hinzuführung akustisch nicht wahrnehmbarer Frequenzen beseitigt, bzw. überschrieben wird.

Weber und sein Vorgesetzter Hans Joachim von Braunmühl erkennen schnell die Tragweite ihrer Entdeckung und machen sie für die Praxis nutzbar. Begeistert kauft die AEG Braunmühl und Weber 1940 ihre Patentanmeldungen und präsentiert der deutschen Öffentlichkeit am 10. Juni 1941 im Ufa-Palast Berlin das erste *Magnetophon* mit Hochfrequenz-Vormagnetisierung. Hier findet die technologische Entwicklung des Magnettonbandverfahrens bereits ihren vorläufigen Abschluss. Die Hochfrequenz-Vormagnetisierung ermöglicht die annähernd verlustfreie Speicherung und Wiedergabe von Schallwellen auf einem beliebig verlängerbaren, leichten, stabilen, flexiblen und manipulierbaren Tonträger. Nicht nur Sprachaufnahmen, sondern auch Musik kann von nun an beinahe ohne hörbare Veränderung gespeichert und nach Belieben geschnitten, manipuliert und rekombiniert werden.

1.3.4 War on Tape: Das Tonband im Zweiten Weltkrieg

Ohnehin spielt Tonbandtechnologie im Nationalsozialismus eine gravierende Rolle. So zählen zu den größten Interessenten des *Magnetophon K1* auf der Funkausstellung 1935 vor allem die Wehrmacht, die RRG sowie das Reichsluftfahrtministerium, für die die AEG in der Folge „jeweils eigene Magnetophon-Varianten entwickeln und liefern" (Engel et al. 2013, S. 119) lässt. Während große Sicherheit darüber herrscht, dass deutsche Behörden und die Wehrmacht Tonbandgeräte extensiv verwenden, liegen, vor allem für den militärischen Anwendungsbereich, nur wenige verlässliche Informationen darüber vor, „welche Aufgaben die *Tonschreiber* genannten Magnetophone […] [genau] zu erfüllen hatten" (ebd.).

1.3 Tape D(el)ays: Die Erfindungs- und Technikgeschichte des Tonbands — 51

Die Entwicklung spezieller militärischer Tonbandgeräte für die Wehrmacht beginnt spätestens Mitte 1937. Interne Dokumente der *I. G. Farben* und der AEG geben Hinweise auf ein „Militärgerät zur Befehlskontrolle", eine Maschine mit „regelbarer Bandgeschwindigkeit", ein „Chiffriergerät für militärische Zwecke" sowie ein „leichtes Reportagegerät mit Einmotorantrieb und Batteriespeisung" (ebd., S 120). Mit Kriegsausbruch 1939 entwickelt sich die Wehrmacht zum mit Abstand größten Abnehmer der AEG, weit vor der RRG. Vor allem für den Bereich der Funküberwachung und Nachrichtenbeschaffung kommen hier Tonbandgeräte zum Einsatz.

> Die Tonschreiber sollten [...] zum einen die Horchfunker beim manuellen Mitschreiben kodierter Sendungen (besonders Sprach- und Schnellmorsesendungen) und den damit verbundenen Fehlermöglichkeiten entlasten, ihnen zum anderen ein neuartiges Werkzeug an die Hand geben, nämlich aufgezeichnete Hochgeschwindigkeitssendungen beim Abspielen zu verlangsamen und damit bearbeiten zu können. (Ebd., S. 121)

Verbreitet sind auch Berichte über die Verwendung von Tonbandgeräten für Abwehr und Spionage, wobei hier „die überlieferten Informationen besonders spärlich und wohl auch unzuverlässig sind" (ebd., S. 123). Dies gilt u. a. auch für die Verwendung von *Tonschreibern* im Rahmen der sogenannten „Funkspiele", von denen bekanntlich auch Friedrich Kittler in *Grammophon, Film, Typewriter* berichtet:

> Aber mit Hörererlebnissen der sogenannten Öffentlichkeit nicht genug, revolutionierte das Tonband auch den Agentenfunk. Nach Pynchon schwört eben das Personal am Morseempfänger darauf, „die individuelle Hand des Senders zu erkennen" (Pynchon (1973) 1982, S. 1149). Also ging die Abteilung Abwehr im OKW [Oberkommando der Wehrmacht, MH] dazu über, erst einmal in der Funkstation Wohldorf bei Hamburg die „Handschrift" jedes einzelnen Agenten zu archivieren, bevor er dann geheime Auslandsaufträge übernahm. Nur Tonbänder garantierten den Canarisleuten, daß ihr „Agent wirklich an der Taste saß und nicht ein Funker der Gegenseite" (Buchheit 1966, S. 121).
> Von diesem Erfolg inspiriert, ging die Abwehr von der Defensive zur Offensive über. Daß im Gerätepark der gegnerischen Dienste Tonbänder noch fehlten, erlaubte ihr berühmte Funkspiele, die ihrem Namen zum Trotz aber keine Unterhaltung für Lautsprechermillionen waren, sondern der Tod für 50 britische Agenten. Der Abwehr war es gelungen, mit Fallschirmen über den Niederlanden abgesetzte Geheimfunker zu verhaften und umzudrehen. Sie mußten aber weiter senden, in der eigenen Handschrift und als würde der Einsatz noch laufen. Die Übermittlung deutschen Spielmaterials nach London (oder in einem Parallelfall auch nach Moskau) lockte weitere Spione in die Abwehrfalle. Nur haben genau für solche Fälle die Geheimdienstzentralen üblicherweise Notsignale mit ihren Außenagenten verabredet: „Benutzung eines veralteten Codes, Übermittlung absurder Fehler, Einfügung oder Auslassung bestimmter Buchstaben oder Interpunktionszeichen". „Als Schutz gegen diese Möglichkeit des Betrogenwerdens führten die Deutschen das Tonband ein" (Dallin 1955, S. 172 f.): Jeder Morsespruch der umgedrehten Agenten wurde erst einmal mitgeschnit-

ten, analysiert und notfalls auch manipuliert, ehe die Funkspielleitung ihn absetzte. So lief es jahrelang ohne Panne durch den bekanntlich kaum zivilen Äther. (Kittler 1986, S. 163 f.)

Wie Engel et al. darlegen, ist die Legende der fatalen Rolle von Magnetbandtechnik für die „Funkspiele" äußerst umstritten. Dies zeigt z. B. ein Bericht des Abwehr-Veteranen Joseph Schreier, der glaubwürdig anmerkt, dass angesichts der präsupponierten psychischen Indisposition der Funker ihrer „Handschrift" in der Abwehr-Zentrale eine „nur untergeordnete Bedeutung zugebilligt" (Engel et al., S. 123) wurde. Nichtsdestotrotz finden sich Magnetbandgeräte an fast allen Stellen der Wehrmacht wieder, die hiermit den feindlichen Funkverkehr massenhaft speichert und minutiös abhört.[27] Vor allem der *Tonschreiber b*, auf den in Kapitel 3.2.8 genauer eingegangen wird, findet hier eine privilegierte Anwendung, da er über eine variable Bandgeschwindigkeit sowie einen abtastenden Rotationskopf verfügt, der es erlaubt, Aufgezeichnetes verlangsamt und in optimaler Tonhöhe wiederzugeben (vgl. Kapitel 3.2.8 in dieser Arbeit sowie ebd., S. 139 ff.).

Neben der Wehrmacht, der Deutschen Reichspost und dem Reichsluftfahrtministerium wird Tonbandtechnik vor allem im Rundfunk verwendet und weiterentwickelt, wie die oben erwähnte Episode zur Entdeckung der Hochfrequenz-Vormagnetisierung durch Ingenieure der RRG bereits andeutet. Bei der *Reichs-Rundfunk-Gesellschaft mbh* ist man schon seit einiger Zeit auf der Suche nach einem „idealen Aufzeichnungsverfahren" (Hans Joachim von Braunmühl in einem Brief an Walter Weber vom 17. Juli 1941, zit. nach Engel et al. 2013, S. 154, Fußnote 1153), mit der seit 1930 insbesondere Hans Joachim von Braunmühl und Walter Weber betraut sind. Die Vorstellung des *Magnetophons K1* bei der Berliner Funkausstellung 1935 ist daher auch für die RRG von großem Interesse, um die bisher verwendeten Wachsplatten, Schwarz- und Schellackplatten sowie Schallfolien, die sich auf je eigene Art als nachteilig im Sendebetrieb erwiesen, abzulösen. Trotz sofortiger Order durch den Präsidenten der Reichsrundfunkkammer Horst Dreßler-Andreß werden *Magnetophone* jedoch erst 1938 regulär im deutschen Rundfunk verwendet; bis dahin geht die Verwendung von Tonbandtechnik beim RRG nicht über den Versuchsbetrieb hinaus. ‚Rundfunkreif' wird Tonbandtechnik beim RRG erst nach einigen Verbesserungen und Weiterentwicklungen gegen Ende 1938, Anfang 1939, als das Magnettonverfahren „etwa die Qualität der Schallfolie erreicht" (Weber 1944, S. 137 f., zit. nach Engel et al. 2013, S. 161, Fußnote 1224) und in den Pilotbetrieb geht. Der endgültige Durchbruch gelingt schließlich mithilfe der oben be-

---

27 Dies trifft im Übrigen auch auf die Deutsche Reichspost zu, die mit *Magnetophonen* transatlantische Telefonate praktisch pausenlos mitschreibt (vgl. ebd., S. 121 f.)

schriebenen hausinternen Entdeckung der Hochfrequenz-Vormagnetisierung durch Walter Weber. Im November 1940 entsteht in Zusammenarbeit mit der AEG ein erstes Versuchsgerät dieser Art (ein Prototyp des *Magnetophon R 22a*). Ab Sommer 1941 werden Tonbandgeräte mit HF-Vormagnetisierung sukzessive beim RRG eingeführt und „1944 ist der deutsche Rundfunk ‚ohne Hochfrequenzmagnetofon schlechthin nicht mehr denkbar'" (Braunmühl 1944, zit. nach Engel et al. 2013, S. 171).

Im Betrieb der RRG ermöglicht die verbesserte Tonbandtechnologie u. a. eine Vereinheitlichung der Sendeinhalte, vor allem aber erweist sie sich als „Mittel zur Rationalisierung und Personalfreisetzung" (ebd., S. 174) in Zeiten eines „Rundfunk [s] im totalen Krieg" (Fritzsche 1943/44, zit. nach ebd.). Während immer mehr RRG-Angestellte zum Heeresdienst einberufen werden, stellen Tonbandaufnahmen und rasch ausgebildete Tontechnikerinnen den Sendebetrieb sicher. Dementsprechend rasant erfolgt in den 1940er Jahren auch der Umstieg bei der RRG auf *Magnetophone* mit HF-Vormagnetisierung. „Überschlägig gerechnet, dürften die RRG-Archive allein 1944 um nicht weniger als 14.000 Programm-Stunden gewachsen sein" (Engel et al. 2013, S. 175). Während die Qualen des Krieges unentwegt voranschreiten und ein normales Leben in weite Ferne rückt, sendet die RRG mit emsigen Magnetbandgeräten unbeirrt weiter.

1.3.5 Kalifornische Kriegsbeute: Jack Mullin, *Ampex* und Bing Crosby

Während im nationalsozialistischen Deutschland Tonbandtechnik nicht mehr wegzudenken ist, scheinen die Alliierten wenig Kenntnis von den weiterentwickelten *Magnetophonen* genommen zu haben – zumindest nicht auf breiter Ebene. Als Ende 1944 amerikanischen Truppen ein *Tonschreiber* (vermutlich sogar der klangtransformationsfreudige *Tonschreiber b*) in die Hände fällt, zeigt man sich an offizieller Stelle unbeeindruckt. Dies ist umso erstaunlicher, da, entgegen einigen amerikanischen Nachkriegsdarstellungen, die Deutschen kein großes Geheimnis um die weiterentwickelte Magnetbandtechnik gemacht haben. Wie oben beschrieben, präsentiert die AEG 1941 öffentlichkeitswirksam das erste *Magnetophon* mit Hochfrequenz-Vormagnetisierung im Ufa-Palast Berlin, inklusive breitem Presseecho.

Dass bei Kriegsende Tonbandgeräte mit HF-Vormagnetisierung in die Vereinigten Staaten gelangen und die Musikproduktion des 20. Jahrhunderts entscheidend verändern, ist daher wenigen aufmerksamen „amerikanischen und britischen Offizieren mit gutem Gehör" zu verdanken, „die sich über die erstaunliche, von Direktübertragungen nicht unterscheidbare Qualität der RRG-

Musiksendungen wunderten" (ebd., S. 227).²⁸ Neben Richard H. Ranger, der im Sommer 1947 mit dem *Rangertone Tape Recorder* eine „[a]mericanized version" (ebd., S. 233) des HF-*Magnetophons* vorstellt, ist es vor allem John T. Mullin, der in den USA die Verbreitung deutscher Tonbandtechnik vorantreibt.

Bei Arbeiten in Großbritannien 1944 zur Beseitigung von Radiointerferenzen wird der häufig nachts arbeitende Elektroingenieur erstmals auf den Technologievorsprung der Deutschen in Sachen Musikreproduktion aufmerksam. Während die BBC ihr Programm immer um Mitternacht beendet, senden deutsche Radiostationen rund um die Uhr Symphoniekonzerte, die eigentlich, nach Mullins Kenntnisstand der zur Verfügung stehenden Technologien, zu gut klingen, um aufgezeichnet zu sein. Später wird Mullin in Paris stationiert, wo er damit betraut wird, technologische Entwicklungen der Deutschen aufzuspüren. Hierbei stößt Mullin auch auf diverse batteriebetriebene Tonbandgeräte, die jedoch noch mit Gleichstromvorspannung und ohne Hochfrequenz-Vormagnetisierung operieren und dadurch über eine „poor signal-to-noise ratio, limited frequency response, and distortion in the high frequencies" (Mullin 1976, S. 62) verfügen, die mit den von Mullin gehörten klangtechnisch hochqualitativen Nachtkonzerten nichts gemein haben. Bis Kriegsende kann Mullin das sich für ihn hieraus erwachsene Rätsel nicht erklären. Erst bei einer Mission in Deutschland im Juli 1945 erhält Mullin bei Frankfurt den entscheidenden Hinweis eines britischen Armeeoffiziers, sich die von Radio Frankfurt benutzten Magnettongeräte anzuhören (vgl. o. V. o. J.). Statt wie geplant nach Paris zurückzukehren, fährt Mullin zu einer von den Amerikanern besetzten Radiostation in Bad Nauheim, wo ihn des Rätsels Antwort erwartet:

> So, I turned left, and we went to the radio station that afternoon and it was being operated by the Americans, the AFRS. And so, I asked them if they could let me hear one of these machines and so they spoke in German to an assistant, who clicked his heels and ran back to a room and came out with a roll of tape and put it on the machine. And that's when I really flipped because I had never heard anything like that. And despite to my knowledge there just hadn't been anything like that anywhere in recording before. You couldn't tell whether it was life or playback, there was no background noise. I was thrilled. (Jack Mullin in Winter 2010, TC 00:01:15–00:01:53)

Begeistert von der Entdeckung beschafft sich Mullin neben einigen dienstlichen Geräten für die Armee zwei *Magnetophone* des Typs *K4* sowie 50 Bänder für private Zwecke. Die private ‚Kriegsbeute' lässt er dann, in 35 Pakete zerlegt, an seine Heimadresse nach San Francisco schicken, wo er die Geräte 1946 nach seinem Ausscheiden aus der Armee wieder zusammensetzt (vgl. Burgess 2014, S. 46 f.). Am

---

28 Es handelt sich namentlich um John Herbert Orr, Richard H. Ranger, John T. Mullin, William V. Stancil und Lewis C. Heinzmann.

16. Mai 1946 führt Mullin sein Gerät unter dem Namen *Magnetrack System* in den NBC-Studios bei einer Veranstaltung des *Institutes of Radio Engineers* in San Francisco vor und erhält den Hinweis, die Technologie der Firma Ampex (*Ampex Electric and Manufacturing* Company) zur Entwicklung anzubieten. Ampex, ursprünglich eine Elektronikmanufaktur für Motoren und Generatoren, hat Erfahrung mit Magnettechnologie und ist nach Ende des Weltkriegs auf der Suche nach einem neuen Produkt. Mullins Tonbandgeräte kommen somit gerade zum richtigen Zeitpunkt und *Ampex* entscheidet sich für die Entwicklung und Konstruktion des ersten amerikanischen Magnettonbandgerätes auf Kunststoffbandbasis (vgl. Leslie und Snyder 2010).

Bis zur Produktionsreife und somit zur flächendeckenden Verwendung von Magnettontechnik für Musik- und Funkstudios soll allerdings noch einige Zeit vergehen. Doch Mullins *Magnetophone* und seine 50 Tape-Rollen bleiben nicht ungenutzt. Noch vor dem endgültigen Zustandekommen der *Ampex*-Kooperation wird Mullin eingeladen, sein System dem amerikanischen Sänger und Entertainer Bing Crosby vorzuführen. Crosby ist schon lange an der Möglichkeit interessiert, seine Sendungen im Vorhinein aufzunehmen, etwa um nachträgliche Änderungen vornehmen zu können und eine zweifache Aufzeichnung seiner Sendung (einmal für die östliche und einmal die westliche Standardzeit) zu vermeiden. Noch bevor Crosby von Mullins Tonbandgeräten erfährt, schafft er es gegenüber dem Sender ABC die Forderung durchsetzen, seine Sendungen auf Aluminium-Discs zu speichern, die dann in einem *disc to disc*-Verfahren nachbearbeitet werden können. Diese Methode hat jedoch den entscheidenden Nachteil, dass die Acetatoberfläche der Discs qualitativ gesehen nicht weit über Edisons Wachswalzen liegt und nur ein sehr geringes Frequenzspektrum aufzeichnet. Dazu geht der Montageprozess mit großem Qualitätsverlust einher, denn Fehler können nur herausgeschnitten werden, indem die Sendung von einer Disk mithilfe eines Lautsprechers auf einer anderen Disk neu aufgenommen wird.

Das mit Hochfrequenz-Vormagnetisierung ausgestattete Tonbandgerät ist somit die Erfüllung einer von Crosby lang ersehnten Technologie und dementsprechend erfolgreich verläuft auch die Gerätepräsentation im Juni 1947. Nach der Demonstration wird Mullin darum gebeten, als eine Art Testdurchlauf die erste Folge der neuen Staffel der *Bing Crosby Radio Show* 1947/48 mit seinen Tonbandgeräten aufzuzeichnen. Auch hier kann Mullins System überzeugen; Mullin erhält für sich und seine Geräte ein kleines Studio und zeichnet von diesem Zeitpunkt an auch alle weiteren Folgen auf (vgl. ebd., S. 4 ff.).

Am 1. Oktober 1947 wird ein erster Prototyp des ersten Ampex-Tonbandgeräts, das *Ampex 200A*, vorgestellt und dank „der Assistenz von Mullin, einer ersten Bestellung und einer großzügigen Vorauszahlung von Bing Crosby" (Engel et al. 2013, S. 234), der nach der Vorführung des Prototypen 20 Exemplare zum stattlichen

Preis von 4000 Dollar pro Stück ordert, händigt *Ampex* am 25. April 1948 die ersten beiden Seriengeräte an Mullin aus (vgl. ebd.). Einige seiner Exemplare verkauft Crosby wenig später an den Sender ABC, der von der Qualität und Verlässlichkeit der Geräte erfahren hat und die Technologie auch für andere *coast to coast*-Sendungen nutzen will (vgl. Leslie und Snyder 2010, S. 4 f.).

Nach dem Modell 200, von dem *Ampex* zwischen 1947 und 1949 insgesamt 112 Stück baut, folgt im November 1948 das Modell 300. Der kleinere, leichtere und preisgünstigere Nachfolger bringt *Ampex* den verhofften großen Erfolg. „Bis Ende der 1960er Jahre sollen 20.000 Exemplare dieses Geräts und seiner Modifikationen verkauft worden sein" (Engel et al. 2013, S. 235). Hiernach sind Tonbandgeräte aus amerikanischen Fernsehstudios, Radiostationen und vor allem aus den Tonstudios der Musikindustrie nicht mehr wegzudenken.

2 Hand-Werk-Zeug: Theorien und Begriffe

Musik-Machen mit Tonband ist Hand-Werk; und zwar sowohl im unmittelbaren als auch in einem erweiterten Sinne. Das zeigt allein schon die semantische Nähe der basalen Tonbandoperationen ‚Schneiden, Kleben, Kopieren und Schleifen' zu Werkstatt- und Bastelpraktiken. Dadurch wird der*die Tonbandkünstler*in zum*-zur Handwerker*in und das Tonband zum Werkzeug. Das Verständnis von Tonbandmusik als Handwerkskunst ist dabei keinesfalls abwertend zu verstehen – obwohl sich diese Trope im Diskurs zum Tonband vermehrt wiederfindet –, sondern viel eher als Präzisierung der konkreten Praktik und Materialität.

In Anlehnung an Richard Sennett wird das Handwerk (*craftsmanship*) als „skill of making things well" (Sennett 2008a, S. 8)[29] und als „intimate connection between hand and head" (ebd., S. 9) verstanden, und das Handwerken als eine „special human condition of being *engaged*" (ebd., S. 20) – als „die besondere menschliche Möglichkeit *engagierten* Tuns" (Sennett 2008b, S. 32). Nach dieser Definition gelten eben nicht nur Dachdecker*innen, Schreiner*innen und Schuster*innen als Handwerker*innen, sondern auch Labortechniker*innen, Musiker*innen und Dirigent*innen.

Die Bedeutung, das Verständnis und auch die gesellschaftliche Stellung des*-der Handwerker*s*in hat sich im Verlauf der Geschichte vielfach gewandelt. Eine frühe Würdigung der besonderen schöpferischen Fertigkeiten des Handwerks findet sich in der homerischen Hymne an Hephaistos (vgl. Homerus 1989, S. 123), den Schmiedegott, lahm geborener Sohn von Zeus und Hera, den die Mutter vom Olymp stößt, und der danach auf Erden von den Nymphen Eurynome und Thetis das Schmieden erlernt (vgl. Homer 2013, S. 643 ff.). In der Hymne wird er gepriesen als „Friedensstifter und Schöpfer der Zivilisation" (Sennett 2008b, S. 34), der den Menschen das Schaffen lehrt. Für Handwerker verwendet Homer hierbei den Ausdruck *demioergos*, der sich aus *demios* (öffentlich) und *ergon* (produktiv) zusammensetzt und zu seiner Zeit für vielerlei „anspruchsvollere manuelle Arbeiten" und so auch für „Töpfer, Ärzte und niedere Beamte" (Sennett 2008b, S. 35) benutzt wurde. „Handwerk und Gemeinschaft [waren] für die frühen Griechen", so die Historikerin Indra Kagis McEwen, „untrennbar miteinander verbunden" (McEwen 1997, S. 119, zit. nach ebd., S. 34). Handwerker*innen als diejenigen, die Hand und Kopf produktiv verbinden, werden in diesem Sinne als wichtige Zivilisator*innen verstanden (vgl. Sennett 2008b, S. 34).

---

[29] Im Folgenden wird sowohl aus der englischen Originalausgabe (Sennett 2008a), als auch aus der deutschen Übersetzung (Sennett 2008b) zitiert, je nachdem, ob die deutsche Übersetzung treffend erscheint und der begrifflichen Schärfe Sennetts entspricht.

Dieses hohe Ansehen von Handwerker*innen als Personen der Öffentlichkeit zu Zeiten Homers ist nicht von ewiger Dauer. So beschreibt Aristoteles in seiner *Metaphysik* Handwerker als subordinär gegenüber dem „leitenden Künstler in jedem einzelnen Gebiete [...], weil sie die Ursachen dessen, was sie hervorbringen [nicht] kennen" (Aristoteles 1994, S. 39, zit. nach ebd., S. 36) und verwendet für sie nicht die alte Bezeichnung *demioergos*, sondern *cheirotechnon*, das sich mit „Handarbeiter" übersetzen lässt (vgl. Sennett 2008b, S. 36).

Das alte Verständnis von Handwerker*innen als bedeutungsvolle Zivilisator*innen findet sich für Sennett im klassischen Griechenland am ehesten noch bei Platon, der „die handwerklichen Fähigkeiten" auf *porein* zurückführt, im Sinne von Machen und Herstellen, und das Ziel der handwerklichen Tätigkeit als *arete*, als „das jedem Tun innewohnende Maß an Vollkommenheit", bezeichnet. Im Zentrum des Handwerks stehe demnach „[d]as Streben nach Qualität" und auch eine unmittelbare Nähe zur Poesie (ebd., S. 37).

Für Sennetts Projekt, und auch für die vorliegende Arbeit, soll dieses mit der Zeit etwas verschüttet gegangene Verständnis von Handwerker*innen als poetische *demioergoi* geborgen werden. Und zwar nicht zum Selbstzweck, sondern, weil Musik-Machen mit, auf und an dem Tonband zu einer (neuen) handwerklichen Tätigkeit im oben beschriebenen Sinne wird.

Dass Komposition, dass Musik-Machen, auch handwerkliche Komponenten umfasst, scheint zunächst weder kontrovers noch innovativ. Ein Blick auf die zahlreichen Kompositionsstudiengänge an deutschen Musikhochschulen genügt, um zu erkennen, dass zum Studium auch die Vermittlung eines „adäquaten Handwerkszeugs" (wie z. B. Werkanalyse, Kompositionstechniken etc.) dazugehört (vgl. z. B. die Website zum Kompositionsstudium an der HfM Detmold), wohlgemerkt aber nur, um das eigene „schöpferisch-[kreative] Potential" (ebd.) zu entdecken und weiterzuentwickeln. Diese herabwertende Positionierung des Handwerks gegenüber der Kunst entspricht eher dem Verständnis von Handwerker*innen als unreflektierte *cheirotechna* und nicht als schöpferische *demioergoi*, und hat Tradition in der mitteleuropäischen Musikwissenschaft: So zeichnet bspw. Adolf Bernhard Marx in seiner *Lehre von der musikalischen Komposition* von 1852 das Bild vom*von der vernünftigen, reflektierten Künstler*in, der*die sich im Gegensatz zum*zur Handwerker*in nicht von Formen gedankenlos erdrücken lässt, sondern sie als einen der Wege versteht, „auf denen die künstlerisch schaffende Vernunft ihr Werk vollbringt" (Marx 1852, S. 8). In anderen Worten: Ein*e Künstler*in reflektiert und versteht, während ein*e Handwerker*in anwendet und ausführt.

Das hier aufgerufene Leitbild des vom*von der Handwerker*in zu unterscheidenden, unabhängigen und gelehrten Künstler*innengenies entstand im 18. und 19. Jahrhundert im Zusammenhang der „Herausbildung der symbolischen Ordnung der modernen Kultur und der bürgerlichen Gesellschaft" (Ruppert 2018,

S. 20). Es dominiert noch heute das Verständnis von dem*der modernen Künstler*in. Die hiermit unmittelbar verbundene Genieästhetik wird gemeinhin auf das Wirken Immanuel Kants und Friedrich Schillers zurückgeführt:

> Das „Genie" nahm fortan eine entscheidende Rolle bei der sprachlichen Mythologisierung der herausragenden kreativen Fähigkeiten eines Individuums ein, eindrucksstarke Werke in einer „schön" gestalteten Form oder ästhetischen Symbolik erschaffen zu können.
> Die Fähigkeit, aus der individuellen Einbildungskraft ohne Anleitung durch allgemeine Regeln oder Anweisungen anderer eine „ästhetische Idee" hervorbringen zu können, definierte seitdem den Künstler. Die Originalität der eigenen Vorstellungen und deren ästhetischer Ausdruck unterschieden ihn vom „normalen" Handwerker mit dessen üblichen Arbeitsstandards, aber auch vom Nachahmer, Kopierer oder Plagiator. (Ebd., S. 22 ff.)

Diese Klassifizierung und Apotheose des*der Künstler*s*in spiegelt sich auch in den Darstellungen Ludwig van Beethovens im 19. Jahrhundert wider, der beinahe gottesgleich gezeichnet wird – „Junge Mütter reichen ihm auf den Bildern ihre Kinder zur Segnung" (de la Motte-Haber 1998, S. 5). In eben diesem Lichte lesen sich auch die oben zitierten Lehranmerkungen von Adolf Bernhard Marx. Wahrhaftige Meisterwerke gingen demnach über bloßes technisches Können hinaus; das Handwerk zu beherrschen genüge nicht, um ein*e Künstler*in zu sein (vgl. Menke 2015, S. 182 f.). Auch die kühnsten postmodernen Mühen, den Künstler*innenmythos zu de(kon)struieren und den*die Autor*in sterben zu lassen (vgl. Barthes (1967) 2005), haben diese Herabsetzung der Handwerker*innen zum *cheirotechna* nicht rückgängig machen können.

Die Verabsolutierung der Autonomie künstlerischer Subjektivität versteht Helga de la Motte-Haber als eine radikale Abkehr von der traditionellen ästhetischen Maxime der Naturnachahmung. Mit Verweis auf den englischen Philosophen Shaftsbury bezeichnet sie die dadurch in Bewegung gesetzte Entwicklung als „[i]nventio statt imitatio". Das verbundene Streben nach Originalität habe „fast zwangsläufig [...] [zur] Abstraktion der modernen Kunst" (de la Motte-Haber 1998, S. 6) geführt und sei im Expressionismus Anfang des 20. Jahrhunderts in der Privilegierung der Imagination vor jeglichen formellen Kriterien kulminiert. In der Musik provozierte die Maxime der *inventio*, die Suche nach Einmaligkeit, bekanntlich zu einer zunehmenden Aushöhlung der Tonalität, bis hin zu ihrem Zerfall (vgl. ebd., S. 7 ff.).

Für Anton Webern hat den Genickbruch der Tonalität letztlich Arnold Schönberg um 1908 verbrochen, und zwar mit seinen George-Liedern, op. 15 (vgl. Webern (1933) 1960; siehe auch Vogel 1984, S. 49). Dabei versteht sich die Zweite Wiener Schule, die sich zu dieser Zeit um Schönberg bildet, und die später entwickelte Zwölftontechnik sowohl als logische Konsequenz als auch als Abkehr der Musik des 19. Jahrhunderts und lässt sich hervorragend im Lichte der Moderne, zwischen Tradition und Aufbruch, zwischen *Fin de Siècle* und neuer Sachlichkeit, betrachten (Mauser 2005, S. 31 ff.). Für Webern sind die Bestrebungen der Neuen Musik, zumindest retrospektiv, auch als Suche nach ‚Naturgesetzen', nach der ‚Materie' von Musik zu verstehen (vgl. Webern (1933) 1960, S. 9 ff.). Als Suche nach dem Neuem durch Rückbesinnung auf das Alte, vorzugshalber über (natur-)wissenschaftliche, mathematische Verfahren; *inventio* durch *imitatio*.

Vor diesem Hintergrund erscheint es bedeutend, dass Schönberg 1911 eine häufig zitierte, (zumindest auf den ersten Blick) respektvolle Affirmation des traditionellen Handwerks vorlegt. Dieser zieht zu Beginn seiner bekannten *Harmonielehre* einen lobenden Vergleich zwischen dem Kompositionslehrer mit einem Tischlermeister:

> Wenn einer musikalische Komposition unterrichtet, wird er Theorielehrer genannt; wenn er aber ein Buch über Harmonielehre geschrieben hat, heißt er gar Theoretiker. Aber einem Tischler, der ja auch seinem Lehrbuben das Handwerk beizubringen hat, wird es nicht einfallen, sich für einen Theorielehrer auszugeben. Er nennt sich eventuell Tischlermeister, das ist aber mehr eine Standesbezeichnung als ein Titel. Keinesfalls hält er sich für so was wie einen Gelehrten, obwohl er schließlich auch sein Handwerk versteht. Wenn da ein Unterschied ist, dann kann er nur darin bestehen, daß die musikalische Technik „theoretischer" ist als die tischlerische. Das ist nicht so leicht einzusehen. Denn wenn der Tischler weiß, wie man aneinanderstoßende Hölzer haltbar verbindet, so gründet sich das ebenso auf gute Beobachtung und Erfahrung, wie wenn der Musiktheoretiker Akkorde wirksam zu verbinden versteht. Und wenn der Tischler weiß, welche Holzsorten er bei einer bestimmten Beanspruchung verwenden soll, so ist das ebensolche Berechnung der natürlichen Verhältnisse und des Materials, wie wenn der Musiktheoretiker, die Ergiebigkeit der Themen einschätzend, erkennt, wie lang ein Stück werden darf. Wenn aber der Tischler Kannelierungen anbringt, um eine glatte Fläche zu beleben, dann zeigt er zwar so schlechten Geschmack und fast eben so wenig Phantasie wie die meisten Künstler, aber doch noch immer soviel wie jeder Musiktheoretiker. Wenn nun also der Unterricht des Tischlers ebenso wie der des Theorielehrers auf Beobachtung, Erfahrung, Überlegung und Geschmack, auf Kenntnis der Naturgesetze und der Bedingungen des Materials beruht: ist dann da wirklich ein wesentlicher Unterschied?
>
> [...]
>
> Wenn es mir gelingen sollte, einem Schüler das Handwerkliche unserer Kunst so restlos beizubringen, wie das ein Tischler immer kann, dann bin ich zufrieden. Und ich wäre stolz, wenn ich, ein bekanntes Wort variierend, sagen dürfte: „Ich habe den Kompositionsschülern eine schlechte Ästhetik genommen, ihnen dafür aber eine gute Handwerkslehre gegeben." (Schönberg (1911) 1922, S. 1 ff.)

Im Kontext seiner atonalen Kompositionen dieser Zeit wirkt die Betonung des traditionellen kompositorischen Handwerks und die Veröffentlichung einer „‚erztonale[n]' Harmonielehre" (Vogel 1984, S. 255) durch den „wilde[n] Mann der Neuen Musik" (ebd., S. 256) vorerst reichlich überraschend, lässt sich aber durchaus zeithistorisch erklären: Wie Schönberg später selbst schreibt, diente die Publikation der Harmonielehre vor allem als eine Art Rechtfertigung und Beweis der eigenen Kenntnisse kompositorischer Regeln, um dem Vorwurf entgegenzutreten, seine neuen Kompositionen wären gedanken- und verantwortungslos.

> Aber gerade weil ich so den Vorgängern treu war, konnte ich zeigen, daß die moderne Harmonik nicht von einem gefährlichen Narren, der kein Verantwortungsbewußtsein hat, verwendet wird, sondern daß sie die ganz logische Entwicklung der Harmonik und Technik der Meister ist. (Schönberg 1976, S. 355, zit. nach ebd., S. 256)

Während Schönberg so sein kompositionstechnisches Wissen unter Beweis stellen konnte, bleibt er für Martin Vogel den Nachweis, inwiefern sich seine eigene Harmonik als eine eben solche „logische [Weiter-]Entwicklung" verstehen lasse, im gesamten Lehrbuch schuldig (vgl. Vogel 1984, S. 256). Als ebenso vermeintlich entpuppt sich dabei auch Schönbergs prominent gesetztes Lob des Handwerks am Anfang des Lehrbuchs. Denn wenn es um Fragen der Ästhetik, oder eben um ästhetische Infragestellungen und Neuformulierungen geht, untersagt Schönberg dem Handwerk die Urteilskraft und verfällt in die moderne Trennung zwischen Kunst und Handwerk, die dem*der subordinären Handwerker*in den innovativen Einfall letztlich verwehrt:

> So kam ich dazu, zu erkennen, daß Kunst und Handwerk miteinander soviel zu tun haben, wie Wein mit Wasser. Im Wein ist wohl Wasser drin, aber wer vom Wasser ausgeht, ist ein Pantscher. Man kann auch einmal über das Wasser allein nachdenken; aber dann reinliche Scheidung. Das führte mich dazu, in der Kompositionslehre nichts anderes zu erblicken als die reine Handwerkslehre. Damit ist die Frage gelöst, da ja die Notwendigkeiten eines Handwerks für die Kunst unverbindlich sind. Darum durfte ich, dem in der Kunst die Zwecklosigkeit neben dem Ausdruck das Höchste ist, die Handwerkslehre rein auf die Zweckmäßigkeit stellen. Hier ist sie angemessen, ja unvermeidlich. Dorthin gehört sie nicht. Aber die beiden haben ja nichts miteinander zu tun. (Schönberg (1911) 1922, S. 492)

Die Harmonielehre, die Schönberg nun also als „reine Handwerkslehre" bezeichnet, hat ferner den Zweck, traditionelle Regeln aufzuzeigen, aus denen der*die Komponist*in (neue) Gesetze für das eigene „atonale Handeln" ableiten und entwickeln kann (vgl. Vogel 1984, S. 257). In anderen Worten: Um eine neue, eigene Handwerkslehre aufzustellen, erkundet er die alte, um anschließend in ihr zu wildern. Die Identifikation mit dem*der Handwerker*in ist dabei rein temporärer Natur im Rahmen dieses Lernprozesses. Nur hier genügt es Schönberg Tischler zu sein, darüber hinausgehend versteht er sich nicht als Handwerker, sondern als Künstler, der neue Pfade beschreiten möchte.

Nichtsdestotrotz ist Schönbergs Analogie zwischen Kompositionslehrer und Tischlermeister bemerkenswert, formuliert er hierdurch doch die Grundprinzipien des Komponierens, Material (in seinem Beispiel Themen) zu kennen, zu bearbeiten und in Beziehung zu setzen bzw. anzuordnen. Sicherlich ist Schönberg nicht der erste, der diese Analogie zieht und Komponieren als Material(an)ordnung betrachtet, und, wie seine spätere Degradierung des Handwerks zeigt, erschöpft sich für ihn hierin auch nicht das künstlerische Schaffen. Wohl aber verdeutlicht es, an welchen Punkten Schönbergs Kritik und Neukonzeption anzusetzen versucht: Nämlich an den ästhetischen Grundfesten des Kompositionshandwerks selbst.

An dieser Fundamentalkritik, an diesem neuen Denken, aus dem die Neue Wiener Schule vor allem Ordnungsprinzipien ableitete, setzt vierzig Jahre später Karlheinz Stockhausen an, um angesichts veränderter Materialbedingungen von einer neuen „Situation des Handwerks" zu sprechen. In einem erst 1963 publizierten Text von 1952, den der damals 24-jährige Stockhausen in Paris verfasst, sieht der Komponist die Notwendigkeit einer neuen Handwerkslehre:

> Die Vermittlung kompositorischen Handwerks ist zur Zeit ungenügend. Lehrende Komponisten berufen sich auf persönliche Abwandlungen traditioneller handwerklicher Methoden.
> Daß voneinander unabhängige private Bemühungen um kompositorisches Handwerk ohne Anleitung von Lehrern in der jüngsten musikalischen Entwicklung zu einem ‚Stil' geführt haben, erlaubt es, von einer neuen Situation des Handwerks zu sprechen. Die historische Orientierung dieses neuen Denkens geht auf die letzte Wiener Schule mit ihrem konsequentesten Vertreter Anton von Webern zurück. (Stockhausen (1952) 1963, S. 17)

Das Denken und der Stil, von denen Stockhausen spricht, beziehen sich auf die musikkompositorischen Entwicklungen der Nachkriegszeit in Europa. Angefangen bei Olivier Messiaen, René Leibowitz und schließlich Pierre Boulez erlebt die Dodekaphonie der Wiener Schule Ende der 1940er, Anfang der 1950er Jahre eine Renaissance unter neuen historischen (und technischen) Umständen. Nach den Schrecken des Zweiten Weltkriegs und dem Untergang der faschistischen Regime in Deutschland und Italien dienen die Arbeiten und Schriften Schönbergs, Bergs und Weberns vor allem als geeignete, politisch unbelastete „Anknüpfungspunkte" (Jeschke 2005, S. 80 f.). Und das nicht nur in Paris: Auch in Mailand wird der Reiz der Rehabilitierung der Zwölftontechnik über Komponisten wie Gianfrancesco Malipiero und Luigi Dallapiccola Ende der 1940er Jahre erkannt. Nicht zuletzt über die berühmten internationalen Darmstädter Ferienkurse verbreitet sich diese Revitalisierung der Reihe als Strukturprinzip in alle Ecken der europäischen Musikkultur und findet unter dem Leitbegriff des Serialismus eine Vielzahl brennender Anhänger, unter ihnen auch den jungen Karlheinz Stockhausen (vgl. ebd., S. 80 ff.).

Die Arbeiten der Serialist*innen sind dabei vor allem vom Denken Anton Weberns geprägt. In seinen Vorträgen aus den Jahren 1932–33 unter dem Titel „Der Weg zur Neuen Musik" beschreibt er, dass für ein tieferes Verständnis von Musik im Allgemeinen und der Neuen Musik im Spezifischen, die Beschäftigung mit der

Materie und den Gesetzmäßigkeiten von Musik unabdingbar erscheint. Elementar zu erkennen ist für ihn, dass das Tonsystem der „abendländischen Musik" in einem unmittelbaren Zusammenhang mit der Zusammensetzung von Obertönen steht und man es dadurch mit einer Art „Kräfteparallelogramm" zu tun habe: „Sie sehen, daß es ein ganz naturgemäßes Material ist. Unsere Siebentonreihe ist auf diese Weise zu erklären, und es ist anzunehmen, daß sie auf diese Weise auch entstanden ist" (Webern, (1933) 1960, S. 13).

Wenn Stockhausen 1952 nun vom ‚neuen Handwerk' spricht, dann setzt er an diesen Überlegungen zum „naturgemäßen Material" an und sucht dabei nach Ordnungsmöglichkeiten und -prinzipien. Er versteht unter Handwerk zunächst die „Vermittlung und Ausbildung von Fähigkeiten", mithilfe derer „eine Vorstellung in effektive Ordnung" (Stockhausen (1952) 1963, S. 18) umgesetzt werden kann. Komponieren bedeute nicht bloß „Zusammenstellen", sondern auch „Organisieren" (ebd., S. 18 f.). Dabei gehe es zuerst um das Ordnen des Materials, um „die Töne" selbst, die bisher als „Vorgeformtes" nur arrangiert, nicht aber „eingeordnet" wurden, und so bisher der „Notwendigkeit totaler Ordnung" (ebd., S. 19) widersprachen. Um „Widerspruchlosigkeit zwischen der Ordnung im Einzelnen und im Ganzen" (ebd., S. 18) herzustellen, bedürfe es also auch der Organisation des einzelnen Tons „mit seinen vier Dimensionen: Dauer, Stärke, Höhe, Farbe" (ebd., S. 19).

Die neue Situation des Handwerks ist also vor allem eine Erweiterung des Zuständigkeitsbereichs von Komposition, eine Art Parameter- oder Dimensionsverschiebung. Statt nur noch Tonhöhen und -längen vorzugeben, soll auch der einzelne Ton, das heißt seine Obertonstruktur, geformt werden. Das durch Stockhausen hierbei vertretene Ideal einer „durchgeordneten Musik", einer „totalen Ordnung" und „Widerspruchlosigkeit", der Gleichschaltung sämtlicher musikalischer Parameter nach „einer einheitlichen Gesamtvorstellung von Tonordnung" wurde mit all seinen problematischen Implikationen an vielen Stellen besprochen (vgl. z. B. Baumgärtel 2015) und wird in dem korrespondierenden Kapitel dieser Arbeit zu Karlheinz Stockhausen und dem Studio für Elektronische Musik noch eine Rolle spielen (vgl. Kapitel 3.2). An dieser Stelle bleibt nur hervorzuheben, dass ein Hinterfragen des kompositorischen Handwerks ein zentraler Bestandteil dieser Neuorientierung zu sein scheint. Dabei zeigt Stockhausen weniger auf, wie bzw. mit welchen Mitteln und Werkzeugen Töne überhaupt geformt werden können – das scheint gar nicht notwendigerweise in seinen Handwerksbegriff zu fallen –; stattdessen liest sich seine Abhandlung eher wie ein schlichtes Plädoyer dafür, sich überhaupt dieser Ebene der Tonzusammensetzung zu widmen und auf diese Weise das sich seiner Zeit über die Rehabilitierung der Dodekaphonie verbreitende „ordnende Denken ins Material hinein" (Stockhausen (1952) 1963, S. 25) zu tragen. Stockhausen fordert also Materialbewusstsein und stellt dabei fest, dass die „Ordnungsprinzipien traditionellen Handwerks" (ebd.,

S. 20) – konkret: Variation, Durchführung und Mehrsätzigkeit – sich nicht übertragen lassen, sondern einzig die mathematischen Ordnungsprinzipien der Reihe. Die hierdurch abgeleitete Arbeitsbeschreibung (oder Ordnungsbeschreibung) klingt daher auch reichlich abstrakt; weniger nach der eines Handwerkers und mehr nach der eines Mathematikers:

> ‚Ordnen von Tönen' heißt also: Ableiten der Ordnungsprinzipien für diese Dimensionen, wobei jedes Ordnungsprinzip als einzelnes auf die anderen drei nach einem für alle vier gültigen übergeordneten Prinzip bezogen ist. Das übergeordnete ist wiederum aus der geistigen Gesamtvorstellung einer allgemeinen Ordnung, die in spezielle Tonordnung umgesetzt wird, abgeleitet. (Ebd., S. 22)

Die neue Situation des Handwerks bedeutet für Stockhausen also zunächst die grundlegende Feststellung, dass sich das zu bearbeitende Material erweitert habe und die daraus erwachsende Herausforderung für Komponist*innen am ehesten durch die Übertragung der Reihentechnik zu lösen sei.

Die Frage des Handwerks soll die Serialist*innen und Karlheinz Stockhausen in den folgenden Jahren weiter begleiten und einen zentralen Diskussionspunkt der europäischen und amerikanischen Musikavantgarde dieser Zeit ausmachen. Das zeigt sich nicht zuletzt an dem dritten Heft der von Herbert Eimert (unter Mitarbeit von Karlheinz Stockhausen) 1957 herausgegebenen Zeitschrift *die Reihe*, das den Titel „Musikalisches Handwerk" trägt (Eimert 1957a).[30] In seinem einleitenden Beitrag „Von der Entscheidungsfreiheit des Komponisten" führt Eimert die oben beschriebenen Überlegungen Stockhausens fort und konstatiert, dass inzwischen das „wahre Wesen der Reihe in den Elementen erkannt worden" (Eimert 1957b, S. 6) sei. Mit der Übertragung der Reihentechnik auf die Dimension des Tonmaterials und dadurch, dass die Serialist*innen nicht mehr bloß mit Rechenkunst abzählten, sondern mit Mathematik „auf die Beherrschung des Unendlichen" abzielten, habe eine neue Formepoche begonnen, die es jetzt zu theoretisieren gelte (vgl. ebd.). Hierfür diene das dritte Heft der *Reihe* zum musikalischen Handwerk als erster Ansatzpunkt und unter dieser Idee stünden neben seinem auch die drei weiteren Beiträge von Karlheinz Stockhausen, John Cage und Henri Pousseur. Dabei habe man sich dezidiert gegen einen einheitlichen Handwerksbegriff entschieden:

> Wie immer es der einzelne halten mag, ob er dabei sein Handwerk erklärt, das Handwerk eines bestimmten Stückes, oder seine handwerkliche Grundvorstellung, immer geht es dabei um Übungen im gleichsam infinitesimalen Kontrapunkt der Elemente, nie aber um

---

30 Interessanterweise ist in dieser Publikation das später folgende Heft 5 mit dem Themenschwerpunkt „Musikalisches Handwerk II" angekündigt, allerdings nie als solches erschienen. Das tatsächlich veröffentliche Heft 5 trägt den Titel „Berichte – Analyse".

primitive Regeln oder um die unfehlbaren mechanischen Lösungen eines Rezepts. Und immer auch verdient dies „Handwerk" genannt zu werden, so sehr sich der Begriff nun verschoben hat, von der Lehre des „Satzes" zur Lehre der musikalischen Sprachelemente und ihrer Ordnung in der Zeit. (Ebd., S. 7)

Trotz dieser vermeintlichen Offenheit macht Eimert im weiteren Verlauf eine entscheidende Einschränkung, nämlich durch die Aussage, dass mit Handwerk in letzter Konsequenz Musiktheorie gemeint sei und dass daher „eine handwerkliche Betrachtung [...] darauf zu bestehen habe[], alles außerhalb des Theoretischen Liegende streng abzuweisen" (ebd., S. 10). Für ihn liege der Kern des neuen musikalischen Handwerks darin, die mathematisch-physikalischen Zusammenhänge („Frequenz, Schalldruck und Zeit") zu erkennen und zu verknüpfen. Daher sei eine Beschäftigung mit der Informationstheorie und Informatik unabdingbar, mit dem mittelbaren Ziel einer musikalischen Informationstheorie (vgl. ebd., S. 5 ff.).

Auch wenn Stockhausen und Eimert also das Handwerk ins Zentrum ihrer Musikrevolutionsgedanken stellen, verhaften sie, ebenso wie vor ihnen Schönberg und Marx, bei einem Handwerksbegriff, der die konkreten Praktiken der Hand ausschließt. Zwar kann bei den Serialist*innen durchaus von so etwas wie Materialbewusstsein die Rede sein, und die pejorative Betrachtung des Handwerks als unreflektiertes Ausführen, von Handwerker*innen als *cheirotechna*, findet sich auch nicht in ähnlicher Deutlichkeit wie noch bei Marx und Schönberg – gegenteilig lassen sie sogar eine ernstgemeinte Affirmation des Handwerks erkennen –, doch von einem Verständnis von Handwerker*innen als *demioergoi* sind sie noch genauso weit entfernt wie ihre Vorgänger. Denn die Einschränkung des Handwerks auf (Musik-)Theorie verstellt den Blick auf das konkrete Tun, auf die materiellen Praktiken und auf die co-konstitutive Bedeutung und das Erkenntnispotential von Werkzeugen.

Unter Handwerk werden auf diese Art und Weise eben nicht die Praktiken der Hand, die konkrete Klangformung mithilfe von Medientechnik, verstanden, sondern lediglich die Prinzipien, nach denen Töne geordnet werden. Erfasst wird, *was* mittelbar geformt werden soll (die Töne, der Schall etc.) und auch *wie*, nach welchen Prinzipien (z. B. die Reihe bzw. mathematische Kriterien), nicht aber *womit*, mit welchen Werkzeugen, also der konkrete Zugriff und die konkreten Materialitäten. Das eigentliche Hand-Werk bleibt verborgen – die Serialist*innen sind, trotz aller Technikaffirmation, medienblind.

Dass Tonbandmusik nicht nur geistiges Sortieren und Konzipieren, sondern auch zehrende, langwierige, körperliche Arbeit bedeutet, zeigt unter anderem die erste Tonbandkomposition von John Cage. Der *Williams Mix* (1951–53) ist ein Stück für acht Tonbänder/Spuren, die jeweils aus zahlreichen kurzen Aufnahmesegmenten bestehen, die nach aleatorischen Prinzipien bearbeitet, zusammengeschnitten bzw.

kopiert wurden (vgl. Abb. 5). Obwohl das Stück nur eine Spieldauer von 4:14 Minuten hat, benötigte Cage, trotz Unterstützung durch Earl Brown und David Tudor, ca. ein Jahr für die Herstellung der Klangmontage (vgl. Daniels o. J.). In seinen Erinnerungen an den Arbeitsprozess beschreibt Earl Brown detailliert den aufwendigen Bastelprozess:

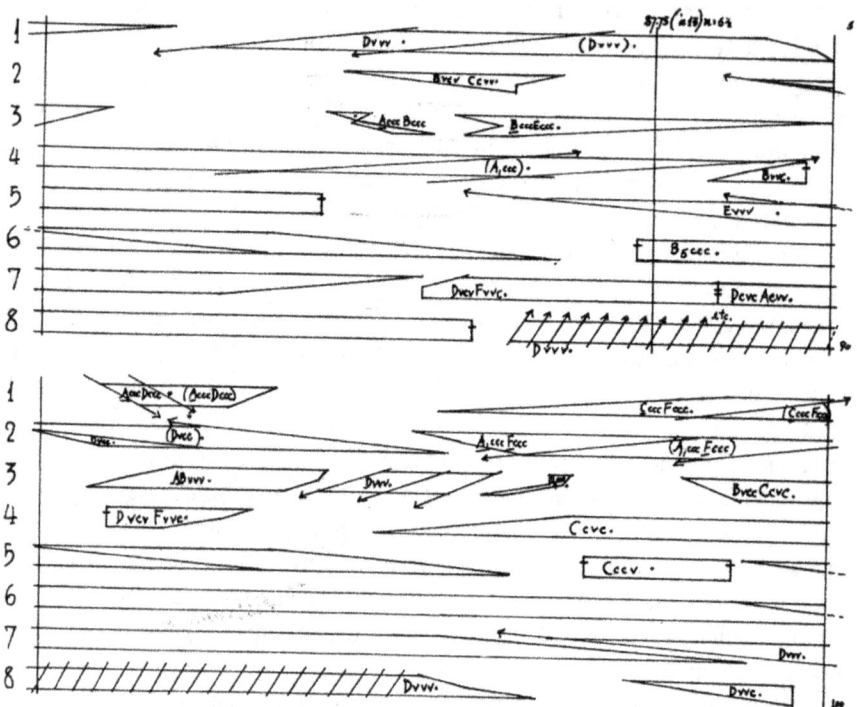

Abb. 5: Kompositionsskizze zu John Cages *Williams Mix* (1952). © John Cage.

[W]e'd go over and paw through the envelopes until we came to the right one, as called for by the chance process. We'd pick up the envelope, take the piece of tape over, lay the tape on top of the glass under which was the score, and cut and splice exactly as was called for. Then we applied the pieces of recording tape onto splicing tape and then, between pieces of recording tape, we rubbed talcum powder so the splicing tape wouldn't be sticky. After we did this, and we'd gotten a minute or so finished, we used to go over to a studio in New Jersey to make copies on a solid piece of tape. We didn't even have a tape machine. We couldn't hear anything. All we had were razor blades and talcum powder, no tape machine, it's true. If we'd needed to use one, we could have gone to the Barrons' studio. But John was doing it by chance. He didn't need to hear. You only need to hear when you're doing something by taste. It took so long, so bloody long, and it was boring to do all that cutting and splicing. John and I sat at opposite sides of the table and we talked about everything in the world. (Brown in Chadabe 1997, S. 56 f.)

Auch Herbert Eimert berichtet von der „mühseligen Bandschneiderei" die ihm für seine frühen dodekaphonischen Arbeiten mit Tonband 1952 noch alternativlos erscheint.[31] Für Richard Taruskin lässt sich diese frühe Phase elektronischer Tonbandmusik daher auch als „probably the most labor-intensive musical medium in all of history" (Taruskin 2010, S. 197) beschreiben. Dabei beobachtet er eine Art Romantisierung und Essentialisierung der aufwendigen Arbeit: „In retrospect, of course, the hard and boring work lent a heroic aspect to the legend of the tape-music pioneers and became a point of pride" (ebd.).

Die Interaktion mit Bandmaschinen, das Anfassen, Schneiden und Kleben von Tonband sowie damit verbunden das Abhören von Bandabschnitten gehört zum neuen Handwerk der Komponist*innen Anfang der 1950er Jahre dazu. Damit verändern sich nicht nur die Kompositionsprozesse und -orte, sondern in letzter Konsequenz auch das Werk- und Klangverständnis. Statt Partituren zu schreiben oder Kompositionsskizzen anzufertigen, die später aus- und aufgeführt werden, entsteht über die Arbeit mit und am Tonband ein Verhältnis des Komponierenden zu Klang, das anders vermittelt ist: Musik-Machen mit Tonband ist eine vorrangig *materielle* Praxis; das musikalische Handwerk ist *Hand*-Werk.

2.1 Materie / Material / Materialität

Die Materialität von Kultur (und Kommunikation) ist einer der frühen wesentlichen Gegenstände und Ausgangspunkte der deutschsprachigen Medien- und Kulturwissenschaft (vgl. Heibach und Rohde 2015, S. 11 ff.). Davon zeugt unter anderem der 1988 von Hans Ulrich Gumbrecht und Karl Ludwig Pfeiffer herausgegebenen Sammelband *Materialität der Kommunikation*, in welchem auch Friedrich Kittler mit seinem berühmten Aufsatz zum „Signal-Rausch-Abstand" vertreten ist, der mit den häufig zitierten Worten beginnt: „Materialitäten der Kommunikation sind ein modernes Rätsel, womöglich sogar das moderne" (Kittler 1988, S. 432). In diesem Sinne lässt sich die für Kittler zentrale Frage nach Aufschreibesystemen auch als eine Frage nach Medienmaterialitäten verstehen (vgl. Holl 2010, S. 10), also danach, inwiefern die Struktur, die Regelsysteme und die stoffliche Beschaffenheit von Dingen kulturelle Wirkungsmacht besitzen.

---

31 „Komponieren heißt rhythmisieren, was praktisch auf eine mühselige Bandschneiderei hinausläuft" (Herbert Eimert in einem Brief an Karlheinz Stockhausen vom 15. April 1952, zit. nach Iverson 2019, S. 32, Fußnote 50).

Wie Kittler in obigem Zitat bereits andeutet, ist die Hinwendung (oder Rückbesinnung) zu Materialität, zu den Materialien, zur Materie und zu den Dingen kein exklusives Programm der in den 1980er Jahren sich herausbildenden Medienwissenschaft, sondern der Moderne im Allgemeinen. Dies zeigt sich beispielhaft in der „Wiederentdeckung des ästhetischen Materials" (Heibach und Rohde 2015, S. 9) der künstlerischen Avantgarden der 1920er und 1960er Jahre, aber auch in Husserls Phänomenologie und Heideggers Abhandlungen zu Zeug und Dinghaftigkeit (vgl. ebd., S. 9 ff.). Auch Roland Barthes *Mythen des Alltags* ((1957) 2020) und Foucaults Dispositive lassen sich in diese Richtung deuten: als Analysen materieller Kultur und Materialisierungen.

Das gesteigerte Interesse der Geisteswissenschaften an Materialität im 20. Jahrhundert kann unter anderem mit dem sogenannten *linguistic turn* der 1960er Jahre in Verbindung gebracht werden, der vor allem „die Erkenntnisbedingungen der vermeintlich ‚harten' Faktenwissenschaften hinterfragt" (Heibach und Rohde 2015, S. 10) und das Verhältnis „von physischen Objekten und Sprache" (ebd.) diskutiert hat. Aber auch in den philosophischen Erkenntnistheorien der 1910er und 20er Jahre, eben insbesondere bei Husserl und Heidegger, lässt sich eine Hinwendung zur sinnlichen Wahrnehmung physischer Dinge beobachten. In den künstlerischen Avantgarden der Zeit korreliert die Abkehr von der bürgerlichen Genieästhetik mit einer Entfernung vom „Primat der Geistigkeit" (ebd., S. 11) und einer Zuwendung zu „Materie und dem Materiellen" (ebd.), die sich auch mit der Verfügbarkeit neuer gestaltbarer Materialien – vor allem neuer technischer Medien – zusammenbringen lässt. Insgesamt kann daher von einer allgemeinen Abwendung von traditionellen, starren Körper-Geist- und Materialität-Immaterialitäts-Dualismen gesprochen werden, von der aus sich eine „Rückkehr der Materialität, der Sinnlichkeit sowie des Eigensinns der Dinge und Medien" (ebd., S. 13) bahngebrochen hat.

Mit den *Material Culture Studies* hat die wissenschaftliche Fokussierung materieller Praktiken in den letzten Jahren zusätzlich Explikation gewonnen (vgl. u. a. Hicks und Beaudry 2010; Samida, Eggert und Hahn 2014 sowie Kalthoff, Cress und Röhl 2016a). Die *Material Culture Studies* befassen sich „mit der Beziehung zwischen Menschen und Dingen innerhalb von Zeit und Raum" (Geismar et al. 2014, S. 311) und verstehen sich als ein genuin interdisziplinäres Forschungsfeld. Hervorgegangen aus der Anthropologie und Archäologie, insbesondere aus den Forschungstätigkeiten am *Institute for Anthropology* des *University College London* (UCL) in den 1980er Jahren, erkennen die *Material Culture Studies* „Materialität als einen wesentlichen Bestandteil von Kultur" (Kalthoff, Cress und Röhl 2016b, S. 25) an und betrachten daher die Untersuchung der materiellen Umwelt als essenziell für ein vollständiges Verständnis von Kultur und Menschsein (vgl. ebd., siehe auch Geismar et al. 2014). Voraus geht dieser Erkenntnis, dass während die andere große *conditio humana*, die Sprache, mit der Sprachwissenschaft sowohl Berücksichtigung als auch Institutionalisierung und Disziplinierung gefunden hat, das materielle Sein, bzw. das Sein mit sowie der Gebrauch und die Bedeutung von Dingen in keiner (eigenen) Disziplin beheimatet ist (vgl. Geismar et al. 2014, S. 311). Dabei wird die Interdisziplinarität der *Material Culture Studies* eher als Vorteil betrachtet, um die besondere Dynamik sich stetig verändernder „Objekt-Subjekt Beziehungen [...] durch das Entwickeln neuer theoretischer Perspektiven, Methoden und neuer empirischer Studien" (ebd.) fortwährend abzubilden.

Materielle Kultur (*Material Culture*) meint also weniger die konkrete stofflichen Beschaffenheit der Dinge (wobei hier kein Ausschluss stattfindet), sondern vor allem die Betrachtung der „Beziehungen zwischen Sozio-Kulturellem und Materiellem" (Kalthoff, Cress und Röhl 2016b, S. 25). In der zeitgenössischen Erforschung materieller Kulturen finden daher auch die techniksoziologischen Schriften Bruno Latours vermehrt Berücksichtigung. Die Akteur-Netzwerk-Theorie (ANT) fokussiert ebenfalls die Bedeutung materieller Dinge für kulturelle Prozesse, jedoch weniger als „kulturtechnische Apriori" (Koch und Köhler 2013) und mehr als machtvolle Akteure in Handlungsnetzwerken. Wichtiger als die konkrete Beschaffenheit der Dinge sind hierbei ihre performativen Entfaltungen und inwiefern sich in ihnen Diskurse und Macht, z. B. über technische Delegation, materialisieren (vgl. Latour 2000, S. 211 ff.). Das Potential dieses Ansatzes für die Erforschung von Tonbandpraktiken wird im späteren Verlauf dieses Kapitels über die spezifische Zurichtung durch die *Science and Technology Studies* (STS) noch einmal aufgegriffen.

Zunächst soll aber die stoffliche Beschaffenheit von Material in künstlerischen Zusammenhängen noch einmal in den Vordergrund gerückt werden. Als ästhetische Kategorie, verstanden als physischer Grundstoff künstlerischer Formung, wird Material zwar „erst in jüngster Zeit" (Wagner 2010, S. 868) debattiert, gleichzeitig besteht aber eine enge Verwandtschaft mit dem weitaus älteren und philosophisch bedeutsamen Begriff der Materie, der im Materialbegriff fortwirkt. Erst in der Neuzeit hat sich das Material allmählich aus der Materie herausgelöst, ohne sich semantisch eindeutig abzugrenzen. Die in der antiken griechischen Philosophie geprägte Bedeutung von Materie als (natur-)philosophischer „Korrespondenzbegriff zu ‚Form'" (ebd.) findet sich daher auch im zeitgenössischen Verständnis von ästhetischem Material wieder. Anders formuliert: Der philosophische Diskurs zu Materie als Gegenbegriff zu und Voraussetzung bzw. Möglichkeit von Form resoniert im zeitgenössischen Material-Begriff und Aristoteles' philosophisches Verständnis von Materie als „das, woraus etwas entsteht" (Aristoteles, zit. nach Detel et al. 1980) steht im Einklang mit einem Verständnis von Material als „Ausgangsstoff jeder künstlerischen Gestaltung" (Wagner 2010, S. 867). Historisch lässt sich die Verwendung der beiden Begriffe daher nur schwer voneinander unterscheiden (vgl. ebd., S. 866 f.) und auch in zeitgenössischen Beiträgen werden Materialität und Materie häufig synonym verwendet.

Erste Belege für eine künstlerische Reflexion von Material finden sich im Bereich der bildenden Kunst, wobei Material als zu gestaltende Stofflichkeit im ästhetischen Diskurs bis um 1800 hauptsächlich negativ besetzt ist (vgl. ebd., S. 868).

> [Das Material] gehörte der niederen Sphäre des Alltags an, die in der künstlerischen Gestaltung zum Verschwinden gebracht werden sollte. Das unterschied das Kunstwerk von allen anderen Dingen, in denen das Material durch seinen materiellen Wert, seine funktionalen Eigenschaften oder auch durch seine Semantik eine Rolle spielen konnte. Das mit der Schwere der „ersten Welt" beladene Material erschien für die Künste, die „zweite Schöpfung" (Assmann 1988, S. 238), als Gefährdung oder als Verführung, jedenfalls als Beeinträchtigung der Botschaft. (Wagner 2010, S. 868)

Dieses künstlerische Ideal der Materialüberwindung spiegelt sich auch in der bis in das 19. Jahrhundert üblichen Hierarchisierung der Künste wider, nach der die (vermeintlich) immateriellen Künste, wie die Dichtung oder die Musik, über den von physischen Materialien abhängigen Künsten, wie der bildenden Kunst, rangieren (vgl. ebd.). Die vor allem in den bildenden Künsten praktizierte Herabsetzung des Materials gegenüber der Form kann in diesem Sinne auch als ein Versuch verstanden werden, sie den höherstehenden immateriellen Künsten anzunähern (vgl. ebd., S. 872).

Erste Vorzeichen für eine (Wieder-)Aufwertung des Materials in der Moderne finden sich in der ästhetischen Theorie Johann Wolfgang von Goethes, welcher 1788 in einem Aufsatz zum „Material der bildenden Kunst" (Goethe 1788, zit. nach ebd., S. 873) darlegt, dass eine Verbindung mit der bzw. Einfühlung in die zu formende Materie Voraussetzung für treffliche Kunst und historisch „das Material Lehrmeisterin der Kunst gewesen sei, daß [sic!] es also Form generieren könne" (Wagner 2010, S. 873).

Goethes ästhetische Relationierung von Form und Material bzw. der materialgerechten Formung mündet schließlich in der Idee der „Materialgerechtheit", welche begrifflich zwar erst Anfang des 20. Jahrhunderts Erwähnung findet, sich aber konzeptionell „avant la lettre durch die gesamte Industrialisierungsgeschichte" zieht und „in deren Verlauf immer stärker für Gebrauchsgegenstände diskutiert" wurde (ebd., S. 874). Am deutlichsten hat diese Position im deutschsprachigen Raum Gottfried Semper vertreten, der dem Material die Funktion zuschreibt, Stil vorzuprägen bzw. überhaupt erst zu generieren (vgl. Semper (1860) 1977, zit. nach ebd.).

Bei den Avantgarden des frühen 20. Jahrhunderts findet sich eine Affirmation des Materiellen am auffälligsten bei den Futuristen und den Dadaisten. Beide Strömungen befürworten die Ausstellung und Aneignung der neuen Materialien der Industriegesellschaft – insbesondere Stahl, Glas, Kautschuk und andere synthetische Stoffe –, wohlgemerkt aber mit unterschiedlichen Absichten. Den Futuristen geht es primär um eine Fusionierung und Entfesslung moderner Materialien und Technologien unter faschistoid-bellizistischen Vorzeichen. So heißt es etwa in Marinettis berühmtem technischen Manifest futuristischer Literatur:

> Durch Kenntnis und Freundschaft der Materie, von der die Naturwissenschaftler nur die physikalisch-chemischen Reaktionen kennen können, bereiten wir die Schöpfung des mechanischen Menschen mit Ersatzteilen vor. (Marinetti (1912) 1966, S. 170 f., zit. nach Wagner 2010, S. 875)

Diese Vorstellung der Materialbefreiung durchtränkt auch die Idee der „arte dei rumori" (dt. Kunst der Geräusche / des Lärms) des futuristischen Komponisten Luigi Russolo, der das musikalische Potential der akustischen Materialität der Industrialisierung und des Krieges mit seinem Geräuschinstrumentarium (it. „intonarumori") zu befreien suchte (vgl. Wagner 2010, S. 875; zum musikalischen Material siehe weiterführend Kapitel 2.2 in dieser Arbeit).

Den Dadaisten, auf der politisch anderen Seite, ging es in der Folge des Ersten Weltkriegs zwar auch um eine Art Freisetzung des Materials, allerdings stand für sie die Umwertung und Subversion kapitalistischer Waren im Vordergrund des Schaffens. Dadaistische Antikunst zielt darauf ab, kapitalistischen Dingen ihren „Nützlichkeitscharakter" (Hausmann (1919) 1977, S. 10, zit. nach ebd., S. 876) zu entziehen und das Material über Entformung zu entwerten (vgl. Wagner 2010, S. 876).

Das Interesse der Komponisten der Nachkriegszeit (und ihrer Vorbilder der Neuen Wiener Schule) am „Tonmaterial" (Eimert 1957b, S. 7), an der „materiellen Beschaffenheit und Verknüpfungsmethoden" (ebd.) und an den „musikalischen Materialgesetze[n]" (ebd., S. 11) – im Falle Eimerts und Stockhausens vor allem die Zusammensetzung von Klängen aus Obertönen, die sie von Webern als Ordnungsprinzip aufgreifen – lässt sich also durchaus in Einklang mit dieser allgemeinen materialistischen Wende der Moderne bringen. Dass ein unmittelbarer Zusammenhang zwischen dem Verständnis von Klang als formbares Material und den Technologien der Moderne, den Werkzeugen der Klangentbergung und -bearbeitung, also zwischen Hand und Kopf, bestehen könnte, liegt außerhalb dieses Engagements der Serialist*innen.

2.2 Material(i)(tät)(en) des Klangs

Gerade weil Klang ein genuin zeitliches Phänomen ist, bei dem physische Dinge (Stimmbänder, Instrumente, Lautsprecher etc.) Schall, also Schwingungen in der Luft emergieren, die auf physisch und psychologisch resonierende Körper (v. a. das Trommelfell im Mittelohr) treffen und Affekte auslösen, sind das Material und die Materialität von Klang wiederkehrende Diskussionspunkte der Musikwissenschaft und -theorie sowie jüngst in den sich immer noch ausbildendenden, weiter gefassten *Sound Studies*. Da so viele Materialien und Materialitäten an dem Phänomen Klang beteiligt sind, denen, je nach Perspektive und Disziplin, unterschiedliche Bedeutungen beigemessen werden, ist es schwierig, von einem singulären Material zu sprechen. Wenn sich z. B. die Serialist*innen in den 1950er Jahren mit dem kompositorischen Material befassen, interessiert sie weniger die Beschaffenheit und materielle Zusammensetzung der Instrumente und Technologien, mit denen ihre Kompositionen aufgeführt werden, oder die sensorische Stimulation der Zuhörenden, sondern die physikalische (und abstrahierbare) Zusammensetzung von Tönen aus Frequenzen sowie ihre Berechenbarkeit. Von daher erscheint es angemessen, von den Materialitäten des Klangs – im Plural – zu sprechen und genau darauf zu achten, was für ein Materialbegriff jeweils vorherrscht, wenn etwa von der „materiellen Beschaffenheit und Verknüpfungsmethoden" (Eimert 1957b, S. 7) oder den „musikalischen Materialgesetze[n]" (ebd., S. 11) die Rede ist. Im Umkehrschluss heißt das auch, dass nur weil sich Eimert und Stockhausen mit ihrem kompositorischen Material befassen und es explizit ansprechen, sie damit nicht automatisch auch die physisch-materiellen Bedingungen ihrer Musik oder die *agency* ihrer Aufschreibesysteme reflektieren.

Nichtsdestotrotz kann konstatiert werden, dass, wahrscheinlich in kausalem Zusammenhang mit den sich verändernden Bedingungen des Musik-Machens, der Begriff des Materials auch für die sonischen Künste und Wissenschaften im 20. Jahrhundert virulent wird und ausführliche Reflexion erfährt. Dies zeigen nicht zuletzt Theodor W. Adornos vieldiskutierten Überlegungen zum musikalischen Material, das als „eines der Kernstücke" (Kapp 1982, S. 253) seiner soziologischen Musikphilosophie gilt, welches er im Verlauf seines Schaffens wiederholt aufgreift, weiterentwickelt und neu akzentuiert.

Erstmalig befasst sich Adorno mit dem musikalischen Material Mitte bis Ende der 1920er Jahre im Zusammenhang seiner Analysen der Zwölftontechnik der Neuen Wiener Schule.[32] Demnach empfangen die dodekaphonischen Werke Schönbergs, Bergs und Weberns ihr Material „in geschichtlicher Dialektik" (Adorno 1974, S. 168, zit. nach Sziborsky 1979, S. 91), indem sie aus einer musikalischen Tradition hervorgehen, mit der sie zugleich brechen. Damit verleiht Adorno der Dodekaphonie eine Notwendigkeit, die sie geschichtlich legitimiert. Im Weiteren versucht Adorno „eine objektive Tendenz der Musikgeschichte aufzuspüren," (Kager 1998, S. 95) die dem musikalischen Material immanent ist, und die er später in seiner *Philosophie der Neuen Musik* von 1949, in die seine Überlegungen der 20er und 30er Jahre zum musikalischen Material zusammenfließen, als „Bewegungsgesetze des

---

[32] Die Genese des Material-Theorems bei Adorno ist ausführlich in Sziborsky 1979, S. 91 ff. beschrieben. Siehe hierzu auch Kager 1998, S. 94 ff.

Materials" (Adorno (1949/75) 2021, S. 39) bezeichnet. Mit ihrer Zwölftontechnik folgen Schönberg und seine Schüler dieser im Material angelegten Tendenz; im Speziellen die, bereits in Wagners *Tristan und Isolde* angedeutete, Auflösung und schließlich die Negation der Kadenzfunktion zugunsten einer Chromatisierung.

Dabei versteht Adorno die Komponist*innen keineswegs als willenlose Diener; vielmehr bildet für ihn das Material, das geschichtlichen Bewegungsgesetzten unterworfen ist, einen Rahmen, innerhalb dessen „die konstruktive Phantasie des Künstlers walten kann" (Kager 1998, S. 96).

> [Die] Gleichberechtigung der zwölf Töne des Oktavraums [...] [ist] aus der Versenkung des Komponisten, also Schönbergs, ins vorfindliche, tonal gebundene Tonmaterial [entstanden], das durch die objektive Kraft der bestimmten Negation in einer ersten, atonalen Phase zunächst völlig freigesetzt wird, ehe die konstruktiven Regeln der Zwölftontechnik eine neue Ordnung schaffen [...]. Das Entscheidende an diesem Prozeß [sic!] ist, daß [sic!] die so vorangetriebene Entwicklung des Materials keiner fremdbestimmten, objektivistischen Gesetzmäßigkeit unterliegt, sondern einer konkreten Dialektik zwischen Subjekt und Objekt: Das geschichtlich je vorgegebene musikalische Material – gewissermaßen objektivierter „Geist", materialisiertes Substrat der Kompositionsgeschichte – stellt von sich aus konkrete Anforderungen an die Künstler, die damit arbeiten. Insofern besitzt der Kompositionsprozeß [sic!] seine *objektive* Komponente. Doch nur durch die schöpferische Phantasie des kompositorischen *Subjekts*, die freilich ihren Nährboden auf dem zur Verfügung stehenden Material finden muß [sic!], kann dieses letztlich weiterentwickelt werden. (Ebd.)

Das musikalische Material ist für Adorno also „sedimentierter Geist", es ist „selbstvergessene, vormalige Subjektivität" und verläuft „im gleichen Sinne wie die reale Gesellschaft", auch wenn es „eigenen Bewegungsgesetzen" folgt (Adorno (1949/75) 2021, S. 39). Obwohl sich für Adorno Kunst auf Grundlage ihrer zwecklosen Zweckmäßigkeit der kapitalistischen Verwertung entziehen kann und also über relative Autonomie verfügt, kann über das Material Gesellschaftliches in das Kunstwerk einfließen. Das Material bildet für ihn das Scharnier zwischen Kunst und Gesellschaft. In diesem Sinne ist die Beschäftigung des*der Komponist*in mit dem Material eine Auseinandersetzung des*der Komponist*in mit der Gesellschaft (vgl. ebd.).

Die geschichtlichen Ablagerungen im Material selbst werden vermittelt durch „das in der Gesellschaft seiner Zeit verankerte Bewußtsein [sic!] des künstlerischen Subjekts" (Kager 1998, S. 98). Es handelt sich bei Adornos Material-Theorem also um einen entschieden dialektischen Vermittlungsprozess, bei dem sich Geist und Gesellschaft über künstlerische Subjekte in musikalischem Material sedimentieren, wodurch sich Tendenzen in diesem ausbilden, denen andere Künstler*innen folgen (können) und durch ihre eigenen idiosynkratischen Anwendungen weiterentwickeln.

Vor allem der Fortschrittsgedanke von Adornos Material-Theorem ist im Sinne einer damit verbundenen Begrenztheit häufig kritisiert worden und, in verkürzter Lektüre, nicht als dialektischer Prozess, sondern als materieller Determinismus ausgelegt worden. Erich Doflein unterstellt Adornos Theorem etwa die Annahme von Linearität, die der Vielfalt der neuen Musik nicht gerecht würde (vgl. Doflein 1955, S. 28 ff.). Ein Gros der Kritik verkennt jedoch den entschieden dialektischen Charakter von Adornos Materialfortschritt und selbst Dofleins Gegenentwurf einer vielfältigen „Musik im Delta" widerspricht im Kern nicht dem grundsätzlichen Gedanken einer Materialtendenz, die als mannigfaltiger Möglichkeitsraum Mehrlinigkeit zulässt, wie Gunnar Hindrichs kürzlich noch einmal verdeutlicht hat (vgl. Hindrichs 2014, S. 56 f.).

Soweit zu Adornos abstrakter Konzeption des Materials als sedimentierter Geist der Kunst, das geschichtliche Tendenzen ausbildet. *Was* ist aber – in einem konkreten Sinne – nun genau das Material, das durch den*die Komponist*in musikalisch geformt wird? Um welche formbaren Aspekte der Musik geht es Adorno, wenn er vom musikalischen Material spricht? Zumindest in seiner *Philosophie der neuen Musik* scheint es Adorno mehr um die Dynamik der Tendenzen des Materials zu gehen als um eine Beschreibung dessen, was das Material eigentlich genau ausmacht. Das musikalische Material scheint hier primär das Tonmaterial zu sein, also abstrakte Tonhöhen, die in bestimmten Relationen zueinander stehen und sich in einer Partitur (im Symbolischen) ausdrücken lassen, oder in anderen Worten: der Tonbestand und die Tonbeziehungen; was wenig verwundert, da es, wie bereits erwähnt, Adorno in seiner *Philosophie der neuen Musik* primär um die (geschichtliche Legitimation der) Zwölftontechnik geht. Dies beobachtet auch Reinhard Kapp, der trotz einiger Abweichungen eine substanzielle Übereinstimmung zwischen Adornos Musikmaterialverständnis und der Schönberg'schen Harmonielehre sieht, nämlich im Verständnis des Tons als Material der Musik, weshalb für Adorno „*Tonmaterial* [...] als Leitbegriff zu nehmen" ist (Kapp 1982, S. 255).

In seiner in den 1960er Jahren entstandenen, erst 1973 posthum erschienenen Ästhetischen Theorie bietet Adorno hingegen eine weitere Definition des (allgemeinen) künstlerischen Materials an,[33] die den Begriff öffnet und eine Über-

---

[33] Kapp beschreibt, dass sich Adornos Erweiterung des Materialbegriffs, die in der zitierten Definition in der *Ästhetischen Theorie* Vollendung findet, sich in einzelnen Stationen vollzieht, welche, nach dem Schönberg-Kapitel der *Philosophie der neuen Musik*, „chronologisch durch das (gemeinsam mit Eisler verfaßte [sic!]) Filmbuch, das Strawinsky-Kapitel, die Parerga zur Philosophie der neuen Musik [...] bezeichnet [sind]. Zum Material werden mehr und mehr die ‚Verfahrensweisen' hinzugenommen. Dies hängt unzweifelhaft mit der Darmstädter Entwicklung zur seriellen Musik und darüber hinaus zusammen, etwa mit der Erweiterung der Materialdimensionen um die Zeit durch Cage und Stockhausen" (ebd., S. 271 f.).

schreitung des symbolisch-abstrakten Raums der Partitur zulässt, die, wie Rolf Großmann und Maria Hanáček (2016, S. 59 ff.) argumentieren, ihn anschlussfähig an zeitgenössische Diskurse der *Sound Studies* macht:

> Material [...] ist, womit die Künstler schalten: was an Worten, Farben, Klängen bis hinauf zu Verbindungen jeglicher Art bis zu je entwickelten Verfahrungsweisen fürs Ganze ihnen sich darbietet: insofern können auch Formen Material werden; also alles ihnen Gegenübertretende, worüber sie zu entscheiden haben. (Adorno (1973) 2019, S. 222)

Unter Ausklammerung der immanenten Tendenzen und der Einschränkung auf die Tonebene berge dieses weite Materialverständnis gerade für die Analyse populärer Klangkulturen das Potential, so Großmann und Hanáček weiter, eine angemessene Sicht auf die „dynamic aspects of material development in addition to its standardization" (2016, S. 60) zu entwickeln. Das weite Konzept des musikalischen Materials als etwas, das sich prinzipiell im selben Moment konstituiert, wie es geformt wird, da es als dasjenige verstanden wird, das sich dem*der Künstler*in als Formbares offenbart, sei attraktiv für die Untersuchung populärer Musikkulturen, da es Material als etwas dezidiert Dynamisches verstehe. Durch diese strukturelle Offenheit ließen sich mediale Umbrüche als Veränderungen des Materials verstehen, ohne die Anwendung, d. h. die vergangenen kulturellen Zurichtungen bzw. Formungen des Materials zu vernachlässigen. Demnach könne potenziell alles zum musikalischen Material werden, sobald es sich als Formbares zu erkennen gibt und/oder von anderen bereits geformt wurde. Hiermit ließen sich u. a. die Verschiebungen der zentralen Gestaltungsparameter der populären Musik im 20. Jahrhundert – weg von Tonhöhe, -länge, Harmonie und Rhythmus, also die Parameter der Partitur, hin zu Klangfarbe, Soundeffekten, Samples, Nachhallzeit usw., also die Parameter der Schallaufzeichnung – als Veränderungen des Materials angemessen abbilden und analysieren (vgl. ebd.).

Als Anwendungsbeispiel nennen die Autor*innen die gestaltende Verwendung von Delay und Hall in zeitgenössischer Popmusik, z. B. in David Guettas „Titanium" (2011), das an wenigen ausgewählten Stellen kalkuliert und hörbar Delay verwendet, und es damit als gestaltetes, ästhetisches Material markiert.

> Reverb and delay have „emancipated" themselves as musical material. [...] Just like notes and chords, as melody and harmony became the *geistfähiges Material* of the nineteenth century, the forms and effects in apparatus, software, and application strategies are becoming the musical material of the sound culture of the twentieth and twenty-first centuries. (Ebd., S. 61)

Wie Rolf Großmann auch in verschiedenen anderen Texten verdeutlicht (vgl. v. a. 2008a sowie weiterführend 2006; 2016a und 2016b), ist für ihn das zentrale ästhetische Material der populären Musik die „Klangschriftlichkeit" (Großmann 2008a, S. 132) der Phonographie (im Folgenden das phonographische Material oder das

Phonographische genannt). In Anschluss an Friedrich Kittlers Medientheorie konstatiert er, dass sich das Material der populären Musik grundlegend von der westeuropäischen Kunstmusik unterscheide, da sie auf einem anderen *Aufschreibesystem* (Kittler 1985) (der Phonographie) basiere, das nicht, wie die Partitur, konventionalisierte Repräsentanten notiere, sondern Schall und damit Reales aufzeichne. Popmusik ist für Großmann dementsprechend ein Kind der „medientechnische[n] Schrift des Schalls" (Großmann 2008a, S. 132) der Phonographie und „begründet in der zweiten Hälfte des 20. Jahrhunderts medienästhetische Verfahren ihres Gebrauchs, die in eine breite musikalische Praxis münden" (ebd.; in diese Richtung argumentiert auch Katz (2004) 2010). Dabei geht es Großmann, wie vor ihm Kittler, vor allem darum, dass bei der Phonographie Schall, also sonische Vibrationen, notiert werden, bevor sie kulturelle Formung erfahren – das Material der Phonographie ist „the vibration of the air itself" (Großmann und Hanáček 2016, S. 58). Streng genommen beinhaltet das phonographische Material also zwei Materialien, nämlich zum einen die eingeritzte Klangschrift (die Notation) und zum anderen die „vibrating matter", die reproduziert wird.

Das ästhetische Wesen populärer Musik bestehe nun in der Formung des phonographischen Materials, also in „phonographischer Arbeit" (Großmann 2016a) bzw. „phonographic work" (Großmann 2016b), die ein „phonographisches Denken" (Großmann 2016a, S. 394) bzw. „phonographic thinking" (Großmann 2016b, S. 361) impliziere, das Klang und Komposition als Arbeit mit Schallaufzeichnungen versteht. Zu den Archetypen dieses Denkens der Klangschriftlichkeit zählt Großmann Giacinto Scelsi und Lázsló Moholy-Nagy, die beide in ihren Arbeiten die neuen phonographischen Weisen von Klang reflektieren – Moholy-Nagy mit seinen Versuchen, eine Ritzschrift zu entwickeln, mit der Grammophon-Platten unmittelbar beschrieben werden können (vgl. ebd.), und Scelsi mit seiner „Erkundung und neuerliche[n] Fixierung von Parametern des Tons *und* des Klangs, die in der Domäne der Phonographie liegen" (Großmann 2016a, S. 394).

Über die Untersuchung der phonographischen Arbeit könne die ästhetische Praxis der auditiven Medienkulturen und insbesondere der populären Musik des 20. Jahrhunderts besser verstanden werden. Im Vordergrund stehe dabei die Frage, wie mit gespeichertem Schall, wie mit dem phonographischen Material, kulturell umgegangen wird. Wie wird das neue Material gestaltet? Wie wird es verändert und manipuliert? Wie erfolgt der Zugriff?

Durch die Fixierung auf das Phongraphische, durch die Subsumption der phonographischen Arbeit unter den Phonographen, scheint Großmann dabei auszublenden, dass nicht nur Membranen und Ritzstichel am Formungsprozess beteiligt sind, sondern allzu häufig auch Eisenoxid, Plastikband, Schere und Klebefilm. Daher umfassen Großmanns Beispiele in der Regel primär auch eher kreative Umgangsweisen und Aneignungen von Schallplatten, wie z. B. Moholy-Nagys Ritzschrift, Paul Hindemiths und Ernst Tochs Grammophonmusik und vor allem die *Remix Culture* des jamaikanischen Dubs. Der Umgang mit dem Phonographischen erfolgt (spätestens) ab den 1950er Jahren an vielen Stellen jedoch primär über Tonbandtechnik – ein Aufschreibesystem nach eigenem Recht und Gesetzlichkeiten. Wenn das ästhetische Wesen der populären Musik sich in phonographischer Arbeit zeigt und der formende Zugriff auf das phonographische Material in erster Linie über Tonbandtechnik erfolgt, gilt es die hierfür spezifischen Zugangsweisen und Bearbeitungstechniken zu untersuchen.

Das Tonband kann auf diese Weise als privilegiertes Werkzeug phonographischer Arbeit verstanden werden. Übertragen auf Adornos dynamisches Konzept des musikalischen Materials, als dasjenige, das dem*der Künstler*in als Formbares gegenübertritt, wird das Phonographische, wird aufgezeichneter Schall, also vor allem auf Tonband erst zu musikalischem Material. Es wird auf Tonband bewegt, transformiert, geschnitten und geklebt; hier wird das Phonographische verdinglicht, hier wird es, in vielfacher Hinsicht, „zuhanden" (Heidegger (1927) 1977, S. 97 ff.). Wie im Folgenden gezeigt werden soll, eignen sich Richard Sennetts Untersuchungen des Handwerks als heuristisches Vehikel, um diesen besonderen Werkzeugcharakter der Tonbandtechnik herauszustellen und ein damit verbundenes Materialbewusstsein und sein implizites Klangwissen zu greifen.

2.3 Das handwerkliche Materialbewusstsein

Wie Richard Sennett schreibt, ist die „Neugier auf das bearbeitete Material", ist das Interesse an veränder- und formbaren Dingen, kurzum: ist *Materialbewusstsein* die „eigentliche Domäne für das Bewusstsein des Handwerkers" (Sennett 2008b, S. 163). Doch während durchaus von einer Rehabilitierung des Materials in der Moderne die Rede sein kann, findet gleichzeitig keine äquivalente Rehabilitierung des Handwerks bzw. der Handwerker*innen statt; zumindest nicht als zu konsultierende Materialexpert*innen. Selbst Stockhausen und seinen Komponistenkolleg*innen geht es, wenn sie von der „neuen Situation des Handwerks" sprechen, wie oben dargelegt, nicht um ein „Lob des Handwerks" oder eine handwerkliche Perspektive auf neu zu formende Materialien. Es werden zwar neue formbare Materialien (an-)erkannt, *wer* aber eigentlich *was wie* mit den Händen konkret formt und bearbeitet, welche Fertigkeiten ausgebildet werden und inwiefern dieses praktische Wissen ein konzeptionelles/theoretisches bedingt, spielt hingegen keine Rolle. Dabei kann die Perspektive des*der Handwerker*s*in bzw. des Handwerkens auf Materialien auch kulturanalytisch erhellend sein, insbesondere wenn es darum geht, die Formbarkeit und Eigenschaften neuer (künstlerischer) Materialien zu betrachten. Wenn also nach den materiellen Praktiken, der Ästhetik und den damit verbundenen (Klang-)Konzeptionalisierungen der Tonbandmusik gesucht wird, liegt es nahe, den Spuren Sennetts zu folgen und das handwerkliche Materialbewusstsein als heuristisches Vehikel zu benutzen.

Sennett, der das Handwerk als „besondere menschliche Möglichkeit *engagierten Tuns*" (ebd., S. 32) bzw. des engagiert seins („*being engaged*", Sennett 2008a, S. 20) begreift, erkennt im handwerklichen Materialbewusstsein zunächst auch ein *engagiertes* Materialbewusstsein, nämlich eine „Neugier auf das bearbeitete Material" (Sennett 2008b, S. 163), ein genuines Interesse an der Veränderlichkeit, an der Formbarkeit der Dinge. Das Denken über Materialien unter der Prämisse ihrer Veränderlichkeit existiere demnach in drei Formen: „Metamorphose, Präsenz und Anthropomorphose" (ebd.). *Metamorphose* meint die Wandelbarkeit des Materials sowie die Techniken und entwickelten Werkzeuge der Bearbeitung, also ein Denken darüber, wie und mit welchen Mitteln Materialien geformt werden können. Unter *Präsenz* versteht Sennett die Möglichkeit der Prägung bzw. Einschreibung (des Selbst) in die Materialien (z. B. über Signaturen), also die Frage, wie die eigene Anwesenheit in dem Material hinterlassen werden kann. Die dritte Form, *Anthropomorphose*, ist die Übertragung menschlicher Eigenschaften auf eigentlich unbelebte, unbearbeitete Materialien.

Von den drei Formen scheint vor allem die erste, *Metamorphose*, für ein Denken über Klangkonzepte und Medientechnologien geeignet, denn gerade die Verbindungen zwischen Zugriff auf Klang bzw. die Veränderungsmöglichkeiten von Klang über Medientechnologie und die Vorstellungen und Konzepte von Klang und Klanglichkeit lassen sich hiermit fassen. Eine andere Art der Tonarbeit[34] dient Sennett als Beispiel für metamorphisches Materialbewusstsein: Die Entwicklung von Töpfertechniken und der Einfluss der Töpferscheibe, deren Drehimpuls eine „ganz andere Art der Herstellung" (ebd., S. 164) ermöglichte. Neue Bearbeitungstechniken von Material bedingten demnach auch neue (künstlerische) Ausdrucksmöglichkeiten und „regt[en] den Geist an" (ebd., S. 168).[35] Diese Veränderlichkeit des Materialpotentials stellt Sennett unter den aus der griechi-

---

34 Der Ton der Musik und der Ton der Töpferkunst haben unterschiedliche Etymologien. Während der musikalische Ton aus dem mittelhochdeutschen *dōn/tōn* entstanden ist, das sich dem lateinischen *tonus* („Ton, Klang, Akzent, Farbton, Spannung") und dem griechischen *tónos/τόνος* („Spannung, Seil, Saite, Sehne, Spannung der Stimme") entlehnt, ist der Töpferton „mit Verdumpfung von ā zu ō" eines frühneuhochdeutschen Begriffs für Lehm, *tahen* bzw. *than* (Luther), entstanden (vgl. Pfeifer et al. 1993).

35 Hier sind starke Parallelen zu dem von Kittler in *Grammophon, Film, Typewriter* zitierten Satz Nietzsches zur Geistesanregung durch Schreibzeug zu erkennen („Unser Schreibzeug arbeitet mit an unseren Gedanken," Friedrich Nietzsche in einem Brief an seinen Sekretär Heinrich Köselitz (alias Peter Gast) im Februar 1882, in Nietzsche 1981, S. 172, zit. nach Kittler 1986, S. 293).

schen Mythologie bekannten Begriff der *Metamorphose*. Das Staunen über die Gestaltenwandlung von Körpern in Ovids *Metamorphosen* lasse sich demnach mit dem Staunen über die Gestaltenwandlung von Material bei handwerklicher Bearbeitung vergleichen. Die Beobachtung der Wandlung provoziere in beiden Fällen ein Denken über das Formungspotential des Sich-Wandelnden und über den Einfluss der Wandlungsumstände (vgl. Sennett 2008b, S. 168 ff.).

Für die handwerkliche Praxis beschreibt Sennett wiederum drei Arten der *Metamorphose*: Erstens, „die Evolution einer Typenform" (ebd., S. 170) (Formation), zweitens, die Verbindung verschiedenartiger Elemente (Kombination/Synthese) (vgl. ebd., S. 172) und drittens, der „Wechsel des Anwendungsbereichs" (ebd., S. 173) (Rekontextualisierung). Als Typenform wird „ein Objekt [bezeichnet], das einen Typus oder eine Gattung definiert" (ebd., S. 170), oder in anderen Worten: Stilprägende Formen (bzw. Formungen). Die Ausprägung einer Typenform vollzieht sich in der Regel über einen längeren Zeitraum hinweg, evolutionär. Dabei erwähnt Sennett eine Evolutionsart, die vor dem Hintergrund, Überlegungen zum Tonband als neues Werkzeug der Klangbearbeitung anzustellen, besondere Aufmerksamkeit verdient:

> An even more complicated type-form evolution occurs when a new material condition suggests the new use of a new tool: to return to ancient clay-work, higher kiln temperature implied a different way to operate the kiln damper. (Sennett 2008a, S. 126)

Hier ist die reziproke Dynamik zwischen Werkzeugen der Materialbearbeitungen bzw. der Formung und der Entbergung bzw. Konzeptualisierung materieller Eigenschaften besonders eindringlich beschrieben. Das ‚Werkzeug' des heißeren Brennofens verändert die Beschaffenheit und Formbarkeit des Tons, und damit auch das Verständnis der Materialeigenschaften, was wiederum die Entwicklung neuer Werkzeuge der Bearbeitung nahelegt. Interessanterweise führt Sennett an dieser Stelle in Rekurs auf den Technikhistoriker Henry Petroski auch die heilsame Rolle des Scheiterns an, das eine Reflexion der materiellen Bedingungen anregen und die Notwendigkeit der Weiterentwicklung der Formung bzw. alternativer Bearbeitungsmethoden und -werkzeuge offenbaren kann (vgl. Sennett 2008b, S. 171 f.).

Übertragen auf das Tonband als Werkzeug der Klangbearbeitung, ließe sich diese Evolutionsdynamik wie folgt beschreiben: Die technischen Entwicklungen der Phonographie, inklusive seiner Vorgängertechnologien wie den Phonautographen, verändern die materiellen Bedingungen von Klang als zu gestaltendes und gestaltetes Material der Musik – entborgen wird auch ein Verständnis von Klang als phonographisches Material („*phonographic material*", Großmann und Hanáček 2016, S. 58). Vor diesem Hintergrund, und vor den künstlerischen Herausforderungen der Nachkriegszeit, weist sich die Tonbandtechnologie als ‚neues' Werkzeug der Bearbeitung an, selbst wenn, historisch betrachtet, die Erfindung des Magnettonverfahrens nicht linear als Reaktion auf dieses neue musikalische Bearbeitungsimaginarium erfolgt.

Während die zweite Art der Metamorphose (Kombination/Synthese) bei der Frage nach Tonband-Klangkonzepten eher zu vernachlässigen ist, birgt „das Nachdenken im Zusammenhang mit einem Wechsel des Anwendungsbereichs" (Sennett 2008b, S. 176) als dritte Metamorphosen-Form vielversprechendes Erkenntnispotential.

> Von einem Wechsel des Anwendungsbereichs wollen wir dann sprechen, wenn ein für einen bestimmten Zweck gedachtes Werkzeug auch für andere Zwecke eingesetzt oder ein in einer bestimmten Praxis handlungsleitendes Prinzip auf eine andere Tätigkeit übertragen wird. Die Entwicklung der Typenformen bewegt sich innerhalb ein und desselben Bereichs. Beim Wechsel des Anwendungsbereichs werden dagegen Grenzen zwischen verschiedenen Bereichen überschritten. (Ebd., S. 173)

Als Beispiel für eine solche produktive Grenzüberschreitung nennt Sennett die Adaption der „Webetechnik der Kett- und Schussfäden" (ebd., S. 174) durch den Schiffbau und in der Verkehrsplanung im 6. Jahrhundert v. Chr. Auch Lévi-Strauss' kulturanthropologische Untersuchungen – vor allem zum Kochen (vgl. Lévi-Strauss (1964) 2000) – versteht Sennett als Beobachtung grenzüberschreitender Metamorphosen:

> Das Rohe ist der Bereich der Natur, wie die Menschen sie vorfinden. Das Kochen bringt den Bereich der Kultur hervor, verstanden als Metamorphose der Natur. In der kulturellen Produktion ist Nahrung, wie die berühmte Formulierung von Lévi-Strauss lautet, zugleich gut zum Essen (*bonne à manger*) und gut zum Denken (*bonne à penser*). Das meint er ganz wörtlich: Das Kochen der Nahrung bringt die Menschen auf die Idee, das Erwärmen auch für andere Zwecke einzusetzen. Menschen, die gekochtes Wild teilen, kommen auf den Gedanken, auch eine geheizte Behausung zu teilen. Dann wird es auch möglich, eine Abstraktion wie „ein warmherziger Mensch" zu denken. In all diesen Fällen haben wir es mit einem Wechsel des Anwendungsbereichs zu tun. (Sennett 2008b, S. 175)

Materialbewusstsein prägt sich im Handwerk also primär durch ein Nachdenken über Materialwandlungen aus, besonders dann, wenn Materialien und damit verbundene Konzepte ihre Grenzen überschreiten, also ihren Anwendungsbereich wechseln. Das weckt Erinnerungen an das Kittler'sche Bonmot von „Rockmusik als *Missbrauch* von Heeresgerät" (Kittler 2002 [Hervorh. MH]). Vor allem aber weist es darauf hin, dass Ideen und Konzepte in Abhängigkeit von Praktiken und Werkzeugen (bzw. Medientechnik) gedacht werden müssen. Neue Klangspeicher- und -formtechnologien bedingen neue Klangumgangsweisen und schaffen neue oder verfestigen bestehende Klangkonzepte. So wie Sennett mit Lévi-Strauss die Formung von Lehm als eine Form des „Kochens" denkt (vgl. Sennett 2008b, S. 176), kann auch die Zurichtung und Bearbeitung von gespeichertem Schall (das phonographische Material) über Tonbandtechnologie als eine solche Kulturierung verstanden werden, wobei nicht nur der*die Tonbandanwender*in sondern auch die Technik selbst „mitkocht". Dabei ist das, was „gekocht" wird, in keinem Rohzustand – nicht Schallwellen werden verarbeitet oder umgewandelt –, sondern bereits phonographisch Aufbereitetes.

2.4 Das Tonband als technologisches Objekt | Klang als epistemisches Ding

Auf das Zusammenspiel zwischen Epistemen und Werkzeugen hat auch der Wissenschaftshistoriker Hans-Jörg Rheinberger hingewiesen, wobei er sich insbesondere mit den Praktiken und Technologien der Wissensbildung in der Naturwissenschaft im Rahmen von Experimenten beschäftigt. Gerade die betonten Suchbewegungen mit elektronischen Mitteln der verschiedenen Tonbandkomponist*innen der 1950er und 1960er Jahre legen eine Übertragung der Konzepte Rheinbergers nahe. Nicht umsonst ist bei der amerikanischen elektronischen Musik (auch *Music for Tape* genannt) häufig von *Experimental Music* (vgl. u. a. Nyman 2011) die Rede, Karlheinz Stockhausen redet im Zusammenhang seiner Musik von „Erfindung und Entdeckung" (1961) und Pierre Schaeffer versteht seine Arbeit als eine *Suche* nach einer Konkreten Musik (*À la recherche d'une musique concrète* (1952a)). Es spricht also vieles dafür, nicht nur die eigentlich pejorative Bezeichnung der Tonbandarbeit als Handwerk ernst zu nehmen und weiterzudenken, sondern auch das Verständnis von den Studios dieser Neuen Musik als Labore bzw. als Experimentalsysteme.

Besonders wenn es um die Frage geht, welche Klangkonzepte in Abhängigkeit der Tonbandtechnologie entstehen, ist Rheinbergers Terminologie hilfreich. Dieser führt drei zentrale Begriffe in das Feld der Wissenschaftsforschung ein: 1. Experimentalsystem, 2. das technologische Objekt und 3. das epistemische Ding (bzw. das Wissenschaftsobjekt).[36] Das Experimentalsystem ist „eine Vorrichtung zur Bearbeitung noch unbeantworteter und zur Produktion noch ungestellter Fragen" (Rheinberger 1992, S. 69). Vor allem meint Rheinberger hiermit die technologischen Objekte, die bei den Experimenten verwendet werden, aber auch die „Materialien [...], Laborumgebungen [und] kollektives Erfahrungswissen" (Rheinberger 2016, S. 20). Es ist das materielle Umfeld, in dem sich Forschung abspielt. Das Experimentalsystem ist dabei stets auf die zu beantwortende Frage bzw. das

---

[36] Hans-Jörg Rheinberger nutzt die Begriffe Ding und Objekt in seinen frühen Schriften zwar häufig synonym, bevorzugt allerdings, wie er später erläutert, die Bezeichnung des „epistemischen Dings", da das Ding eher die für das epistemische Ding typische Unschärfe ausdrückt als das Objekt (vgl. Rheinberger 2008). Diese Bezeichnung soll im Folgenden übernommen werden.

epistemische Ding ausgerichtet. Es kann „als kleinste funktionelle Einheit der Forschung angesehen werden. [...] Es ist eine Vorrichtung zur Materialisierung von Fragen" (Rheinberger 1992, S. 25). Die technologischen Objekte sind essentielle Bestandteile des Experimentalsystems, sie sind die technischen Apparaturen, mit denen das Wissenschaftsobjekt, das epistemische Ding, erforscht wird und durch die es überhaupt erst in Erscheinung tritt. Das epistemische Ding ist der Forschungsgegenstand selbst und durch eine genuine Unschärfe geprägt.

> Das epistemische Objekt ist jenes schwer zu definierende Etwas, das den Einsatz eines bestimmten experimentellen Forschungsunternehmens darstellt. Paradox gesagt verkörpert es – und zwar in einer Form, die experimentell gehandhabt werden kann – eben dasjenige, worüber man noch nicht genau Bescheid weiß. Epistemische Objekte sind demnach chronisch unterdeterminiert. (Rheinberger 2016, S. 20)

Die technologischen Objekte sind mit den epistemischen Dingen untrennbar verflochten. Doch während sich epistemische Dinge durch ihre Undeterminiertheit auszeichnen, sind technologische Objekte charakteristisch bestimmt. Das Verhältnis zwischen beiden ist dabei reziprok: Die technologischen Objekte bestimmen den „Raum und die Reichweite" (Rheinberger 1994, S. 409), in dem das epistemische Ding in Erscheinung treten kann und andersherum bestimmen „ausreichend stabilisierte" (ebd.) epistemische Dinge die Experimentalanordnung mit. „Sie beginnen dann, selbst die Spannbreite der Fragen zu bestimmen, die innerhalb des Systems gestellt werden können" (Rheinberger 1992, S. 70 f.).

In bestechender Übereinstimmung mit der *hand*werklichen Praxis der Tonbandarbeit, beschreibt Rheinberger die Rolle der technologischen Objekte in Experimentalsystemen als „Fassung" des epistemischen Dings, und zwar „im doppelten Sinne des Wortes: Sie erlauben, es anzufassen, mit ihm umzugehen und sie begrenzen es" (ebd., S. 70). Um das Wesen der Tonbandarbeit zu erkunden, liegt es also durchaus nahe, die Überlegungen Rheinbergers zu übertragen. Demnach ließe sich das Tonstudio als Experimentalsystem verstehen, in welchem mithilfe von Tonbandtechnologie, verstanden als das technologische Objekt, nach dem epistemischen Ding ‚Klang' (wie auch immer definiert) gesucht wird.[37] Im Folgenden soll das Tonband also als technologisches Objekt verstanden und untersucht werden – die spezifischen Umgangsweisen, die Transformationen im diachronen ‚Forschungsfortschritt' sowie die verschiedenen Verflechtungen mit epistemischen Dingen (Klangkonzepten). Dem doppelten Wortsinn der „fassenden" Rolle von technologischen Objekten gegenüber epistemischen Dingen kann dabei

---

[37] Ich wende Rheinbergers Konzept für den Bereich des Klanglichen entschieden anders an als bspw. Kittler (2012) oder Hardjowirogo und Pelleter (2015), die (elektronische) Musikinstrumente als epistemische Dinge verstehen.

noch ein dritter hinzugefügt werden: Das technologische Objekt Tonband grenzt nicht nur Klang (sowohl physisch als auch konzeptionell) ein und erlaubt einen Umgang damit, sondern es stellt den Eingriff, das Anfassen des Klangmaterials, sogar in das Zentrum der ‚Forschungspraxis'.

Darüber hinaus hat dieser Transfer auch weitere Vorteile: Die charakteristische Unbestimmtheit des epistemischen Dings erscheint angemessen für die verschiedenen Klangkonzepte, auch wenn diese mit den mehr oder weniger selben technischen Mitteln (der Tonbandtechnologie) hergestellt, bearbeitet und erkundet werden. Es kann demzufolge nicht „das eine" Tonband-Klangkonzept, abhängig von den technischen Möglichkeiten der Maschine, geben. Mit ein und derselben Forschungstechnologie können unterschiedliche epistemische Dinge gesucht und gefunden werden. Gleichzeitig verweist Rheinbergers Konzept aber auch auf die konstitutive Bedeutung von technologischen Objekten. Ohne das Tonband als entbergende Technologie lassen sich einige Klangkonzepte nur schwerlich verstehen. Und schließlich stellt die von Rheinberger eingeführte Perspektive die materiellen Praktiken, um die es in diesem Teil gehen soll, in den Vordergrund.

Tatsächlich sieht Rheinberger selbst auch das Transferpotential seiner Begrifflichkeiten und passt sich hervorragend in das oben beschriebene Materialbewusstsein als Metamorphosenbeobachtungen ein. So sieht er die epistemischen Dinge in der Wissenschaft äquivalent zur „‚Skulptur' für die Bildhauerei, zum ‚Bild' für die Malerei, oder zum ‚Gedicht' für die Poesie" (Rheinberger 1992, S. 69, Fußnote 10). In seinem späteren Werk tritt Rheinberger daher auch für die Übertragung seines Konzepts für den Bereich künstlerischer Forschung ein (vgl. u. a. Rheinberger 2016). Insbesondere bei Arbeiten, die „Materialien in Erkenntnis gewinnender Absicht" explorieren, um „angemessene Formen des Umgangs" (ebd., S. 24) zu entwickeln, sieht er Transferpotential. In der künstlerischen Forschung stehe die „Materialkenntnis" oder, um wieder zu Sennett zurückzukehren, das Materialbewusstsein, dabei oft in „Verbindung mit ästhetischen Effekten" und die Unbestimmtheit von epistemischen Dingen kann analog zum „Unschärfeprinzip ästhetischer Dinge" verstanden werden (ebd.).

2.5 Musik-Medien in den *Science and Technology Studies* (STS)

Rheinberger fordert für die Kunst- und die Wissenschaftsforschung gleichermaßen ein, nicht nur dasjenige zu erkunden, was Künstler*innen und Wissenschaftler*innen sagen, sondern „das, was sie tun, wenn sie ihr jeweiliges *Handwerk* praktizieren" (ebd., S. 27 [Hervorh. MH]). Das bestätigt nicht nur die Parallelsetzung seines Konzepts mit Sennetts Handwerk-Abhandlungen, sondern es deutet auch die Nähe von Rheinberger zu den *Science and Technology Studies* (STS) an. Sie sollen als letzter Eckpfeiler für die Untersuchung von ästhetisch-epistemischen Tonbandpraktiken dienen.

Die STS befassen sich mit den multiplen soziokulturellen Verflechtungen und der zunehmenden Einflusssphäre von Wissenschaft und Technik:

> Increasingly, science and technology permeate the social and material fabric of everyday life via, for example, the explanatory power of scientific models, the quantification of metrics of individual and organizational performance, and the globalization of information, communications, energy, transportation, and other technological infrastructures. Ultimately, science and technology shape how humans experience, imagine, assemble, and order the worlds they live in. (Felt et al. 2017, S. 1)

Ein wichtiger Gegenstand der STS zur Erforschung der materiellen Kultur von Wissenschaftstechnik und Technikwissenschaft sind die an der Wissensproduktion beteiligten Technologien und Apparate bzw. die „Dinge der Technowissenschaft" (Passoth 2014, S. 339). Die Fokussierung von Apparaturen, Messinstrumenten etc., kurz: den Dingen des Labors, hängt eng mit der Arbeit Bruno Latours und Steve Woolgars (*Laboratory Life* (1979)), Karin Knorr-Certina (*The Manufacture of Knowledge* (1981)) und Mike Lynch (*The Art and Artifact in Laboratory Science* (1985)) Ende der 1970er, Anfang der 1980er Jahre zusammen (vgl. Passoth 2014, S. 339). Deren zentrale Erkenntnis, dass „Wissenschaft und Forschung [...] offenkundig aus recht gewöhnlicher Praxis an ungewöhnlichen Orten" (ebd.) besteht, bei der „materielle Substanzen in Zahlen oder Diagramme" (Latour und Woolgar 1979, S. 51, zit. nach ebd. [Übers. Passoth]) übersetzt werden, gilt heute als wichtiger Ausganspunkt der STS. Die Untersuchung von Laborsettings bzw. -ausstattungen und den damit verbundenen materiellen Praktiken wurde so zu einem wichtigen Eckpfeiler der Wissenschaftsforschung.

In den 1980er und 1990er Jahren ist schließlich eine Übertragung dieser neuen Ansätze der Wissenschaftsforschung auf Technik und Technologien im Allgemeinen zu beobachten (vgl. Passoth 2014, S. 340). Häufig gerahmt durch eine sozialkonstruktivistische Perspektive (vgl. z. B. Pinch und Bijker 1984) entstanden und entstehen bis heute eine Vielzahl von Fallstudien, die technischer Artefakte vor dem Hintergrund ihres soziotechnischen Designs und ihrer Positionierung in Akteursnetzwerken untersuchen.

Für den Bereich auditive Medienkulturen ist hieraus vor allem Trevor Pinchs und Frank Troccos Studie zum Moog Synthesizer – *Analog Days. The Invention and Impact of the Moog Synthesizer* ((2002) 2004) – hervorzuheben. Wie der Untertitel bereits verrät, folgen Pinch und Trocco den Spuren des *Moog Synthesizers* und fokussieren vor allem die komplexen soziokulturellen Verflechtungen, die sich im Design und letztendlich auch im popkulturellen Einfluss des Geräts niedergeschlagen haben. Dabei gehen die Autoren primär ethnographisch vor, über

Interviews mit den Pionieren der Synthesizer-Technologie, und betonen die Visionen und Zukunftskonzepte, die mit dem *Moog Synthesizer* in Verbindung stehen. Relevant für die Forscher ist dabei weniger die technische Verfasstheit, weniger das *kulturtechnische a priori*, sondern mehr der tatsächliche Gebrauch und Missbrauch der Technologie durch Musiker*innen:

> Wittgenstein famously argued that the way to understand language is from its use. Similarly, the way to understand musical instruments is not from their essences — what their theoretical possibilities are — but from the way people who actually make the music put them into practice. Although instrument designers may have dreams and aspirations for the sorts of music to which their instruments can be adapted, the way to find the meaning of an instrument is in its use by real musicians — in state-of-the art recording studios and home basements, on the stage and on the road. (Ebd., S. 10)

Pinch und Trocco untersuchen also die zahlreichen (künstlerischen) Interaktionen mit dem Synthesizer (und des Synthesizers mit den Künstler*innen) und in eben diesem Sinne die materielle Kultur des Instruments. Damit ist die Arbeit nicht nur eine prototypische Verschränkung der Herangehensweisen und Gegenstände der *Material Culture Studies* mit den *Science and Technology Studies*, sondern zeigt auch vorbildhaft an, wie mithilfe dieser Ansätze die materiell-künstlerischen Praktiken auditiver Medientechnologien untersucht werden können.

2.6 Zur Montage als Medienkunstpraxis

Ein letzter Aspekt, der bei theoretischen Vorüberlegungen zu einer Kultur der Tonbandpraxis als Hand-Werk adressiert werden muss, ist das Medienkunst-Handwerk der Montage. Es ist eine der grundlegenden Beobachtungen für den Umbruch der Klang(re)produktion von Walzen und Scheiben zu Stahl-, Papier- und schließlich Kunststoffbändern, dass durch diesen Medienwechsel der Schnitt und die Montage des Tonträgers in den Fokus rücken. Im Vordergrund der Arbeit mit Klangreproduktionen steht beim Tonband also nicht mehr nur das Einfangen, also das Speichern, von Schall, sondern auch das nachträgliche Arrangieren bzw. Assemblieren. Damit tritt die Klangarbeit in das Reich der Montage.

Dabei stellt sich schnell die Frage, was überhaupt unter Montage zu verstehen ist und was diese (Medien-)Praxis wirklich Neues in die Arbeit mit Klangreproduktionen trägt – schließlich liegt schon der etymologische Ursprung des Komponierens im lateinischen Zusammenfügen (*componere*). In ihrem Artikel zum „Montieren" im dritten Band des *Historischen Wörterbuchs des Mediengebrauchs* beschreiben Melanie Mika, Vanessa Ossa und Kiron Patka, dass sich montieren vom altfranzösischen und spätlateinischen *montare* ableitet und ab dem 14. Jahrhundert in der deutschen Militärsprache als „ausrüsten" im Sinne der

„Ausrüstung eines Soldaten" – seine *Montur* – benutzt wird (vgl. 2022, S. 255 f.). Ab dem 19. und 20. Jahrhundert wird der Begriff *montieren* auch in der Industrie verwendet und bezeichnet hier das Zusammensetzen einer Maschine aus verschiedenen Bestandteilen (vgl. ebd.)

> Daneben wird das Montieren im 20. Jh. zu einem Begriff der Medientechnik – und als ‚Montage' einer der zentralen Begriffe der Filmtheorie. Montieren bedeutet, einzelne Elemente räumlich und zeitlich zueinander anzuordnen und zu einer Einheit zusammenzufügen, z. B. zu einem Film, einem Hörspiel oder einer Fotomontage. (Ebd., S. 256)

Das Wesen der Montage besteht also darin, „vorgefertigte Teile zu einem Ganzen zusammenzusetzen" (Klotz 1976, S. 259), und ist vor allem ein (handwerkliches) technisches Verfahren; sein Prinzip basiert also, wie Volker Klotz feststellt, „nicht auf Natur, sondern auf Technik. Nachdrücklich bekennt es Kunst als Fabrikation" (ebd., S. 261).[38] Darin unterscheidet es sich vom weitergefassten (künstlerischen) Komponieren. Wie Mika, Ossa und Patka bereits andeuten, ist im 20. Jahrhundert die Montage einer der zentralen Begriffe der Filmtheorie und -praxis[39] und wird häufig (von Praktikern und Theoretikern gleichermaßen) sogar als „Kern des Filmemachens" (Mika, Ossa und Patka 2022, S. 256) verstanden.

In der Filmtheorie bezeichnet die Montage „das kreative, konstruktive Zusammenfügen von Einstellungen eines Films zu Szenen und Sequenzen" (Lampe 2002, S. 265). Am verbreitetsten ist aus dem Bereich der Montagetheorie sicherlich diejenige Sergej Eisensteins, für den das „Wesen des Films" in der Montage besteht, also „in den Wechselbeziehungen zwischen den Einstellungen" (Eisenstein (1926) 1973, S. 138). Mit dem „*Eingriff* ins fotografische Material" (Kersting 1989, S. 363) verbindet Eisenstein also ein schöpferisches Moment, womit er sich explizit von Vertreter*innen eines filmischen Realismus wie Siegfried Kracauer oder André Bazin abwendet (vgl. ebd., S. 362 ff.). Eine zentrale Einsicht der Montagetheorie besteht folglich in der „Vorstellung, dass der Zuschauer zwei direkt aufeinanderfolgende Einstellungen gedanklich zu verbinden sucht und daraus etwas Drittes entsteht" (Hagener und Kammerer 2021, S. 481). Hierauf hebt auch Friedrich Kittler ab, wenn er in den Schnitten und montierten Synthesen des Films das Lacan'sche Imaginäre erkennt – als in „Zuschauerlüste" (1986, S. 182) übersetzte

---

38 Leider folgt Klotz in seinen weiteren Ausführungen nicht der eigenen Definition des technischen Wesens der Montage und betrachtet Montage stattdessen generell als Zitationspraxis der „betonte[n] Deplatzierung" (ebd.), die theoretisch auch ohne Medientechnik in einem engeren Sinne stattfinden kann. Seine Ausführungen finden im Folgenden daher weniger Beachtung.
39 Auch wenn in der Praxis, wie Hans Beller anmerkt, häufig eher vom Filmschnitt und weniger von der Montage die Rede ist, welches „eher in der Filmtheorie, der Analyse oder der Reflexion über Film angewandt [wird], als von den Praktikern im Arbeitsprozeß [sic!] selbst" (Beller 2009, S. 78).

Technik. Streit- und Differenzialpunkt zwischen den Filmemacher*innen und -theoretiker*innen (v. a. der 1920er Jahre) ist hierbei, wie mit diesem durch Montage generierten neuen Dritten umzugehen ist; vor allem, ob die Montage bzw. der Schnitt als Naht sichtbar und als Konfrontation der Einstellungen in den Vordergrund zu stellen ist – dies entspricht in etwa der Position der russischen Formalisten um Eisenstein – oder ob die Montage im Sinne eines *continuity editing* der „Verbindung von Einstellungen zu einem großen Ganzen" (Mika, Ossa und Patka 2022, S. 269) zu dienen hat, also die Schnitte unsichtbar der Narration unterzuordnen sind, wie es im klassischen Hollywoodkino der 1930er bis 60er Jahre praktiziert wird.

Das Montageverständnis des russischen Formalismus, das auf eine Sichtbarmachung der Gemachtheit des Films, auf eine Hervorstellung seiner (Onto-)Genese im Schnitt, abzielt, findet sich schließlich auch in Peter Bürgers bekannten *Theorie der Avantgarde* wieder, in welcher er die Montage als das „Grundprinzip avantgardistischer Kunst" versteht, die dem (traditionellen) „organischen Kunstwerk" gegenübertritt.

> Das „montierte" Werk weist darauf hin, daß es aus Realitätsfragmenten zusammengesetzt ist; es durchbricht den Schein von Totalität. Die avantgardistische Intention wird so paradoxerweise im Kunstwerk selbst realisiert. (Bürger 1974, S. 97 f.)

Dabei versteht Bürger Montage nicht nur als technisches Verfahren der Filmproduktion, sondern in einem weiteren Sinne als einen „bestimmten Aspekt des Allegoriebegriffs" (ebd., S. 98) Walter Benjamins, aus welchem Bürger seine Theorie der Avantgarde entwickelt, nämlich das „Herausbrechen von Elementen aus einem Kontext" und das „Zusammenfügen der Fragmente und Sinnsetzung" (ebd., S. 94). Der Avantgardist ist für Bürger folglich jemand, der „isoliert, fragmentiert [...] [und] Fragmente zusammen[fügt] mit der Intention der Sinnsetzung" (ebd., S. 95). Dementsprechend versteht Bürger auch Praktiken der bildenden Kunst als Montage, wie z. B. die *papiers collés* von Pablo Picasso und Georges Braque. Interessanterweise spart Bürger dabei die Möglichkeit und Praxis musikalischer Montage aus; für ihn spielt der Begriff nur im Film, der bildenden Kunst und der Literatur eine Rolle, wobei er sich letztlich dafür entscheidet, „von dem Begriff der Montage auszugehen, wie er von den frühen kubistischen Collagen nahegelegt wird", und nicht der „durch den Film geprägte[n] Anwendung [...], weil sie bereits durch das Medium vorgegeben ist" (ebd., S. 104).[40]

Auch Hans Emons beschreibt in seiner Untersuchung musikalischer Montage- und Collageverfahren, dass „Anmerkungen zum Begriff der Montage [...] den Film

---

40 In dieser Position äußern sich auch Tendenzen einer gewissen Technophobie und eines Anthropozentrismus, denen Bürger in seiner Konzeption anheimfällt, die nicht untypisch sind für

[zwar] nicht aussparen" (Emons 2009, S. 11) können, jedoch, in Anschluss an die Argumentation Hanno Möbius' (vgl. Möbius 2000, S. 419 ff.), davor zu warnen sei, den Einfluss der Filmmontage auf den Bereich der Musik und der bildenden Kunst zu überschätzen, da sich hier ganz eigene Montagetechniken bereits zu einer Zeit ausgebildet hätten, „als vom Film als einer Kunstform – geschweige denn als Montagekunst – noch kaum die Rede sein konnte" (Emons 2009, S. 13). Ähnlich wie Peter Bürger versteht Emons Montage also in einem weiteren Sinne als ein Arbeiten mit „präexistenten Materialien, die zu Segmenten einer neuen Textur werden" (ebd.) und sieht hierfür Vorbilder in der bildenden Kunst (bei den Kubisten, Futuristen, Kubofuturisten usw.), in der Literatur, z. B. in den futuristischen Sprachmontagen Marinettis oder Alfred Döblins Montageroman *Berlin Alexanderplatz* (1929), sowie, später, in der Diskontinuität des Epischen Theaters Berthold Brechts (vgl. ebd., S. 13 ff.).

Der erste musikalische Monteur ist für Hans Emons der französische Komponist Erik Satie, dessen Kompositionen auf „,Musik aus Fertigteilen' (freilich selbstgeschaffene)" (ebd., S. 19) basieren und in dieser Statik der Organizität klassischer Kompositionsverfahren und -ästhetik entgegentreten.

> Im Gegensatz zur Idee des klassischen Motivs, das als „bewegende" Instanz auf Fortführung, Wachstum und damit auf organische Entwicklung angelegt ist, sind Saties „Motive" Montageelemente, die beliebig wiederholt, untereinander ausgetauscht, ohne satztechnische Konsequenzen mit anderen verbunden oder in Bruchstücken weiterverwendet werden können. (Ebd.)

In der Tradition von Saties „Baukastenmethode" und als Hervorstellung von Musik als Mach-Werk der Zeitorganisation versteht Emons auch die „Schablonentechnik" Igor Strawinskys, wie er sie exemplarisch in der Introduktion von *Le sacre du printemps* (1913) anwendet. Eine Sechstongruppe wird hier „durch rhythmische und metrische Umwidmung, durch Addition von Intervallzellen, durch Umstellung und minimal variierte Wiederholung" verändert und wechselt dadurch „neunmal ihr Erscheinungsbild" (ebd., S. 20). Neben dieser melodischen Montage erkennt Emons im Werk Strawinskys auch Momente horizontaler Montage durch die „Aneinanderreihung unterschiedlicher Metren und formaler Blöcke" sowie vertikale Montage durch „die Konstruktion polyrhythmischer und polytonaler Passagen" (ebd.).

Kongruent mit der Position Bürgers bedeutet für Hans Emons also Montage primär das auf Sichtbarmachung einer Gemachtheit hin abzielende Herstellen bzw. Komponieren von Musik aus präproduzierten Fertigteilen. Beispiele einer Montagemusik der Nachkriegszeit sind für ihn u. a. die Bühnenmusik Bernd Alois

---

ästhetische Theorien vor den medien- und materialkritischen Wenden der 1980er Jahre und sich in Abwandlung auch in den Schriften Adornos wiederfinden.

Zimmermanns, Luigi Nonos *La Fabbrica illuminata* (1964), das auch reale (konkrete) Klänge miteinbezieht sowie Mauricio Kagels *Anagrama* (1960) und Luciano Berios Sprachkomposition *Tema – Omaggio a Joyce* (1958). Aber auch Karlheinz Stockhausens *Gesang der Jünglinge* (1956) sowie die *Musique Concrète* im Allgemeinen sind für ihn Beispiele montierter Musik (vgl. ebd., S. 23 ff.). Resümierend versteht Emons die Montage damit als „Verfahren und Ergebnis zugleich", „das den Produktionsprozess von Kunst offenlegt" und die Voraussetzung für „Phänomene [...] einer nichtorganizistischen Ästhetik" wie z. B. die Collage bildet (ebd., S. 27).

Problematisch an dem Montageverständnis von Emons und auch von Bürger erscheint eine gewisse materielle Beliebigkeit, die mit ihrer Abstraktion bzw. Entfernung der Montage von der Filmpraxis einhergeht. So verstellen sich beide einer vom Material bzw. dem Handwerk ausgehenden ästhetischen Praxis der Montage und beharren für ihre Definitionen auf der Notwendigkeit einer avantgardistischen Intentionalität des Montierens – Montage als Ausstellung des eigenen Produziertseins. Das Schneiden und Kleben von Tonbändern ist jedoch eine Praxis, die ihr unmittelbares Vorbild in der medienmateriellen Praxis der Filmmontage hat. Montieren ist hier nicht (notwendigerweise) ein gegenimmersiver Verfremdungseffekt, sondern – in Äquivalenz zum „*Eingriff* ins fotografische Material" (Kerstin 1989, S. 363) der Filmmontage – ein schöpferischer Eingriff ins phonographische Material, der fragmentiert und kombiniert und dadurch ein synthetisches Drittes schafft.

Allein die ähnliche physische Beschaffenheit von Filmstreifen und Magnetbändern sowie die wesentlich frühere Erfindung und Verwendung von Tonfilm legt es nahe, dass Schnitttechniken und -ideen Übertragung finden. Bereits in den 1920er Jahren, lange bevor Tonbänder zur Herstellung von sonoren Objekten in Paris oder zur Multiplikation singender Jünglinge in Köln verwendet werden, wird Klang (auch ohne Bild) dank des Tri-Ergon-Lichtton-Verfahrens, bei dem Schallwellen als Lichtspuren auf Filmstreifen gespeichert werden, auf schneidbarem Tonfilm montiert (vgl. u. a. Jossé 1984). Tonbandschnitt- und -klebetechniken sind damit im eigentlichen Sinne nicht neu, sondern ganz im Gegenteil kulturell vorbelastet durch das Handwerk und auch die Theorie(n) der Filmtonmontage.

Wie Bettina Wodianka festhält, spielt für die Entwicklung der Tonfilmmontage in den 1920er Jahren in Deutschland die Produktion von Rundfunk-Hörspielen eine hervorgehobene Rolle. Hier ist es u. a. Hans Flesch, 1929 Intendant der *Funk-Stunde Berlin*, der sich für die Entwicklung von Tonfilmmontageverfahren einsetzt und erste auditive Collagen auf Tonfilm erstellt. Gemeinsam mit dem künstlerischen Leiter der *Schlesischen Funkstunde* in Breslau Friedrich Bischoff fordert und fördert Flesch die Entwicklung einer radiospezifischen Kunstform und hierfür geeigneter Aufzeichnungs- und Wiedergabeverfahren.

Abhilfe soll das Tri-Ergon-Lichtton-Verfahren des Tonfilms aus den frühen 1920er Jahren schaffen, das Schallwellen fotografiert respektive den Ton als Lichtspur auf dem Filmstreifen aufzeichnet. Hierüber lassen sich Aufnahmen produzieren, die anschließend in der Postproduktion bearbeitet und beliebig montiert werden können, wodurch die Stücke nicht länger Störungen und Improvisationen der Direktübertragung ausgesetzt sind. (Wodianka 2018, S. 162)

Flesch und Bischoff beauftragen schließlich den bekannten Filmemacher Walter Ruttmann, zu dieser Zeit „einer der wichtigsten Vertreter der filmischen Avantgarde der 20er Jahre" (Georgen 1989, S. 17, zit. nach ebd.), mit der Herstellung einer Radiocollage auf Tonfilm. Das resultierende Hörspiel *Weekend* wird im Juni 1930 gemeinsam mit einem ebenfalls mit dem Tri-Ergon-Lichtton-Verfahren hergestellten Werk Bischoffs (das Hörspiel *Hallo! Hier Welle Erdball – Eine Hörspielsymphonie*) ausgestrahlt. Zwar kann sich das Verfahren aufgrund der hohen Herstellungskosten sowie der Verstummung radiokünstlerischer Aktivitäten im deutschen Rundfunk durch die Machtergreifung der Nationalsozialisten in der Folgezeit nicht durchsetzen, doch der Weg ist geebnet für eine Hörspielkunst der Klangmontage, die in der Nachkriegszeit auf Tonband wieder aufgenommen wird (vgl. Wodianka 2018, S. 179).

Ruttmanns *Weekend* kann in diesem Sinne, ebenso wie Bischoffs *Hallo! Hier Welle Erdball*, als eine Art Tonbandkunst vor dem Tonband, *avant la bande*, verstanden werden. Wie Wodianka anmerkt, „antizipiert" *Weekend* damit die Kompositionsverfahren, die sich mit Tonbandtechnik später verwirklichen lassen. „So erlaubt erst sie es, gezielt und präzise Montagen über Eingriffe ins Material und Zeitachsenmanipulation herzustellen" (ebd.).

Obwohl also schon zur Zeit des Weimarer Rundfunks und des Nationalsozialismus „technische Verfahren des De- und Rekontextualisierens auditiver Ereignisse" (Mika, Ossa und Patka 2022, S. 261) existieren, kommt die Montage als künstlerisches Verfahren der Radioproduktion erst in der Nachkriegszeit mit der flächendeckenden Einführung von Tonbandtechnik umfänglich zum Einsatz und entwickelt sich von dort an „zu einer Standardprozedur der Tonbearbeitung" (ebd., S. 262). Wie Kiron Patka in seinem Aufsatz „Technische Wolle" verdeutlicht, ist im deutschen Rundfunk der Nachkriegszeit das Schneiden und Kleben von Tonbändern eine delegierte Tätigkeit, die, wie auch schon bei der Filmproduktion, häufig von Frauen ausgeübt wird und teilweise mit Nähen und Stricken in Verbindung gebracht wird (vgl. 2018, S. 107 ff.). Expert*innen für Tonbandmontagen sitzen in der Nachkriegszeit damit vor allem in den Rundfunkanstalten. Dass enge Verbindungen, teilweise sogar in Personalunion, zwischen kompositorischer Avantgarde (vor allem der sogenannten Darmstädter Schule) und Rundfunk zu dieser Zeit herrschen, die auf die Entwicklung der Musikästhetik und -diskurse der zweiten Hälfte des 20. Jahrhunderts Einfluss nehmen, ist vor diesem Hintergrund wenig überraschend. Durch die Verfügbarkeit von Tonbandtechnologie und eine handwerkliche Expertise der Klangmontage findet hier die „Sensibilisierung auf das [statt], was [sich] in der akustischen Welt konkreter Klangmaterialien ereignet" (Reinecke 1986, S. 5). Dass Komponist*innen Ende der 1940er, Anfang der 1950er Jahre Zugang zu Rundfunkstudios mit ihrer Technik und Techniker*innen erhalten, ist essentiell für die musikkulturelle Entwicklung. Denn die durch die Tonbandmontage hier geschaffene Möglichkeit „in direkten Kontakt mit der Klangmaterie zu treten, diese auszuhorchen, zu ‚zerlegen' und spielerisch zu ‚modellieren'" (ebd., S. 6) bildet den kultur- und hörtechnischen Nährboden, aus dem konkrete Kompositionen, Elektronische Musik und schließlich auch Pop erwachsen können.

Für die weitere Untersuchung der materiellen, ästhetisch-epistemischen Praxis von Tonband-Arbeit werden die eben beschriebenen Perspektiven zusammengeführt. Die Erkenntnispotentiale der einzelnen Komponenten sollen auf diese Art und Weise fusioniert werden. Das erweiterte (rehabilitierte) Verständnis von Handwerk bildet hierbei den Überbau der Operation: Komponist*innen, die mit Tonband aktiv komponieren bzw. interagieren werden als schöpferische *demioergoi* verstanden, die Hand und Kopf produktiv miteinander verbinden – auch wenn sie sich selbst nicht als solche bezeichnen würden. Arbeit mit und auf Tonband wird dabei als eine materielle Praxis verstanden, bei der die Wandlung des Materials (sowohl des physischen Tonbandes als auch des aufgezeichneten Schalls, des Klangs bzw. des phonographischen Materials) im Vordergrund steht. Dem Material (in seinen diversen Gestalten und Erscheinungen) aber auch den materialformenden Werkzeugen kommt dadurch eine besondere Handlungsmacht bzw. *agency* zu, die genauer in den Blick zu nehmen ist. Die Beobachtung der Materialwandlungen – die Metamorphosen – bilden ein spezifisches Materialbewusstsein aus, das mit entsprechenden Klangkonzepten korrespondiert. Vor allem frühe Tonbandkunst, die sich mit dem durch diese Technologie spezifisch formbaren phonographischen Material befasst und reflektiert, kann als Laborsituation im Sinne Hans-Jörg Rheinbergers (und auch der STS) verstanden werden, bei der das Tonstudio als Experimentalsystem, das Tonband als technologisches Objekt und Klang als epistemisches Ding fungieren.

3 Werkstattberichte: Schneiden, Messen, Schichten

Die Verfügbarkeit von Tonbandtechnologie verändert weltweit die Zugänglichkeit, Tangibilität und Gestaltbarkeit phonographisch gespeicherter Klänge und stellt Komponist*innen, Musiker*innen, Rundfunkmitarbeiter*innen, aber auch ganz gewöhnliche Konsument*innen in ein neues Verhältnis zu ihrer Klang- und Hör(um)welt. Durch das Tonbandgerät ändert sich damit die gesamte Vorstellung und Auffassung von Musik, wie u. a. auch Ragnild Brøvig-Hanssen feststellt (vgl. 2013, S. 140). Denn obwohl die *Manipulation* von Zeit und Raum einer Klangaufnahme bereits beim Phonographen potentiell möglich ist, wird dieser eher als archivisches denn als kreatives Werkzeug betrachtet und verwendet. Erst durch Magnetbandtechnologie rückt die Manipulierbarkeit des phonographischen Materials sichtbar in den Vordergrund.

> While the invention of the phonograph represents a shift to schizophonia [a term coined by R. Murray Schafer (1969, S. 43 ff.) to describe the disjunction of original and reproduced sound, MH], then the invention of the magnetic tape recorder brought about a new era in it, given the dramatic new possibilities for spatial and temporal disjuncture between sound and its source(s). Sounds could be thoroughly detached from their spatiotemporal origins *and* juxtaposed with other sounds with other origins. (Brøvig-Hanssen 2013, S. 141)

Die neue *Zuhandenheit* von Klangreproduktionen auf Tonband, d. h. ihre vielfache Manipulier- und Gestaltbarkeit und die hierin implizierte Vorstellung von Klang als etwas nachträglich Formbares, verändert in der Nachkriegszeit nachhaltig die Arbeits- und Denkweisen von Toningenieur*innen in Ton- und Rundfunkstudios sowie von einer neuen Generation technologie- und reproduktionsaffirmativer Komponist*innen, die in den neuen Daseinsweisen von Klang auf Tonband einen andersartigen Zugang zu ihrem Gegenstand entdecken und die Technologie und ihre Klangzurichtungen in ihre ästhetischen Konzepte integrieren.

John Cage, einer der ersten Komponisten, der Tonbandtechnologie systematisch für seine Kunst verwendet und reflektiert, weist in einem Interview mit Thom Holmes darauf hin, dass das Arbeiten mit Tonband einen anderen, verräumlicht-haptischen Zugang zum eigentlich flüchtigen Zeitphänomen Klang ermöglicht – „[i]t made one aware that there was an equivalence between space and time, because the tape you could see existed in space, whereas the sounds existed in time" (John Cage in einem Interview mit Thom Holmes im April 1981, zit. nach Holmes 2020, S. 107). Das Greifen und Bearbeiten von Tonband werden so zu einem Berühren von Klang selbst:

Holding a strip of magnetic tape in one's hand was equivalent to seeing and touching sound. You could manipulate this normally elusive phenomenon in ways that were previously unavailable to composers. (Holmes 2020, S. 107)

Wie bereits in KAPITEL 2: HAND-WERK-ZEUG anhand des *Williams-Mix* (1951–53) veranschaulicht, verwendet John Cage die neue Materialisierung von Klang auf Tonband, um über zufallsgeleitete Bandmontage sein Konzept der entsubjektivierten Indetermination bzw. „Unbestimmtheit" (vgl. Cage 1959) auf konkrete, d. h. phonographisch gespeicherte Klänge, anzuwenden. Hierfür lässt Cage von Bebe und Louis Barron zwischen 500 und 600 Klänge aufnehmen, die auf insgesamt acht Bändern gespeichert werden und dann auf Grundlage des von Cage entwickelten *I Ching*-Zufallsverfahren zerschnitten und zu einem Stück mit einer Spieldauer von 4:14 Minuten zusammengesetzt werden. Wie sich Earl Brown, der bei der Herstellung des *Williams Mix* behilflich war, erinnert, stand den messen-, schneiden- und klebenden Tonband-Handwerker*innen dabei noch nicht einmal eine Bandmaschine zum Abhören der Abschnitte zur Verfügung – „We couldn't hear anything. All we had were razor blades and talcum powder, no tape machine, it's true" (Brown in Chadabe 1997, S. 56). Auch wenn es eine zehrende Erfahrung nicht-sinnlicher Handwerksarbeit für Cages Monteur*innen bedeutet, dass sie ihr Material nicht hören können, fügt sie sich letztlich optimal in Cages ästhetisches Konzept der unvoreingenommenen Hörerfahrung ein. Denn dadurch, dass weder Cage noch Bebe und Louis Barron das phonographische Material, das sie nach Zufallsprinzipien zusammenstellen, hören können, ist es auch keinen unbewussten ästhetischen Entscheidungen unterworfen, wodurch sich die „Spuren der eigenen Arbeit" (Sanio 2012, S. 25) verwischen und „die vertrauten Automatismen bei der Werkrezeption" (ebd., S. 24) erfolgreich verstellen lassen.[41]

In den USA sind es Anfang der 1950er Jahre neben Bebe und Louis Barron[42] sowie John Cage vor allem Vladimir Ussachevsky und Otto Luening, die bei ihren Kompositionen mit Tonband arbeiten. Ussachevsky, zu dieser Zeit Lehrender an der *Columbia University* in New York, erwirbt im Auftrag des *Music Departments* 1951 ein Paar *Ampex 400*-Tonbandgeräte zur Aufzeichnung und Archivierung der *Composer's Forums* der Universität. Zwischen den Konzerten lagert Ussachevsky die Geräte bei sich zu Hause und experimentiert hier mit ihnen, indem er seine

---

[41] Zu John Cages Tonbandkompositionen siehe weiterführend Straebel 2012. Zu Cages Werkästhetik und Produktions- und Rezeptionsformen siehe weiterführend Sanio 1999.
[42] Zu den frühen Tonbandkompositionen Bebe und Louis Barrons, die bereits 1947 eine Bandmaschine besitzen, siehe u. a. Holmes 2020, S. 270 ff. Der von den Barrons 1956 angefertigte Soundtrack zum Science-Fiction-Film *Forbidden Planet* gilt als erste (vollständig) elektronische Filmmusik und als Meilenstein für die Popularisierung elektronischer Klänge im Mainstream (vgl. Brend 2012, S. 51 ff.).

eigenen Klavieraufnahmen manipuliert und sie über die Verschaltung der beiden Geräte mit einer Art Tape-Delay versieht. Die Ergebnisse dieser Experimente präsentiert er schließlich auf einem jener *Composer's Forums* im Mai 1952 (vgl. Taruskin 2010, S. 192). Der Flötist und Komponist Otto Luening, ein Kollege Ussachevskys an der *Columbia*, zeigt sich äußerst interessiert an seinen Tonbandexperimenten und beginnt selbst experimentelle Bandaufnahmen herzustellen. Gemeinsam begründen sie das *Columbia Tape Music Center*, deren erste Ergebnisse 1955 auf der LP *Tape Recorder Music* (eine Privatpressung des Geschäftsmanns Gene Bruck zur Dokumentation einer Aufführung 1952 im *New York Museum of Modern Art*) veröffentlicht werden. Wie Peter Manning feststellt, haben die Stücke Luenings und Ussachevskys eine gewisse Ähnlichkeit zu John Cages Tonbandexperimenten, die mehr oder weniger zeitgleich in New York entstehen, vor allem ihre Verwendung des Tonbandgeräts als Werkzeug zur Klangaufnahme und -transformation. Jedoch verfügen die *Columbia*-Professoren über eine wesentlich konservativere Grundhaltung: „In particular, they saw the tape recorder as a means of extending traditional ideas of tonality and instrumentation, rather than as a tool for creating a totally new sound world" (Manning 2013, S. 76).

Die Verbundenheit zu traditionellen „proven musical principles" (Ussachevsky 1959, S. 19), die sie von Cage, aber auch von der Elektronischen Musik aus Köln und der Pariser *Musique Concrète* unterscheidet, hebt Vladimir Ussachevsky selbst in seinem äußerst aufschlussreichen Artikel „Music in a Tape Medium" (1959) hervor, in welchem er auch erklärt, dass sie am *Columbia Tape Music Center* den Begriff der *Tape Music* dem der elektronischen Musik vorziehen, da nach ihrer Philosophie die tonbandtechnische Manipulation jeglicher (nicht nur elektronischer) Klänge eine immense Materialvielfalt berge, wodurch der Klangursprung von minderer Bedeutung erscheine (vgl. ebd., S. 9). Dabei versteht Ussachevsky das Tonbandgerät als eine Art neues Werkzeug zur Entdeckung, Analyse und Ordnung des Klangmaterials:

> The use of magnetic tape for storage of sound materials gives a composer the means to bear and assess the properties of the material. The techniques of manipulating the tape make any sound akin to a lump of clay in the hands of a sculptor: the sound can be shortened, elongated, cut apart, listened to backwards, have certain characteristics of timbre emphasized or de-emphasized. In these circumstances it suddenly becomes interesting to work with many non-instrumental sounds whose potential can now be exploited, as well as with alterations of sounds from the established musical vocabulary. (Ebd., S. 8)

In ihrer liberalen Haltung gegenüber der Verwendung und Kombination jeglicher, d. h. sowohl traditionell instrumentaler und vokaler als auch manipulierter Tonbandaufnahmen und elektronischer Klänge, sehen sich Ussachevsky und Luening in enger Allianz mit dem französischen Komponisten Edgard Varèse, vor allem zu dessen offener Definition von Musik als *organized sound*. Enttäuscht von den italienischen Futuristen, die seines Erachtens bloß die gewöhnlichen und langweiligen Geräusche des Alltags reproduzieren, träumt Varèse schon 1917 von neuen Instrumenten, mit denen sich eine bislang unbekannte Klangwelt erschaffen bzw. erschließen ließe, die sich gehorchend seinen Gedanken und seinem inneren Rhythmus fügen. „I dream of instruments obedient to my thought and which with their contribution of a whole new world of unsuspected sounds, will lend themselves to the exigencies of my inner rhythm" (Edgard Varèse in einem Vortrag am 5. Juni 1917, zit. nach Varèse 1966, S. 11). Ein Gedanke, den er 1936 noch einmal in einem Vortrag in Santa Fe wiederholt und der sich für ihn erst 1953 mit dem Erhalt eines *Ampex 401A*[43] erfüllen soll; auch wenn das Instrument am Ende eine andere Form hat als ursprünglich hypostasiert. Zu diesem Zeitpunkt ist Varèse bereits 69 Jahre alt und das Gerät, das er erhält, ist keine ‚seismographische' Maschine, die Partituren automatisch in Klänge übersetzt (vgl. Varèse und Wen-Chung 1966, S. 12), sondern ein Tonbandgerät, das Varèse von einem anonymen Spender erhält. Dabei verfolgt Varèse eine Vision der Befreiung des Klangs („liberation of sound", ebd., S. 14), eine Sehnsucht nach neuen Klängen für eine neue Zeit, und als eine eben solche Befreiungsmaschine wird sich Varèse das *Ampex 401A* auch offenbaren. Für ihn stellen Tonbandgeräte, ebenso wie elektronische Oszillatoren und der *RCA Mark II Sound Synthesizer* eben jene Instrumente dar, die das Tor zu einer neuen elektronischen Klangwelt aufstoßen:

> Our new medium has brought to composers almost endless possibilities of expression, and opened up for them the whole mysterious world of sound. [...] [M]ost important of all, it has freed music from the tempered system, which has prevented music from keeping pace with the other arts and with science. Composers are now able, as never before, to satisfy the dictates of that inner ear of the imagination. (Edgard Varèse in einem Vortrag 1962 an der Yale University, zit. nach Varèse 1966, S. 18)

Das einzige Werk von Varèse, das „nur das Tonband benutzt und damit seiner Idee genügt, [...] daß der Interpret überflüssig wird, und der Komponist mit einem Ingenieur zusammen alles gleich in eine Maschine gibt" (de la Motte-Haber 1993, S. 92), ist sein *Poème Électronique*, das er für den legendären *Philips-Pavillon* der Brüsseler Weltausstellung 1958 komponiert. Auf Insistieren und Vermittlung des Architekten Le Corbusier, der den Pavillon gemeinsam mit Iannis Xenakis entwirft, erhält Varèse von *Philips*, die eigentlich Benjamin Britten anfragen wollten und anfangs an dem Engagement Varèses Zweifel äußerten, 1956 den Auftrag für die Komposition (vgl. Tazelaar 2013, S. 114 ff.). Im Herbst 1957 reist Varèse schließlich nach Eind-

---

[43] Oft ist in der Literatur auch von einem *Ampex 400* die Rede (z. B. bei Holmes 2020), im Folgenden wird aber der sehr glaubhaften Darstellung Chou Wen-Chungs gefolgt (vgl. Wen-Chung 1966, S. 166).

hoven, um in den *Philips Research Laboratories* mit dem Toningenieur Willem Tak und dem Techniker Simon Leo de Bruin das Stück zu realisieren. Das *Poème* hat eine Länge von ca. acht Minuten und besteht aus einer großen Vielfalt an Geräuschen, instrumentalen und elektronischen Klängen, u. a. „Maschinengeräusche, transponierte Klavierakkorde, gefilterte Chor- und Solistenstimmen sowie synthetische Klangfarbe[n]" (Föllmer 2004). Im *Philips-Pavillon* wird das Werk auf über 350 Lautsprechern[44] wiedergegen, wobei der „Klang durch die stereophone Technik im Raum wander[t]" (de la Motte-Haber 1993, S. 108) – eine Idee von Le Corbusier.

> The music was routed through „sound paths" determined by a mixing console that had the capacity to deploy as many as 180 audio and visual signals through telephone relays to the loudspeakers, film projectors, and multicolored light installations. Heard (and seen) by nearly two million visitors over the six-month course of the Fair, and issued more than once thereafter on commercial recordings, Varèse's eight-minute *Poème* is probably still the most widely disseminated all-electronic composition in the short history of the medium. (Taruskin 2010, S. 208)

In den *Philips Research Laboratories* finden in den 1950er Jahren auch die ersten Versuche statt, mit elektronisch generierten Klängen populäre Musik zu produzieren. Inspiriert vom ‚Sputnik-Schock' stellt hier bereits 1957 der Niederländer Dick Raaijmakers „Song of the Second Moon" her; das vermutlich erste Stück Elektropop. Das Werk besteht aus rhythmisch eingängig montierten Tape-Loops diverser perkussiver *noise sounds*, über die ein mit Tape-Echo verhalltes *Ondes Martenot* (ein elektronisches Tasteninstrument) eine verspielte Melodie pfeift sowie aus einer Vielzahl hoher elektronischer Klänge im Hintergrund der Aufnahme (vgl. Tazelaar 2013, S. 78). 1958 veröffentlicht Raaijmakers „Song of the Second Moon" als EP über *Philips'* eigenes Label, allerdings nicht unter seinem bürgerlichen Namen, sondern dem Pseudonym Kid Baltan. In diesem Jahr produziert unter der Hilfestellung Raaijmakers auch der junge Komponist Tom Dissevelt erste populäre elektronische Werke in den *Philips Laboratories*. Dabei profitieren die beiden Komponisten enorm von der hochwertigen technischen Ausstattung des Studios, vor allem von neuen von *Philips* selbst entwickelten Tonbandgeräten.

> Rhythmically, Dissevelt's works benefited greatly from a new tape loop recorder/player designed and built by Philips. Up to four rhythmic loops and repeating bass lines could be played simultaneously while staying in sync, since they were driven from a single capstan motor. (Ebd., S. 82)

---

[44] Die Angaben über die genaue Anzahl der Lautsprecher schwanken laut Helga de la Motte-Haber je nach Quelle (Varèse spricht von 400 und 425), die technische Beschreibung des Pavillons gibt 350 an, welcher hier gefolgt wird (vgl. de la Motte-Haber 1993, S. 108).

Anders als die Werke John Cages, Edgard Varèses, Pierre Schaeffers oder Karlheinz Stockhausens, sind die Werke von Raaijmaker und Dissevelt dezidiert an ein breites Publikum gerichtet. Ihre Musik verstehen sie als „electronic popular music" (so der Titel der ersten EP Kid Baltans von 1958) und ist ein Versuch, das Klangmaterial der ‚ernsten' elektronischen Musik zu popularisieren. Ihre Stücke fusionieren elektroakustische Klänge mit Jazzelementen und Big-Band-Arrangements. Die 1963 veröffentlichte LP *The Fascinating World of Electronic Music* umfasst acht Stücke der beiden Komponisten und gilt für viele als wichtige Pionierarbeit, die die Klangästhetik von Elektropop sowie von *Acid* und *House Music* um Jahrzehnte vorwegnimmt.[45] Erfolgreich ist das Album zu seiner Zeit jedoch nicht, sondern eher ein Ladenhüter, dessen Wert erst viele Jahre später erkannt wird – „it is electronic pop, pure and not simple, and in 1957 the world wasn't ready for it" (Brend 2012, S. 50).

Zur Popularisierung der neuen Klangwelt der elektronischen Sounds und Tonband-Zeitachsenmanipulationen, trägt in Großbritannien vor allem der *Radiophonic Workshop* der öffentlich-rechtlichen *British Broadcasting Corporation* (BBC) bei. U. a. in Reaktion auf die Klangforschungseinrichtungen in Köln und Paris gründet die BBC 1958 ein eigenes experimentelles Tonstudio, jedoch nicht zur Herstellung elektroakustischer Musik oder als Ort für wechselnde Gastkomponist*innen, sondern zur Herstellung von Klangeffekten und elektronischer Musik für die hauseigenen Radio- und TV-Produktionen. Dementsprechend lässt die BBC bei der Eröffnung des Workshops im Frühjahr 1958 auch verlauten, dass die Techniken der Klangherstellung zwar mit der *Musique Concrète* und der Elektronischen Musik ähnlich sind, „radiophonic sound" aber keine Kunst in einem engeren Sinne sei – „it is used to provide an additional ‚dimension' for radio and television productions" (Pressemitteilung der BBC, undatiert, zit. nach Niebur 2010, S. 62). Weniger eine selbständige Einheit, sieht die BBC ihren *Workshop* eher als Dienstleister für die täglichen Bedürfnisse der Rundfunkredakteur*innen; von atmosphärischen Hintergrundklängen über *special effects* bis zu *jingles* und eingängigen Titelmelodien.

> The principal composing members of the studio staff, Daphne Oram, Desmond Briscoe, and Delia Derbyshire, thus experienced a working environment quite different from that enjoyed by their continental counterparts, and with the notable exception of Roberto Gerhard, few other composers were granted access to the facilities. (Manning 2013, S. 73)

Die Angestellten des Workshops werden intern folglich nicht als Musiker*innen oder Komponist*innen bezeichnet, sondern immer nur als Ingenieur*innen, „tape editors" und „devisors of special effects" (Niebur 2010, S. 36) – wohl auch,

---

[45] Auch David Bowie zählt in einem *Vanity Fair*-Artikel von 2003 *The Fascinating World of Electronic Music* zu seinen inspirierenden Lieblingsalben (vgl. Bowie 2003).

um dem ohnehin skeptischen *Music Department* der BBC nicht auf die Füße zu treten (vgl. ebd., S. 39 ff.). Wie Thom Holmes hervorhebt, spielt der *Radiophonic Workshop* eine tragende Rolle für die Popularisierung und Akzeptanz elektronischer Musik, indem er Klänge kreiert, die sich an ein Massenpublikum richten, und damit eine Hörer*innenschaft erreicht, die von *Musique Concrète* und Serieller Musik noch nie etwas gehört hat; womit der *Workshop* entscheidende Impulse zur Assimilierung elektronischer Klänge in populärer Kultur und Musik sendet (vgl. Holmes 2020, S. 348 f.).

Ohne es zu intendieren, schafft die *policy* der BBC, den *Radiophonic Workshop* assistentisch zu konzipieren und hier keine Musiker*innen, sondern Techniker*innen und Tonbandoperateur*innen zu beschäftigen, einen Ort, der es vielen Frauen ermöglicht, elektronische und elektroakustische Musik herzustellen; zu einem Zeitpunkt, zu dem avantgardistische Komposition noch primär männlichen Künstlern vorbehalten ist. Eine der ersten Mitarbeiterinnen des *Workshops* ist so z. B. Daphne Oram. 1943 lehnt die in Klavier, Orgel und Komposition unterrichtete Musikerin einen Studienplatz am *Royal College of Music* ab und tritt stattdessen eine Stelle bei der BBC an. Hier arbeitet sie zunächst als *music balancer* und lernt es, Live-Konzerte zu mikrofonieren und abzumischen. Bei der Sendung *Music in Miniature* perfektioniert sie zudem ihre „turntable skills as she practised musical fades between grammophone records" (Angliss 2016, S. 5). 1957 erhält Oram im Zuge der Errichtung des *Radiophonic Workshops* von der BBC schließlich ein einzelnes Tonbandgerät und einen Arbeitsplatz in einem Bürogebäude zugewiesen, um als personifizierte *Radiophonic Unit* der BBC auf Auftragsbasis Klänge für „adventurous producers" (ebd., S. 7) herzustellen. Eine von Orams ersten Arbeiten hier ist die Produktion von Begleitmusik für das Hörspiel *Prometheus Unbound* (1957). Bei der offiziellen Einweihung des *Workshops* ist Oram die einzige Angestellte mit klassisch-musikalischer Ausbildung und sicherlich diejenige Person mit dem größten Wissen und der umfänglichsten Erfahrung kontinentaler Tonbandtechniken (vgl. Niebur 2010, S. 72). Lange wird Oram jedoch nicht bei der BBC bleiben, wenige Monate nach Inauguration des Studios verlässt sie den *Radiophonic Workshop*, um frei komponieren zu können und sich nicht länger dem Diktat anderer fügen zu müssen. Sie macht sich 1959 selbstständig und richtet sich in Fairseat, Kent, ein privates Tonstudio mit Bandmaschinen und gebrauchtem Equipment aus Armeebeständen ein. Hier arbeitet sie u. a. an der Entwicklung der *Oramics machine*, ein fotomechanisches Verfahren, das es ermöglicht Zeichnungen auf 35mm-Film unmittelbar in elektronische Klänge zu übersetzen.

> The Oramics machine, as she called it, included ten such film loops that could be synchronously programmed, each equivalent to a recording track with added control functions. Some of the loops controlled the waveform, duration, and vibrato while others controlled timbre,

amplitude, and pitch. The sprocketed loops rotated over a bank of photocells. The opaque images on the loops modulated a stream of light that was then transformed into voltages by the photocells. The voltages then triggered soundgenerating oscillators, filters, and envelope shapers to create the music. (Holmes 2020, S. 349 f.)

Beim *Radiophonic Workshop* wird Orams Weggang nach und nach durch die Einstellung neuer Komponist*innen-Ingenieur*innen kompensiert. 1960 stößt John Baker zur Besetzung und 1962 Delia Derbyshire. Sie sind verantwortlich für eine musikalische Umorientierung des Workshops in den 1960er Jahren hin zu größerer rhythmischer Komplexität und einer tonaleren Harmonik, ohne den Anspruch aufzugeben, „unique sounds" zu produzieren (vgl. Niebur 2010, S. 96). Ein berühmtes Ergebnis dieser Neuausrichtung ist der Soundtrack zur BBC-Serie *Doctor Who*. Die Melodie und *bass line* des *Doctor Who Themes* stammt von dem Komponisten Ron Grainer; die elektroakustische Umsetzung hingegen von Delia Derbyshire (mit Unterstützung von Dick Mills). Beim Hören seiner Komposition erkennt Grainer sein eigenes Stück zuerst nicht wieder, zeigt sich aber äußerst angetan, da es seiner Ansicht nach soundästhetisch den bereits vorab fertig produzierten *visuals* der *title sequence* entspricht, die er als „wind bubbles and clouds" beschreibt. Die Klänge für die Titelmelodie generieren Derbyshire und Mills mit einem *Jason Oscillator*, dessen Töne sie sektionsweise auf Tonband aufzeichnen und mithilfe von drei Tonbandgeräten zusammenmontieren; eine zehrende und langwierige Handwerksarbeit, wie sich Delia Derbyshire erinnert:

> It was a manner of translating notes on the page into cycles per second. Then translating the duration of notes into inches of tape at fifteen IPS ... We used some old valve oscillators to generate the initial sound. It was very hit and miss, in fact it was a nightmare. (Delia Derbyshire in Atkinson-Broadbelt 1993, S. 14, zit. nach ebd., S. 99)

Als Titelmelodie einer der erfolgreichsten Science-Fiction-Fernsehserien aller Zeiten wandert das Gemeinschaftswerk von Grainer, Derbyshire und Mills rund um den Globus und ist in den 1960er und 1970er Jahren eines der am häufigsten gehörten Stücke elektronischer Musik. Damit trägt der *BBC Radiophonic Workshop* zu einem grundlegenden Imagewandel elektronischer Klänge bei, die zuvor eher mit schwer zu konsumierender, experimenteller Kunstmusik in Verbindung gebracht werden. Der Erfolg des *Doctor Who Themes* hat elektronische Klänge somit als ebenbürtiges und affektives Material populärer Musik legitimiert – „[i]t demonstrated that electronic pop music could do all of the things that conventional pop music could" (Brend 2012, S. 88).

Tonbandtechnologie ist im *Radiophonic Workshop* von immenser Bedeutung und deutlich sichtbarer Bestandteil der künstlerisch-handwerklichen Praxis. So werden Tonbandschleifen teilweise durch das gesamte Studio und sogar darüber hinaus gezogen. Delia Derbyshire etwa berichtet stolz von einem Loop, den sie durch den gesamten Flur des Workshops führt: „The longest corridor in London, with the longest tape loop" (Delia Derbyshire in Weir 2023, S. 60). Grundsätzlich sind Bandschleifen ein wichtiger Bestandteil der Klangexperimente in den frühen Jahren des *Radiophonic Workshops*, denn durch sie lassen sich bestimmte Teile einer Aufnahme unendlich oft wiederholen und über die Veränderung von Bandgeschwindigkeit, Filterfrequenz oder zusätzlichem Hall fast schon spielerisch verändern.

> The tape loop was so integral to Workshop operations that engineer Dave Young concocted a device specially for it. A spring-loaded arm affixed to a hefty metal stand allowed users to adjust the tension of the loop. „DoNotFiddleWith," scrawled on masking tape, doubled as its official name and a warning to curious visitors. (Weir 2023, S. 60)

Tonbandschleifen werden auch an der amerikanischen Westküste geknüpft und sind essentieller Bestandteil des audioästhetischen Mediendispositivs der Künstler*innen am *San Francisco Tape Music Center* (SFTMC) wie Morton Sobotnick, Ramón Sender und Pauline Oliveros sowie der Minimalpioniere Terry Riley, La Monte Young und Steve Reich. Noch vor der Gründung des SFTMC Anfang der 1960er Jahre erstellen die befreundeten Komponist*innen Sobotnick, Sender und Oliveros in San Francisco erste experimentelle Tonbandaufnahmen. Pauline Oliveros' erstes Tonbandstück ist *Time Perspectives* von 1961. Bereits als Jugendliche experimentiert Oliveros mit einem Stahldrahtgerät, das ihr ihre Mutter 1948 schenkt und mit welchem sie beginnt, ihre Klangumgebung als kontinuierliche Symphonie wahrzunehmen. Wie Heidi von Gunden in ihrer Biographie und Musikanalyse von Oliveros schreibt, werden Mikrofon und Tonbandgerät (bzw. Stahlrekorder) von da an Extensionen ihrer Klangerinnerung. „These instruments made her acutely aware of listening skills" (1983, S. 51). Als primäre Klangquelle ihrer ersten Tonbandkomposition *Time Perspectives* dienen Oliveros nun erneut Umweltgeräusche, die sie mit ihrem *Silvertone Sears and Roebuck*-Tonbandgerät aufzeichnet. Die aufgenommenen Klänge verstärkt sie hierfür noch einmal, indem sie ihre Aufnahmen im heimischen Badezimmer, das nicht nur über eine stark resonierende Badewanne verfügt, sondern von Oliveros auch noch mit Papprohren akustisch optimiert wurde, *re-recorded* (vgl. ebd., S. 52). Gemeinsam mit Ramón Sender, einem Studenten am *San Francisco Conservatory of Music*, organisiert Oliveros im Dezember 1961 schließlich eine Konzertreihe, die sie *Sonics* nennen, bei der neben Oliveros' *Time Perspectives* auch ein Stück von Sender sowie *M ... Mix* von Terry Riley aufgeführt werden. Während Oliveros hieraufhin zunächst nach Europa zieht, legen Sender und Morton Sobotnick ihr technisches Equipment zusammen und gründen im Sommer 1962 in einem viktorianischen Haus im Stadtteil Russian Hill das *San Francisco Tape Music Center*, das sich in den folgenden Jahren zu einem zentralen Austauschpunkt der amerikanischen *counter culture* und der „West Coast avant-garde" (Bernstein 2008, S. 9) entwickelt.

Was das *San Francisco Tape Music Center* von anderen Studios dieser Zeit unterscheidet, ist seine soziale Agenda, die sich in einem *non-profit public access*-Gedanken äußert, sowie eine grundsätzliche Ablehnung klassifizierender Orthodoxien wie bspw. die Dichotomie zwischen elektronischer Musik und *Musique Concrète* (vgl. ebd., S. 18 f.). So schreibt etwa Ramón Sender in einem Bericht von 1964:

> I would like to see the center become a community-sponsored composers' guild, which would offer the young composer a place to work, to perform, to come into contact with others in his field, all away from the institutional environment. [...] Such a program, carried through in detail, could produce a revolution. It would, I believe, in five years' time, create a new cultural environment in at least our local area. Working closely with musicians' organizations and cultural civil groups, it could begin to break up some of the stagnation of our own local cultural environment [...]. (Sender (1964) 2008, S. 43 f.)

Die bekanntesten mit dem SFTMC assoziierten Komponist*innen sind mit Sicherheit Terry Riley und Steve Reich. Wie Tilman Baumgärtel in *Schleifen. Zur Geschichte und Ästhetik des Loops* verdeutlicht, entwickeln beide Komponisten ihre zentralen Kompositionstechniken aus der Arbeit mit Tonbandschleifen (vgl. Baumgärtel 2015, S. 34). Ihre Bandarbeiten Anfang der 1960er Jahre haben sich demzufolge nachhaltig auf ihre gesamte Werkästhetik ausgewirkt und letztlich, „aus dem Geist der Tonbandschleife" (ebd., S. 225), die Minimal Music – „Musik, die aus sich rhythmisch wiederholenden, kurzen, kaum variierenden Klangmodulen besteht" (ebd., S. 227) – hervorgebracht.

> Der Minimalismus von Terry Riley – und später auch von Steve Reich – ist ein direktes Resultat der Arbeit mit Tape-Loops und den minimalen Variationen, die die beiden Komponisten dem Tonbandgerät entlocken. (Ebd.)
>
> [...]
>
> Bei Riley liefern die Tonband-Kompositionen das Vorbild für seinen triumphalen Klassiker *In C*, der der Ursprung der „motorischen" Spielart der Minimal Music ist. Und Steve Reich entwickelte aus den Tonband-Loops seine Kompositionstechnik der graduellen Verschiebungen und *resulting patterns*, die Stücke wie *Piano Phase* (1967) oder *Violin Phase* (1967) strukturieren. (Ebd., S. 231)

1962, zu einer Zeit als Riley gerade in Frankreich lebt, bemerkt er, „dass die Dinge nicht gleich klangen, wenn man sie öfter als einmal hört" (Terry Riley in Potter 2000, S. 105, zit. nach ebd., S. 234) und befasst sich in der Folge eingehend mit den „Beziehungen zwischen den Tape-Loops, den Wiederholungen und den verschiedenen Zyklen" (ebd.) sowie mit Verfahren, bei denen Tonbandmaschinen und -Loops sich selbst überlassen werden. Dabei begeistert ihn vor allem die Möglichkeit, die Tape-Loops schaffen, „einen Klang sehr tief und sehr bewusst wahrzunehmen" (Terry Riley in Baumgärtel 2015, S. 237). Wie Baumgärtel resümierend feststellt, haben die Loops für Riley damit eine epistemologische Komponente – Erkenntnisse über die Beschaffenheit und das Verhalten des Klangs, die sich nur über das vertiefte, mehrfache Anhören der Tape-Loops ergeben (vgl. ebd.). Spätere instrumentale Werke, wie *In C*, sind für Baumgärtel nur „Imitationen des technischen Reproduzierens und Repetierens der Tonband-Loops" (ebd., S. 244).

Wie dieser komprimierte, mit Sicherheit unvollständige,[46] geschichtliche Abriss der musikalischen Tonbandanwendung in den 1950er und 1960er Jahren verdeutlicht, führt die Verbreitung von Tonbandtechnologie zu mannigfaltigen Veränderungen der Produktionspraxis und -ästhetik sowie zu einer Reflexion von Klang und Komposition. Klang stellt sich auf Tonband als etwas dar, das aufgezeichnet, beschleunigt, verlangsamt, geschnitten und geklebt werden kann. Doch trotz der Bekundungen zahlreicher Komponist*innen, Musiker*innen, Toningenieur*innen und Produzent*innen, dass Tonbandtechnologie Einfluss auf ihr Musik-Machen und -Denken nimmt, geht hieraus nur selten hervor, *wie* genau sich das Musikverhältnis und Klangverständnis verändert. Wie unmittelbar reflektieren Künstler*innen die andere Zugänglichkeit zu ihrem Material? Welche Geräte mit welchen Eigenschaften werden wie und wofür verwendet? In welchem Maße wird Tonbandtechnologie in die Kompositionsprozesse integriert? Welche Rolle spielt das Anfassen der Klänge und ihr Abhören? Inwiefern stellen die über Tonband vermittelten Klangerfahrungen vorherige infrage? Und wie schlägt sich die Tonbanderfahrung auf die Ausbildung ästhetischer Konzepte und Vorstellungen von Klang nieder?

Um diese Fragen nach dem Einfluss des Tonbandes auf die Musikästhetik und -reflexion des 20. Jahrhunderts adäquat auszuloten, bedarf es einer detaillierten Betrachtung der ersten konzeptionell-ästhetisch auswirkungsreichen Anwendungen und Experimente der Technologie; einer Auswertung der Werkstattberichte der frühen 1950er Jahre. In anderen Worten: es braucht eine Re-Perspektivierung der Aufzeichnungen, Werke und Publikationen zur Musikästhetik und zum Klangverständnis dieses musikhistorisch dynamischen Zeitraums vor dem Hintergrund der spezifischen Verwendungsweisen des Magnettonbandes. Im Vordergrund der Un-

---

46 Zu nennen wären mindestens noch das *Studio di fonologia* mit den zentralen Komponisten Luciano Berio, Bruno Maderna und Luigi Nono (vgl. Novati und Dack 2012), das Siemens-Studio für elektronische Musik in München (vgl. Schenk 2014) sowie weitere Studios für elektronische und experimentelle Musik, die in den 1950er/60er Jahren vielerorts entstehen und zu denen sich eine sehr gute Übersicht im zweiten Teil von Thom Holmes *Electronic and Experimental Music* (2020, 143 ff.). Zu alternativen Geschichten der elektroakustischen Musik siehe außerdem das *Special Issue* „Alternative Histories of Electroacoustic Music" der Zeitschrift *Organised Sound* von 2017. Hierin insbesondere das Editorial (Mooney, Schampaert und Boon 2017) sowie Wilson 2017 und Morgan 2017. Zudem wurden die Tonbandanwendungen der *Musique Concrète* und der Elektronischen Musik sowie in der Popmusik zunächst außen vorgelassen, da sich im Folgenden hierzu ausführliche, eigene Kapitel finden.

tersuchung stehen damit Fragen, wie sich Kompositionspraktiken mit der Verwendung von Tonbandgeräten verändern, welche Ideale, Ideologien und Phantasmen mit der Technologie verbunden werden sowie welche Klangvorstellungen der tonbandtechnische Zugriff auf phonographisches Material evoziert.

In den beiden nachstehenden Kapiteln (3.1 und 3.2) erfolgen daher kleinteilige Analysen der beiden ersten, musikalisch folgeträchtigen Tonbandeinschläge der Nachkriegszeit, die die künstlerische Verwendung von Tonbändern sowie die Klangdiskurse des 20. Jahrhunderts entscheidend prägen: zum einen die *Musique Concrète*, primär vertreten durch Pierre Schaeffer und Pierre Henry, und zum anderen die Elektronische Musik, insbesondere vertreten durch Werner Meyer-Eppler, Robert Beyer, Herbert Eimert, Karlheinz Stockhausen und Karel Goeyvaerts. Dass die Wahl der Untersuchungsgegenstände ausgerechnet auf diese beiden (häufig in Opposition dargestellten) Schulen fällt und nicht etwa auf die Tonbandexperimente des *Columbia Tape Music Centers*, des *BBC Radiophonic Workshops* oder des *San Francisco Tape Music Centers*, liegt vor allem darin begründet, dass erstens hier eine vergleichsweise gute Datenlage zu den Tonbandanwendungen vorherrscht (das betrifft vor allem die Aufzeichnungen und Briefe Pierre Schaeffers und Karlheinz Stockhausens, in denen die Komponisten ihre Technologieanwendungen auch reflektieren), dass zweitens beide extensiv Diskurs zur eigenen Musikästhetik und zu ihrem Klangverständnis produziert haben (Schaeffer primär durch seine Monografien *À la recherche d'une musique concrète* (1952a) und *Traité des objets musicaux* (1966) und die Elektronische Musik durch ihre Zeitschrift *die Reihe*) sowie dass drittens die audioästhetischen Konzepte beider Ausrichtungen im Bereich der Musik- und Medienkulturwissenschaft bereits kleinteilig aufgearbeitet wurden und sich dadurch vor dem Hintergrund der jeweiligen Tonbandanwendungen gut reflektieren lassen.

Die folgenden Analysen stellen somit den Versuch dar, die Co-Genese der musikalischen Ästhetik und der Klangkonzeptualisierung der *Musique Concrète* und der Elektronischen Musik mit Tonbandtechnologie nachzuvollziehen. Dabei soll nicht der falsche Eindruck entstehen, die klangästhetisch und -epistemisch folgenreiche Verbreitung von Tonbandtechnologie in den 1950er und 60er Jahren sei nur auf diese beiden Schulen zu reduzieren. Ganz im Gegenteil zeigt die Vielfalt der anfangs dargelegten Anwendungen und Einbindung der Technologie in musikästhetische Prozesse einen universellen Wandel des Klangzugangs in der Nachkriegszeit an. Vor allem für den Bereich der populären Musik ist dieser Umstand häufig thematisiert worden. Um die Relevanz populärer Musik für die Klangästhetik und -konzepte des 20. Jahrhunderts nicht zu marginalisieren und darüber hinaus die vielfältigen Berührungs- und Überschneidungspunkte zwischen E- und U-Musik (gerade in ihrer aktivierten Magnetbandtechnik) aufzuzeigen, folgt auf die beiden Mikroanalysen der Tonbandanwendungen in der europäischen Kunstmusik unter Kapitel 3.3 deshalb eine metaanalytische Aufbereitung und Reflexion der zentralen Thesen zur Bedeutung von Tonbandtechnologie für die Entwicklung der Klangästhetik der populären Musik.

3.1 Schneiden, Kleben, Hören: Das Tonband in der *Musique Concrète*

> When I encounter any electronic music I react like my violinist father, or my mother, a singer. We are craftsmen. [...] I am seeking direct contact with sound material, without any electrons getting in the way. (Pierre Schaeffer, Tagebucheintrag am 21. April 1948, in Schaeffer (1952) 2012, S. 7)

> They are against concrete music inasmuch as they don't think with their hands. (Pierre Schaeffer, Tagebucheintrag am 03. Mai 1951, in ebd., S. 91)

Handwerk, Materialbewusstsein und die Verwendung von Tonbandtechnologie als Mittel zur Erforschung phonographischer Tonaufnahmen fällt fast schon idealtypisch bei Pierre Schaeffer zusammen, der mit seiner *Musique Concrète* Ende der 1940er, Anfang der 1950er Jahre die europäische Musikkultur polarisiert. Obwohl er in dieser Zeit auch eine ganze Reihe von Kompositionen anfertigt, die ein an ‚konkrete' Klänge nicht gewohntes Publikum sowohl zu begeistern (vgl. ebd., S. 22 f.) aber auch in Rage zu versetzen wissen (vgl. Schürmer 2018, S. 143 ff.), wird Schaeffer in der zeitgenössischen Fachliteratur (und auch in der Reflexion des eigenen Schaffens) eher als Ingenieur und Klangwissenschaftler, denn als Komponist betrachtet (vgl. u. a. Holmes 2020, S. 220 und S. 227 ff.). Dabei vereint Schaeffer in seinem Schaffen und Denken die Figuren des materialbewussten Handwerkers, der mit seinen Sinnen forscht, formt und eine Tradition ausbildet, mit der des erfindungsreichen Ingenieurs, der Maschinen selbst bedient, manipuliert und weiterentwickelt, aber auch mit der des akribischen (Natur-)Wissenschaftlers, der unermüdlich klassifiziert und experimentiert.

Pierre Schaeffer versteht sich selbst als eine Art „Musiker-Ingenieur" (Schaeffer 1974, S. 15). Der Sohn eines Violinisten und einer Sängerin absolviert in den 1930er Jahren ein Ingenieurstudium mit einem Schwerpunkt in Elektro- und Kommunikationstechnik an der *École Polytechnique* in Paris und arbeitet in der Folge zuerst als Ingenieur und später als Radiotechniker und -moderator bei der französischen Rundfunkanstalt (später *Radiodiffusion-Télévision Française* (RTF)). 1942, zur Zeit der deutschen Besatzung, regt Schaeffer gemeinsam mit Jacques Copeau beim RTF erfolgreich die Einrichtung eines Labors bzw. eines (Ausbildungs-) Zentrums für Radiokunst – das *Studio d'Essai* (Versuchsstudio) – an, das am 12. November 1942 mit Schaeffer als Direktor gegründet wird. In dem Studio produziert Schaeffer 1943/44 die achtteilige Radiooper *La coquille à planètes*, vor allem aber ist das Studio in dieser Zeit auch ein wichtiger Ort der *Résistance*, die im August 1944 über den Ether zur Pariser Befreiung aufruft (vgl. Gayou 2007, S. 205).

Nach Schaeffer lässt sich die erste vage Idee einer *Musique Concrète* auf diese Zeit, nämlich konkret auf seine Arbeit an *La coquille à planètes* zurückführen. Die Radiooper ist eine Audiomontage, die auch nicht-musikalische Klänge beinhaltet (hierfür stand Schaeffer vor allem das umfängliche Archiv der RTF zur Verfügung). Die Montagearbeit mithilfe von Plattenspielern nimmt Schaeffer zum großen Teil selbst vor. Das zeitaufwendige Manipulieren der Tonaufnahmen, das konzentrierte Arbeiten, habe schließlich ein intensives Nachdenken, ein Vertieftsein („preoccupation") über das sich offenbarende ‚neue' Klangmaterial verursacht (vgl. Holmes 2020, S. 217, vgl. hierzu auch Dack 1994).

Oder, mit Sennett gesprochen: „Metamorphose regt den Geist an" (Sennett 2008b, S. 168). Schaeffers erwachendes Materialbewusstsein entsteht aus der innigen handwerklichen Arbeit, aus der Beobachtung der Klangmetamorphose. Schaeffer ist hier also Handwerker im besten Sinne und profitiert von einem langsamen Zeitregime, das ein solches Materialdenken erst hervorbringen kann, von der „longue durée" (ebd., S. 167) des Handwerks. Noch bevor sich der Wissenschaftler Pierre Schaeffer also auf die ‚Suche nach einer konkreten Musik' (*À la recherche d'une musique concrète*, Schaeffer 1952a) begibt, beobachtet der Handwerker Schaeffer die Metamorphosen seines Klangmaterials. Das handwerkliche Materialbewusstsein geht dem wissenschaftlichen Experiment voraus. Und es überrascht wenig, dass für Schaeffer die Metamorphose bzw. die Manipulation von Klängen in seiner späteren Arbeit methodisch eine zentrale Stellung einnimmt.

Nach Ende des Zweiten Weltkriegs begleitet Schaeffer zunächst aber die Metamorphose des *Studio d'Essai* zum *Club d'Essai*, welcher als eigentliche Brutstätte der avantgardistischen Arbeiten am RTF gilt – „where the discovery and the improvement of the aesthetics of musique concrète were established" (Gayou 2007, S. 205). In den folgenden Jahren intensiviert Schaeffer seine Untersuchungen technisch gespeicherter Klänge und beginnt im Januar 1948 hierüber auch Tagebuch zu führen.[47] Das Studio wird zum Experimentalsystem transformiert und die Suche nach den epistemischen Dingen, nach dem, was Schaeffer später *Musique Concrète* und das *l'objet sonore* (das Klangobjekt) tauft, nimmt ihren Anfang. Retrospektiv beschreibt Schaeffer dieses Unternehmen als Versuch, „die der elektronischen Klangmaterie immanenten Gesetze verstehen und beherrschen zu lernen" (Schaeffer 1974, S. 14). Bei der Lektüre des Tagebuchs, aber auch der Erinnerungen und

---

47 1952 sind diese Tagebucheinträge als Teil seiner Monographie *À la recherche d'une musique concrète* (1952a) veröffentlicht worden. Im Folgenden wird sich auf die englische Übersetzung *In Search of a Concrete Music* aus dem Jahre 2012 bezogen.

nachträglichen Einordnungen Schaeffers, stechen vermehrt die Begriffe ‚Material' und ‚Materie', aber auch ‚Werkzeug' und ‚Technik' hervor. Zudem beschreibt Schaeffer die genuin experimentelle Geisteshaltung der (Forschungs-) Tätigkeiten, und dass es sich auch bei den Kompositionen um eine Form der „Prüfung" handle (vgl. ebd., S. 14 f.).

Die Wandlung des epistemischen Dings mit der Zeit und mit den Technologien seiner Hervorbringung ist dabei gut nachzuvollziehen. Zu Beginn richtet sich Schaeffers Fokus vor allem darauf, das Forschungsobjekt besser (oder überhaupt erst) sichtbar zu machen, es freizustellen, indem er es dekontextualisiert. So erscheinen ihm die Klangaufnahmen aus dem Soundeffekt-Fundus der RTF aufgrund ihres expliziten Verweischarakters zunächst völlig ungeeignet – ihre Indexikalität droht das eigentliche Material quasi zu übertönen. „There are no sound effects without a text in parallel, are there? But what about the person who wants noise without text or context?" (Tagebucheintrag im März 1948, in Schaeffer (1952) 2012, S. 4)

3.1.1 Die Konjunktur der abgeschnittenen Glocke (*clouche coupée*)

Die ihm zur Verfügung stehende Klangaufnahmetechnik des Studios – u. a. eine Plattenschneidemaschine, vier Plattenspieler, ein Vier-Spuren-Mischpult, Mikrofone, Filter und eine Echokammer (vgl. Holmes 2020, S. 217 f.) – verwendet Schaeffer dafür, ‚natürliche' Klänge zu manipulieren bzw. gewisse Klangeigenschaften zu isolieren (vgl. Manning 2013, S. 20). Zuerst arbeitet Schaeffer mit diversen Percussion-Instrumenten,[48] der Durchbruch gelingt ihm schließlich bei der Manipulation von Glockenaufnahmen. Die folgend in Gänze zitierten Tagebucheinträge vom 19. und 21. April 1948 machen nicht nur die Methode der Klangisolation bzw. -manipulation deutlich, sondern zeigen auch die handwerkliche Perspektive, die Schaeffers Schaffen durchdringt:

> *April 19.* By having one of the bells hit I got the sound *after* the attack. Without its percussion the bell becomes an oboe sound. I prick up my ears. Has a breach appeared in the enemy ranks? Has the advantage changed sides?
>
> *April 21.* If I cut off the sounds from their attacks, I get a different sound; on the other hand, if I compensate for the drop in intensity with the potentiometer, I get a drawn-out sound and can move the continuation at will. So I record a series of notes made in this way, each one on a disc. By arranging the discs on record players, I can, using the controls, play these notes as I wish, one after the other or simultaneously. Of course, the manipulation is un-

---

[48] Peter Manning sieht Schaeffers anfängliche Bevorzugung perkussiver Instrumente von seinem Interesse an den Futuristen inspiriert (vgl. ebd.).

wieldy, unsuited to any virtuosity; but I have a musical instrument. A new instrument? I am doubtful. I am wary of new instruments, ondes or ondiolines, what the Germans pompously call „elektronische Musik." When I encounter any electronic music I react like my violinist father, or my mother, a singer. We are craftsmen. In all this wooden and tin junk and in my bicycle horns I rediscover my violin, my voice. I am seeking direct contact with sound material, without any electrons getting in the way. (Tagebucheinträge am 19. und 21. April 1948, in Schaeffer (1952) 2012, S. 7)

Schaeffer tastet sein Material ab, er forscht mit den Händen und beobachtet die Metamorphosen. *Was* sich da genau wandelt, scheint ihm zu diesem Zeitpunkt noch nicht klar zu sein. Und das, obwohl Schaeffer die Grundlagen der Akustik – Frequenz, Lautstärke etc. – selbstverständlich kennt. Für Schaeffer geht es also weniger um die Erforschung der physikalischen Eigenschaften von Schall, sondern darum, wie sich phonographisch aufgezeichneter Schall formen lässt und wie sich seine Wahrnehmung bei Manipulation verändert bzw. welche Aspekte unveränderlich bleiben.[49] Bei seinen Experimenten bedient Schaeffer also sowohl die Perspektive des Handwerkers als auch die des Naturwissenschaftlers, indem er einerseits die (Ver-)Formbarkeit seines Materials vor dem praktischen Hintergrund der Weiterverarbeitung (in Kompositionen) betrachtet, aber auch Gesetzlichkeiten jenseits des praktischen Gebrauchs abzuleiten versucht. Dabei scheinen sich die beiden Perspektiven je nach Arbeitsphase abzuwechseln.

Tonbandtechnik spielt bei diesem frühen Forschen noch keine Rolle, denn Tonbänder gehören 1948 noch nicht zur Ausstattung der *Radiodiffusion-Télévision Française*. Die Geburtsstunde der *Musique Concrète*, die sich in den beiden zitierten Tagebucheinträgen vollzieht, findet auf Tonscheiben bzw. -discs statt, nicht auf Bändern, wenngleich der ursächliche Effekt, das ‚Abschneiden' („cut off") eines Abschnitts (in diesem Falle der *attack* eines Klangs) als eine, wenn nicht sogar *die* basale Tonbandoperation gelten kann oder hierin gar ihr Wesen auszumachen ist (vgl. Holmes 2020, S. 108 ff.). Nichtsdestotrotz sind die entbergenden Werkzeuge zunächst Plattenspieler und Disc-Cutter, also phonographische Technologien, die mehr Probleme verursachen und Fragen aufwerfen, als sie zu lösen und beantworten scheinen: „I've already got quite a lot of problems with my turntables because there is only one note per turntable" (Tagebucheintrag am 22. April 1948, in Schaeffer (1952) 2012, S. 7). Schaeffers nächste Monate sind von intensivem, akribischem Experimentieren geprägt – er prüft das Material, die Möglichkeiten und Effekte der Metamorphose; und adaptiert dabei fast schon prototypisch die besondere „Experimentalstruktur der empirischen Wissenschaften" (Rheinberger 1992,

---

[49] Wie im weiteren Verlauf genauer beschrieben wird, lässt sich Schaeffers später aufgestelltes Konzept des Klangobjekts (*l'objet sonore*) als ein phänomenologisches verstehen (vgl. Rivas 2011).

S. 13), wie sie in den 1980er und 1990er Jahren von Wissenschaftssoziolog*innen und -theoretiker*innen wie z. B. Bruno Latour (1987) oder Hans-Jörg Rheinberger (1992) umfassend beschrieben wird.

Charakteristisch für das experimentelle Denken ist in den Augen Rheinbergers ein systematisch-suchender Zustand, den Michel Serres als „eine freie und fluktuierende, nicht völlig determinierte Zeit [beschreibt], in der die Wissenschaftler, die forschen, noch nicht so ganz richtig wissen, was sie suchen, und es doch blindlings wissen" (Serres 1989, S. 4, zit. nach Rheinberger 1992, S. 13). Diese experimentelle Suchbewegung, bei der das „*Machen* von wissenschaftlichen Erfahrungen" (Rheinberger 1992, S. 12) der begrifflichen *Fassung* vorausgeht, lässt sich in dieser Phase auch bei Schaeffer beobachten. Er ahnt in seinen Experimenten bereits eine Lösung für ein noch nicht genau definiertes Problem vorzufinden und wiederholt unermüdlich seine Versuche – „am I in posession of a solution whose importance I can only guess at?" (Tagebucheintrag am 22. April 1948, in Schaeffer (1952) 2012, S. 7)

Sein Vorgehen innerhalb der Versuchsanordnung, innerhalb des Experimentalsystems, innerhalb seines empirisch wissenschaftlichen Systems ist eine Tastbewegung, „ein inhärent offenes und unabschließbares Spiel" (Rheinberger 1992, S. 26) der Reproduktion und Differenz:

> I experiment tirelessly. It is surprising to note how *the same process* carried out endlessly and in different ways never entirely exhausts reality: there is always more to be learned, and always some unexpected outcome takes us by surprise. [...] My merit is that I noticed the one experiment among a hundred, apparently just as disappointing as the others, which provided a way out. I also needed the boldness to generalize. (Tagebucheintrag Ende April 1948, in Schaeffer (1952) 2012, S. 8)

Schaeffers Experimentalsystem, bestehend aus Klangaufnahmen, Plattenspieler, Disc-Cutter und Mischpult, schafft den Repräsentationsraum, in dem das Gesuchte auftreten kann. Die dem Experimentalsystem eigene Anordnung von technologischen Objekten erlaubt überhaupt erst die Emergenz von epistemischen Dingen, deren Repräsentationsweisen wiederum von den technologischen Objekten bestimmt werden (vgl. Rheinberger 1992, S. 70 ff.). Die Grenzen der Technologie sind so nicht nur die Grenzen des Sag-, sondern auch des Vorstell- und Konzipierbaren. Übertragen auf Schaeffers Klangexperimente bedeutet das, dass die Speicher- und Verarbeitungsbedingungen der verwendeten Technologien – z. B. der Frequenzbereich, den die verwendeten Mikrofone einfangen und die Platten- bzw. Disc-Schneidemaschine aufzeichnen können sowie die spezifisch reglervermittelte Montage über Plattenspieler und Mischpult – nicht nur das Auftreten und die Grenzen der Gestalt und Gestaltbarkeit von Klang determinieren, sondern auch die hieran anschließenden Klangkonzepte und -vorstellungen bestimmen. Das heißt im Umkehrschluss allerdings auch, dass Änderungen am Experimentalsystem, beispielsweise die Hinzunahme, die Veränderung oder der Austausch der technologischen Objekte – etwa durch den Eintritt von Tonbandtechnologie – auch die Repräsentationsmöglichkeiten der epistemischen Dinge verschieben.

Dass die Entbergung der *Musique Concrète* und die Urszene für Schaeffers Rekonzeptualisierung von Klang in eine Phase fällt, in der Schaeffer noch ausschließlich mit Platten arbeitet, deutet darauf hin, dass dieses reduzierte Forschungsarrangement zwei wichtige Hauptbedingungen eines produktiven Experimentalsystems erfüllt: Nämlich sowohl eine gewisse Stabilität der technologischen Objekte zu gewährleisten, um eine kohärente Reproduktion der Versuche zu erlauben, als auch eine ausreichend lockere Fügung anzubieten, die das Auftreten von Unvorhergesehenem ermöglicht (vgl. ebd., S. 54 f.). Aufbauend auf Jacques Derridas Konzept der *différance* versteht Rheinberger dieses „Prinzip der kontrollierten Schlampigkeit" (Max Delbrück in einem Brief an Salador Luria im Herbst 1948, zit. nach ebd., S. 55) als „[e]ine Strategie schließlich ohne Finalität; man könnte dies *blinde Taktik* nennen, *empirisches Umherirren*" (Derrida 1988, S. 32 f., zit. nach Rheinberger 1992, S. 56).[50] Für die Momente des Durchbruchs, für die Punkte an denen sich beim kontrolliert-schlampigen empirischen Umherirren Unvorhergesehenes bahnbricht, schlägt Rheinberger den Begriff der Konjunktur vor:

> Eine Konjunktur ist charakterisiert durch ein ‚unvorwegnehmbares Ereignis', das zu einer größeren Rekombination oder Reorganisation zwischen oder in gegebenen Repräsentationsräumen führt. Sie kann dem ganzen Experimentalsystem eine neue Richtung weisen und vor allem kann sie Nahtstellen zwischen verschiedenen Experimentalsystem ausbilden. (Rheinberger 1992, S. 32)

Die Entfernung der *attack* der Glockenklänge ist eine solche Konjunktur, sie ist richtungsweisend für ein anders gelagertes Machen und Denken. Wie bereits erwähnt, prüft Schaeffer sein ‚neues' Material und Werkzeug in den folgenden Wochen umfänglich. Er experimentiert mehr, als dass er komponiert – „I've experimented for months and composed nothing. All I've discovered is a tool" (Tagebucheintrag an Ostern 1948, in Schaeffer (1952) 2012, S. 10) – und ist vor der begrifflichen Fassung zunächst einmal ergriffen bzw. verzaubert von den neuen Möglichkeiten und Klängen: „[a]s soon as a record is put on the turntable a magic power enchains me, forces me to submit to it, however, [sic!] monotonous it is" (Tagebucheintrag am 05. Mai 1948, in ebd., S. 12). In derselben Zeit entwickelt er auch die Idee, ein Konzert mit Eisenbahnmotoren („railway engines", Tagebucheintrag an Ostern 1948, in ebd., S. 10) herzustellen und nimmt mit einer „mobile sound unit" (Tagebucheintrag am 03. Mai 1948, in ebd., S. 11) entsprechende Geräusche am Bahnhof in Batignolles (ein Quartier im Pariser Norden) auf. Mit diesen Aufnahmen arbeitet er danach intensiv nach der

---

50 Für eine ausführliche Erläuterung der Zusammenhänge zwischen empirischer Experimentalkultur und Derridas *différance* siehe Rheinberger 1992, S. 27 ff. und S. 55 ff.

von ihm entwickelten Methode und gleicht die eingefangenen Klänge mit seinen Glockenaufnahmen ab. Dieses Experimentieren, Arrangieren und Vergleichen führt ihn schließlich zu weiteren wichtigen Erkenntnissen und zu einer Engführung seiner Gegenstände und Verfahren:

> If I extract any sound element and repeat it without bothering about its *form* but varying its *matter*, I practically cancel out the form, it loses its meaning; only the variation of matter emerges, and with it the phenomenon of music.
> So, every sound phenomenon (like the words of a language) can be taken for its relative meaning or for its own substance. As long as meaning predominates, and is the main focus, we have literature and not music. But how can we forget meaning and isolate the in-itself-ness of the sound phenomenon?
>
> There are two preliminary steps:
> *Distinguishing* an element (hearing it in itself, for its texture, matter, color).
> *Repeating* it. Repeat the same sound fragment twice: there is no longer event, but music. (Tagebucheintrag am 10. Mai 1948, in ebd., S. 13)

Die Manipulation von Aufgenommenem versteht Schaeffer in seiner Arbeit als Variation von Materie/Material, durch welche die Form über eine Art De-Semantisierung annulliert werden kann und das Musik-Phänomen auftritt. Das Musik-Phänomen wird also nicht durch die Anordnung von Material erzeugt, sondern ist dem Material bereits inhärent. Musik wird hier also als ein Wahrnehmungsphänomen beschrieben, das jenseits des Symbolischen operiert bzw. durch Symbolisches sogar verdeckt wird. Das Wesen von Musik liegt folglich in dem *An-sich* des Klangphänomens („the in-itself-ness of the sound phenomenon", ebd.), das es entsprechend aufzudecken gilt.[51] Hierfür sollen einzelne Klangelemente (mittels eines Hörakts) zunächst voneinander unterschieden werden und dann über technische Wiederholung anstatt auf ein Außen nur noch auf sich selbst referieren.

Für diese aufdeckende Arbeit mit Klangaufnahmen – mit phonographischem Material – prägt Schaeffer wenig später den Begriff der *Musique Concrète*, mit dem er der materialorientierten Kompositionsweise besonderes Gewicht verleiht

---

[51] Hierin zeigt sich nicht nur die allgemeine phänomenologische Orientierung von Schaeffer, sondern auch eine spezifische Parallele zu Martin Heideggers Verständnis von Phänomenologie als Aufdeckung, wie er unter anderem in *Sein und Zeit* darlegt: „[W]eil die Phänomene zunächst und zumeist nicht gegeben sind, bedarf es der Phänomenologie. Verdecktheit ist der Gegenbegriff zu ‚Phänomen'" (Heidegger (1927) 1977, S. 48). Indem Schaeffer nun fordert, die Be-Deutung von Klängen abzustreifen, um dadurch zu einer Eigentlichkeit (zum Klang-Sein) vorzudringen, also die semantische Verdeckung abzutragen, um zum eigentlichen Phänomen vorzustoßen, betreibt er Phänomenologie in eben diesem Heidegger'schen Sinne.

und eine bewusste Abgrenzung zu abstrakten Vorgehen aufstellt.[52] In Anlehnung an Postulate des Futurismus erklärt Pierre Schaeffer konkret vorgefundene Geräusche zu seinem Klangmaterial, welches er ohne vorherige theoretische Konstruktionen unmittelbar und experimentell kompiliert (vgl. Humpert 1987, S. 23 f.). *Musique Concrète* stellt damit die erste Musikart dar, „die ausschließlich in ‚gespeicherter' Form existiert[] und nur über Tonträger (Schallplatte, Tonband) abgespielt (=aufgeführt) werden k[ann]" (ebd., S. 23). In einem Artikel in der Zeitschrift *Polyphonie* im Dezember 1949 betont Schaeffer, dass für diese konkrete „Haltung" nicht nur die Fundierung auf „vorherbestehenden" Klängen elementar ist, sondern auch die „experimentelle" Zusammensetzung „aufgrund einer unmittelbaren, nicht-theoretischen Konstruktion, die darauf abzielt, ein kompositorisches Vorhaben ohne Zuhilfenahme der gewohnten Notation, die unmöglich geworden ist, zu realisieren" (Schaeffer 1950, zit. nach Schaeffer 1974, S. 18).

3.1.2 Die (Über-)Arretierung der geschlossenen Rille (*sillon fermé*)

Ausgestattet mit einem (mehr oder weniger) festen Laboratorium und eigens aufgestellten, reproduzierbaren Methoden, versucht sich Schaeffer an ersten Klangarbeiten bzw. „Resynthetisierungen",[53] die er selbst weiterhin als ‚Studien' (*Études*) und weniger als Kompositionen begreift (vgl. Schaeffer (1952) 2012, S. 15). Das erste Werk dieser Art erstellt Schaeffer aus den Bahnhofsaufnahmen und gibt ihm den Titel *Étude aux chemins de fer* (1948). Die frühe Klangisolationstechnik über Wiederholung[54] kommt bei diesem Stück besonders deutlich zum Tragen; die diversen

---

52 „I have coined the term *Musique Concrète* for this commitment to compose with materials taken from ‚given' experimental sound in order to emphasize our dependence, no longer on preconceived sound abstractions, but on sound fragments that exist in reality and that are considered as discrete and complete sound objects, even if and above all when they do not fit in with the elementary definitions of music theory" (Tagebucheintrag am 15. Mai 1948, in Schaeffer (1952) 2012, S. 14).
53 „Having made a superficial study of the attack, body, and decay of isolated sound events, and also the effects of playing recordings backward, Schaeffer turned his attention toward the task of resynthesis" (Manning 2013, S. 20).
54 Mit seinem Ansatz, Geräusche durch Wiederholung semantisch zu entleeren und damit für seine Musik verwertbar zu machen, steht Tilman Baumgärtel zufolge Pierre Schaeffer am Anfang der musikalischen Auseinandersetzung mit Loops als leitendem Kompositionsprinzip. Die rhythmische Kraft seiner Erfindung, ohne die Musikgenres wie Hip-Hop, Electronic Dance Music oder Minimal nicht existieren würden, spielt interessanterweise hierbei für Schaeffer kaum eine Rolle. Ihm geht es bei seinen Loops primär um die Geräuschverfremdung. Daher verliert mit der durch das Tonbandgerät möglichgewordenen größeren Manipulationsvielfalt von Klangaufnahmen der Loop in der *Musique Concrète* auch längerfristig an Bedeutung und wird durch andere

Klänge (unter anderem Lokpfeifen und Schienenschleifgeräusche) werden sukzessiv arrangiert und in-sich wiederholt (vgl. Manning 2013, S. 20). Um dasselbe Klangfragment unentwegt repetieren zu lassen, erstellt Schaeffer (gemeinsam mit dem Audioingenieur Jacques Poullin) sogenannte geschlossene Rillen (*sillon fermé*), indem er seine Plattenspieler technisch manipuliert: Statt wie üblich spiralförmig die Eingravierungen der Platte abzulesen, verharrt die Nadel hierbei auf einer einzigen Rille, welche nun in Dauerschleife das gewünschte Geräusch abspielt – die vermutlich erste Loopstation der Musikgeschichte (vgl. Baumgärtel 2015, S. 55 ff.). Das Schallplatten-Dispositiv ist so deutlich in den frühen Werken der *Musique Concrète* zu hören, bei dem die Rillenlänge das Werk durchaus codeterminiert.

Nach diesem und nach weiteren Klangisolations- und -verfremdungsprinzipien (z. B. der Verwendung unterschiedlicher Abspielgeschwindigkeiten oder auch dem Rückwärtsspielen von Aufnahmen) erstellt Schaeffer 1948 vier zusätzliche Studien, die er gemeinsam mit der ersten am 05. Oktober unter dem Titel *Études de bruits* (Geräuschstudien) einer größeren Öffentlichkeit über die Radiowellen der *Radiodiffusion-Télévision Française* vorführt. Doch die durch diese Techniken erreichte De-Semantisierung ist Schaeffer nicht weitreichend genug – der verdeckende Kontext wird nicht ausreichend abgetragen. Das ist für Schaeffer nicht nur ästhetisch-künstlerisch unbefriedigend, sondern auch epistemisch:

> The paradox was that for two years I had been practicing concrete music but without having yet discovered it. I had discovered operational procedures, I was capable of manipulating, and I was nowhere near being as advanced on the theoretical level. I was a prisoner of my closed grooves. (Schaeffer (1952) 2012, S. 31)

Seine wachsende Frustration mit den beschränkten technischen Mitteln macht Schaeffer in seinen Aufzeichnungen wiederholt deutlich (vgl. ebd., z. B. S. 31, S. 39, S. 45 und S. 52). Zwar betrachtet er seine geschlossenen Rillen als ein „undeniably powerful analytical tool" (ebd., S. 39), um konkretmusikalisches Material zu entbergen und ein neues musikmaterialistisches Denken zu entfachen, doch das Manipulieren mit *turntables* erweist sich als unzureichend, um das Material nach seinen Vorstellungen eindringlich zu untersuchen. Interessanterweise beschreibt Schaeffer diese Hürde auch als ein Problem des Maßstabs bzw. der Repräsentation:[55] „I was forced to treat sound matter in its macroscopic state, because all I had was six simple turntables, quite inadequate for an in-depth analysis of sound in concrete music" (Schaeffer (1952) 2012, S. 52). Die Homöostase in

---

Verfahren, wie die Transposition durch variierte Bandgeschwindigkeiten, ersetzt (vgl. Baumgärtel 2015, S. 84 ff.).
55 Zur Repräsentation in Experimentalsystemen siehe Rheinberger 1992, S. 29 ff.

Schaeffers Experimentalsystem ist aus dem Gleichgewicht geraten – das System hat eine Überstabilität erlangt, die nur noch Reproduktion aber keine Differenz oder gar Unerwartetes mehr zulässt; es hat aufgehört eine „Maschine zur Herstellung von Zukunft" (Rheinberger 1992, S. 28) zu sein und muss gewissermaßen wieder destabilisiert werden. Der Plattenspieler bzw. der Phonograph im weiteren Sinne hat ein neues epistemisches Ding, hat Schaeffers Klangobjekt, zwar hervorgebracht, in seinem weiterem Experimentalsystem als technologisches Objekt bzw. als analytisches Werkzeug jedoch ausgedient.

Hierdurch stellt sich die Frage, ob die Phonographie überhaupt als die medientechnische Basis der *Musique Concrète* verstanden werden kann. Eine differenzierte Einordnung wäre wohl, dass Schaeffers früher „[t]urntablism" (Holmes 2020, S. 220) Ende der 1940er Jahre neue materielle Bedingungen und eine Art phonographisches Denken offengelegt hat. Für die weitere Handhabung, Bearbeitung und Erkundung erweist sich die Technologie jedoch bereits nach kurzer Zeit als unzureichend. Die Klangbüchse der Pandora ist geöffnet, ihre Geister sind entwichen, doch um sie zu bändigen und zu verstehen, braucht es ein Anderes. Die phonographische Technologie in Schaeffers Arrangement zeigt Potentiale auf, weiß sie jedoch nicht selbst zu erfüllen; und formuliert dadurch ein Verlangen nach neuen Technologien.

Diese Konstellation korrespondiert mit Rheinbergers Überlegungen zur Bedeutung „alter Werkzeuge" in Experimentalsystemen:

> Meistens müssen „neue Objekte" demnach zunächst mittels „alter Werkzeuge" zutage gefördert werden. Langfristig wird ein degeneriertes Forschungssystem jedoch in der Regel vollständig ersetzt durch technologische Systeme, die das aktuelle, stabilisierte Wissen in einer effizienteren Form verkörpern. (Rheinberger 1992, S. 28)

Bei einer solchen Transformation des Experimentalsystems können die alten Werkzeuge bzw. die alten Forschungsanordnungen auch als „stabiles Subsystem" (ebd.) in das neue System integriert werden und so indirekt weiterhin beteiligt sein (und die Repräsentationsmöglichkeiten weiterhin codeterminieren); sie wirken in jedem Fall fort und hinterlassen Spuren (vgl. ebd.). In *Spalt und Fuge* bezeichnet Rheinberger dieses Verfahren, bei dem neue Apparate an das bestehende Experimentalsystem „angeflanscht werden" (Rheinberger 2021, S. 105) als Pfropfen. Das Pfropfen ist ein in der Pomologie (Obstbaumkunde) angewendetes Prinzip, bei dem

> [a]uf eine artverwandte, aber nicht artidentische Unterlage […] entweder ein Reis oder eine Knospe der gewünschten Sorte so aufgebracht [wird], dass die beiden Teile, Pfropf und Unterlage, im Ergebnis miteinander verwachsen. (Ebd., S. 95)

In Experimentalsystemen der empirischen Wissenschaft können Pfropfe dazu beitragen, ebenjene Systeme dynamisch zu halten und sie davor bewahren sich auf sich selbst einzuschwingen. Der Pfropf entfaltet so mithilfe der Unterlage sein eigenes epistemisches Potential, ohne diese zu vereinnahmen oder zu zerstören (vgl. ebd., S. 105). In diesem Sinne lässt sich der Einzug von Tonbandtechnologie in Schaeffers Studio retrospektiv als eine Art Pfropf verstehen, der sein experimentelles Spiel der Differenzen neubelebt.

Gleichzeitig erinnert Schaeffers Frustration mit seinen technologischen Rahmenbedingungen auch an Richard Sennetts These vom Verlangen nach neuen Werkzeugen angesichts neuer materieller Bedingungen, das im Evolutionsprozess einer Typenform auftreten kann und sich unter anderem im Scheitern alter Werkzeuge äußert (vgl. Sennett 2008b, S. 171 f.). Schaeffers Plattenspieler schaffen bzw. offenbaren in dieser Betrachtungsweise neue Zurichtungen von Schall, die eine andere Formbarkeit zulassen; sie schaffen also neue materielle Bedingungen, die neue Werkzeuge zur Bearbeitung verlangen. Die neue Bearbeitbarkeit durch neue Werkzeuge würde zugleich – im Sinne eines veränderten Experimentalsystems – neue Erkenntnismöglichkeiten implizieren sowie eine Erweiterung der Repräsentationsweisen des fokussierten epistemischen Dings.

Diesem aufgestellten Anspruch wird, wie im Folgenden veranschaulicht, zumindest in Ansätzen die stabilisierte und für die besonderen materiellen Bedingungen angepasste Tonbandtechnologie gerecht – später z. B. in Form der *Phonogènes* und des *Morphophone*. Sie ermöglicht einen anderen Zugriff auf das Klangmaterial, andere Formen der Zerlegung und Manipulation, und wird so bedeutsam für die Gestalt und Ästhetik sowie für die Klangerforschung und Konzepte der *Musique Concrète*.

3.1.3 Technische Verweigerung: Die ersten Magnetbandgeräte im Pariser Studio

Obwohl Schaeffer das Potential der Tonbandtechnologie früh erkennt,[56] und auch Zeit und Arbeit in die Weiterentwicklung und Anpassung der Technologie für seine eigenen Zwecke investiert, dauert es noch einige Zeit, bis Tonbandgeräte Plattenspieler in seinem Tonstudio ersetzen. Als 1951 Magnettonbandgeräte bei

---

56 Die Musikwissenschaftlerin Jane F. Fulcher geht davon aus, dass Schaeffer bereits Anfang der 1940er Jahre von den Fortschritten und Vorteilen der Magnetbandtechnologie wusste: „Indeed, he and his team were aware of the incipient use and potential of the tape recorder: Journals such as *Radio national* had pointed out that the Germans were far ahead in this domain, possessing the equipment that the French still lacked" (Fulcher 2011, S. 393).

ihm erstmalig Verwendung finden,[57] überschatten technische Probleme die ersten Anwendungsversuche und verbreiten schlechte Stimmung:

> *April 24* [1951]. General bad temper in the studio. I am at the end of my tether. On the pretext that the tape recorders are a special kind, ventilators, which are the rule in ordinary tape recorders, have been forgotten. Whose fault is it? These prototypes are provided through the good will of several services that have neither the time nor the means to supervise every detail of their workings. Four hours go by with all sorts of breakdowns and our tempers get worse. (Tagebucheintrag am 24. April 1951, in Schaeffer (1952) 2012, S. 87)[58]

Neben diesen technischen Schwierigkeiten, die Magnetbandaufnahmen schnell im gesamten Studio unbeliebt machen, verhindert auch die bisherige Zentrierung auf die limitierten Aufnahme- und Bearbeitungsmöglichkeiten des Turntable-Mixer-Disc-Cutter-Systems eine instantane Zuneigung zu Tonbändern. Zudem erscheint der Mehrwert der neuen Technologie zu diesem Zeitpunkt der *Musique Concrète*, an dem nur Mikrofonaufnahmen manipuliert und elektronische Klangquellen ausgeschlossen werden, eher marginal – lediglich die Montage wird einfacher und effizienter, bei defektanfälligen Maschinen allerdings auch nur bedingt (vgl. Manning 2013, S. 25). Langfristig betrachtet ist der Etablierung von Tonbandtechnologie im Studio von Pierre Schaeffer jedoch ein entscheidender Einschnitt, der das weitere Arbeiten enorm beeinflussen wird (vgl. u. a. ebd., Holmes 2020, S. 223 sowie Teruggi 2007, S. 217).

Nicht nur technologisch, sondern auch institutionell markiert das Jahr 1951 einen wichtigen Meilenstein für weitere Entwicklung der *Musique Concréte* bzw. für die Forschungstätigkeiten Pierre Schaeffers im Besonderen. Im Oktober 1951 gibt die RTF Schaeffers Klangforschungen mit der Schaffung der *Groupe de recherche de musique concrète* – kurz GRMC – einen institutionellen Überbau und damit auch größere Autonomie. Eine der zentralen Aufgaben der GRMC besteht in der elektroakustischen Ausbildung junger Musiker*innen:

> The group would be organised around [Georges I.] Gurdjieff's principles [to perceive phenomena with the senses, to test things out like a physicist and to work together under the direction of a master, MH] with certain initiated individuals who would receive and train the applicants in this adventure, while working as trainees. One saw the entry into the composition studios of a number of inquisitive young musicians, who all came to experiment with musique concrète. The great names of the day followed one another: André Hodeir, Pierre Boulez, Olivier Mes-

---

57 Die ersten Tonbandgeräte erreichten das Studio nach Daniel Teruggi zwar bereits 1949, sie erwiesen sich jedoch als äußerst unzuverlässig und kamen vermutlich nicht zum Einsatz, sodass Schaeffer sie vor 1951 in seinem Tagebuch nicht einmal erwähnt (vgl. Teruggi 2007, S. 216).
58 Dies ist die erste Erwähnung von Tonbandgeräten in Schaeffers Aufzeichnungen.

siaen, Michel Philippot, Monique Rollin, Karlheinz Stockhausen, Jean Barraqué, Darius Milhaud, Edgar Varèse, Henri Sauguet and Roman Haubenstock-Ramati. (Gayou 2007, S. 206)[59]

Wie bereits angedeutet, entwickelt Schaeffer, gemeinsam mit dem Toningenieur Jacques Poullin, in dieser Zeit die zur Verfügung stehende Tonbandtechnologie selbst weiter und beantragt im Februar 1951 auch die Patentierung dieser „Verbesserungen von Geräten zur Herstellung von musikalischen Geräuschen oder Klängen" (Schaeffer 1951 [Übers. MH]). Neben gewöhnlichen Bandmaschinen gehören so bereits zu der ersten Tonbandausstattung des Studios 1951 zwei Maschinen zur Tonhöhen- und Temporegulierung, die den Namen *Phonogène* tragen, sowie ein Tonbandgerät mit drei Bändern.[60] Spätestens 1953 findet sich im Studio außerdem auch eine Multi-Delay-Maschine mit 12 Tonköpfen – das *Morphophone* – vor (vgl. Teruggi 2007, S. 217).

Da diese „Instrumente", wie sie Schaeffer in seinen Aufzeichnungen nennt (Schaeffer (1952) 2012, S. 174), die Arbeit mit aufgezeichnetem Klang über Tonbandtechnologie in der *Musique Concrète* – und demnach den Zugriff auf Klang als formbares Material – maßgeblich prägen, werden sie im Folgenden in ihrem technischen Aufbau und ihren Klang(bearbeitungs)eigenschaften genauer beschrieben.

3.1.4 Die Phonogènes

Die *Phonogènes* sind zwei von Pierre Schaeffer und Jacques Poullin konzipierte „Magnetophonmusikgeräte"[61] zur Tonhöhentransposition durch Temporegulierung. Das ästhetische und epistemische Potential von Wiedergabegeschwindigkeitsvariationen als Mittel der Klangtransformation und -analyse erkennt Schaeffer bereits 1948 bei seiner frühen Arbeit mit Grammophonplatten:

---

59 Interessanterweise fällt die Gründung des GRMC in dasselbe Jahr wie die Schaffung des Studios für Elektronische Musik des NWDR in Köln (vgl. Battier 2007, S. 193).
60 In seinen Tagebüchern berichtet Schaeffer am 28. April 1951 das erste Mal von der Verkabelung des *Phonogènes* und am 30. April 1951 vom Weigern des Dreispuren-Tonbandgeräts, Kontrapunkte herzustellen („the three-track tape recorder temporarily refuses to produce counterpoints", Schaeffer (1952) 2012, S. 89). Am 7. Mai 1951 erwähnt Schaeffer sowohl einen „twelve-note tape recorder" („le magnétophone à douze notes"), einen „three-track tape recorder" („le magnétophone à trois pistes") als auch einen „slider" tape recorder („celui à coulisse") (ebd., S. 94). Bei diesen Geräten handelt es sich um von Jacques Poullin und anderen Ingenieuren der RTF gebaute Prototypen, die äußerst fehleranfällig sind. Wie der spätere Direktor des GRM Daniel Teruggi schreibt, wird das Dreiband-Gerät erst 1952 industriell gebaut und die beiden ersten *Phonogènes* (ein chromatisches und ein gleitendes) werden 1953 von den Firmen *Tolana* und *SAREG* gefertigt und ausgeliefert (vgl. Teruggi 2007, S. 217 sowie das Kapitel 2 „La Périodique Mécanique" in Teruggi 1998).
61 So die Bezeichnung der Vorrichtung in der entsprechenden deutschen Patentschrift (Schaeffer 1952b).

> May 26 [1948]. I have obtained some quite remarkable transformations by playing a fragment recorded at 78rpm at 33rpm. By playing the record at rather less than half speed, everything goes down a bit more than an octave and the tempo slows at the same rate. With this apparently quantitative change there is also a qualitative phenomenon. The „railway" element at half speed isn't the slightest bit like a railway. It turns into a foundry and a blast furnace. I say foundry to make myself understood and because a little bit of „meaning" is still attached to the fragment. But very soon I perceive it as an original rhythmic group, and I am in constant admiration at its depth, its richness of detail, its somber color. (Tagebucheintrag am 26. Mai 1948, in Schaeffer (1952) 2012, S. 14 f.)

Die wachsende Verfügbarkeit funktionierender Magnettontechnik in den Studios des französischen Rundfunks Anfang der 1950er Jahre ermöglicht es Schaeffer schließlich, diesem ursprünglich über Phonographie entborgenen Potential der Temporegulierung unter den veränderten medientechnischen Bedingungen der Magnetophonie intensiviert nachzugehen. Gemeinsam mit dem Toningenieur Jacques Poullin konzipiert er zwei Geräte, die beide den Namen *Phonogène* tragen und dem Zugriff auf Klang durch Temporegulierung eine eigene medientechnische Form geben.

Das erste dieser Geräte, das sogenannte *chromatische Phonogène* (**Phonogène chromatique**, Abb. 6), ist ein Tonbandgerät mit zwölf Wiedergabeköpfen, wobei jeder Wiedergabekopf mit einer Bandantriebswelle (Capstan) unterschiedlicher Größe verbunden ist. Eine in das Gerät eingespannte Bandschleife kann so in verschiedenen Geschwindigkeiten abgespielt werden. Gesteuert wird das *Phonogène chromatique* über eine chromatische Klaviatur, die exakt eine Oktave umspannt.

> Das Klangbild eines Instrumentes oder eines Geräusches kann in verschiedenen Tonlagen, welche den Bandlaufgeschwindigkeiten entsprechen, übertragen werden. Die Regelung der Geschwindigkeit jedes Tonbandes erfolgt durch Tasten, welche ähnlich der Tastatur eines Klaviers sind; hierbei entspricht jede Taste einer bestimmten Bandlaufgeschwindigkeit. Während der ganzen Dauer des Niederdrückens der Taste zieht das Tonband mit derselben Geschwindigkeit vorüber. (Schaeffer 1952b, S. 2)

Der Motor des *Phonogène chromatique* verfügt über zwei Drehzahlen – eine doppelt so groß wie die andere, wodurch eine Tonschleife in 24 (zwei mal zwölf) Geschwindigkeiten bzw. in 24 Halbtonschritten reguliert werden kann. Das Gerät ermöglicht die Einspannung von bis zu drei Tape-Loops, die individuell reguliert und miteinander gemischt werden können. Mithilfe des chromatischen *Phonogènes* lassen sich so bspw. zwei aufgenommene Klänge in ihrer Tonhöhe synchronisieren.

Das *Phonogène chromatique* ist so konstruiert, dass nur vergleichsweise kurze Klangschleifen verwendet werden können. Diese Fokussierung auf kurze Klangfragmente verweist zum einen auf die durch kurze Platten-Loops geprägte Arbeitsweise und frühe Ästhetik der *Musique Concrète* Ende der 1940er Jahre, die nun in der neukonzipierten Klangmanipulationstechnologie fortgeführt wird, obwohl die medientechnischen Bedingungen der Tonbandtechnik diese Einschrän-

3.1 Schneiden, Kleben, Hören: Das Tonband in der *Musique Concrète* — 119

Abb. 6: Das chromatische Phonogène (*Phonogène chromatique*). © ORTF, INA-GRM Archives.

kung gar nicht notwendig machen. Zum anderen zeigt sich an dieser Konstruktion, dass Schaeffer nicht nur daran interessiert ist, neue Klänge bzw. eine neue Musik herzustellen, sondern das sich durch phonographische Technologie sich präsentierende Klangmaterial zu untersuchen. Der Fokus des Gerätes liegt auf den kleinen Klangeinheiten, auf Klang-„Fragmenten", -„Elementen" und -„Zellen";[62] auf „Mikro-Objekten" (Schaeffer (1966) 2017, S. 347) und auf Klang-Morphemen. Das *Phonogène chromatique* ist in diesem Sinne primär ein Analyseinstrument – ein (Ab-)Hörgerät zur Untersuchung von Klangmorphologien.

Die zweite Variante des *Phonogène*, das sogenannte *gleitende Phonogène* (**Phonogène à coulisses**), ermöglicht die stufenlose Regulierung des Wiedergabetempos einer Tonbandaufnahme und ist im Vergleich zum *chromatischen Phonogène* relativ einfach konstruiert: „In fact, it was a normal tape recorder with an efficient system to control its speed, so it could modify any length of tape" (Teruggi 2007, S. 217). Bedient wird das *Phonogène à coulisses* mit einer Art Steuerstange („control rod", ebd.).[63]

---

62 *Fragments*, *Elements* und *Cells* sind Teil von Schaeffers erstem Entwurf einer konkreten Musiktheorie (vgl. Schaeffer (1952) 2012, S. 192).
63 Interessanterweise beziehen sich die meisten deutschsprachigen Quellen nur auf das *Phonogène chromatique*. Über das *Phonogène à coulisses* scheint größtenteils Unkenntnis zu herrschen oder es wird in seiner Einfachheit nicht als eigene ‚neue' Erfindung betrachtet. So schreiben z. B. Pascal Decroupet and Elena Ungeheuer, dass das „Pariser phonogene […] in seiner ersten Form nur in chromatisch temperierten Stufen transponierte, während die Komponisten sich gerade er-

Nach Daniel Teruggi, dem ehemaligen Direktor der *Groupe de Recherches Musicales*, wurden beide *Phonogènes* 1951 von Jacques Poullin und anderen Ingenieuren der RTF zunächst als Prototypen für Schaeffer gefertigt und waren noch äußerst fehleranfällig. Die Herstellungsrechte für das *chromatische Phonogène* wurden hieraufhin an das französische Unternehmen *Tolana* und die für das *gleitende Phonogène* an die *SAREG Company* übertragen.

Poullin first built experimental versions of the new machines, he was not alone for this since in those days the French Radio was a kind of autonomous city with all the technical services inside for building and maintaining machines. So, thanks to the internal teams he built the first versions (with many defects as PS [Pierre Schaeffer, MH] mentions) before building the „industrial versions". The industrial versions (for which PS and Poullin had patents) were finished in 1953 and were built by the Tolana and the SAREG companies. (Teruggi 2022)[64]

Obwohl die beiden *Phonogènes* die Möglichkeiten der Klangmanipulation um ein Vielfaches erweitern, sind die Transformationen dahingehend beschränkt, dass die Transposition der Tonhöhe in proportionaler Abhängigkeit zur Transposition der Abspielgeschwindigkeit steht. „Totale Transposition" (Schaeffer (1966) 2017, S. 331), bei der Tonhöhe und Tempo unabhängig voneinander verändert werden können, ist im Pariser Studio erst ab 1963 mit der Konstruktion des *Universal-Phonogènes* (***Phonogène* universel**, Abb. 7) möglich.

Das *Universal-Phonogène* basiert auf dem technologischen Prinzip des *Tempophons* (auch *Springermaschine, Zeitregler, Tonhöhenregler* oder *Information Rate Changer* genannt), bei der ein Rotationskopf mit vier Tonabnehmern das vorbeilaufende Tonband abtastet. Sowohl das Bandtempo als auch das Tempo des Rotationskopfes sind individuell steuerbar, wodurch Tonhöhe und -dauer voneinander getrennt werden können.[65]

---

hofften, aus einer solchen Begrenzung, die aus instrumentalem Denken stammt, dank der neuen Klanggestaltungsmittel aus[zu]brechen" (Decroupet und Ungeheuer 1994, S. 95). Dies hängt unter Umständen auch damit zusammen, dass im deutschsprachigen Raum nur das *chromatische Phonogène* patentiert wurde (vgl. Schaeffer 1952b).
64 Archivierter Schriftverkehr mit Daniel Teruggi vom 20. Juni 2022 (Daniel Teruggi, „Re: Question regarding the introduction of the phonogènes and the morphophone", 20. Juni 2022).
65 Vor dem Hintergrund der rasanten Konstruktion der ersten beiden Phonogènes Anfang der 1950er Jahre erscheint es bemerkenswert, dass das *Universal-Phonogène* erst 1963 konstruiert wurde – schließlich publizierte Anton Springer seine Konzeption eines akustischen Zeitreglers bereits 1955 in den von Hermann Scherchen herausgegebenen *Gravesener Blättern*, in denen Schaeffer ein Jahr später selbst einen Artikel zum Eindringen der Elektroakustik in die Musik veröffentlicht. Die Erfindung des *Tempophons* und ihr Potential für Klangmanipulationen dürften Schaeffer also, auch aufgrund der Beziehung zu Scherchen, bereits Mitte der 1950er Jahre bekannt gewesen sein. Für eine genauere Beschreibung des *Tempophons* siehe Kapitel 3.2.8.

3.1 Schneiden, Kleben, Hören: Das Tonband in der *Musique Concrète* — 121

In seiner Abhandlung über musikalische Objekte (*Traité des objets musicaux/ Treatise on Musical Objects* ((1966) 2017) beschreibt Schaeffer das analytische Potential dieser Universalmaschine : Mithilfe der „totalen Transposition" ließe sich dasjenige, was Schaeffer als die Materie („matter", ebd, S. 324) eines Klangs bezeichnet besser von seiner Form trennen, wodurch Klangphänomene präziser untersucht werden könnten. Unter Klang-Form versteht Schaeffer zunächst den wahrgenommenen Klangverlauf (z. B. *attack, sustain* und *decay*), unter Klang-Materie die hiervon zu unterscheidende, verlaufsunabhängige Klangmasse (z. B. die Frequenz und Intensität). In der Natur wären Materie und Form untrennbar miteinander verbunden – Materie sei hier immer schon geformt. Im „Labor" (vgl. Kapitel 23 „The Laboratory, in ebd., S. 321) der *Musique Concrète* könnten laut Schaeffer beide Ebenen voneinander getrennt gehört werden, indem ein Klang angehalten bzw. festgestellt wird:

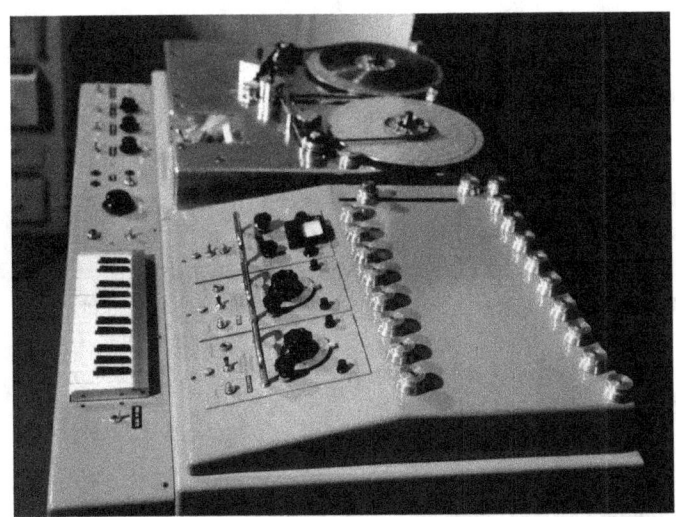

Abb. 7: Das Universal-Phonogène (*Phonogène universel*). Vorne abgebildet ist die Phonogène-Einheit mit Tastatur, hinten das Steuerstangen-Interface für gleitende Klangmanipulationen. © ORTF, INA-GRM Archives.

> Imagine if we can „stop" a sound to hear what it's like, at a given moment in our listening: what we can grasp now is what we will call its *matter*, complex, fixed in the tessitura and in subtle relationships with the sound contexture. (Ebd., S. 317)

Ein frühes Beispiel für ein solches Hervortreten von Klangmaterie durch Klang-Feststellung sind Schaeffers geschlossene Rillen. Die besonderen Transpositionsmöglichkeiten des *Universal-Phonogène* gestatten es nun dem*der Klangforscher*in einerseits, die einmal festgestellte Materie zu manipulieren, ohne die Form zu beeinflussen. Über Nachvollzug dieser rein materiellen Transformationen (bzw. Metamorphosen) lässt sich die Klang-Materie in ihren Eigenschaften (auch jenseits der von Schaeffer vergrämten Tonhöhe) genauer untersuchen. Andererseits ermöglicht das *Universal-Phonogène* aber auch eine kleinteiligere Analyse der Klang-Form, indem der Klangverlauf verlangsamt werden kann, ohne die Klang-Materie zu verändern (vgl. ebd., S. 332 f.). Hier fungiert das *Universal-Phonogéne* als eine Art akustisches Mikroskop.

Das *Phonogène universel* wird für Schaeffer so zu einem Universal-Analyse-Instrument sowohl zur Separation von Form und Materie als auch zur mikroskopischen Isolation von Klangfragmenten, die das zu untersuchende Klangphänomen durch (Zeit-)Manipulation dem analytischen Ohr zuträglich macht – „Phonogènes are intended to provide an answer to this question [how to isolate sound events and allow the ear to hear them comfortably, MH], much more than to perform harmonic noise marches" (ebd., S. 331).

3.1.5 Das Dreispur-Magnetophon

Neben einem ersten Entwurf der *Phonogènes* beinhalten Schaeffers „Verbesserungen von Geräten zur Herstellung von musikalischen Geräuschen oder Klängen" („Perfectionnements aux Appareils pour la Reailisasion de Bruits ou Sons Musicaux", Schaeffer 1951 [Übers. MH]) aus dem Jahr 1951 auch die Skizze eines Tonbandgeräts mit drei Bändern, die von einem einzelnen Motor angetrieben werden. Jede Spur ist hierbei einem eigenen Lautsprecher zugeordnet. Das als Dreispur-Magnetophon (**Magnétophone tripiste**, Abb. 8) bekanntgewordene Gerät gehört mit den *Phonogènes* zu der ersten Tonband-Ausstattung des Pariser Studios und tritt in Schaeffers Aufzeichnungen als äußerst schwer zu manipulierendes Gerät in Erscheinung.[66] Später wird das *Magnétophone tripiste*, wie auch das *Phonogène chromatique*, von *Tolana* hergestellt (Poullin 1999, S. 52).[67]

Die Verwendung eines einzelnen Motors für alle drei Spuren ermöglicht die Synchronisation verschiedener Aufnahmen, sodass auf unterschiedlichen Bändern gespeicherte Aufnahmen gleichzeitig gehört werden können. „Works could then be conceived polyphonically, and thus each head conveyed a part of the information and was listened to through a dedicated loudspeaker" (Teruggi 2007, S. 217). In seiner Patentschrift beschreibt Schaeffer vielfältige Einsatzzwecke für

---

66 „[T]he three-track tape recorder is extremely heavy to manipulate" (Schaeffer (1952) 2012, S. 94).
67 Hierbei handelt es sich um einen Wiederabdruck von Poullin 1954. Im Folgenden wird sich ausschließlich auf den Nachdruck (1999) bezogen.

die Maschine, unter anderem die Verwendung des Gerätes für die Überlagerung von zwei Aufnahmen zu einer einzigen Spur (auf dem dritten Band). Zudem beschreibt er eine mögliche Verwendung des Dreispuren-Geräts für die Erzeugung räumlicher Klänge (vgl. Schaeffer 1951, S. 3).

Abb. 8: Das Dreispur-Magnetophon (*Magnétophone tripiste*). © ORTF, INA-GRM Archives.

Mit Olivier Messiaen findet das *Magnétophone tripiste* einen prominenten ersten und wahrscheinlich auch einzigen Anwender. Messiaen zählt zu den frühen Unterstützer*innen der *Musique Concrète* und drei seiner Schüler*innen (Pierre Boulez, Yvette Grimaud und Jean Barraqué) gehören 1951 zu den ersten externen Praktikant*innen („stagiaires"/„interns", Murray 2010, S. 119) in Schaeffers Studio. Er ist zu dieser Zeit vor allem an rhythmischen Experimenten interessiert und damit auch an der rhythmischen Präzision, die durch Tonbandtechnologie potenziell erreicht werden kann. Zudem erhofft er sich, dass die aufgenommenen Klänge der *Musique Concrète* zurückhaltender als traditionelle Instrumente wirken, sodass rhythmische Elemente besser in den Vorderrund rücken (vgl. ebd., S. 121). Im Februar 1952 beginnt Messiaen einen längeren Aufenthalt in Schaeffers Studio, um eigene konkretmusikalische Experimente durchzuführen. Mit der Hilfe Pierre Henrys komponiert er *Timbres-durées*, das bis heute einzige bekannte Stück für das *Magnétophone tripiste*. Die eigentliche (körperlich-materielle) Arbeit – das Erstellen, Schneiden, Manipulieren und Montieren von Tonschleifen – liegt in den Händen Pierre Henrys, Messiaen delegiert primär und erarbeitet auf Grundlage der von Henry erstellten Klänge eine detaillierte Partitur in traditioneller Notation. Unzufrieden mit den ersten Ergebnissen, lässt sich Messiaen auf Henrys Vorschlag ein, dem Werk durch Verräumlichung weitere Dynamik bzw. Beweglichkeit („movement") zu verleihen. Hier kommt das *Magnétophone tripiste* in Zusammenschluss mit dem *Pupître d'espace* (eine weitere Erfindung Schaeffers zur Steuerung von Klängen im Raum) zum Einsatz (vgl. ebd., S. 122).

Timbres-durées besteht aus vier rhythmischen Motiven, die nacheinander permutiert werden, und hat eine Länge von ca. 15 Minuten. Daniel Teruggi beschreibt das Stück als eine schnelle, rhythmische Polyphonie, die über die drei Kanäle des *Magnétophone tripiste* distribuiert wird (vgl. Teruggi 2007, S. 217). Großartig von Erfolg gekrönt wird die Komposition seinerzeit jedoch nicht:

> There are no truly positive appraisals of *Timbres-durées* among the reviews of May 1952 [...] The younger generation, including Stockhausen, Pousseur and Barraqué [...] would respond rather negatively to concerts of *Timbres-durées* in 1952 and 1953, as would Messiaen's elder, Stravinsky. (Murray 2010, S. 123)

Nach *Timbres-durées* erfährt das *Magnétophone tripiste* keine weitere kompositorische Verwendung. Zum einen produzierte der massive Motor, der die drei Tonbänder zog, ein konstantes Störsignal mit einer Frequenz um 50 Hz, das auf jeder Spur mitaufgezeichnet wurde und zum anderen machte das hohe Gewicht die Maschine transportunfähig, sodass für die erste Aufführung von *Timbres-durées* 1952 drei Telefonleitungen angemietet werden mussten, um die Tonspuren in die Konzerthalle zu übertragen. Das Dreispur-Magnetophon erwies sich damit als unpraktikabel und nicht zuletzt auch ineffektiv (vgl. Teruggi 2007, S. 230).

3.1.6 Das *Morphophone*

Das *Morphophone* (Abb. 9) ist ein Tonbandgerät mit zwölf Tonköpfen (ein Aufnahme-, ein Löschkopf und zehn Wiedergabeköpfe). Hauptbestandteil des Geräts ist eine Rotationsscheibe mit ca. 50 cm Durchmesser, in die eine Tonbandschleife mit ca. vier Sekunden Aufnahmezeit eingespannt werden kann. Die zu magnetisierende Seite des Bandes ist nach außen gerichtet, wo sich, verteilt entlang der Rotationsscheibe, die zehn Wiedergabeköpfe befinden, deren Positionen variabel verschiebbar sind. Bei Betätigung des Gerätes wird die Tonbandschleife an den Wiedergabeköpfen vorbeigezogen. Jeder Wiedergabekopf verfügt über einen Verstärker sowie einen Bandpassfilter und ist mit dem Aufnahmekopf des *Morphophones* verbunden, sodass die (evtl. manipulierten) wiedergegebenen Signale auch wieder (in Feedback-Schleife) auf das Tonband zurückgespielt werden können. Später wird das Gerät, ebenso wie das *Phonogène à coulisses*, von der *SAREG Company* hergestellt (vgl. Poullin 1999, S. 50).

Abb. 9: Das *Morphophone*. © ORTF, INA-GRM Archives.

Durch die wiederholte, sich überlagernde Wiedergabe der Tonbandschleife können diverse Delay- und Echoeffekte erzeugt werden, die sich, je nach Filtereinstellung und Position der Wiedergabeköpfe, auch klanglich modulieren lassen (vgl. Teruggi 2007, S. 217). So ermöglicht das System unter anderem auch die Herstellung kontinuierlicher, ‚stehender' Klänge sowie die Produktion eines pulsierenden Hall-Effekts:

> Diese Maschine erzeugt annähernd so etwas wie künstlichen Nachhall; sie verwandelt die Klangfärbung in bestimmten Obertongruppen, was mit Hilfe des Plattenspielers vorher längst nicht annähernd gut glückte. Es gelingt sogar, im Morphophon den Anklang eines Schallelementes zu verändern. Man kann einen Geigenton schlagzeugartig machen, einen Klavierakkord orgelähnlich, ein Schleifgeräusch zum trockenen, hart einsetzenden Schlagklang. (Prieberg 1960, S. 92)

In seinen extensiven theoretischen Schriften lässt Schaeffer das *Morphophone*, im Gegensatz zum *Phonogène*, vollständig unerwähnt und auch in der Sekundärliteratur zur *Musique Concrète* finden sich keine konkreten Verwendungshinweise des Gerätes – weder musikanalytische noch kompositorische. Eine Erklärung für diese praktische Missachtung sieht der ehemalige Direktor des GRM Daniel Teruggi in der schwierigen Bedienbarkeit und häufigen Dysfunktionalität der komplexen Maschine. Vor allem das Einfädeln der Tonbandschleife in die Rotationsscheibe bereitete demnach große Probleme und der technisch erforderliche enge Kontakt der Wiedergabeköpfe zum Band sorgte in der Regel bereits nach wenigen Umdrehungen dafür, dass einer der Köpfe das Band unintendiert berührte und es sich wieder aus der Halterung löste. „Some experiments were done on the machine but it was never really musically used" (Teruggi 2007, S. 230). Funktional wirklich einsatzfähig wurde das *Morphophone* erst in den 1990er Jahren in Form seiner eigenen digitalen Emulation (GRM Tools, vgl. ebd.).

3.1.7 *Orphée 51* und der schleppende Einzug der Maschinen

Wie oben beschrieben, zählen die zwei von Jacques Poullin konstruierten Prototypen der *Phonogènes* sowie das *Magnétophone tripiste* bereits zu der ersten Tonbandausstattung des Studios 1951. In der *Musique Concrète* koinzidiert somit die Einführung von Tonbandtechnologie mit der Einführung von Maschinen, die auf die Bearbeitung von Klängen spezialisiert sind. Tonbandgeräte sind hier von vornherein Manipulationsmaschinen. Aufgrund anhaltender technischer Schwierigkeiten empfindet Schaeffer das Manipulieren von Tonbändern jedoch als arbeitsintensiver als die Arbeit mit Platten und sieht im Vergleich zu den Plattenspielern bei den Magnetophonen gar eine Manipulationsresistenz, die er als Chance zum Schutz des eigenen Werks gegen neue Manipulationen begreift.

> April 30 [1951]. The studio is a battlefield. Everyone – Jacques Poullin, Giaccobi, Pouedras – is fighting against the new equipment. Bristling with all sorts of defenses, the three-track tape recorder temporarily refuses to produce counterpoints. Once again I realize the infinite patience concrete music requires, especially when tape recorders are used. Although certainly preferable to records for several reasons, they are more delicate and take longer to manipulate. Would their resistance to manipulation, however, perhaps be a safeguard for the operator in the future? Because the dangerous facility with which we perform these manipulations on records (much loved by Pierre Henry particularly) would have to be disciplined! (Tagebucheintrag am 30. April 1951, in Schaeffer (1952) 2012, S. 89)

Bei den Kompositionen, die zu dieser Zeit im Studio entstehen, kommt die Tonbandtechnologie aufgrund dieser anhaltenden Fehleranfälligkeit zunächst nur sporadisch zum Einsatz („[I]t is far from being fit for our purpose. [...] We're reduced to using the turntable again", Tagebucheintrag am 07. Mai 1951, in ebd., S. 94). Dies trifft auch auf die frühen Arbeiten an der ersten ‚konkreten' Oper *Orphée* zu, die 1951 in Paris und 1953 in überarbeiteter Form in Donaueschingen uraufgeführt wurde. Für die Frage nach der Rolle von Tonbandtechnik für die *Musique Concrète* erscheint das Orpheus-Projekt in mehrfacher Hinsicht von Interesse: Es befindet sich, erstens, genau an der Schwelle zwischen geschlossenen Rillen und Tonbandtransformationen als dominierende Klangbearbeitungspraxis. An dem Werk lassen sich also die ersten Anwendungsversuche erkennen und erste *Musique Concrète*-spezifische Tonbandästhetiken ablesen. Zweitens erscheint es nicht unerheblich, dass das Werk in mehreren Versionen existiert. Die erste Version *Orphée 51* findet in der Literatur kaum Erwähnung – von der Aufführung existiert auch keine Aufnahme. Die zweite, wesentlich ausführlichere Version *Orphée 53* gilt hingegen als eines der Hauptwerke der frühen *Musique Concrète* und wird bis heute häufig rezipiert und diskutiert – trotz und gerade aufgrund seiner skandalträchtigen Uraufführung bei den Donaueschinger Musiktagen 1953, die Schaeffer später „Schlacht von Donaueschingen" (Schaeffer 1974, S. 25) tauft und die als eine „Art Waterloo der Musique concrète" (ebd.) in die Musikgeschichte eingegangen ist (vgl. auch Schürmer 2018, S. 143 ff.). Drittens ist *Orphée* eines der ersten Beispiele konkreter Musik, das Live-Performances mit konkreten Soundwelten verbindet und viertens schließen Schaeffer und Henry an die musikhistorische Tradition an, mit der Behandlung des Orpheus-Mythos neues kompositorisches Material, Techniken und/oder Stile aufzuzeigen (vgl. Stalarow 2017, S. 164), wodurch die Komponisten zeitlebens dem Werk selbst eine entsprechende Bedeutung auflasten.

So gut wie alle Tagebucheinträge von Schaeffer zu der Anwendung von Tonbandtechnologie im Jahre 1951 stehen im Zusammenhang mit der Konzeption und Umsetzung von *Orphée*. Leider endet das entsprechende zweite Tagebuch am 16. Mai 1951 (vgl. Schaeffer (1952) 2012, S. 96 f.) – knapp zwei Monate vor der Uraufführung von *Orphée 51* am 06. Juli 1951[68] im Théâtre de l'Empire (vgl. Stalarow 2017, S. 162). Der letzte Eintrag, wie fast das gesamte Journal, ist durchsetzt von Zweifeln am eigenen Werk und der von Schaeffer antizipierten Unmöglichkeit, Lyrisches bzw. die Oper mit *Musique Concrète* zu vereinen und seine neue Musik aus dem Labor auf die Bühne zu heben. Er zeigt sich geschlagen gegenüber den eigenen Erwartungen und blickt voller Entsetzen auf das von ihm geschaffene Monstrum:

---

[68] Bei der Datierung der Uraufführung finden sich teils widersprüchliche Angaben. Schaeffer selbst nennt in *À la recherche d'une musique concrète* den 20. Juli 1951 als (geplantes) Uraufführungsdatum (vgl. (1952) 2012, S. 98). Alexander Stalarow geht dementgegen in seiner Dissertation „Listening to a Liberated Paris" vom 6. Juli 1951 aus, indem er sich auf das im GRM-Archiv hinterlegte Programmheft bezieht (vgl. Stalarow 2017, S. 175). Im Folgenden wird der Darstellung Stalarows gefolgt.

> Already a failure musically, inconsistent in substance, this *Orphée* is coming into being like a monster, is constructing itself like the cells of cancer. So I will fail courageously. But what I can expect meanwhile is, for sixty hours a week, a veritable time in Hell. (Schaeffer (1952) 2012, S. 96)

Die auf das zweite Tagebuch folgenden Reflexionen von 1952 in *À la recherche d'une musique concrète* wiederholen diese Unsicherheiten und den experimentellen Charakter, den Schaeffer für seine eigene Arbeit feststellt. Die Uraufführung von *Orphée*, das den Beinamen *Toute la lyre* erhält, der sowohl auf Orpheus' Laute als auch auf die vollendete Serie (vgl. Stalarow 2017, S. 178) verweist, versteht Schaeffer eher als Test-Durchlauf („trial run", Schaeffer (1952) 2012, S. 97) denn als vollendete Werkpräsentation, als eine Art Experiment vor geladenem Publikum (vgl. ebd., S. 98).

Beim ‚Testlauf' im Théâtre de l'Empire am 06. Juli 1951 bekommt das ausgewählte Publikum zuerst eine überarbeite Fassung der *Symphonie pour un homme seul* und danach Schaeffers neues ‚Monstrum' zu hören. *Orphée 51* ist für vier Sänger*innen, zwei Erzähler*innen und ein *Orchestre Concrète* (die vorproduzierte, vornehmlich von Pierre Henry erstellte *Musique Concrète*-Begleitung) konzipiert. Für die Rolle des Orpheus kann Schaeffer die bekannte Pariser Kontraaltistin Maria Férès gewinnen. Nach Sophie Brunet, die mit Pierre Schaeffer für seine Biografie und Werkbetrachtung in den 1960er Jahren in engem Austausch stand, verbindet Schaeffer mit *Orphée* vor allem die Hoffnung, durch die Fusion konkreter Musik mit physisch präsenten, singenden Körpern die in der (körperlosen) *Symphonie pour un homme seul* verlorengeglaubte Menschlichkeit wiederzugewinnen (vgl. Brunet und Schaeffer 1969, S. 98, zit. nach Stalarow 2017, S. 177 f.). Mit mäßigem Erfolg, wie Schaeffer später selbst resümiert: Denn dafür, dass *Orphée 51* einmal mit dem Anspruch angetreten war, eine gänzlich neue Form der Oper darzustellen, fehlte es dem Werk, so der französische Komponist, im Gegensatz zur *Symphonie* bedeutend an Mut (vgl. Schaeffer (1952) 2012, S. 99).

Wahrlich überzeugen könne lediglich der Schluss, die letzten fünf Minuten des Stücks, bei dem Orpheus, einsam auf der Bühne, ein Trio mit zwei Masken anstimmt, das von einem „rather extraordinary" (ebd., S. 100) konkreten Orchester begleitet wird:

> [...] [G]long sounds manipulated by the *phonogène* and the much sought-after „intake of breath" accompanied the rending of the red veil that at the beginning of the last act Maria Férès held before her with outstretched arms and which she really tore, spasmodically. Perhaps these last five minutes justified the whole work? (Ebd.)

Vor dem Hintergrund dieses Resümees verwundert es wenig, dass bei der Überarbeitung von *Orphée* für die Donaueschinger Musiktage 1953 der von Schaeffer gelobte Schlussteil deutlich verlängert wird und statt der ursprünglichen fünf nun sechzehn Minuten umfasst. Insgesamt steigert sich die Aufführungsdauer der Oper von 50 auf 90 Minuten. Bei Betrachtung der beiden Programmhefte fällt zudem auf, dass der Prolog nicht mehr von einem konkreten Orchester („Orchestre concret") sondern von einem einsamen Tonbandgerät („Magnétophone seul") vorgetragen wird (vgl. Stalarow 2017, S. 183). Dies deutet auf einen Abschied von der Denkfigur des Orchesters (der Zusammenklang von Instrumenten) hin und auf eine Ermächtigung und Singularisierung von Tonbandtechnologie.

3.1.8 Pierre Henrys Gesellenstück: *Le Voile d'Orphée*

Die bereits erwähnte Schlussszene von *Orphée 53*, die den Titel *Le Voile d'Orphée* (Orpheus' Schleier) trägt, wurde von Pierre Henry erstellt und erklingt, wie schon bei *Orphée 51*, zum Zerreißen des Vorhangs auf der Bühne. Diese Symbolisierung des Schleierzerreißens bei Orpheus' Eintritt in die Unterwelt wird durch ein langsames, abwärtsverlaufendes Glissando akustisch verdoppelt, das Henry mithilfe des *gleitenden Phonogènes* (*Phonogène à coulisses*) herstellt (vgl. Teruggi 2007, S. 217). Später veröffentlicht Henry *Le Voile d'Orphée* auch als selbstständiges Werk, wobei „[d]er Live-Gesang [...] durch eine in griechischer Sprache deklamierte Hymne ersetzt" (Schaeffer 1974, S. 70 f.) wird. Für Pierre Schaeffer ist *Le Voile d'Orphée* „eine der nobelsten, rühmenswertesten Kühnheiten jener Zeit" (ebd., S. 25).

Das Stück ist heute in zwei Versionen erhalten: Die Originalversion *Le Voile d'Orphée I* mit einer Dauer von 27:15 Minuten und *Le Voile d'Orphée II*, eine gekürzte Fassung von 15:40 Minuten.[69]

> The shorter version conserves all the essential elements of the longer and sounds as perfectly unified as if it had originally been written in this form. But the first version breathes more easily, and the feeling of mystery is more poignant, more profound, for the slowness of tempo corresponds to an essential characteristic of the composer's personality. (Lonchampt 1969)

Beide Versionen von *Le Voile d'Orphée* verdeutlichen ausgezeichnet die kompositorische Verwendung von Magnetbandtechnik durch Henry und die Herstellung tonbandspezifischer Klänge über Montage sowie mittels der speziellen Tonband-Apparaturen des *Club d'Essai*. Insbesondere die geisterhaften, gleitenden Trans-

---

[69] Laut der Datenbank für zeitgenössische Musik des *Institut de Recherche et de Coordination Acoustique/Musique* (IRCAM) wurden beide Version 1953 komponiert (vgl. Institut de Recherche et de Coordination Acoustique/Musique (IRCAM) o. J.a und o. J.b). Die Liner-Notes der 1969 von Philips veröffentlichten Schallplatte *Pierre Henry – Voile D'Orphée I Et II / Entité / Spirale* geben an, dass die erste Version bereits 1953 zugunsten der gekürzten aufgegeben wurde. Die gekürzte Version erklingt 1958 auch in der Endszene von Maurice Béjarts Ballet *Orphée* (vgl. Lonchampt 1969).

positionen des *Phonogène à coulisses* treten immer wieder deutlich hervor. Im Folgenden soll die Verwendung und Bedeutung von Tonbandtechnologie in der gekürzten Version *Le Voile d'Orphée II* genauer betrachtet werden.[70]

Nach Pierre Schaeffer steht das Zerreißen des Vorhangs im Zentrum von Henrys gesamten Stück (vgl. Schaeffer 1974, S. 70). *Le Voile d'Orphée II* beginnt dementsprechend disruptiv mit fünf rapid aufeinanderfolgenden, in der Tonhöhe chromatisch absteigenden, scharfen, kratzenden Sounds ähnlicher Klangfarbe, die durchaus an Stoffzerreißen, das schnelle Betätigen eines Reißverschlusses oder das Abreißen eines Klebestreifens erinnern und vermutlich über das manuelle Entlangfahren an straff gespannten, hohen Klaviersaiten mit einem harten Gegenstand hergestellt wurden. Michel Chion beschreibt diesen Klang als „so etwas wie ein ‚krrr …', ein gewaltiges Knacken", das zu Henrys bevorzugten „Klangsymbolen" gehört und auch in anderen Werken „eine kolossale Zerreißung des Körpers und des Seins" symbolisiert (Chion 1980, S. 49 [Übers. MH]).

> Dieses „krrr …", dieses Reißen, ist von Anfang an in der Attacke des ersten Klangs von *Le Voile d'Orphée* gegeben, und das Werk ist wie der Versuch, diesem Reißen durch Dehnung das Geheimnis zu entreißen, das es umschließt. (Ebd. [Übers. MH])

Der Anfangsklang in *Le Voile d'Orphée* nimmt somit eine zentrale Stellung für die Interpretation des Gesamtwerkes ein – „wie das Atom, das für den ganzen Kataklysmus verantwortlich ist" (ebd. [Übers. MH]). Es folgen in langsamerer Abfolge vier tiefe, perkussive Knack-Klänge in punktiertem Rhythmus sowie eine Wiederholung der ersten Figur in erweiterter Form, die nun mehr Töne umfasst, nachhallt und dadurch auch distanzierter wirkt (TC 00:00:00–00:00:10).[71] Unter diesen scharfen vordergründigen Klängen liegt ein klirrend-kalter, obertonreicher, stehender Klang, der mit dem *Phonogène* produziert wurde und aus der Manipulation eines Gongklangs besteht (vgl. Schaeffer 1974, S. 70 sowie Schaeffer (1952) 2012, S. 100). Nach Verklingen des zweiten Reiß-Sounds beginnt ein sehr lang gezogenes Glissando, bei dem das gesamte Spektrum des Klangteppichs stufenlos nach unten transformiert wird (TC 00:00:10–00:01:00). Das lange Heruntergleiten symbolisiert Daniel Teruggi zufolge erneut Orpheus' Zerreißen des Schleiers bei Eintritt in die Hölle (vgl. Teruggi 2007, S. 217), wobei das Glissando weniger nach Disruption und Zerstörung klingt, sondern eher nach einem langsamen Herabsinken, nach einer Talfahrt in die Unterwelt, die von dem eigentlichen Zerreißen

---

70 Die Auswahl begründet sich zum einen in der Übereinstimmung der Dauer mit der Schlussszene von *Orphée 53* (laut Programmheft, siehe oben) sowie aus dem seinerzeit größeren Einfluss von *Le Voile d'Orphée II*, allein über die Wiederverwendung in Béjarts Ballet 1958.
71 Die Zeitangaben beziehen sich auf die 2010 bei Doxy Music veröffentlichte Aufnahme des Stücks (Henry 2010).

erst verursacht wird. Der lange Niedergang wird nach ca. einer Minute durch die erneute Verwendung des anfänglichen Reiß-Geräusches unterbrochen und es setzt eine wärmere Klangschicht ein, womit für Michel Chion eine Art „Durchführung" (1980, S. 49 [Übers. MH]) beginnt (TC 00:01:00–00:02:47).

Vor dem Hintergrund der warmen, tiefen Akkorde, die klanglich an eine Orgel erinnern, ‚zerlegt' Henry einen Klang mittlerer Frequenz, wobei es so wirkt, als würde er ein Klangfragment nach und nach mit variierender Bandgeschwindigkeit abtasten, sodass sich ein kurzes Fragment, das erneut an ein Knacken erinnert, staccatohaft wiederholt und wellenhaft, unregelmäßig an- und absteigt. Für diese Klangbearbeitung benutzt Henry wahrscheinlich erneut das *gleitende Phonogène*, wobei eine Bandschleife, auf welcher der zu bearbeitende Klang sowie Stille gespeichert ist, mit variierendem Tempo an dem Wiedergabekopf vorbeigezogen wird.[72] Für Michel Chion wirkt die Sequenz „wie eine Vergrößerung dieses Zerreißens mit einer sehr starken ‚Zeitlupe'" – als würde Henry den Anfangsklang „in die Länge ziehen" (ebd., S. 50 [Übers. MH]). Henry stellt somit die Möglichkeiten und Eingriffe medientechnischer Klangtransformation in den Vordergrund und führt das Klangmaterial bzw. das tonbandtechnische Abhören desselben vor. Auf diese Zeitlupen-Sequenz folgt eine kurze Passage mit hämmernden Klopfgeräuschen, weiteren lauten Reiß- bzw. Kratz-Klängen, pulsierenden, vorwärtstreibenden tiefen Sounds, Trommelwirbeln sowie einem lauterwerdenden, trompetenähnlichen langen Klang, der durchaus an eine Sirene erinnert. Die Assoziation mit Kriegsgeräuschen, von der einige Rezensenten der *Orphée 53*-Aufführung in Donaueschingen berichten, lassen sich hier gut nachvollziehen (vgl. Schürmer 2018, S. 144 f.).

Nach einem abgeschnittenen, letzten lauten Trommelwirbel beginnt zu tiefen, pulsierenden Klängen, die an Herzschläge erinnern, ein neuer Abschnitt (TC 00:02:47–00:05:46), bei dem ein „halluzinatorischer himmlischer Chor [...] langsam und allmählich in die Höhe steigt" (Chion 1980, S. 50 [Übers. MH]). Fast unmerklich blendet Henry den Chor über die Herzschläge ein. Reichlich mit dem *Phonogène* heruntertransformiert und verlangsamt, ist dieser auch zunächst gar nicht als Chor zu erkennen, sondern klingt eher wie ein tiefer, künstlicher Nachhall des abgeschnittenen Trommelwirbels. Erst mit der stufenweisen Transformation nach oben wird erkennbar, dass es sich um menschliche Stimmen handelt, die aus der Tiefe in die Höhe drängen. Wiederholt wird hierbei eine wenige Sekunden andauernde,[73] chromatische Passage, deren Wortlaut nicht deutlich zu erkennen ist.

---

72 Möglich, aber unwahrscheinlicher, ist die Verwendung des *Morphophones* über das Vorbeiziehens eines Klangs an den verschiedenen Tonköpfen – das variierende Tempo würde hier über die veränderte Stellung der Wiedergabeköpfe erreicht werden.
73 Da mit dem *Phonogène* die Tonhöhe nur in Abhängigkeit vom Tempo transformiert werden kann, variiert mit jeder Tonstufe auch die Dauer des Ausschnitts.

Die transformierte Melodie besteht aus einer gehaltenen Note, die kurz einen Halbtonschritt nach unten absinkt, um dann wieder zur Ursprungsnote zurückzukehren. Innerhalb einer Minute transformiert Henry diese Chorpassage schrittweise – vermutlich mit dem *Phonogène chromatique* – nach oben. Bei 03:50 Min. setzt Henry den Ausschnitt zurück in eine mittlere Lage und lässt nun die Figur schrittweise nach unten sinken, bevor er zwischen verschiedenen Stufen hin- und herzuspringen beginnt. Die Herzschläge werden durch blecherne, stehende Klänge ersetzt, die sich nach und nach mit den Stimmen mischen und sie schließlich überblenden. Am Ende des Abschnitts erklingt, eingeleitet durch eine kurze, seufzerartige Sequenz, eine mystisch anmutende, absteigende hexatonische Tonleiter (Ganztonleiter), die auf einem *ais* endet, die klanglich so verfremdet wurde, dass sie so wirkt, als wäre sie mit Oszillatoren elektronisch hergestellt worden (was nicht der Fall ist)[74] – eine Art jenseitiger Abgesang, der sich über das metallene Klanggemisch legt.

Der gesamte Abschnitt hat durch die phonogenische Stimmtransformation etwas Außerweltliches, Unheimliches an sich und erinnert aus heutiger Perspektive an das weitaus populärere, aber erst drei Jahre später erschienene Stück *Gesang der Jünglinge* (1956) von Karlheinz Stockhausen. Den surrealen Effekt der Passage beschreibt auch Michel Chion in seiner Besprechung von *Le Voile d'Orphée* und vergleicht ihn mit dem berühmten Gemälde *Die Beständigkeit der Erinnerung* (1931) des spanischen Malers Salvador Dalí:

> Diese Episode hat einen Effekt von Zeitlupe und Unwirklichkeit, der durch sehr einfache Mittel erzeugt wird: Das Frequenzspektrum der beschleunigten Klänge wird ausgedünnt, indem es in die Höhe geht und wirkt dadurch durchsichtig, substanzlos; andererseits scheint dieser Chor bei seinem „Aufstieg in den Himmel" periodisch zu seinem Ausgangspunkt zurückzukehren, indem er jedes Mal eine Stufe höher steigt. Die langen „Schleifen" des beschleunigten Chors werden durch Überblendungen abgelöst. Das Ohr versucht mit Mühe, sich an den rhythmischen Anhaltspunkten zu orientieren, die sich ihm entziehen. Hier gibt es einen ähnlichen Effekt wie bei Dalís „weichen Uhren": Die Starrheit des Prinzips der Wiederholung in Schleifen (die Uhr) wird mit einer Fluktuation, einer Unschärfe verbunden, die in dieser Wiederholung subtil aufrechterhalten wird (das Weiche). (Chion 1980, S. 50 [Übers. MH])

Darüber hinaus erkennt Chion in der kontrapunktischen Gegenüberstellung der immateriellen Klänge (der mit dem *Phonogène* transformierte Chor) mit körperlichen Klängen (die Herzschlag-Klänge) eine Verbindung des Individuums mit dem Kosmos bzw. des (Körper-)Inneren mit dem Äußeren:

---

74 Laut Michel Chion ist das erste Werk, bei dem konkrete mit elektronischen Klängen auf Tonband gemischt wurden, je nach Auslegung Pierre Henrys *Haute-Voltage* oder Karlheinz Stockhausens *Gesang der Jünglinge*, die beide in den Jahren 1955–56 komponiert und 1956 uraufgeführt wurden (vgl. Chion 1980, S. 58).

[Es entsteht] ein mysteriöses Gefühl der Übereinstimmung zwischen dem Innersten des Körpers des Individuums und dem Kosmos, der es umschließt und unendlich übersteigt. Daher das Hin und Her zwischen kleinen, nahen und intimen Details und weit entfernten Phänomenen, daher die abwechselnde Schließung und Öffnung des Raums (mit der Echokammer), wie beim Spiel, sich die Ohren zuzuhalten und sie zu öffnen, abwechselnd von innen und von außen wahrnehmend, die Empfindungen des Körpers und der damit verbundenen Natur erforschend. (Ebd., S. 50 f. [Übers. MH])

Sowohl die Nähe zum Surrealismus – das Außerweltliche, das Verzerrte, das Unheimliche – als auch das von Chion beschriebene mysteriöse Changieren zwischen Individuum und Kosmos machen deutlich, warum Henrys Stück einige Jahre später in Ken Russels Film *Altered States* (1980) Wiederverwendung findet; schließlich geht es auch hier um Bewusstseinserweiterungen und außerkörperliche Erfahrungen. Henrys unwirkliche Klänge ergänzen und vermitteln hier die Darstellung der über sensorische Deprivationstanks und Magic Mushrooms induzierten Rauscherfahrung.

Nach einem kurzen Übergang, bei dem ein elektronisch klingender, vibrierender Sound (der eigentlich aus geloopten und transformierten Stimmen besteht) (vgl. ebd., S. 51) für ca. dreißig Sekunden schrittweise in seiner Obertonstruktur (vermutlich mit einem Hochpassfilter) verändert wird, markiert bei ca. 06:17 Min. der Einsatz einer Sprecherstimme den letzten und längsten Abschnitt von *Le Voile d'Orphée*, bei dem Henry die gesamte Bandbreite konkretmusikalischer Tonbandtransformationen abruft, indem er Stimm-, Instrumental- und Geräuschaufnahmen gegenüberstellt, transformiert, vermischt und schließlich in die gemeinsame Ekstase führt.

Den Anfang macht die Aufnahme einer Stimme, die gut aus einem deutschen Rundfunk-Hörspiel der 1950er Jahre stammen könnte, die in klarem, pathosgeladenem und einschneidendem Ton Orpheus' Hymne an Zeus deklamiert:

Ζεὺς πρῶτος γένετο, Ζεὺς ὕστατος ρχικέραυνος·

Zeus ist der erste und Zeus ist der letzte, der Herrscher des Donners
(Aristoteles, zit. nach Brodersen 2019, S. 86 f.)

Nach dem ersten, klaren Vortrag mischen sich weitere Stimmen unter, die die Hymne (in verschiedenen Sprachen) wiederholen und mit der Zeit verfremdet werden. Bei 07:05 Min. wiederholt die Rundfunksprecher-Stimme die Hymne noch einmal, dieses Mal allerdings begleitet von einer rückwärtsabgespielten, flüsternden Frauenstimme, die sich nach ca. fünfzehn Sekunden zwar wieder umkehrt, und nun vorwärts auf Französisch den griechischen Gott-Vater besingt, allerdings nur noch Klangfragmente hervorbringt, die sich in Kopien überlagern und zu einer Reproduktionscollage zusammenfügen. Deutlich hörbar sind hierbei die hart gesetzten Tonbandschnitte, die den Ein- und Ausklang der Stimme entfernen, den Stimmklang dadurch denaturieren und die Stimmaufnahme als manipulier- und transformierbares Klangmaterial offenbaren, dem durch die Schnitte und anschließende Montage eine eigene, neue rhythmische Form auferlegt wird, die in einem faszinierenden Zusammenspiel mit den weiterhin semantisch erkennbaren Wortfetzen steht. Die Überblendung der klaren Stimme am Anfang des Abschnitts durch den Einsatz weiterer, verfremdeter, panischer Stimmen versteht Michel Chion als allmählichen Autoritätsverlust der „Stimme des Vaters", die sich bis zum Ende des Stücks fortsetzt und als eine Art Erstickung, zuletzt auch durch die ‚Lyra' (gespielt von einem Cembalo), die bei 07:57 Min. unvermittelt einsetzt (vgl. Chion 1980, S. 51 [Übers. MH]).

Diese musikalisch überraschend konservativen, solistischen Cembaloklänge scheinen zunächst, und in letzter Konsequenz vergebens, „nach einer unmöglichen Kadenz" (ebd., S. 51 [Übers. MH]), nach einem Ausweg, nach Auflösung zu tasten, die niemals erteilt wird. Stattdessen kehrt bei 09:10 Min., eingeleitet durch einen durch das *Phonogène* abwärts-glissandierten, orgelähnlichen Klang, der Ruf nach Zeus zurück, der jetzt von einer hochtransponierten Stimme vorgetragen wird. Nach einem weiteren verzweifelt-suchenden Intermezzo der ‚Lyra', die vermehrt die Orientierung zu verlieren scheint, erklingt bei 10:49 Min. die Anrufung wieder in normaler Stimmlage des Sprechers, jetzt aber begleitet von langsam-pulsierenden, ansteigenden, mit jeder Stufe an Intensität und Klangdichte zunehmenden, orgelähnlichen Sounds, die dem Hymnus eine bedrohliche, beschwörende Wirkung verleihen. Hierauf folgen teilweise über Tonbandtechnik entstellte Kinderstimmen, die ihrerseits den Donnergott anrufen und erneut Assoziationen mit Stockhausens *Gesang der Jünglinge im Feuerofen* (1956) evozieren. Nach einem abermaligen Vortrag der Hymne durch einen inzwischen panisch klingenden Sprecher sowie ein kurzes, chaotisches Cembalo-Intermezzo beginnt bei 13:18 Min. die abschließende Ekstase, das entfesselte Chaos von *Le Voile d'Orphée*: Erst manische, dann verzweifelte Schreie nach Zeus aus der Tiefe treffen auf ein zerstörerisches, hämmerndes ‚Lyra'-Solo, das ebenso abrupt endet, wie der reißende Klang, der zerrissene Schleier, das Stück eröffnet hat. Die Eskalation des langen letzten Teils von *Le Voile d'Orphée* (TC 00:06:17–00:15:32) fasst Michel Chion poetisch zusammen:

> Das „Instrument" [die ‚Lyra' bzw. das Cembalo, MH] scheint den Händen des Musikers zu entgleiten und sich in eine rachsüchtige Bestie zu verwandeln, die gegen ihren Herrn wütet. In dem immer entfesselteren Chaos, das diese letzte, am weitesten entwickelte und auch kontrastreichste Periode darstellt, antworten und beschimpfen sich „solistische" Klangfiguren – die Stimmen, die immer dieselbe Hymne an Zeus wiederholen, und die Lyra – in einer grandiosen Kulisse aus „orchestralen" Klängen, bis zur letzten Katastrophe, in der die Lyra entfesselt wird und schließlich ein schrecklicher Ausrutscher, wie eine brutal zer-

kratzte Schallplatte, das Drama unterbricht und das Werk mit einem Ende abschließt, das seine erste Sekunde ohne Vergebung angekündigt hatte. (Ebd., S. 51 f. [Übers. MH])

Das transformatorische Potential der Tonbandtechnologie steht deutlich im Vordergrund des gesamten Werkes. Man könnte fast den Eindruck gewinnen, *Le Voile d'Orphée* sei eine Art Demonstrationsstück für die neuen Klangbearbeitungsmöglichkeiten, die die Pariser Tonbandtechnik hergibt – wobei diese Einschätzung dem ästhetischen Gehalt und der historischen Bedeutung des Werkes sicherlich nicht gerecht würde. Dabei sind es allen voran die Klang- und Zeitmanipulationen des *Phonogènes*, die sich bei *Le Voile d'Orphée* aufdrängen und den Eindruck vermitteln, dass in den Händen des „Zauberlehrlings" (Joachim 1984, S. 141) Henry konkrete Klangaufnahmen zu beliebig formbarer Klangmasse werden.

3.1.9 *Orphée 53*: Das Missverständnis von Donaueschingen

Die Aufführung von *Orphée 53* (und damit auch der ersten Fassung von *Le Voile d'Orphée*) in Donaueschingen endet bekanntlich im Fiasko. Während wenige Jahre zuvor Schaeffers Präsentation der *Symphonie pour un homme seul* und Auszüge von *Orphée 51* bei den Darmstädter Ferienkursen noch auf positive Resonanz stießen (vgl. Ungeheuer 1992, S. 112 ff.), reagiert das süddeutsche Publikum in Donaueschingen mit heftigen Buhrufen und Gelächter. Die meisten haben den Saal bereits verlassen, als Pierre Henrys erste Version von *Le Voile d'Orphée* Orpheus' Zerreißung durch die Bacchantinnen und seine anschließende Höllenfahrt vertont. Fred Prieberg berichtet von „ohrenbetäubende[m] Gebrüll" und von Lautsprechern, die „Kaskaden von Geräuschen, Klängen, verständlichen und sinnlosen Sprachfetzen in den Saal [speien]" (Prieberg 1960, S. 79 f.). Scharfe Kritik äußern auch die anwesenden Journalist*innen, die Schaeffer Stilbruch und Dilettantismus vorwerfen (vgl. Schürmer 2018, S. 146). In seiner Nachbetrachtung der skandalösen Aufführung greift der künstlerische Leiter der Donaueschinger Musiktage Heinrich Strobel diese Kritik auf und identifiziert als eines der Hauptprobleme nicht die neue „Klangmaterie" selbst, sondern, dass diese von „kühnen Technikern, Ingenieuren und Forschern" – und eben nicht von Musiker*innen und Komponist*innen – geborgen werde, es für die musikalische Arbeit dementgegen aber „zweckmäßig [sei], daß die Techniker bei der Technik bleiben und nicht glauben, die Arbeit des Künstlers übernehmen zu können" (Strobel 1953, S. 5), womit Strobel indirekt Pierre Schaeffer das künstlerische Urteils- und Herstellungsvermögen abspricht.

Sichtlich getroffen von dieser überbordenden Kritik schreibt Schaeffer wenige Zeit später einen offenen Brief an die *Hessischen Nachrichten*, in welchem er auf die ihm unterbreiteten Vorwürfe ausführlich eingeht und das Problem auf Seiten des versnobten und provinziellen Donaueschinger Publikums und der materialfremden Kritiker*innen verortet, die sich für ihn als die wahren Dilletant*innen entblößen. Strobels vermeintliche Deklassierung zum Techniker wendet er hierbei ins Positive:

> Was aber nun die Techniker betrifft, so erlaube ich mir in aller Bescheidenheit Herrn Dr. Strobel entgegenzuhalten, daß zur Zeit, da sich diese Musik im Entwicklungsstadium befindet, ein Techniker (der ich ja bin) förderlicher ist als etwa ein genialer Komponist. (Schaeffer 1954, S. 139)

In seinen eigenen Nachbetrachtungen zeigt sich Schaeffer sehr viel einsichtiger und selbstkritischer. Die verschiedenen Versionen schwanken seiner Ansicht nach zwischen Werk und Versuch und stellen einen Kompromiss zwischen Pierre Henrys Verlangen nach „stilistische[r] Geschlossenheit" und Schaeffers Vorstellung, „die Möglichkeiten des konkreten Einflusses auf einen entschieden traditionellen Vokalstil zu erproben" (Schaeffer 1974, S. 70) dar. Nach *Orphée 53* gibt Schaeffer das Komponieren nahezu vollständig auf (vgl. Stalarow 2017, S. 191), denn wie schon der Beiname von *Orphée 51 – Toute la Lyre* – andeutet, beendet die Oper Schaeffers an die traditionellen Kompositionsformen angelehnten ersten Zyklus. Für jede der im Konservatorium üblichen Gattungen – Étude, Suite, Concerto, Symphonie und schließlich Oper – hat er ein konkretmusikalisches Werk geschaffen bzw. das ‚neue Material' und die neuen Bearbeitungstechniken an jeder dieser Kompositionsgattung exerziert. Bereits im Programmheft zur Uraufführung von *Orphée 51* lässt er daher verlauten, dass, auch als Resultat dieser ersten Versuche, er seine zukünftige Aufgabe darin sehe, keine neuen experimentellen Werke mehr zu schaffen, sondern stattdessen die entborgenen neuen „Materialien, Formen und technischen Prozesse sowie die ästhetischen Regeln" (Programmheft des *Théâtre de L'Empire* vom 06. Juli 1951, zit. nach ebd., S. 178 [Übers. MH]) methodisch und systematisch zu untersuchen. Vom weiteren Komponieren halten ihn zudem zahlreiche Auslands-Dienstreisen (unter anderem die Errichtung der Französischen Übersee-Radioanstalt, die *Société de Radiodiffusion de la France d'Outre-mer*, kurz: *Sorafom*) ab, die seine Anstellung beim RTF in dieser Zeit erfordert und ihn vom Studio in Paris bis auf Weiteres fernhalten. In seiner Abwesenheit wird Philippe Arthuys zum Verantwortlichen für die GRMC und Pierre Henry zum Director of Works ernannt (vgl. Gayou 2007, S. 206). Die Zeit zwischen 1954 und 1957 bringt eine Vielzahl von Kompositionen sowie Kooperationen mit experimentellen Filmemachern und Choreografen hervor und wird dementsprechend auch als avantgardistische Periode bezeichnet (vgl. ebd., S. 206 f.).

3.1.10 Das zerschnittene Band: Henrys Abschied

Schaeffers und Henrys künstlerische Ansichten und ihre Vorstellungen über die Ausrichtung und Funktion der GRMC entwickeln sich in dieser Zeit zunehmend auseinander. Während Henry das Studio primär als Ort künstlerischer Tätigkeit betrachtet, gilt Schaeffers Interesse in erster Linie der musikalischen Forschung und Ausbildung. Als Schaeffer Ende 1957 zum GRMC zurückkehrt, zeigt er sich entrüstet über die Richtung, die seine Kollegen eingeschlagen haben:

> I used to dream of a straightforward approach to the phenomenon of hearing, of experimenting for different audiences, and an ethical approach for the listener, in all of which the musician could retrieve, after all, their regulation and their self-confidence. None of this has happened. (Pierre Schaeffer 1957 in einem Brief an Albert Richard, zit. nach ebd., S. 207)

1958 nimmt die RTF schließlich Schaeffers Vorschlag auf, „den Geist, die Methoden und das Personal" (Gayou 2007, S. 207 [Übers. MH]) der Gruppe zu verändern, und gründet an ihrer Stelle die bis heute bestehende *Groupe de Recherches Musicales* (GRM). Die Entfernung des Begriffs *Musique Concrète* aus dem Titel verdeutlicht dabei den Richtungswechsel der Gruppierung weg von musikalisch-kompositorischen hin zu experimentellen-forscherischen Tätigkeiten. Pierre Henry zeigt sich wenig begeistert von Schaeffers Kritik und den Änderungen im Studiobetrieb. Die Gründung der GRM bedeutet so den endgültigen Bruch: gemeinsam mit einer Handvoll weiterer Kollegen (unter anderem auch Philippe Arthys) überreicht Henry noch im selben Jahr Schaeffer seine Kündigung (vgl. Robindoré und Ferrari 1998, S. 8 f.). Nach der Darstellung Michel Chions waren Henrys Tage am GRM jedoch ohnehin gezählt:

> Ende März 1958 erhielt Pierre Henry einen Brief von der Verwaltung der RTF, in dem sein im Januar unterzeichneter neuer Vertrag wegen „beruflicher Verfehlungen" gekündigt wurde. Begründet wurde dies mit disziplinarischen Verfehlungen und Beleidigungen gegenüber den Verantwortlichen der Gruppe sowie der Vernachlässigung seiner vertraglichen Verpflichtungen „in Bezug auf die Klassifizierung der Klangbibliothek", für die er verantwortlich war [Henry hat zahlreiche Aufnahmen nicht ordnungsgemäß klassifiziert und so der Verwendung durch andere entzogen, MH]. In diesem Kündigungsschreiben werden strenge Bedingungen für eine Wiedereinstellung auf Probe gestellt. Pierre Henry lehnt diese Bedingungen ab, die den Charakter eines „moralischen Drucks" haben, und ist von einem Tag auf den anderen arbeitslos. (Chion 1980, S. 60 [Übers. MH])

3.1.11 Traktierung des Klangobjekts: Phänomenologie, Akusmatik, Experiment

Im Fokus von Schaeffers Arbeit (und der des GRM) steht nunmehr wieder die Untersuchung und Klassifizierung klanglicher Phänomene und damit vor allem die

Fortführung seiner klangtheoretischen Arbeiten und Experimente, die er Ende der 1940er Jahre mit seinen geschlossenen Rillen (*sillon fermé*) und abgeschnittenen Glocken (*clouche coupée*) begonnen hatte. Die Ergebnisse dieser Forschungsphase finden sich in Schaeffers Opus Magnum, dem *Traité des objets musicaux* (1966)[75] – üblicherweise abgekürzt als T.O.M. (vgl. u. a. Chion (1983) 2009) – sowie in den unter Mithilfe von Guy Rebel und Beatriz Ferreyra erstellten exemplifizierenden Klangaufnahmen, dem *Solfège de l'objet sonore* (1967). Das primäre Forschungsinteresse von Schaeffer zielt hierin darauf ab, ein Verständnis davon zu entwickeln, wie Klänge gehört werden und inwiefern die Klangwahrnehmung dezidierte Musikhörkulturen hervorbringt sowie ein spezifisches Musikverständnis prägt (vgl. Teruggi 2017, S. xvi). Dabei richtet sich das T.O.M. in erster Linie an Musikschaffende und liest sich wie eine Mischung aus Forschungsbericht und Lehrbuch.

Auch wenn der Titel von musikalischen Objekten (*objets musicaux*) spricht, steht im konzeptionellen Zentrum des Traktats das Erkennen und Erkunden von Klangobjekten (*objets sonore*), welche Schaeffer, wie oben beschrieben, 1948 bei seiner Arbeit mit geschlossenen Rillen und der Entfernung der Einschwingzeit von Glockenklängen zu entbergen glaubt. In den Tagebucheinträgen in *À la recherche d'une musique concrète* ist zu erkennen, wie sich Schaeffers Verständnis des Klangobjekts im Verlauf des Frühjahrs 1948 über das Abhören von Aufnahmen und die Manipulation der aufgenommenen Klänge nach und nach entwickelt und verändert (vgl. Kane 2014, S. 15 f.): Anfänglich (im März 1948) versteht Schaeffer Klangobjekte noch als physisch-materielle Dinge, als die konkreten Klangaufzeichnungen von Schall, aus denen neue Werke (wie z. B. eine Symphonie der Geräusche) geschaffen werden können. Im April verschiebt sich Schaeffers Fokus von den Klangquellen (Klangursachen) zu den durch Phonographie isolierten Effekten einer Klangquelle (hier benutzt Schaeffer kurzzeitig den Begriff des Klangfragments). Final versteht Schaeffer im Mai 1948 das Klangobjekt als die über aufmerksames Hören zu identifizierende, diskrete und vollständige kleinste Einheit des Gehörten („a minimal unit of heard sound", ebd., S. 16). Diese letzte Umdeutung des Klangobjekts vom Aufnahmefragment zur diskret-vollständigen irreduzierbaren Höreinheit bildet die Grundlage für Schaeffers Klangforschung und -konzeptualisierung der darauffolgenden zwei Jahrzehnte; und vor allem für das *Traité des objets musicaux* (vgl. ebd., S. 17).

Im Gegensatz zur induktiven, experimentellen Heuristik, die Schaeffers erste „Suche nach einer konkreten Musik" (*À la recherche d'une musique concrète*)

---

[75] Im Folgenden wird sich auf die englische Übersetzung des *Traité* von Christine North John Dack bezogen (Schaeffer (1966) 2017).

prägt, befasst sich das *Traité des objets musicaux* zu großen Teilen mit Musiktheorie, Linguistik, physikalischer Akustik und Philosophie, insbesondere mit den Methoden und Theorien der Husserl'schen Phänomenologie. Letztere bildet schließlich das Fundament für Schaeffers eigene musiktheoretischen Überlegungen, die dem Klangobjekt ontologische Qualitäten zuschreiben, um einer verbreiteten Argumentation Brian Kanes zu folgen (vgl. ebd., S. 15 ff. sowie Kane 2007).

Retrospektiv stellt Schaeffer in seinem Traktat sogar fest, in seiner akustischen Forschung eigentlich schon immer Husserl'sche Phänomenologie betrieben zu haben, wenn auch unwissentlich:

> So, for years, we have time and again been doing phenomenology without realizing it, which is better, all things considered, than talking about phenomenology without doing it. It was only after the event that we recognized the concept of the object postulated by our research in the definition given by Edmund Husserl, with an admirable insistence on precision to which we are far from aspiring. (Schaeffer (1966) 2017, S. 206)

Schaeffer bezieht sich auf Husserls phänomenlogisch-transzendente Objektkonzeption, nach der ein Objekt sich einerseits durch die Wahrnehmung bzw. Wahrnehmungsmöglichkeit durch ein Subjekt konstituiert, sich aber zugleich auch transzendental präsentiert, „in as much as it remains *the same*, throughout the flux of impressions and the diversity of modes" (ebd., S. 207). Objekte bilden demnach „ideale Einheitspole" (Husserl (1929) 1981, S. 119), die dem Subjekt als Gegenüber begegnen und sind als solche nicht durch irgendeine Materialität begrenzt, sondern können auch immateriell als vorgestellte Ideal-Objekte existieren. Sie sind in diesem Sinne immanent-intentional, insofern sie durch eine Vielzahl von Wahrnehmungs- und Bewusstseinsakten synthetisch gebildet werden. In seinen *Ideen zu einer reinen Phänomenologie und phänomenologischen Philosophie* (1913) nennt Husserl als Beispiel für die Objektimmanenz die multiperspektivische Betrachtung eines Tisches: Unterschiedliche Blickwinkel ermöglichen die Erfassung unterschiedlicher Objekteigenschaften. Trotz der Vielzahl der Perspektiven und Eindrücke, nehmen wir den Tisch aber dennoch als eine abgeschlossene Einheit wahr, die sich uns in unterschiedlichen „Abschattungen" (ebd., S. 73 f.) zeigt. Die Identität eines Objekts ergibt sich demnach als Bewusstseinsakt, als Synthetisierung der vielfältigen Abschattungen.

> In Wesensnotwendigkeit gehört zu einem ‚allseitigen', kontinuierlich einheitlich sich in sich selbst bestätigenden Erfahrungsbewußtsein vom selben Ding ein vielfältiges System von kontinuierlichen Erscheinungs- und Abschattungsmannigfaltigkeiten, in denen alle in die Wahrnehmung mit dem Charakter der leibhaften Selbstgegebenheit fallenden gegenständlichen Momente sich in bestimmten Kontinuitäten abschatten. Jede Bestimmtheit hat ihr Abschattungssystem, und für jede gilt, wie für das ganze Ding, daß sie für das erfassende, Erinnerung und neue Wahrnehmung synthetisch vereinende Bewußtsein als dieselbe dasteht trotz einer Unterbrechung im Ablauf der Kontinuität aktueller Wahrnehmung. (Ebd., S. 74 f.)

Diesen Akt mentaler Synthese bezeichnet Husserl als *Noesis* und das korrespondierende, nicht auf die verschiedenen Abschattungen zu reduzierende, intendierte Objekt als *Noema* (vgl. ebd., S. 179 ff.). Der Beweis der Objekt-Transzendenz wird durch die Möglichkeit wiederholbarer Referenz erbracht – ein Subjekt kann in verschiedenen Präsentationsmodi zu unterschiedlichen Zeiten immer wieder auf ein und dasselbe Objekt verweisen (vgl. Kane 2014, S. 21). Das Objekt transzendiert dabei nicht nur die verschiedenen Momente der individuellen Erfahrung, sondern die Totalität derselben und wird einer geteilten, objektiven Welt zugeordnet (vgl. Schaeffer (1966) 2017, S. 208). Verschiedene Subjekte können folglich dasselbe Objekt intendieren.

Das intendierte Objekt ist somit nicht dasselbe wie das physikalisch-materielle Objekt, das die Wahrnehmung verursacht, es ist nicht länger gebunden an eine spezifische raumzeitliche Abschattung, es ist Wesenskern (Kane 2007, S. 17). Schaeffer greift diese Überlegungen Husserls auf und versteht in der Folge das Klangobjekt als ein in diesem Sinne intentional-transzendentales.

> [T]he sound object is an intentional object. Synthesised together from a continuum of auditory perceptions, the sound object, like Husserl's table, transcends its particular adumbrations [Abschattungen, MH]. It has become a specific essence, identifiable as the same across a variety of acts of consciousness. (Ebd.)

Das Klangobjekt entsteht damit erst im Hörakt, existiert aber zugleich jenseits der individuellen Hörerfahrung, da es von verschiedenen Subjekten intendiert werden kann. „The sound object is a construct, a relationship between subject and object, the listener's perception and the sound under consideration" (Dack 2019, S. 51, Fußnote 7). Oder, in den Worten Schaeffers: „The sound object is the coming together of an acoustic action and a listening intention" (Schaeffer (1966) 2017, S. 213).

Um das Klangobjekt zu identifizieren und beschreibbar zu machen, d. h. um es zu intendieren, bedarf es einer besonderen Form reduzierten Hörens, das in Schaeffers Klangforschung durch die Verwendung von Klangreproduktionstechnologie ermöglicht wird. Reduziertes Hören ist in diesem Sinne das Korrelat des Klangobjekts und *vice versa* (vgl. Chion (1983) 2009, S. 32). Konzeptionell bedient sich Schaeffer hierbei zum einen der pythagoreischen Akusmatik und zum anderen einer Methode der Husserl'schen Phänomenologie, genauer: der sogenannten *Epoché*,

> […] eine Reihe von Reduktionen […], die schließlich in ein neues Feld extramundaner Erfahrung, nämlich des transzendentalen Bewußtseins führen, aus dessen konstituierenden Leistungen das Sein der Welt und mit ihm auch das Sein des empirischen Subjekts in der Welt begreiflich werden soll. (Ströker 1970, S. 170)

Das Klangobjekt tritt für Schaeffer folglich über (phänomenologische) Reduktion, über Praktiken der „Einklammerung" (Husserl (1913) 2002), S. 53) hervor.

> In the particular case of listening, épochè represents a deconditioning of habitual listening patterns, a return to the „original experience" of perception, enabling us to grasp the sound object at its own level as a medium, an underlay of the perceptions which use it as the *vehicle* of a meaning to be understood or a cause to be identified.
> The „putting in parentheses" [Einklammerung, MH], which is what *reduced listening* is, and is thus an épochè, leads us then:
> - to „put to one side" the consideration of what the sound refers to, in order to consider the sound event in itself;
> - [...] to distinguish this perceived sound event from the **physical signal** to which the acoustician attributes it, and which itself is not **sound**.
>
> (Chion (1983) 2009, S. 29)

Reduziertes Hören im Lichte der *Epoché* lässt sich also als Dekonditionierung und Dekontextualisierung verstehen, sowie als eine (Re-)Fokussierung der Klangwahrnehmung. Mit diesem Reduktionsideal verbindet Schaeffer schließlich die durch Pythagoras bekannte Ausblendungspraxis der Akusmatik. Akusmatik verweist auf die als *akusmatikoi* bezeichneten Schüler Pythagoras', die ihren hinter einem Vorhang versteckten Meister bei seinen Vorträgen nicht zu sehen bekamen, wohl um eine Form des konzentrierten Zuhörens zu befördern und/oder um die Botschaft des Lehrmeisters über die Ausblendung visueller Aspekte zu betonen (vgl. Kane 2014, S. 49 f.). Jérôme Peignot, durch welchen Schaeffer mit dem Begriff bekannt wurde (vgl. ebd., S. 50 f.), schlägt 1960 vor, den Begriff zu adjektivieren und als Bezeichnung für einen Klang, bei dem die Klangursache unkenntlich ist, zu verwenden sowie den auch von Schaeffer ungeliebten Begriff „Musique Concrète" durch „Akusmatik" (bzw. durch akusmatische Musik) zu ersetzen (vgl. Peignot 1960, S. 116, zit. nach ebd., S. 48).

Über die Verbindung von Akusmatik mit Husserls *Epoché* findet Schaeffer retrospektiv eine phänomenologisch informierte theoretische Rahmung seiner Klangforschung und -einstellung. Das diagnostische Ab-Hören von Klangaufnahmen über geschlossene Rillen und abgeschnittene Glockenklänge erscheint so im Geiste akusmatischer Reduktion, wobei der pythagoreische Vorhang durch Klangreproduktionstechnologie ersetzt wird – „the tape recorder has the virtues of Pythagoras's curtain" (Schaeffer (1966) 2017, S. 69). Die medientechnische Trennung eines Klangs von seiner Quelle ermöglicht in dieser Rahmung also akusmatische Erfahrungen und befördert reduziertes Hören – und nur hier, im blinden Hören, tritt nach Schaeffer das Klangobjekt (und nicht nur seine Abschattungen) in Erscheinung:

> [...] the sound object exists only insofar as there is blind listening to the effects and content of sound: the sound object is nowhere so much in evidence as in the acousmatic experience. (Ebd., S. 67)

Klangreproduktionstechnologie nimmt dadurch eine zentrale Stellung in der Schaeffer'schen Klangforschungspraxis ein. Dies gilt gleichermaßen für den Phonographen bzw. Schallplatten wie auch für radiophone Übertragungen und das Tonbandgerät. Sie alle trennen den Effekt eines Klangs von der Ursache. Auf der Suche nach dem irreduzierbaren Klangobjekt kommt dem manipulationsaffinen Tonband jedoch noch eine weitere Rolle zu: die Erstellung von Varianten durch Transformation und Montage. Um die Objektivität und Invarianz eines Klangobjekts nachzuweisen, bedient sich Schaeffer der *eidetischen Reduktion*, eine von Husserl entwickelte Methode phänomenologischer Reduktion zur „Wesenserschauung" (Husserl 1939, S. 409) eines Objekts (vgl. Kane 2014, S. 30 ff.). Über die imaginative Herstellung „frei willkürlich[er] Varianten" lasse sich demnach eine „Einheit", eine „Invariante", „ein allgemeines Wesen" (Husserl 1939, S. 411) eines Gegenstandes subtrahieren.

> Es stellt sich heraus als das, ohne was ein Gegenstand dieser Art nicht gedacht werden kann, d. h. ohne was er nicht anschaulich als ein solcher phantasiert werden kann. Dieses allgemeine Wesen ist das Eidos [...]. (Ebd.)

Während bei Husserl die Variation noch phantastisch verläuft, erstellt Schaeffer mithilfe von Tonbandtechnik faktische Varianten eines Klangfragments, um im vergleichenden Hören die invariante Wesenhaftigkeit eines Klangobjekts festzustellen. Wie Brian Kane schreibt, zeigt sich diese materialisierte eidetische Reduktionspraxis z. B. in einer Reihe von Aufnahmen des *Solfège*, die den Titel „The Objectivity of the Object" tragen:

> In each of his examples, Schaeffer takes the same recording and gives it a variety of electronic variations. By taking a sound using electronic means to alter its qualities, Schaeffer *pedagogically produces* a set of variations with the aim of disclosing the sound object's *invariant* and *essential* features. The sound of a gong gently rolled with soft mallets is played twice, followed by variants: by adjusting the potentiometers, the envelope of the object is varied; by using low and high pass filters, the mass and grain of the object is varied; subtle shifts in volume create an object with more *allure*, or intentional beating; and finally, a combination of techniques produces another variant. As a listener, not only do we recognize the different variations, we also hear them as one and the same sound object. The objectivity of the sound object is intended to emerge across its various instances. (Kane 2014, S. 32)

Speziell konstruierte Tonbandgeräte zur Klangmanipulation wie die *Phonogènes*, in die sich Klangfragmente einspannen und in Variation abspielen lassen, erhalten vor diesem Hintergrund eine entbergende Funktion, allerdings nicht singulär in dem Sinne, dass eine einzelne Transposition ein neues Klangobjekt offenbart, sondern multipel-reduktiv, indem sich über die Erstellung mehrerer Transpositionen im Vergleich die invarianten Aspekte einer Aufnahme und damit die Objektivität des Klangobjekts zeigen lassen. Im Zentrum der Klangmanipulation steht hier also nach wie vor das (Ab-)Hören. So verstanden sind die *Phonogènes* keine Geräte, um aufgenommene Klänge zwecks künstlerischer Weiterverarbeitung umzugestalten, sondern Test- und Hörgeräte, mit denen sich Klangfragmente überprüfen und das respektive Klangobjekt zeigen lassen – schließlich wird mit jeder durch die *Phonogènes* getätigten Transposition auch keine neue Aufnahme erstellt, sondern nur die Abspielgeschwindigkeit beim Anhören verändert.

Über die Erstellung von Varianten und reduziertes, vergleichendes Hören versucht Schaeffer also zum Wesenskern der Aufnahme – zum Klangobjekt – vorzudringen. Die Klangvariation durch technische Manipulation erfüllt dabei einen rein pädagogischen Zweck – sie ist als eine Anleitung zum ‚richtigen' Hören, zum Intendieren des Klangobjekts zu verstehen. Auch wenn Klangreproduktionstechnologie in der Forschungs- und Ausbildungs*praxis* des Pariser Studios unverzichtbar scheint, verdeutlicht Schaeffers Rückgriff auf *eidetische Reduktion* für Brian Kane die konzeptionell *wesenhafte* Unabhängigkeit des Klangobjekts von technischen Medien, die sich bereits in der Betonung des pythagoreischen Vorhangs als Ursituation akustischer Reduktion andeutet. „For Schaeffer, the empirical repetition afforded by technologies of recorded sound is simply a consequence of the ideality and repeatability of the sound object" (ebd., S. 33). Dementsprechend wäre es ein Trugschluss, das Klangobjekt als Ergebnis von Klangreproduktion zu betrachten. Gegenteilig münde die im T.O.M. dokumentierte extensive Theoretisierung und (Re-)Konzeptionalisierung des Klangobjekts als ontologische Grundlage musikalischer Erfahrung sogar in einer Negation der Apriorität technischer Medien für die Existenz (und Evidenz) von Klangobjekten. Das Hören mit geschlossenen Rillen und abgeschnittenen Glocken konstituiere demnach keine neuen Phänomene mehr, sondern werde als medientechnisch induzierte Reaktivierung einer originären Erfahrung verstanden, die bereits im antiken Griechenland durch Pythagoras' akusmatische Vorträge offengelegt wurde (vgl. ebd., S. 35).

Diese Konzeption des Klangobjekts ist für Kane vor allem deshalb zu problematisieren, da die ontologische Bestimmung eine ahistorische Betrachtungsweise von Technik impliziere (vgl. ebd., S. 37 sowie Kane 2007, S. 21 f.). Unter Rückgriff auf Carlos Palombini (1998) argumentiert Kane, dass sich Schaeffers Betrachtungen in dieser Hinsicht mit denen Martin Heideggers ((1953) 2000) überschneiden, indem beide den Wesensbereich der Technik als einen von kulturellen und sozialen Manifestationen zu unterscheidenden betrachten (Kane 2014, S. 40). So wie Heidegger das Wesen der Technik im Entbergen erkenne, verstehe Schaeffer akusmatische Technik (hierzu zählen sowohl Pythagoras' Vorhang als auch Tonaufnahmen) als Entbergung eines Wesensbereichs, der immer schon vorhanden war und dadurch im Grunde ahistorisch sei. Damit ignoriere Schaeffer die „historically unique affordances or opportunities" (ebd., S. 39), die neue Technologien potentiell bergen, und verstehe sie als (mehr oder weniger austauschbare) Vermittler einer (antiken) ursprünglichen Erfahrung musikalischer Transzendenz – als Technik (*technê*) zur Entbergung einer vermeintlichen musikalischen Natur (*physis*). Schaeffer verschleiere die technische Spezifizität seiner Klangobjekte in einer Form von akusmatischer Phantasmagorie bei der – ähnlich wie bei Richard Wagners verstecktem Orchester im Bayreuther Festspielhaus – eine Metaphysik der Unsichtbarkeit, eine Fetischisierung des körper- und techniklosen, reinen Klangs in den Vordergrund trete (vgl. ebd., S. 119).

Kane gelingt es, durch seine tiefgehende Analyse der philosophischen Konzepte des T.O.M. den inhärenten (naiven) Idealismus, der mit Schaeffers Phänomenologie verbunden ist, sowie die implizierte Ideologie der Ontologisierung des Klangobjekts offenzulegen. In dieser konsequenten Engführung und Ausarbeitung des Klangobjekts als Keimzelle und Leitgedanken der Schaeffer'schen Klangforschung scheinen Klangreproduktionstechnologien – und damit auch das Tonband – vernachlässigbar; sie sind nicht mehr als Mittel zum Zweck, sie sind indifferente Werkzeuge zur Entbergung des Wesenhaften, also von Klangobjekten. Zwar erscheint Kanes Argumentation in der Sache richtig und kohärent, sie vollzieht jedoch auch eine nicht unerhebliche Verengung von Schaeffers Arbeit und Denken. So betrachtet er das T.O.M. als ein homogenes Werk, in dessen Kern die von ihm aufgedeckte phänomenologisch-ontologische Konzeption des Klangobjekts steht, das allen weiteren Gedanken, *pars pro toto* das gesamte Werk, prägt. Zwar beschreibt Kane zunächst den „extraordinary broad scope" (ebd., S. 17) des T.O.M. sowie seine ungewöhnlich lange Entstehungszeit von fünfzehn Jahren, erkennt aber zugleich in Schaeffers Zuwendung zur Phänomenologie nicht bloß eine Methode, sondern „a kind of commitment that may have indeed been present from the very beginning" (ebd., S. 18).

Diese Verengung verkennt die entschiedene Heterogenität des Werkes, das nicht ohne Grund den Untertitel *essai interdisciplines* trägt, und neigt dazu, Schaeffers Forschung und seiner Verwendung von Klangreproduktionstechnologie eine Eindeutigkeit zuzuschreiben, die zumindest in Zweifel gezogen werden kann. So befasst sich das T.O.M. nicht nur mit der Einführung diverser phänomenologischer Meditationen und Selbstversuche zur Erkennung des Klangobjekts, sondern zu großen Teilen mit Überlegungen zu Klassifizierungsmöglichkeiten des vermeintlich Entborgenen, wobei Schaeffer unter anderem auf strukturalistische und linguistische Forschung zurückgreift. Dass phänomenologisch-akusmatischer Reduktion im T.O.M. eine wichtige Rolle zukommt – allein für die Vermittlung und philosophische Fundierung des mit auditiver Forschung verbundenen reduzierten Hörmodus –, soll an dieser Stelle nicht bestritten werden, wohl aber, dass Schaeffer ein von vornherein geschlossenes Forschungsdesign präsentiert, bei dem das Untersuchte und das zu Erkennende – das epistemische Ding, mit Rheinberger gesprochen – immer schon bekannt und stabilisiert ist.

Diese Kritik an der Reduzierung Schaeffers auf die idealistische Verbindung Husserl'scher Phänomenologie mit dem Mythos des pythagoreischen Vorhangs, die in konzeptioneller Engführung kulturelle, historische, technologische und soziale Kontingenzen ausschließt, und die neben Kane u. a. Douglas Kahn (1990) propagiert,[76] teilt auch Iain Campell (vgl. Campbell 2020, S. 100 f.). Er weist darauf hin, dass Schaeffer nicht nur den Mythos des pythagoreischen Vorhangs in seinen Schriften als Agens seiner Forschungen und Konzeptionalisierungen präsentiert, sondern auch den Mythos der Muschel („the myth of the seashell"), welcher ein wesentlich ambivalenteres Licht auf sein Denken und das Klangobjekt wirft.

> Specifically, where Kane finds the myth of the Pythagorean veil and its relation to the grounding of reduced listening the closure of an ahistorical idealism, I will argue that the myth of the seashell points toward a form of myth that does not foreclose its object, that remains experimental and speculative. (Ebd., S. 103)

In *À la recherche d'une musique concrète* zitiert Schaeffer Paul Valérys *Der Mensch und die Muschel* (1947), in welchem Valéry, gefesselt vom Anblick einer Muschel, die Gemachtheit und Faszination naturgegebener Objekte reflektiert (vgl. ebd., S. 204). Für Valéry stellt die Muschel ein „bevorzugtes Objekt" dar,[77] das den*die Beobachter*in zum Nachdenken über den „gewordenen Bau dieser Gegenstände" anregt, wobei das „Werden dieses Baues" nicht begriffen werden kann „und dadurch reiz[t] und fessel[t]" (ebd., S. 200) und zugleich ein Nachdenken über die eigenen schöpferischen Fähigkeiten auslöst. Besondere Befriedigung bringe dabei der geistige Nachvollzug der Werdung der Gegenstände – ein „in Gedanken noch einmal machen" (ebd., S. 204).

Schaeffer greift Valérys Reflexionen auf und betrachtet die Muschel als adäquate Metapher für das Klangobjekt (vgl. Schaeffer (1952) 2012, S. 147). Genauer, er hält die Hörerfahrung des Klangobjekts mit der Erfahrung vergleichbar, die Valéry beim Anblick der Muschel beschreibt: „of being struck by, and not fully comprehending of, the form it presents" (Campbell 2020, S. 104 f.). Der Zauber konkreter Musik besteht für ihn in Analogie zur Muschelbetrachtung darin, dass im Zuge des Experimentierens die (Klang-)Dinge anfangen, für sich selbst zu spre-

---

[76] Weitere Vertreter*innen dieser Position sind nach Iain Campbell (2020) auch Seth Kim-Cohen (2009)) und Lisa Chinn (2020) (beide zit. nach Campbell 2020, S. 113 f., Fußnote 1).
[77] „Sie rufen in uns, seltsam verbunden, die Vorstellungen von Ordnung und Willkür wach, von Erfindung und Notwendigkeit von Gesetz und Ausnahme, und zugleich erspüren wir in ihren Gestalten den Anschein einer Absicht und den Anschein eines Tuns, die sie geformt haben könnten, ungefähr wie Menschen es vermöchten, nichtsdestoweniger entdecken wir in ihnen aber auch die Gewißheit von Verfahren, die uns versagt sind, und die wir nicht zu enträtseln vermögen" (ebd., 200).

chen – „things begin to speak by themselves" (Schaeffer (1952) 2012, S. 91 f.). Während, nach der Darstellung Kanes, Schaeffers Verwendung des pythagoreischen Vorhangs als leitendes Prinzip der Entbergung von Klangobjekten ahistorische Totalität und Finität impliziert, hält der Mythos der Muschel das beobachtete (Klang-)Objekt obskur und für nicht abschließend erklärbar. Die Betrachtung des Mythos der Muschel als Agens von Schaeffers Klangforschung führt damit weg von einer Entbergung abgeschlossener Eigentlichkeit und hin zu einer offenen Experimentalkultur, bei der – in Anlehnung an Bachelards „Problematik" (Bachelard 1941) – das Forschungsobjekt im Werden begriffen bleibt und das Verhältnis von Subjekt und Objekt reflexiv reformuliert wird (vgl. Campbell 2020, S. 111 ff.).[78]

Der offen-experimentelle Gestus bei Schaeffer, der von Pythagoras' Vorhang verdeckt wird und sich im Mythos der Muschel spiegelt, findet sich auch in zahlreichen Stellen des T.O.M., in denen er die Bedeutung des Experimentellen im Kontext neuer Technologien und Materialien hervorhebt (vgl. u. a. Schaeffer (1966) 2017, S. 14 ff., 136 ff. und 550. Siehe auch die Indexeintragungen zu „experimental" auf S. 565 und „music, experimental" auf S. 566). Er zeigt sich auch in Schaeffers terminologischen Wende 1953 von *Musique Concrète* zu *Musique Expérimentale* (Schaeffer 1957), ein Begriff unter dem Schaeffer die verschiedenen Tendenzen elektroakustischer Tonbandmusik jener Zeit zugunsten der Einrichtung komplementärer Klangforschungseinrichtungen zu versöhnen suchte – ein kleinster gemeinsamer Nenner zwischen Paris, Köln und New York.[79] Im T.O.M. beschreibt Schaeffer, dass er den Begriff des Experimentellen alleine schon deshalb bevorzuge, weil jeder, der auf Tonband instrumentelle und vokale, konkrete und elektronische Klänge kombiniere, sich eindeutig im „full experimental mode" (Schaeffer (1966) 2017, S. 9) befinde.

Campbells Betonung des Mythos der Muschel für Schaeffer sowie die Erläuterung dieser Bedeutsamkeit über Bachelards Wissenschaftstheorie legt es nahe, zur Erörterung der Rolle der Technik in Schaeffers Klangforschung (und im Besonderen im T.O.M.) an die eingangs besprochenen Ausführungen Hans-Jörg Rheinbergers zur „Experimentalstruktur der empirischen Wissenschaften" (Rheinberger

---

78 Zur reflexiven Reformulierung des Subjekt-Objekt-Verhältnisses siehe Kapitel sechs „Die nichtcartesische Epistemologie" in Bachelard (1934) 1988, S. 135 ff.
79 Der Begriff geht auf eine von der GRMC organisierten Tagung „The First International Decade of Experimental Music" zurück, die vom 8. bis zum 18. Juni 1953 am Platz der UNESCO in Paris stattfand. Die Publikation der Ergebnisse erfolgte erst vier Jahre später und umfasst u. a. Texte von Pierre Boulez, Herbert Eimert, Vladimir Ussachevsky und Hermann Scherchen. Zum Zeitpunkt der Publikation bevorzugte Schaeffer den Begriff *Recherche Musicale* für seine Arbeit (daher auch die Umbenennung der GRMC zur GRM – Groupe de Recherches Musicales), den Begriff *Musique Expérimentale* hat er jedoch nie verworfen (vgl. Palombini 1993, S. 557).

1992, S. 13) anzuschließen. Demnach werden innerhalb von Experimentalsystemen mittels technologischer Objekte chronisch unterdeterminierte epistemische Dinge erkundet. Verstanden als technologische Objekte sind Tonbandgeräte weiterhin Technologien der Entbergung (von Wissenschaftsobjekten), allerdings zugleich auch konstitutiv für deren Emergenz und Repräsentationsweisen. Das Klangobjekt verstanden als epistemisches Ding steht dabei in Abhängigkeit des spezifischen technischen Arrangements seiner Hervorbringung und ist genuin instabil. Die Verfasstheit der technologischen Objekte macht folglich einen Unterschied, sie sind keine indifferenten Entbergungswerkzeuge, sondern *Fassungen* der Wissenschaftsobjekte.

Ein solches Verständnis von Schaeffers Vorgehen als eine zwar phänomenologisch informierte, aber dennoch an die Verfahren der empirischen Wissenschaften angelehnte Experimentalstruktur, vereint die von ihm betonte technologische Entbergung über phänomenologische Reduktion mit der Offenheit des wissenschaftlichen Experiments, bei dem das Klangobjekt ein Unbekanntes, ein Auszuleuchtendes, zu Erkundendes darstellt. Es vereint Pythagoras' Vorhang mit dem Mythos der Muschel und steht in Einklang mit den Beobachtungen Steintragers und Chows, die die Genese des Klangobjekts bei Schaeffer untrennbar mit den Maschinen der Hervorbringung verbunden sehen: „The sound object was thus neither found nor captured. It was in part machine-made; in part, a construct of iterative perception" (2019, S. 8).

Vor diesem Hintergrund soll im Folgenden den konkreten Verwendungen von Tonbandtechnologie im T.O.M. nachgegangen werden. Das Tonband wird dabei sowohl als Werkzeug der Entbergung als auch der Hervorbringung betrachtet. Besonderes Augenmerk liegt auf der co-konstitutionellen Verbindung des technologischen Objekts Tonband mit dem epistemischen Ding Klangobjekt.

3.1.12 Cut, Transpose, Reverse: Tonband und Schere als ‚Besteck' der Klang- und Höranalyse

Bereits in der Einleitung des T.O.M. hebt Schaeffer hervor, dass die Erfindung von Klangreproduktionstechnologie neue Bedingungen für musikalisches Experimentieren schafft, die mit einem radikalen Umdenken von Klang und Musik einhergehen. Die Möglichkeit von Aufnahmetechnik, Klang zu speichern, nach Belieben wiederzugeben und kontrolliert zu untersuchen, erlaube es überhaupt erst, wahrheitsgetreu vom musikalischen Experiment zu sprechen:

> Even if, by and large, there is already wide musical experimentation in the music of all times and all places, it does not obey the norms of the experimental. It is the discovery of recording (over the last twenty years since the preliminary problem of fidelity was resolved) that creates new conditions for traditional musical experimentation. (Schaeffer (1966) 2017, S. 14)

Das Tonbandgerät im Besonderen betrachtet Schaeffer nicht nur als Gerät zum Musik-Machen, sondern primär zur Klang-Beobachtung bzw., in auditiver Terminologie, zum Klang-Abhören:

> It is also, first and foremost (for research purposes), a machine for observing sounds, for „decontextualizing" them, for rediscovering traditional objects, listening again to traditional music with a different ear, an ear that, if not new, is at least as deconditioned as possible. (Ebd., S. 16)

Dabei sieht Schaeffer das Tonbandgerät als (asymmetrische) Schnittstelle zwischen Subjekt und Objekt bzw. zwischen der Objektwelt und subjektiver Hörwahrnehmung, da es auf beiden Ebenen operiert: Auf der Objektebene ist das Gerät ein (herstellendes/„making", ebd.) Laboratorium („laboratory", ebd.) zur Klanganalyse. Auf Seiten des wahrnehmenden Subjekts hingegen bespielt und verändert das Tonband das Hören selbst – „the tape recorder becomes a tool to prepare the ear, to provide a screen for it, to shock it, to remove masks from it" (ebd.). Das Tonbandgerät präpariert in diesem Sinne sowohl Subjekt als auch Objekt, es „materialisiert" (ebd., S. 51 und 67) und konditioniert Klang(objekte) und sensibilisiert und dekonditioniert die Hörerfahrung.

Auch in seinen Ausführungen zur akusmatischen Methode hält Schaeffer diese Doppelseitigkeit aufrecht; die genaue Lektüre zeigt, dass sein Vergleich mit dem pythagoreischen Vorhang eben keine Gleichsetzung darstellt und das Tonband nach Schaeffers eigenen Worten – entgegen der Argumentation Kanes – eigene, neue Phänomene hervorbringen kann: „the tape recorder has the virtues of Pythagoras's curtain: it may *create new phenomena* to be observed, but above all it creates new conditions for observation" (ebd., S. 69 [Hervorh. MH]). Zu fokussieren ist daher auch, inwiefern in Schaeffers Praxis mit dem Tonband Klänge *hergestellt* werden – selbst wenn die Herstellung primär dazu dient, etwas (insbesondere das Klangobjekt) dem Hören zuträglich zu machen oder das Hören selbst zu verstehen.

Im engeren Sinne nutzt Schaeffer Tonbandtechnologie also zur Erkundung und Fassung zwei verschiedener epistemischer Dinge: Zum einen, wie bereits mehrfach dargestellt, das Klangobjekt und zum anderen (als eine Art Vorstufe der Klangobjektsuche) die Hörerfahrung des Subjekts – dem Ohr –, insbesondere die Klangzeitwahrnehmung. Letztere behandelt Schaeffer im T.O.M. in den Kapiteln zwölf bis vierzehn des dritten Buchs „Correlations Between the Physical Signal and the Musical Object", in welchem er eine experimentelle Methode vorstellt, um „physical sounds" mit „objects of muscial experience" (ebd., S. 119) zu vergleichen. Vor allem in den Kapiteln zwölf und dreizehn „Temporal Anamorphoses I" und „II" kommen die Affordanzen von Tonbandtechnologie produktiv zum Einsatz. Über den Begriff der Anamorphose, der sich von der verzerrten Darstellung gekrümmter Spiegel ableitet, versucht Schaeffer die Unregelmäßigkeiten zu fassen, die auftreten, wenn physikalische Vibration zu wahrgenommenem Klang wird. Temporale Anamorphose ist folglich die Abweichung bzw. Verzerrung in der Wahrnehmung von Zeit (im Vergleich zu physikalisch messbaren Zeitabläufen) (vgl. ebd., S. 163).

Die zeitliche Klangwahrnehmung untersucht Schaeffer über die Analyse von Klanganätzen (*attacks*), da hierauf die Betonung im musikalischen Hören liege („Musical listening, as well as practice, lays the emphasis mainly on sound attacks", ebd., S. 164). Darstellungen des Klangverlaufs im Oszilloskop erweisen sich ihm hierfür als unzulänglich, da das Gerät zwar einige Aspekte des Klangs repräsentiert, jedoch nicht die für eine Erklärung der „musikalische[n] Eigenart des Ansatzes" (Schaeffer 1960, S. 19) wesentlichen. So werden gleichklingende Ansätze desselben Tons auf demselben Instrument als unterschiedliche Oszillogramme dargestellt und *vice versa*. Oszillographen zeigen die physikalische, d. h. akustische Beschaffenheit der Klänge an, nicht aber ihre musikalische Wahrnehmung, auf die es Schaeffer ankommt – sie repräsentieren die (arithmetische) Klangzeit, nicht aber die wahrgenommene Dauer. Um die Bedeutung des Ansatzes für die zeitliche Klangwahrnehmung, um die gehörte Dauer zu erforschen, greift Schaeffer stattdessen zu Magnettonband und Schere und reproduziert die Versuchsanordnung eines seiner frühen Klangexperimente: die abgeschnittene Glocke (*clouche coupée*).

In einer Reihe von Versuchen entfernt er die *attacks* diverser Klangaufnahmen, zuerst eines tiefen Klaviertons. Widererwartend bleibt beim Abschneiden (**cut**) des Anfangs die hieran gebunden geglaubte Klangcharakteristik (*timbre* und *attack*) unverändert, unabhängig davon, ob der Schnitt bei einer zehntel, einer halben oder einer ganzen Sekunde gesetzt wird. Bei Wiederholung des Versuchs in unterschiedlichen Registern und mit unterschiedlichen Instrumenten zeigt sich Schaeffer, dass „die musikalische Eigenschaft des Ansatzes [...] nicht eine Funktion der Einschwingtransienten [der physikalische Einschwingvorgang, MH], sondern der allgemeinen Dynamik [des Klangverlaufs, MH]" (ebd., S. 20) ist. Die Wahrnehmung der Ansatzsteilheit variiert dabei in Abhängigkeit der Schnittposition, sie ist z. B. größer, wenn der Schnitt an einer Position gemacht wird, an der die Klangdynamik steil absinkt. Im Falle tiefer Klaviernoten, bei denen eine lineare Dynamik klar vernehmbar ist, kann der Schnitt, wie oben dargestellt, bis zu eine Sekunde nach dem ursprünglichen Ansatz erfolgen, ohne den Klang ohrenscheinlich zu verändern. Erfolgt der Schnitt noch später, erscheint der dadurch hergestellte Klangansatz hingegen schwächer als der originale. Bei Klängen in höheren Registern, deren Dynamik nicht linear verläuft (und vor allem schneller absinkt), muss der Schnitt wesentlich früher erfolgen, um die Charakteristik nicht zu verändern (max. 50 ms) – spätere Schnitte produzieren hier wesentlich weichere Ansätze als die originalen; Wird bspw. die *attack* eines a4 auf einem Klavier bei einer halben Sekunde abgeschnitten, verändert sich der Klang charakteristisch und klingt eher nach einer Flöte als nach einem Klavier (vgl. Schaeffer (1966) 2017, S. 169 f.).

Darüber hinaus stellt Schaeffer fest, dass eine Veränderung des Schnittwinkels sich auf die Ansatzschärfe auswirkt – ein flacherer Schnitt (z. B. ein Schnitt um 45 Grad) ergibt eine weichere *attack* als ein senkrechter. Nur mit Letzterem lässt sich der perkussive Ansatz der Klaviernote reproduzieren. Die Auswirkungen des Schnittwinkels sind jedoch sekundär gegenüber der vom dynamischen Verlauf abhängigen Schnittposition. Innerhalb dieser Rahmenbedingungen lässt sich der natürliche Ansatz eines Klangs durch einen künstlichen – Schaeffer nennt dieses Verfahren „scissor attack" (ebd., S. 171) – ersetzen.

Weitere Experimente mit Tonband und Schere zeigen Schaeffer schließlich, dass sich die Relevanz der *attack* für die Klang- und Klangfarbenidentifizierung von Instrument zu Instrument unterscheidet: Bei perkussiven Instrumentalklängen ist die *attack* charakteristisch, bei anschwellenden Klängen mittlerer Länge nur noch moderat und bei gehaltenen Klängen mit Vibrato unwesentlich (vgl. ebd., S. 173). Als generelle Regel leitet Schaeffer ab, dass bei gehaltenen Klängen mit dynamischer oder harmonischer Variation das Erkennen der Klangfarbe nur noch sekundär von der *attack* abhängt und primär von der Wahrnehmung der Klangentwicklung in seiner Dauer (vgl. ebd., S. 179).

Mithilfe von Tonband**transpositionen** untersucht Schaeffer die harmonische Komplexität von Klaviertönen, um hiervon die invarianten Gesetzmäßigkeiten des Instruments und damit das gesamte Klavier*timbre* – „das Klaviergesetz" – abzuleiten. Er formuliert die Hypothese, dass die Klangdynamik und damit die wahrgenommene Ansatzschärfe in höheren Tonlagen zunimmt, während sich die harmonische Komplexität reduziert und *vice versa*. Dies lasse sich mithilfe von (wahrscheinlich mit einem *Phonogène* realisierten) Tonbandtranspositionen beweisen: Eine Klavieraufnahme mittlerer Lage wird einmal durch Bandbeschleunigung um zwei Oktaven nach oben und ein anderes Mal durch Verlangsamung des Bandes um zwei Oktaven nach unten transponiert und dann mit natürlichen Klavierklängen in den entsprechenden Tonlagen verglichen. Die Geschwindigkeitsmanipulation verursacht eine konstante Veränderung der Klangdynamik bei relativ gleichbleibender harmonischer Komplexität (da das gesamte Klangspektrum transponiert wird).

> If we compare the „transposed piano" with the natural piano, we observe, on the one hand, that the natural bass is both dynamically steeper and harmonically richer than the bass obtained by slowing down; on the other hand, the natural high register is both softer and poorer than the high register obtained by speeding up. (Ebd., S. 182)[80]

---

80 Im *Solfège* führt Schaeffer diesen Versuch in leicht abgewandelter Form durch: Statt eine Aufnahme mittlerer Tonlage herauf- und herunterzutransponieren, werden hier eine Aufnahme in hoher und eine in tiefer Tonlage in eine gemeinsame mittlere Lage gebracht, vermutlich um die Vergleichbarkeit zu erhöhen. Hieraufhin wiederholt Schaeffer diesen ‚Trick' nicht nur mit einer einzelnen Note, sondern mit einer gesamten Melodie, die transponiert und mit einer natürlichen

Das Klaviergesetzt besagt also, dass die Klangdynamik in direkter Funktion der Tonlage variiert und der harmonische Reichtum in umgekehrter Richtung (vgl. Schaeffer 1960, S. 22). Eine konstante Zunahme dynamischer Schärfe wird stets durch die proportionale Abnahme harmonischen Reichtums kompensiert (vgl. Schaeffer und Rebel 1967, S. 49).

Im Kapitel vierzehn „Time and Duration" des T.O.M. präsentiert Schaeffer eine weitere Reihe von Tonbandversuchen zur Klang- und (Ge-)Höranalyse, bei der er Tonbandtranspositionen mit einer Umkehr der Wiedergaberichtung (*reverse*, „sound played backward", Schaeffer (1966) 2017, S. 195) verbindet.[81] Hierbei beleuchtet er das Verhältnis von gemessener Zeit (in Tonband-Zentimetern) und wahrgenommener Dauer näher und präsumptioniert, dass „[d]ie musikalische Klangdauer [...] im direkten Verhältnis zur Informationsdichte" (Schaeffer 1960, S. 29) steht. Das Ohr schenke demnach einleitenden Phasen (*attacks*) mehr Aufmerksamkeit als dem Abklingen, wodurch eine „außerordentliche Abweichung[] zwischen der gemessenen Zeit [und] der wahrgenommenen Dauer gewisser Klangereignisse" (ebd., S. 30) zustande käme. Je mehr Informationen, also aufmerksamkeitsbindende Klangansätze, desto länger die Dauer. Um diese Hypothese zu überprüfen, verlangsamt Schaeffer zunächst die untersuchten Klangbeispiele und stellt fest, dass eine doppelte Verlangsamung „die Unterschiede [...] der aktiven und passiven Phasen mildert [und die] Beurteilung durch das Gehör weniger von den gemessenen Zeiten abweich[t]" (ebd.). Durch den Abgleich mit den Originalklängen werde das Ohr „erzogen" und die Selbstbeobachtung des eigenen Hörens evoziert (vgl. ebd.).

Hieraufhin erfolgt eine Umkehr der Wiedergaberichtung, da bei Zutreffen der obigen Hypothese „die wahrgenommene Dauer des Krebsgangs anders [sein müsse] als die des Vorwärtsganges" (ebd., S. 31). Schaeffer beobachtet, dass sich die Informationsdichte bei technischer Umkehrung besser verteile, wodurch die Aufmerksamkeit besser aufrecht gehalten werde. Die vormals in aktiv und passiv geteilten Phasen werden besser wahrgenommen und die analytische Aufmerksamkeit verschiebe sich von den Klangursachen zu den Wirkungen – „[d]as Hören wird abstrakter" (ebd.). Schließlich konstatiert Schaeffer, dass diese Ver-

---

Variante verglichen wird. Dieser Vergleich, bei dem Geschwindigkeit und Tonhöhe einer Aufnahme unabhängig voneinander verändert werden müssen, ist nur mit dem *Phonogène universal* möglich, welches Schaeffer erst ab 1963 zur Verfügung steht (s. o.). Da der entsprechende Abschnitt im T.O.M. nur eine Überarbeitung eines Aufsatzes von 1960 darstellt („Anmerkungen zu den ‚zeitbedingten Wechselwirkungen'"), findet sich dieser Versuch erst im 1967 zusammen mit Guy Rebel veröffentlichten *Solfège* wieder.

[81] Wie auch die vorausgehenden Tonbandexperimente gehen Schaeffers Darstellungen auf seinen Artikel „Anmerkungen zu den ‚zeitbedingten Wechselwirkungen'" zurück, aus welchem im Folgenden aufgrund der konziseren Darstellung bevorzugt zitiert wird (vgl. Schaeffer 1960, S. 27 ff.).

bergung der Ursache die Klänge „*eigentümlich*" (ebd.) erscheinen lässt, da sie dem üblichen Hören, das nach Ursachen sucht, widerspreche. Durch diesen Anstoß trete schließlich der ursprünglich vom Ansatz verdeckte „harmonische Inhalt" in den Vordergrund. Somit lasse sich resümieren, dass sich die Dauer im Krebsgang verändere – „the listening *journey* is neither of the same length nor of the same type in sound played backward or forward" (Schaeffer (1966) 2017, S. 196).

Zusammengefasst benutzt Schaeffer hier Tonbandtechnologie, um in einer Reihe vergleichender Hörexperimente nachzuweisen, dass erstens die gehörte Dauer von gemessener Zeit abweicht, zweitens diese Abweichung durch ein Ursachenhören zustande kommt, bei dem der Klangansatz überproportionale Aufmerksamkeit erhält, wodurch drittens andere (für Schaeffer wesentlich) Aspekte des Klangs (u. a. sein harmonischer Inhalt) verdeckt werden – „das Ohr blenden und es zur Analyse unfähig machen" (Schaeffer 1960, S. 37). Über Schnitt, Transposition und Richtungsumkehr wird Klang dergestalt zugerichtet bzw. hergestellt, dass die Verstellungen des Ohres festgestellt werden können. Das Tonband wird zum technologischen Objekt zur Fassung der zeitlichen Dimensionen der Hörwahrnehmung (das epistemische Ding). Schere und Tonband sind so essenzielle Bestandteile von Schaeffers „laboratory" zur „experimentation on musical perception" (Schaeffer (1966) 2017, S. 321), wobei die analytische Hauptverantwortung weiterhin beim wahrnehmenden Ohr des Forschenden liegt – *principal investigator* ist und bleibt das Hören selbst. Der Vergleich mit einer Lupe oder einem Mikroskop wäre jedoch zu kurz gegriffen bzw. würde der Stellung von Tonbandtechnologie in Schaeffers Experimentalsystem nicht gerecht werden, denn der zu beobachtende Gegenstand wird nicht nur vergrößert oder anders ausgeleuchtet. Durch den direkten Eingriff in das Klangmaterial wird viel mehr der abzuhörende Gegenstand und die Bedingungen seiner (Ab-)Hörbarkeit erst *hergestellt*.

Das epistemische Potential seiner Werkzeuge erkennt auch Schaeffer am Ende seiner „Anmerkung[en]" zu den ‚zeitbedingten Wechselwirkungen'" (1960), wenn er sein methodisches Vorgehen reflektiert:

> Zum Schluß möchte ich auch die Arbeitsmethode, die ich instinktiv verfolgte, kurz erläutern. Da ich mit der Zeit experimentierte, standen mir von Anfang an zwei wichtige Hilfsmittel zur Verfügung: die Schere, die den Augenblick bestimmt, und die totale Transponierung, die die Zeit dehnt oder rafft, ohne den physischen Inhalt des Klanges zu ändern, außer natürlich einer Verschiebung im Spektrum. Somit hat der Experimentierende viele Möglichkeiten. Diese zwei Bearbeitungen des Gegenstandes – Schnitt oder Dehnung – berühren das Wesentliche seines Haushalts – seine akustische Struktur – nicht. Der Bereich des Bewußtseins aber wird, wie wir sahen, durch diese Bearbeitungen von den unvorhergesehensten Seiten aus angegriffen.
>
> Das Wichtigste in einer solchen Experimentalarbeit ist, nicht alles auf einmal in Bewegung zu setzen. Die Klanggestalt wird also zunächst so wenig als möglich verändert; dabei ändert sich seine Erscheinung für das musikalische Bewußtsein auf die mannigfaltigste und oft sehr plötzliche Weise, die aus dem Wesen der Klanggestalt selbst oft nicht erscheinen

würde. Bei dieser Arbeit kann man mit ziemlicher Sicherheit die besonderen Gesetze des wahrnehmbaren Ohrs studieren. (Schaeffer 1960, S. 39)

Interessanterweise sieht Schaeffer den großen Vorteil der tonbandinduzierten Klangmanipulationen darin, dass bei diesen Verfahren die wesentlichen Elemente des Klangobjekts unberührt bleiben. Man könnte sagen, das Klangobjekt tritt hier privilegiert in Erscheinung. Tonbandtechnolgie erweist sich damit als ideales Instrumentarium zur phänomenologischen Einklammerung, zum Abtragen der Verstellungen der konditionierten Ohren. Dies erscheint seiner phänomenologisch-akusmatischen Konzeptualisierung des Klangobjekts überzufällig zuträglich. Eine kritische Betrachtung und Anzweiflung dieses Subtraktionsspiels zeigt hingegen, dass die spezifischen Affordanzen von Tonbandtechnologie für die Erscheinung und Charakterisierung des Klangobjekts eine gewichtige Rolle spielen. Auch wenn es Schaeffers theoretischen Herleitungen widerspricht, in seiner dargelegten forscherischen Praxis tritt das Klangobjekt erst als Substrat von Tonbandmanipulationen in Erscheinung, als hörbares Ergebnis dieser *Herstellung*.

Schaeffers hörendes Forschen ist in dieser Hinsicht ein Hören über Tonbandzurichtungen und damit ein *herstellendes Hören* und zwar im doppelten Sinne: zum einen dadurch, dass Schaeffers Klangobjekte erst über die eigene Hörintention hergestellt werden (s. o.) und zum anderen dadurch, dass bei dieser besonderen Form empirischer Hörforschung das Abzuhörende durch Tonbandarbeit erst freigestellt werden muss bzw. nur als dessen Substrat untersuchbar ist und kommunizierbar wird. Damit tritt eine zentrale Affordanz der Tonbandtechnologie in Vorschein, die sie von anderen (älteren) Klangreproduktionsmedien wie dem Phonographen oder dem Grammophon unterscheidet: das Tonband lädt zum Eingriff und zur Manipulation ein und damit auch zur Interaktion. Es ist mehr als ein passives Hörgerät, keine einfache „[m]achine[] to hear for them" (Sterne 2003, S. 31), sondern eine Maschine, mit der Klänge sowohl hergestellt als auch abgehört werden können, was eine Nähe zum herstellenden Denken des Handwerks evoziert.

> Für die wichtigsten meiner Entdeckungen hat ein Magnettongerät und eine Schere gereicht. Es ist etwa wie in den untersten Klassen, wo die strenge Disziplin die Lösung einer Aufgabe mit Lineal und Zirkel allein fordert.
> Schere und Klebeschiene sind die bescheidenen Mittel dieser untersten Stufe des musikalischen Studiums, durch welches ich gegangen bin – und daran habe ich gut getan. Es waren das Lineal und der Zirkel, mit welchen die Griechen die Geometrie entdeckten. Die Musiker würden wohl tun, sich ein Beispiel daran zu nehmen. (Schaeffer 1960, S. 40)

Schaeffers Klangforschung beginnt auf geschlossenen Rillen, doch sie triumphiert auf geschnittenen Bändern.

3.2 Messen, Schichten, Ordnen: Das Tonband in der Elektronischen Musik

> Ich weiß nicht, ob ein „manuelles" Studio, in dem man klangliche Elemente einzeln produzieren muß [sic!], in dem man sich viel mit Zerschneiden, Zusammenkleben und Synchronisieren von Tonbändern, also mit rein manueller Arbeit beschäftigt, so ein großer Nachteil wäre. All das hat seine großen Vorteile für das kompositorische Denken.
> (Ligeti (1970) 2007, S. 91, Fußnote 5)

Die Geschichte der Elektronischen Musik ist die eines engmaschigen und austauschfreudigen Netzes aus internationalen Akteur*innen, Institutionen und technologischen Entwicklungen. Wesentlich vielschichtiger und undurchsichtiger als das eher monolithisch wirkende Pariser Pendant, finden die künstlerischen und konzeptionellen Entwicklungen der Elektronischen Musik an verschiedenen Orten zugleich und durch mehrere (miteinander im Austausch stehende) Personen statt. Eine Reduktion der Gedanken und Praktiken der Elektronischen Musik auf einzelne Personen, wie z. B. auf den Kölner Komponisten Karlheinz Stockhausen, verkennt diesen entschieden distribuierten Organisationscharakter. Trotz der Vielzahl an Aktanten von Köln, Bonn und Darmstadt bis nach Donaueschingen und Gravesano lassen sich dennoch einige wiederkehrende Referenzpunkte und Multiplikatoren ausfindig machen, denen besonderes Gewicht im musikästhetischen Diskurs und Denken der Elektronischen Musik der 1950er Jahre beizumessen ist und die vor dem Hintergrund ihrer (expliziten und impliziten, d. h. ideell-konzeptionellen) Tonbandanwendungen genauer zu beleuchten sind.

Hervorzuheben sind zunächst die Arbeiten des Bonner Phonetikers Dr. Werner Meyer-Eppler, die unbestritten entscheidende (wenn nicht sogar *die* entscheidenden) Impulse für die Entstehung der Elektronischen Musik liefern (vgl. u. a. Eimert 1962, Morawska-Büngeler 1988, S. 7 ff., Ungeheuer 1992, Manning 2013, S. 39 ff. und Ruschkowski 2019, S. 231 ff.). Als etwas anderer *Linguistic Turn* – oder eher *Linguistic Push* – erfolgt aus dieser Perspektive die Geburt der Elektronischen Musik im Geiste der Sprachwissenschaft. Werner Meyer-Eppler studiert in den 1930er Jahren Mathematik, Physik und Chemie und ist während des Zweiten Weltkriegs als Dozent an der Universität Bonn tätig. Seine Antrittsvorlesung 1943 befasst sich mit „Fortschritte[n] in der Akustik" (vgl. Ungeheuer 1992, S. 23). Nach Kriegsende kehrt Meyer-Eppler an das Physikalische Institut nach Bonn zurück und erforscht neue Möglichkeiten, Schallvorgänge zu analysieren. 1947 wechselt er an das Phonetische Institut, wo er sich unter anderem mit synthetischer Spracherzeugung befasst (vgl. ebd., S. 25). Ein Jahr später erhält Meyer-Eppler einen für seine weiteren Forschungen folgenreichen Besuch von Homer Dudley, *Research Physicist* an den *Bell Telephone Laboratories* in New Jersey.[82] Dieser hat ein in den *Bell Labs* neuentwickeltes Gerät zur Sprachanalyse und -synthese mit dem Namen *Vocoder* (Voice Operated reCOrDER) im Gepäck, welches Meyer-Eppler in den folgenden Jahren in sein Experimentalsystem integriert (vgl. Manning 2013, S. 39 sowie weiterführend zum Vocoder Tompkins 2010). Seine Forschungen im Bereich elektrische Klangerzeugung und Sprachsynthese münden 1949 schließlich in der Monografie *Elektrische Klangerzeugung. Elektronische Musik und synthetische Sprache* – eine systematische Darstellung der „bisher bekanntgewordenen Verfahren zur experimentellen, elektrischen Klangerzeugung" (Meyer-Eppler 1949, S. 1), die im ersten Teil auch Fragen der Hörphysiologie und Klangwahrnehmung behandelt (ebd., S. 12 ff.) und in den folgenden musikkulturell rasanten Jahren zu einer Art Grundlagenlektüre für Komponist*innen wird, die sich für die Potentiale elektronischer Klangerzeugung interessieren.

Im September desselben Jahres hält Meyer-Eppler zwei Vorträge mit Tonbandbeispielen zu „Synthetischer Sprache", die die „neuesten Möglichkeiten synthetischer Spracherzeugung mittels Vocoder" (Ungeheuer 1992, S. 97) vorstellen: einen eher selten erwähnten auf der Physikertagung in Bonn und wenige Tage später einen zweiten vieldiskutierten Vortrag auf der ersten Tonmeistertagung in Detmold vom 29. bis 30. September 1949, auf der unter anderem auch Eduard Schüller das für den Privatgebrauch konzipierte neue *Magnetophon AW 1* präsentiert und „stereophonische Magnetophon-Aufnahmen" die Tagungsteilnehmer*innen in „Staunen und Begeisterung" (o. V. 1949, S. 305) versetzen. Meyer-Epplers Vorführungen der Vocoder-Beispiele werden im Tagungsbericht in *Melos* als „geradezu sensationelle Wendung" bezeichnet, die das atemberaubende und zugleich geisterhafte Potential der Technologie offenbaren:

> Stimmen ohne Glanz können poliert werden. Tenöre ohne Höhe singen über das Mikrophon in einer bequemen Lage und schmettern sofort durch den Vocoder strahlende Töne, um ein oder zwei Oktaven versetzt, je nach Bedarf. Welche unabsehbaren Folgen diese Erfindungen haben kann, zeigte die Aufnahme einer Hörspielszene, in der alle Rollen mit einem ein-

---

82 So die übliche Erzählung (vgl. u. a. ebd.). Der Pianist und Musikwissenschaftler Ian Pace zweifelt das Treffen hingegen an: „It's not clear when or how Werner Meyer-Eppler first encountered Homer Dudley's Vocoder. The standard account is that Dudley demonstrated the device to him in Bonn in 1948. But recent research by Ian Pace casts doubt over whether this meeting ever took place. Given his Nazi associations, Meyer-Eppler would still have been *persona non grata* at the university, hardly the most likely character to meet a visiting American scientist, whose invention had been at the heart of the top-secret SIGSALY system for encrypting communications between allied leaders" (Ian Pace in Gardner 2013, TC 00:42:43–00:43:18). Entsprechende Quellen bzw. eine eigene, ausführliche Darstellung hat Pace bislang nicht publiziert, weshalb vorerst die übliche Darstellung übernommen wird.

zigen Sprecher besetzt waren, der durch Schaltungen die verschiedenen Stimmen erhielt. [...] Geister scheinen ihren Spuk zu treiben, wenn im Vocoder eine Orgel wie eine Menschenstimme schluchzt und Streichquartette Lieder wie Chöre singen. (Ebd., S. 305 f.)

In Detmold stößt Werner Meyer-Eppler nicht nur allgemein beim Publikum auf positive Resonanz, sondern auch auf den Tonmeister des NWDR Köln Robert Beyer, welcher Parallelen zu seinen eigenen konzeptionellen Überlegungen einer Klangfarbenmusik erkennt und eine Kooperation vorschlägt, deren Ergebnisse im folgenden Jahr bei den *Internationalen Ferienkursen für Neue Musik* in Darmstadt vorgestellt werden sollen. Im Zuge der anschließenden Zusammenarbeit besucht Beyer 1949/50 regelmäßig Werner-Eppler am Phonetischen Institut in Bonn und lädt ihn im Gegenzug in das Kölner Funkhaus ein, wo er ihm Anfang 1950 den Begründer des *Musikalischen Nachtprogramms* des NWDR und späteren Leiter des *Studios für Elektronische Musik* Herbert Eimert vorstellt (vgl. Ungeheuer 1992, S. 103).

Bei den *Internationalen Ferienkursen für Neue Musik* in Darmstadt vom 21. bis 23. August 1950 präsentieren Beyer und Meyer-Eppler ihre Forschungsergebnisse im Rahmen eines von Beyer und Wolfgang Steinecke geplanten Vortragszyklus zur „Klangwelt der elektronischen Musik". Beyers Vortrag befasst sich mit „perspektivischem Hören" und der „Tiefenschichtung von Klängen", während Meyer-Eppler in einem Doppelvortrag „[d]as Klangfarbenproblem in der elektronischen Musik" erörtert (vgl. ebd., S. 104). Der Bonner Phonetiker führt hierin aus, wie mit elektronischen Mitteln Klangfarben hergestellt und verändert werden können, und verdeutlicht seine Thesen mit auf Tonband gespeicherten Klangbeispielen. Als neueste Entwicklung elektronischer Musikinstrumente präsentiert Meyer-Eppler seine mithilfe des Vocoders erstellten Tonbandbeispiele synthetischer Spracherzeugung, jedoch nicht mehr im Lichte sprachwissenschaftlicher Fragestellungen, sondern als „Vorstoß in klangliches Neuland" – als Eintritt in die „Klangwelt der elektronischen Musik" (ebd., S. 105).

Vor allem bei Herbert Eimert, der den Vorträgen in Darmstadt beiwohnt, stoßen Beyers und Meyer-Epplers Arbeiten auf großes Interesse und die drei Männer bilden, wie Peter Manning (2013) es bezeichnet, eine Art informelle Allianz („informal association", S. 40) zur weiteren Entwicklung der elektronischen Musik. Im folgenden Jahr findet während der Darmstädter Ferienkurse vom 09. bis 10. Juli 1951 schließlich eine eigene Arbeitstagung zu dem Thema „Musik und Technik" statt, an der neben Beyer, Meyer-Eppler und Eimert auch Theodor W. Adorno, Friedrich Trautwein und Pierre Schaeffer teilnehmen. In seinem einleitenden Vortrag „Musik und Technik (Der schaffende Musiker und die Technik der Gegenwart)" spricht Robert Beyer vom Zugänglichwerden des „unermeßliche[n] und noch unerforschte[n] Reich[s] der Klangfarbe [...] durch die Maschine der musikalischen Rationalisierung" (Ungeheuer 1992, S. 116), wodurch sich ein vom bisherigen

Begriff der Musik losgelöstes neues Klangideal verwirklichen lasse und stellt eine (kausale) Verbindung zwischen den „chemistischen Laboratorien der modernen Technik" und musikalischer „Grundlagenforschung, Zweckforschung [und] Klangfarbe" (Beyer 1951, zit. nach ebd.) her. Werner Meyer-Eppler präsentiert in seinem Vortrag mit dem Titel „Möglichkeiten der elektronischen Klangerzeugung" Beispiele elektrischer Klangfarbensynthese, die er mithilfe eines *Melochords*[83] auf Tonband erstellt hat (vgl. Ungeheuer 1992, S. 116).

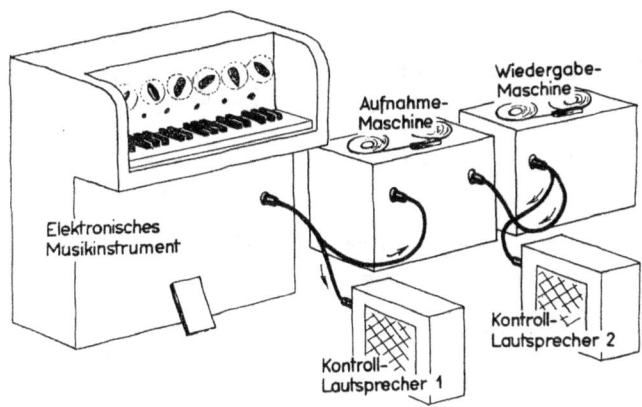

Abb. 10: Schematischer Aufbau von Meyer-Epplers Klangschichtungsverfahren.
© Werner Meyer-Eppler.

Bei der Detmolder Tonmeistertagung im Oktober desselben Jahres erläutert Meyer-Eppler das für diese Synthesen essentielle Klangschichtungsverfahren, welches durch die Verschaltung mehrerer Bandmaschinen ermöglicht wird (Abb. 10). Die Melochordklänge werden hierbei direkt (und schalllos) auf einem Magnetband gespeichert. Der Output des Tonbandgeräts, an den das *Melochord* angeschlossen ist (die „Aufnahme-Maschine"), ist an den Input eines zweiten *Magnetophons* (die „Wiedergabe-Maschine") angeschlossen, auf welchem sukzessive die Melochordklänge geschichtet werden können. In einem Artikel von 1953 beschreibt Meyer-Eppler noch weitere Möglichkeiten, mit diesem Arrangement zu „komponieren", z. B. über die Variation der Bandlaufgeschwindigkeiten der beiden Magnetbandgeräte (vgl. Meyer-Eppler 1953, S. 8).

---

83 Das *Melochord* ist ein einstimmiges, elektronisches Instrument mit Klaviatur und Hüllkurvensteuerung. Der Erfinder des Geräts Harald Bode liefert eines der Instrumente im Herbst 1950 direkt an Werner Meyer-Eppler aus, der über den Verbund mit Tonbandtechnik hiermit erste Klangmodelle und -schichtungsversuche anstellt (vgl. Manning 2013, S. 40).

Aus den Vorträgen und Materialien der Arbeitstagung konzipiert Eimert schließlich eine Sendung für das *Musikalische Nachtprogramm* des NWDR, die am 18. Oktober 1951 unter dem Titel „Die Klangwelt der elektronischen Musik" gesendet wird und neben Klangbeispielen von Meyer-Eppler auch ein Gespräch zur elektronischen Musik zwischen Beyer, Meyer-Eppler und Eimert (sowie einen vorproduzierten Diskussionsbeitrag von Trautwein) beinhaltet. Die Vorbesprechung der Sendung durch ein einberufenes Fachgremium des NWDR am Vormittag des Ausstrahlungsdatums markiert die Gründung des *Studios für Elektronische Musik des WDR Köln*.

Während der Sitzung, an der neben dem technischen Direktor des NWDR auch die technischen Leiter des Kölner Funkhauses, unter anderen Fritz Enkel, teilnahmen, konnte Herbert Eimert mit Unterstützung von Werner Meyer-Eppler die Anwesenden von der Bedeutung der elektronischen Klangerzeugung überzeugen. Demzufolge wurde die Gründung des Studios für Elektronische Musik und die Beschaffung der Geldmittel für seine Einrichtung beschlossen. (Morawska-Büngeler 1988, S. 9)

Im Bericht der Besprechung des NWDR-Oberingenieurs Karl Schulz wird gleich zu Beginn das von Meyer-Eppler „vorgeschlagene Verfahren der kompositorischen Musikgestaltung unmittelbar auf Magnettonband" als neue, offenbarende Perspektive für den Hörfunk beschrieben, die, sofern sie nicht unmittelbar angegangen und realisiert werde, „im nächsten Jahr von den USA vorgelegt" würde. Als vorteilhaft wird zudem hervorgehoben, dass mit der Ausnahme elektronischer Musikinstrumente in den Rundfunkstudios des NWDR bereits alle technischen Mittel für die Einrichtung eines solchen Studios (insbesondere Magnetbandgeräte) vorhanden wären (Schulz 1951, zit. nach ebd., S. 8).

Zwar dauert es noch ca. anderthalb Jahre, bis das Studio voll funktionstüchtig ist,[84] doch der Anfang ist gemacht für ein Tonstudio neuen Typus, dessen heterogene Arbeitskultur und methodologische Spiegelung experimenteller Forschungslabore (vgl. Iverson 2019, S. 13 f.) die weitere Entwicklung der Elektronischen Musik sowie den musikästhetischen Diskurs der 1950er Jahre prägen wird. Meyer-Epplers Klangforschungsvorrichtung, bestehend aus elektrischen Klangerzeugern und (mehreren) Tonbandgeräten sowie seine bisherigen experimentellen Klangarbeiten können als eine Art Blaupause für die Einrichtung und zukünftigen Arbeitsmethoden des Studios für Elektronische Musik verstanden werden. Und auch in den folgenden Jahren bilden Meyer-Epplers Vorlesungen und Forschungstätigkeiten wichtige Eckpfeiler des Klangverstehens zahlreicher Komponist*innen am Elektronischen Studio – unter anderem für Karlheinz Stockhausen, der von 1954 bis 1956 acht Seminare im Be-

---

[84] Die eigentliche technische Einrichtung des Studios erfolgt im Frühjahr 1953 auf Grundlage der Vorschläge von Meyer-Eppler und Fritz Enkel, zu dieser Zeit Leiter der Prüf- und Messtechnik des NWDR (vgl. Morawska-Büngeler 1988, S. 13).

reich Psychoakustik, Phonetik und Informationstheorie bei dem Bonner Wissenschaftler besucht (vgl. ebd., S. 115 f.). Von vornherein ist die Elektronische Musik damit auch an die wissenschaftliche (Sprach-)Forschung geknüpft und an die experimentalphysikalische Perspektive Meyer-Epplers. Welche besondere Rolle das Tonband bei Meyer-Epplers Forschungen und Klangarbeiten spielt, soll daher im Folgenden genauer betrachtet werden und bildet den ersten analytischen Nukleus dieses Kapitels.

3.2.1 ‚Authentische' Schichtarbeit: Werner Meyer-Epplers frühe Tonbandexperimente

In ihrer 1992 erschienenen Monografie *Wie die elektronische Musik „erfunden" wurde ... Quellenstudien zu Werner Meyer-Epplers musikalischem Entwurf zwischen 1949 und 1953* widmet sich Elena Ungeheuer detailliert den elektromusikalischen Pionierarbeiten des Bonner Phonetikers. Ihre Darstellungen der angewendeten Arbeits- und Forschungsverfahren bilden die Grundlage der folgenden Analyse der Rolle von Tonbandtechnik für Werner Meyer-Epplers Forschungen und Klangkonzeptualisierungen. Ungeheuer versteht Meyer-Epplers Entwurf einer elektronischen Musik als einen „naturwissenschaftlichen Erfindungsprozeß", der von einer „Vielzahl elektroakustischer Experimente" (Ungeheuer 1992, S. 13) geleitet wird. Dabei enthalten für sie die Forschungen Meyer-Epplers auch eine ästhetische Komponente, die in seiner „akustischen Auseinandersetzung mit der Materie der elektrischen Klangerzeugung" (ebd.) verborgen liegen.

Offenkundiger als bei Pierre Schaeffer stehen die Tonbandexperimente des Experimentalphysikers Meyer-Eppler im Geiste einer „Experimentalstruktur der empirischen Wissenschaften" (Rheinberger 1992, S. 13), wie sie unter anderem Hans-Jörg Rheinberger beschreibt. Das Experiment als Grundlage und Agens von Meyer-Epplers künstlerischem und wissenschaftlichem Schaffen erkennt auch Elena Ungeheuer in ihrer Untersuchung, jedoch ohne Bezugnahme auf Gaston Bachelards oder Bruno Latours Laborstudien, auf die sich Rheinberger dominant bezieht, sondern auf Hugo Dinglers Reflexionen über das Wesen des Experiments von 1928 (vgl. Ungeheuer 1992, S. 227 ff.; zu Hugo Dinglers Betrachtungen des Experiments siehe Dingler 1928). Im Vergleich zu Rheinberger nimmt Dingler eine eher anthropozentrische Perspektive ein und sieht das „Verfahren der experimentellen Physik [...] durch die Psyche des experimentellen Physikers [bedingt], der in der Realität Neues finden soll, das die Naturbeherrschung der Menschheit erweitert" (ebd., S. 225), und versteht das Experiment als „eine Beobachtung, die von willkürlichen Einwirkungen des Beobachters auf die Erscheinungen begleitet wird" (ebd.). Zwar betrachtet Dingler das Wesen des Experiments als einen aktiven

Formungsprozess und vertritt damit eine Perspektive, die sich auch im sogenannten „Neuen Experimentalismus" (vgl. u. a. McLaughlin 1995 und Carrier 1997) der 1990er Jahre wiederfindet (wenn auch aus anderen Bewegungsgründen), die materiellen Dimensionen des Experiments und die epistemisch-generative Funktion von Technologie berücksichtigt er jedoch nur unzureichend.[85] Da in diesem Abschnitt die Relevanz von Tonbandtechnik für die Ästhetik und Epistemologie der Elektronischen Musik im Vordergrund steht, erscheint eine Untersuchung von Meyer-Epplers Klangexperimenten mit dem analytischen Besteck Hans-Jörg Rheinbergers – das heißt vor allem die konstitutive ‚Fassung' epistemischer Dinge durch technologische Objekte (vgl. Kapitel 2.4 in dieser Arbeit) – sachgerechter als die von Ungeheuer vorgenommene Übertragung von Hugo Dinglers Wesensbestimmung des Experiments.

Die auf das kompositorische Denken wahrscheinlich einflussreichste Tonbandpraxis aus Meyer-Epplers Labor ist das bereits oben skizzierte Schichtverfahren, bei dem nicht-akustische (das heißt nicht schallbasierte) elektronische Klänge unmittelbar auf Tonband gespeichert und auf einem zweiten Band (durch den Zusammenschluss von zwei *Magnetophonen*) übereinanderkopiert werden. Die Erwähnung dieses Prinzips im zitierten Inaugurationsprotokoll der Gründung des Studios für Elektronische Musik deutet darauf hin, dass diese Form des unmittelbaren Komponierens auf Tonband als bahnbrechende Neuerung wahrgenommen wird. Hierauf weist auch der später im Studio für Elektronische Musik gastierende Komponist György Ligeti hin, der das Denken in Klangschichten und

---

85 Kritisch anzumerken ist zudem Dinglers Rolle und Haltung zur Zeit des Nationalsozialismus. Dingler war offener Kritiker der Relativitäts- und der Quantentheorie, NSDAP-Mitglied und Mitarbeiter der SS-Forschungsgemeinschaft Deutsches Ahnenerbe. Besonders problematisch ist ein unveröffentlichtes Typskript von 1936 mit dem Titel „Die seelische Eigenart der jüdischen Rasse. Eine biologisch-psychologische Untersuchung". Ulrich Weiss betrachtet Hugo Dinglers Beziehung zum Nationalsozialismus ambivalent: „Einerseits scheint mir vieles zu sprechen für die Sichtweise, in der systematisch nicht nötigen Einbringung nationalsozialistischer Motive den opportunistischen Versuch zu sehen, sich in einer Situation anzupassen, wo der eigene Lehrstuhl, nach langem Warten kaum eingenommen, schon wieder verloren wird. Daß [sic!] Dingler in einer solchen Situation in seiner Eigenschaft als (auch) Direktor des Pädagogischen Instituts in Mainz dort im Wintersemester 1933/34 eine Vorlesung Zur Philosophie des Dritten Reiches hält, die er dann zum Aufsatz umarbeitet: das kann man als den Versuch ansehen, sich akademisch-institutionell zu halten. Andererseits aber ist nicht zu übersehen, daß [sic!] dieser Versuch durchaus mit ‚System' – freilich mit dem systematischen Netz ideologischer Figuren – unternommen wurde und daß [sic!] es im unveröffentlichten Typskript Die seelische Eigenart der jüdischen Rasse zu einem Zusammenbruch kritisch-selbstrestriktiver Rationalität kommt. Diesen Zusammenbruch glaube ich auch bezüglich Dinglers antisemitischer Grenzüberschreitung behaupten zu können" (Weiss 2006, S. 263).

die für Tonbandkompositionen notwendige Handarbeit als wichtige Einflussfaktoren auch auf sein nicht-elektronisches musikalisches Schaffen nennt:

> Je zwei Bänder wurden simultan abgespielt und auf ein drittes Band aufgenommen. Diese primitive Technik war aber sehr fruchtbar für die kompositorische Praxis, auch für die Vokal- und Instrumentalkomposition, weil wir gelernt haben, in einzelnen Schichten zu planen und Strukturen aus der Schichtüberlagerung zu gewinnen. Die Konzeption der Schichtkomposition, wie sie bei Stockhausen, Koenig, Kagel und anderen Komponisten in Instrumentalstücken wiederkehrt, ist ebenfalls von den technischen Gegebenheiten im elektronischen Studio beeinflußt [sic!]. So können sich Beschränkungen und Mängel fruchtbar auswirken. Ich weiß nicht, ob ein „manuelles" Studio, in dem man klangliche Elemente einzeln produzieren muß [sic!], in dem man sich viel mit Zerschneiden, Zusammenkleben und Synchronisieren von Tonbändern, also mit rein manueller Arbeit beschäftigt, so ein großer Nachteil wäre. All das hat seine großen Vorteile für das kompositorische Denken. (Ligeti (1970) 2007, S. 91, Fußnote 5)

Eine wichtige Inspirationsquelle für Meyer-Epplers Schichttechnik sieht Elena Ungeheuer in der Tonfilmmontage, deren künstlerisches Potential in Form von „Re-Recording" und „Dubbing" der mexikanische Komponist Carlos Chavez bereits 1937 in seinem Buch *Toward a New Music. Music and Electricity* hervorhebt (vgl. Chavez 1937, S. 99 ff.; zu Techniken des Re-Recordings sie S. 102 ff., zum Dubbing S. 107 ff.). „Meyer-Eppler hatte Chavez' Buch *Toward a New Music* zu Beginn der fünfziger Jahre gelesen und in seinen Vorträgen mehrfach zitiert" (Ungeheuer 1992, S. 52). In Bezug auf die Klangpostproduktion findet sich bei Chavez auch schon die Idee eines kompositorischen Klanglabors – „We shall go from the action-stage to the laboratory" (Chavez 1937, S. 99). Ein wichtiger Unterschied besteht beim Meyer-Eppler'schen magnetontechnischen Schichtverfahren im Vergleich zur Lichttontechnik jedoch darin, dass nicht nur mehrere vorab erstellte Aufnahmen auf ein neues Band in Zusammenklang überspielt werden, sondern dass über eine existierende Magnetbandaufnahme eine weitere gelegt bzw. geschichtet wird. Die Fusion vorproduzierter Aufnahmen findet sich folglich bereits beim Tonfilm, das sukzessive Schichten auf ein und demselben Tonträger ist aber eine idiosynkratrische Magnetbandtechnik. In dem ausgestrahlten Gespräch zwischen Meyer-Eppler, Beyer und Eimert über Elektronische Musik in der Nachtprogrammsendung vom 18. Oktober 1951 betont Meyer-Eppler daher auch, bei dem neuen konstruktiven Kompositionsprinzip der Schichtung nicht von Montage sprechen zu wollen, wie es Beyer und Eimert machen, sondern von „der sukzessiven Aufnahmetechnik auf Magnettonband" (Ungeheuer 1992, S. 125).

Das Auftragen von Schichten wird vergleichbar mit künstlerischen Praktiken der bildenden Kunst bzw. der Malerei, zu der Meyer-Eppler ohnehin eine arbeitstechnische Annäherung erkennt, die in der Verräumlichung (und Arretierung) von Klang durch Klangspeichertechnologien begründet liegt. „Der außerordentliche Vorteil dieser Verfahrensweise liegt darin, daß an die Stelle des zeitlichen

Nacheinander[s] das räumliche Nebeneinander tritt" (Meyer-Eppler 1952, S. 133). Die Materialisierung von Klang durch Speichertechnik verlagert den Gestaltungsprozess in einen räumlichen, dem „Zwang des Zeitablaufs" (ebd.) enthobenen Arbeitsbereich, der mit einer neuen handwerklichen Praxis einhergeht.

> Die praktische Ausführung der Kompositionsgedanken verlagert sich vom künstlerischen zum handwerklichen Prozeß [...]. An die Stelle der Instrumentationslehre tritt die unmittelbare Auseinandersetzung mit dem Klang selbst. (Ebd., S. 134)

Trotz der arbeitstechnischen Annäherung an die Malerei wird das Tonband nicht automatisch zur widerstandslosen Klangleinwand – dieses Phantasma buchstäblicher Klangmalerei verfolgt bereits in den 1920er Jahren der ungarisch-US-amerikanische Bauhaus-Künstler László Moholy-Nagy, der mithilfe von Einritzungen Grammophonplatten direkt bearbeiten will, in praktischer Umsetzung jedoch letztlich erfolglos (vgl. Moholy-Nagy 1922 und Schoon 2015, S. 83). Ende der 1950er, Anfang der 1960er Jahre entwickelt Daphne Oram schließlich ein funktionierendes Klangmalverfahren mit ihrer *Oramics*-Kompositionsmaschine (vgl. Oram 1972, S. 97 ff.). Im Gegensatz hierzu ist Meyer-Epplers Schichtverfahren ein medientechnisch vermitteltes, das erst über den Verbund zweier Bandmaschinen möglich wird. Zudem steigt durch jede Schicht der sogenannte Störpegel und die hörbaren „Verzerrungen der Speicherapparatur" (Meyer-Eppler 1952, S. 133), was erst durch mehrspurige Tonbandgeräte vermieden werden kann.[86]

Verbunden mit dem Klangschichtverfahren ist für Meyer-Eppler die Vorstellung „besonders angemessen[er]" (ebd.) Klangquellen und einer den medientechnischen Umständen entsprechenden, „authentischen" (ebd.) Musik bzw. Kompositionsweise, die in ihrer höchsten Form nicht-akustisch ist. Unter ‚authentisch' versteht Meyer-Eppler die Entwicklung einer Form, bei der „Tonträger in den künstlerischen Schaffensprozess" (Meyer-Eppler 1953, S. 7) miteinbezogen werden, um die ästhetischen Intuitionen der*des Komponist*in ‚authentisch' wiederzugeben, im Gegensatz zu einer notwendigerweise verfremdenden, nicht-authentischen „nachträgliche[n] ‚Interpretation'" (Meyer-Eppler 1952, S. 134) durch ausführende Musiker*innen. Das Werk wird in allen Facetten von dem*der Komponist*in selbst geschaffen und wird damit „in authentischer Form vorgelegt" (Meyer-Eppler 1953, S. 7) – es besteht eine unmittelbare Beziehung zwischen Künstler*in und Werk, ähnlich der eines*einer Maler*in zu ihrem*seinem Bild (vgl. ebd.).

---

86 Meyer-Eppler weist 1952 bereits auf einen von Fritz Enkel entwickelten Prototypen einer „mehrspurigen Magnettonmaschine" hin (vgl. ebd.). Hierbei handelt es sich wahrscheinlich um die verschalteten Magnetfilmgeräte *MB2* (vgl. Kapitel 3.2.7 in dieser Arbeit).

3.2 Messen, Schichten, Ordnen: Das Tonband in der Elektronischen Musik — 163

In seinen Publikationen äußert Meyer-Eppler diese Idealvorstellung einer „authentischen Musik" zum ersten Mal in einem Artikel von 1951 mit dem Titel „Klangexperimente" (Meyer-Eppler 1951b; eine Verschriftlichung seines Vortrags bei der Zweiten Tonmeister-Tagung in Detmold desselben Jahres). Hierin betont er die Unmittelbarkeit, die zwischen Komponist*in und Werk, aber auch zwischen „Komponist und Hörer" durch den „rein handwerklichen Prozeß" der „authentischen Komposition" mit Magnettonband entstehen könne, und nennt erneut das Vorbild der Malerei (vgl. ebd., S. 26). Ohne konkrete Quellenangaben verweist er auf vergangene kompositorische Mühen, ‚authentische' Musik in eben diesem Sinne zu schaffen, die „an technischen Unzulänglichkeiten" (ebd.) scheiterten, um darauf aufbauend das erlösende Potential der Tonbandtechnologie anzupreisen:

> Erst die neuzeitliche Magnettontechnik läßt die erneute Inangriffnahme des Problems als aussichtsreich erscheinen. Sie macht es nämlich möglich, die Gleichzeitigkeit musikalischen Geschehens in ein zeitliches Nacheinander aufzulösen und die simultane Werkgestaltung durch eine sukzessive zu ersetzen. (Ebd., S. 27)

Die Trope der ‚Befreiung' des*der Komponist*in von ausführenden (unzulänglichen) Interpret*innen durch Musikmaschinen ist eine alte und wurde vor allem in den 1920er Jahren (unter anderem von Paul Hindemith) im Zusammenhang mit Reproduktionsklavieren (*Welte-Mignon*-Verfahren) und Grammophonen geführt, häufig auch in Verbindung mit einem Imaginarium unmittelbarer Klangbearbeitung, wie Moholy-Nagys Überlegungen zur zeichnerischen Schallplattenritzschrift zeigen (vgl. Schoon 2015, S. 82 f.).

Unter der Maxime der nicht-verfremdeten, ‚authentischen' Kompositionsweise, die das sukzessive Schichtverfahren auf Tonband ermögliche, offenbaren sich Meyer-Eppler elektronische Klangerzeuger „allein als der neuen Technik angemessen", da durch „die unmittelbare Speicherung der elektrischen Schwingungen auf Magnettonband" raumakustische Verfremdungen (z. B. durch die Nachhallzeit des Aufnahmeraums) vermieden werden (vgl. Meyer-Eppler 1951b, S. 27). Ohne akustische ‚Verschmutzungen' werden die unverschallten elektrischen Schwingungen „*unmittelbar*, also unter Umgehung des akustischen Stadiums, auf das Tonband aufgezeichnet" (Meyer-Eppler 1953, S. 7).

In seinen Publikationen nennt Meyer-Eppler als Vorläufer dieser elektronischen Eskalation einer ‚authentischen' Kompositionsweise „allenfalls die mit Hilfe von Automaten (‚machinamenta') erzeugte Musik" (Meyer-Eppler 1952, S. 134). Auf den Diskurs zu ‚authentischer' Musik der 1920er Jahre, Stuckenschmidt, Hindemith, Moholy-Nagy oder Fischinger verweist er nicht – wohl vor allem, weil bei ihnen die elektronische Klangerzeugung keine besondere Rolle spielt, ihnen geht es um unmittelbare

‚authentische' Einschreibung des Komponist*innenwillens in Tonträgermedien, nicht um die Offenbarung und Aufschreibung einer ‚neuen' elektronischen Klangwelt.

Meyer-Epplers ‚authentischste' Musik ist folglich elektronisch und das hiermit verbundene Klangideal im engeren Sinne nicht-akustisch. Damit entwirft Meyer-Eppler (wenn auch implizit) ein für diese Zeit noch recht ungewöhnliches Konzept von Klang, bei dem Schall als nur eine von vielen Existenzweisen (oder Aggregatzuständen) von Klang verstanden wird. Dasselbe gilt für elektrische Schwingungen, die nach Meyer-Epplers Klangkonzept weder *a priori* vor den Klängen stehen, noch die definitorischen Grenzen von Klang auf sich verschieben und begrenzen – genauso wie Schall sind sie bloß ein „Stadium" (Meyer-Eppler 1953, S. 7) von Klang, das Meyer-Eppler idealisiert und in seinen Experimenten auszuloten versucht. Dieses weite Verständnis von Klang, das Schall einschließt, aber nicht exklusiv setzt, und elektrische Schwingungen als eine weitere Existenzweise von Klang begreift, birgt und provoziert Bezüge zu Wolfgang Ernsts Konzept des Sonischen.

3.2.2 Exkurs: Das Sonische (bei Wolfgang Ernst)

Das Sonische ist eine ursprünglich von Peter Wicke eingeführte Bezeichnung zur eigenständigen begrifflichen Fassung der „Ebene zwischen dem Akustischen und dem Ästhetischen" (Wicke 2008, S. 3), die er unter Rekurs auf den im Mittelalter geläufigen Begriff des ‚Sonus' (die „Materie der Hörbarkeit", ebd., S. 15, Fußnote 8) entwickelt. Im engeren Sinne bezeichnet das Sonische bei ihm „das der Audio-Kultur einer Gesellschaft" jeweils zugrundeliegende „kulturell und diskursiv formierte[] Konzept[] von Klang" (ebd.). Konstitutiv ist für dieses Konzept die Miteinbeziehung des hörenden Subjekts, dessen Klangwahrnehmung und -verständnis (audio-)kulturell (vor-)geprägt ist. Das Sonische bei Peter Wicke kann somit als Versuch verstanden werden, kulturelle Formungen bzw. Hörkulturen in ein Konzept von Klang miteinzubeziehen:

> Es ist Klang nicht nur als auf eine bestimmte Weise strukturierter Schall (im Gegensatz zum Geräusch), sondern strukturierter Schall mit Bezug auf die jeweiligen Relevanzverhältnisse im Rahmen einer gegebenen Kultur. Das Sonische ist danach *kulturalisierter Schall [...].* (Ebd., S. 3)

Unter Kulturalisierung versteht Wicke dabei nicht nur (musikästhetische) Diskurse, sondern auch jeweils kulturell etablierte Technologien und „Modi der Klangerzeugung" sowie „Soundscapes (Murray R. Schafer)", die das, was als Klang empfunden und verstanden wird, mitbestimmen (vgl. ebd.). Damit ist das Sonische historisch-kulturell variabel und in einer durch technische Medien geprägten (populären) Audio-Kultur des 20. und 21. Jahrhunderts in einer „Triade von Klang, Technologie und Musik" (ebd., S. 15) situiert. Die Technologien des Tonstudios nehmen hierbei eine hervorgehobene, nämlich klangformatierende Rolle ein:

> Seit das Musizieren im ausgehenden 19. Jahrhundert mit der Audiotechnik in Berührung kam, ist es eingebettet in einen Prozess des technischen Klang-Designs, das die sonische Materialität der Musik auf einer sich ständig erweiternden technologischen Basis und immer bewusster mit dem jeweiligeren kulturellen Bezugssystem, aus dem Klang seine musikalisch-ästhetische Relevanz bezieht, verbindet. (Ebd., S. 4)

Der begriffliche Aufschlag Peter Wickes erscheint 2008 in der zehnten Ausgabe der vom Forschungszentrum Populäre Musik der Humboldt-Universität zu Berlin herausgegebenen Schriftenreihe *PopScriptum*, die sich thematisch dem Sonischen als intervenierendes Konzept zwischen Schall, Klang und Musik widmet (vgl. Papenburg 2008, S. 1). In derselben Ausgabe entwickelt Wolfgang Ernst eine medienarchäologische Perspektivierung des Sonischen in Form einer „techno-mathematische[n] Engführung" (Ernst 2008, S. 1) des Begriffs mit besonderer Fokussierung der Sonik, welche er als Bezeichnung für „das Sonische als exklusives Produkt des elektroakustischen Raums" (ebd., S. 6) einführt. Dabei nimmt er das Sonische zunächst in der von Peter Wicke vorgeschlagenen Definition als Bezeichnung für die „kulturelle Formatierung von Klang" (ebd., S. 2) auf, die zwischen „dem Realen des Akustischen und dem Symbolischen des Klangs" (ebd., S. 1) oszilliert. Mit der Erweiterung bzw. Vertiefung des Konzepts um die Sonik versucht Ernst im Sinne einer Kittler'schen Medienwissenschaft den Fokus auf die medientechnische Steuerung von Klang zu legen. „[I]n begrifflicher Analogiebildung zur Elektronik (als Begriff der Steuerbarkeit des freien Elektronenflusses)" versteht Ernst Sonik als eine medientechnische „Eskalation einer allgemein sonischen Dimension in der Kultur", nämlich als „medientechnisch operationalisierte Form von Klang" (ebd., S. 2).

Mit dieser Engführung des Sonischen durch die Einführung der Sonik nimmt Wolfgang Ernst eine (medienwissenschaftliche) Verschiebung im Vergleich zu Peter Wickes ursprünglichen (musikwissenschaftlichen) Konzipierung vor, die das Sonische aus der exklusiven Wahrnehmungs- und Erkenntnissphäre des menschlichen Sensoriums enthebt. Durch das Vernehmen mit medienarchäologischen Ohren, die verschärft nach der Funktionalität von „Klang aus und in techno-mathematischen Medien" (ebd., S. 3) hören, umfasst bei Ernst das Sonische nun auch

> [...] Klangereignisse, die exklusiv von technischen Sensoren erfaßt [sic!] und (neuerdings unter dem technischen Begriff der Sonifikation) überhaupt erst in Hörbares gewandelt werden – Transduktion des Klangs ins Unverborgene. (Ernst 2015, S. 13)

Das Sonische bei Wolfgang Ernst beschreibt also weniger die Kulturalisierung von Klang (geschweige denn Schall) zwischen Akustik und Ästhetik, sondern die

„technische Daseinsweise" (Papenburg 2008, S. 1) von Klang.[87] In folgenden Publikationen entwickelt Wolfgang Ernst sein Konzept des Sonischen zur theoretischen Rahmung seiner medienarchäologischen Untersuchungen der Zeitwe(i)sen technischer Medien weiter und stellt in der Monografie *Im Medium erklingt die Zeit. Technologische Tempor(e)alitäten und das Sonische als ihre privilegierte Erkenntnisform* seine „Definitionen des Sonischen" sogar der eigentlichen Analyse einleitend voran (vgl. Ernst 2015, S. 11 ff.). Hier präzisiert Ernst das Sonische als klangförmige Schwingungsereignisse, die die Zeitweisen technischer Medien anzeigen.

> Im erkenntniswissenschaftlich erweiterten Sinn erfaßt [sic!] das Sonische klangförmige (wenngleich zumeist unhörbare) Erscheinungen in Physik und Elektrotechnik bis hin zu mathematischen Objekten wie den Wahrscheinlichkeitswellen und den Superstrings in der Quantentheorie. Im Unterschied zum musikalischen Klangbegriff meint das Sonische damit auch nicht-hörbare Artikulationen diverser Formen von Schwingungsereignissen. Ganz grundsätzlich adressiert der Begriff des Sonischen klangspezifische Weisen von Zeit, sich zu artikulieren, also die temporale *Aussage* dynamischer Signalereignisse. (Ebd., S. 14)

Ernst erkennt in elektro- und informationstechnischen Vorgängen eine Klangförmigkeit und zwar in dem Sinne, dass sich in ihnen Zeit vollzieht – „[i]n technischen Medien waltet eine implizite Musik" (ebd., S. 11). Das Zusammendenken bzw. das Herausstellen „eine[r] privilegierte[n] Affinität zwischen Akustik als konkreter Manifestation komplexer Schwingungsereignisse einerseits und hochtechnische[r] Medienprozesse[] andererseits" (Ernst 2014, S. 87) verbindet Ernst historisch unter anderem mit Jean-Baptiste Fouriers „post-pythagoreische[r] Mathematisierung des Klangs" (Ernst 2015, S. 13) (Fourieranalyse) und Claude Shannons *Mathematische[r] Theorie der Information* (vgl. ebd.). In diesem Zuge stellt er auch eine direkte Verbindung zu Meyer-Eppler her, jedoch nicht (explizit) zu seinen frühen Tonbandexperimenten und seinen Überlegungen zu einer ‚authentischen' Kompositionsweise, sondern zu seinen informationstheoretischen Klanganalysen, die sich als „dezidiert akustische und sonische Applikation" (Ernst 2008, S. 12) von Shannons (und Norbert Wieners) Theorien verstehen lassen; als Konvergenzen von Medientheorie und Klanganalyse, die in Ernsts neuer definitorischer Rahmung als Erforschung des Sonischen (*avant la lettre*) verstanden werden können (vgl. ebd.).

Wie vor diesem Exkurs dargestellt, entwickelt Werner Meyer-Eppler auch jenseits der Informationstheorie im Zuge seiner Tonbandexperimente ein Kon-

---

[87] Jens Gerrit Papenburg spricht in seinem Vorwort zur *PopScriptum*-Ausgabe noch vom Sonischen als „technische Daseinsweise von Schall", was aber zumindest in Hinsicht auf Ernst, der das Sonisch auch jenseits des Hörbaren in elektronischen Schwingungsvorgängen verortet und in späteren Publikationen hier von einer Klangförmigkeit spricht, zu einer technischen Daseinsweise von Klang umzuformulieren ist (vgl. ebd.).

zept von schalllosem Klang. In der Form, dass sich Ernsts medienarchäologische Erkundungen des Sonischen primär mit „nicht-akustische[n] Schwingungsformen" bzw. mit „trans-sonischen" (Miyazaki 2012, S. 130, Fußnote 4)[88] Phänomenen befassen, überschneiden sich die beiden Klangkonzepte. Zwar sind sie nicht identisch, aber doch wesensverwandt, erkennen doch beide Konzepte jeweils in elektrischen Schwingungen eine Klangexistenz jenseits des Akustischen.

Das Verständnis von Klang als ein vielgestaltiges Phänomen, das in verschiedenen Stadien erscheinen kann, unter anderem als auf Magnettonträger gespeicherte elektrische Schwingung, lässt sich, wie oben dargestellt, unmittelbar an Meyer-Epplers frühe Tonbandversuche und seine Überlegungen zu Kompositionsweisen, die diesem besonderen Klangzustand angemessen bzw. ‚authentisch' erscheinen, rückbinden. Dass Meyer-Eppler in den Publikationen, in denen er sein Verfahren einer ‚authentischen' Kompositionsweise mit elektronischen Instrumenten und Tonbandgeräten vorstellt, auf Verweise auf Shannons Informationstheorie verzichtet, obwohl ihm Shannons Schriften zu diesem Zeitpunkt bestens bekannt sind (vgl. u. a. Meyer-Eppler 1950), deutet darauf hin, dass er seine Erkenntnisse primär aus seinen induktiven Klangexperimenten mit Tonband gewinnt. Gleichzeitig dürfen seine vorausgehenden Arbeiten zu „[e]lektrische[r] Klangerzeugung" (Meyer-Eppler 1949) als Voraussetzung für diese Erkenntnisgewinnung nicht marginalisiert werden, lernt der Bonner Phonetiker doch hier erst verschiedene Arten und Eigenschaften elektrischer und elektroakustischer Klanggeneration kennen. In diesen frühen Publikationen betont Meyer-Eppler hingegen noch die essentielle Funktion von Lautsprechern als „elektroakustische[] Zwischenglied[er]" (ebd., S. 26), welche die „von Generatoren oder Wandler erzeugten Schwingungen auch tatsächlich als Töne wiedergeben" (ebd.). Klänge und Töne scheinen hier erst bei ihrer Er-Schallung aufzutreten und ein elektrischer Klangerzeuger besteht hier für Meyer-Eppler in seinem basalen Aufbau nicht nur aus einem Schwingungsgenerator, sondern auch aus einem „Verzerrer, dem Verstärker und dem Lautsprecher" (ebd.). Die Überlegung, dass bereits elektrische Schwingungen Klänge (und Töne) darstellen, findet sich, zumindest in dieser Deutlichkeit, erst bei den oben dargestellten Versuchen mit elektronischem Instrument und zwei Tonbandgeräten, bei denen die „Umgehung des akustischen Stadiums" (Meyer-Eppler 1953, S. 7) als die Ermöglichung einer Bearbeitungsunmittelbarkeit betrachtet wird.

---

[88] Shintaro Miyazaki schlägt zur besseren begrifflichen Differenzierung die Bezeichnung des Trans-Sonischen vor als Begriff für „klangähnliche, das heißt schwingende Phänomene, die aber physikalisch betrachtet nicht durch akustische, sondern z. B. durch elektromagnetische Verfahren erzeugt werden" (ebd.). Siehe auch Miyazaki 2013, S. 10 und S. 260.

3.2.3 Terminologische (Neu-)Bestimmung der Elektronischen Musik

Auf dieser Grundlage konzipiert Werner Meyer-Eppler im weiteren Verlauf seiner Arbeit eine „Terminologie der elektronischen Musik" (1954), die unter anderem von Herbert Eimert und Robert Beyer als definitorische Rahmung und Idiosynkrasie des eigenen Schaffens, vor allem in Abgrenzung zur *Musique Concrète*, übernommen wird (vgl. Programmheft des Neuen Musikfests 1953, zit. nach Humpert 1987, S. 30).

In dieser Terminologie betrachtet Meyer-Eppler elektrische Instrumente zunächst entlang ihrer Verwendungsweisen und unterscheidet zwischen elektrischen Imitatoren, elektrischen Musizierinstrumenten und elektrischen Klangmitteln. Letztere nehmen für Meyer-Epplers Entwurf einer elektronischen Musik eine privilegierte Stellung ein. So versteht er unter elektrischen Klangmitteln eine Klasse, in der

> alle Instrumente, Geräte und Verfahren zusammengefaßt werden, die nicht konzertmäßig oder solistisch verwendet werden, sondern zur Herstellung einer Komposition mit Hilfe eines Schallspeichers (Nadel-, Licht- oder Magnettonapparatur, Lochstreifen usw.) dienen. [...] Ein Schwebungssummer kann also genau so gut als elektrisches Klangmittel dienen wie ein Rauschgenerator oder Impulsgeber.
>
> Elektrische Klangmittel haben die Aufgabe, dem Komponisten und seinen Helfern die unmittelbare Aufzeichnung der Komposition auf Tonband, Film usw. zu ermöglichen. (Meyer-Eppler 1954a, S. 6 f.)

Entscheidend ist für Meyer-Eppler also die intendierte Verwendung der Geräte zwecks Speicherung bzw. Weiterverarbeitung auf Reproduktionsmedien. Durch diese neue Intention werden die elektrischen Instrumente erst zu Klang*mitteln*. Aus diesem Umstand neuer kompositorischer Verwendungsweisen elektrischer Instrumente ergibt sich für ihn auch die Notwendigkeit einer neuen (angemessenen) Terminologie. Neben der *Musique Concrète*, welche mit „Mikrophonaufnahmen von wirklichen (,konkreten') Schallereignissen" (ebd., S. 7) arbeitet und der amerikanischen *Music for Tape*, welche sowohl konkrete als auch elektronische Klänge verarbeitet, schlägt Meyer-Eppler für Kompositionen, die unter „Verzicht auf jedes rein akustische Zwischenstadium" ausschließlich „elektromechanische oder rein elektronische Klangmittel benutz[en]" (ebd.) den Terminus elektronische Musik vor.

Dabei wird noch einmal deutlich, was Meyer-Eppler auch bei früheren Aufsätzen unter dem Begriff des ‚Authentischen' zu fassen versucht – nämlich das Potential des Medienverbunds aus elektronischem Instrument und zwei Tonbandgeräten unverstellte bzw. unmittelbare kompositorische Autorschaft zu ermöglichen. Eine unautorisierte Tonbandaufzeichnung eines symphonischen Werkes versteht er folglich als „Verfälschung der Originalkomposition" (ebd.). Den Begriff der ‚authentischen' Musik scheint Meyer-Eppler hingegen mit der Neudefinition der Elektronischen Musik aufzugeben, da in der neuen engen begrifflichen Fassung Letztere schon immer als ‚authentisch' zu betrachten ist.

Die Konsequenzen dieser Gegenstandsschärfung weg von Schall hin zu Signalen, die sequenziell auf Tonband geschichtet werden, sind mannigfaltig und werden im Verlauf dieses Kapitels näher beleuchtet – vor allem die Verbindung dieser Neubestimmung der materiellen Grenzen von Klang mit Klangfarbenkomposition, der Dodekaphonie und Imaginarien einer fast schon metaphysischen, schallgesäuberten Musik der „Verfahrenswahrheit" (Goeyvaerts 1955, S. 15). Da die Ursprünge dieser Fokussierung in Werner Meyer-Epplers Tonbandexperimenten liegen, bietet es sich aber zunächst an, sein Experimentalsystem noch einmal genauer zu betrachten und dahingehend zu befragen, welche wissensobjekthervorbringende und -stabilisierende Funktion technologische Dinge – insbesondere Tonbänder – hierin haben, sowie welche weiteren theoretischen Überlegungen hieraus hervorgehen.

3.2.4 Werner Meyer-Epplers Experimentalsystem

Wie aus den Notizen zu seiner Vorlesung zu akustischen Grundlagen aus dem Wintersemester 1952/53 hervorgeht, versteht Meyer-Eppler seinen Forschungsansatz als eine „Synthese der naturwissenschaftlichen und der kulturwissenschaftlichen Erkenntnisse" (zit. nach Ungeheuer 1992, S. 141), wobei er sich den angewandten Arbeitsmethoden der Naturwissenschaft verpflichtet sieht – „d. h. sie gründen sich auf das Experiment und die Beobachtung und ihr Handwerkszeug ist die Mathematik und (formalistische) Logik" (zit. nach ebd., S. 140). In Fortführung seiner experimentalphysikalischen Methoden gewinnt Meyer-Eppler seine Erkenntnisse und Konzepte einer elektronischen Musik also primär über die Durchführung (und Wiederholung) von (Klang-)Experimenten und über die Anfertigung von Experimentaltobändern. Damit entspricht Meyer-Epplers Arbeitsweise der Experimentalkultur der modernen empirischen (Natur-)Wissenschaft, bei der Versuche nicht, wie noch bis ins 18. Jahrhundert hinein üblich, zur bloßen Überprüfung theoretischer Entwürfe durchgeführt werden, sondern die empirische Basis bilden, „denen sich Begriffe und Theorien [...] akkomodieren müssen, sofern sie wissenschaftliche Relevanz beanspruchen wollen" (Rheinberger 2021, S. 8 f.). Das hierfür errichtete, kontrollierte Experimentalsystem verfolgt dabei die Maxime, Neues auftreten zu lassen und so den Erkenntnisgewinn voranzutreiben – es ist eine „Vorrichtung zur Materialisierung von Fragen" (Rheinberger 1992, S. 25).

Die erstellten Klangtonbänder versteht der Bonner Phonetiker folglich auch nicht als Musik, sondern als Beispiele und Modelle im Rahmen seiner Vorträge sowie als Bestandteil und Sedimentationen seines Experimentalsystems (vgl. Ungeheuer 1992, S. 160 ff.). Hier dienen die Tonbandaufnahmen als Dokumentation des Arrangements und der Einstellungen der Geräte und Instrumente (z. B. Klangerzeuger, Filter, Bandlaufgeschwindigkeit) sowie als „Experimentalanordnungen zur Erforschung der Klangwahrnehmung" (ebd., S. 162). Der doppelte Status der Experimentaltonbänder als Modelle und Experimente sowie die grundsätzliche Idee, ein „‚Modell' von elektronischer Musik zu entwerfen" (ebd.), ist nach Elena Ungeheuer auf Meyer-Epplers Beschäftigung mit der Kybernetik zurückzuführen. Bei der Analyse kybernetischer Regelsysteme bilden Modelle Analogien zu Originalen und verhelfen dem Subjekt, die Originale zu beherrschen bzw. ihr Verhalten zu regulieren (vgl. ebd.).

> Entsprechend entwarf Meyer-Eppler ein Modell (M) vom fiktiven Original der elektronischen Musik (O), mit dem Ziel, Verhaltensweisen der Komponisten (S) im Umgang mit diesem Original (O), d. h. bei der Realisierung der Fiktion, zu beeinflussen. (Ebd., S. 163)

Die Herstellung von Modellen ist aber auch elementarer Bestandteil der experimentellen Wissensproduktion empirischer Forschung (und kein exklusiver Begriff der Kybernetik).[89] Nach Hans-Jörg Rheinberger dienen Modelle der Ordnung und Kohäsion der durch Experimente gewonnenen Forschungsinformationen. Sie verbinden die zu Daten arretierten Spuren der epistemischen Dinge (der intendierten Wissenschaftsobjekte) und „erzeugen also die Illusion, ein Ganzes sehen zu können" (Rheinberger 2021, S. 38). Gleichzeitig sind Modelle nicht als abgeschlossene Ergebnisse oder einfache Repräsentationen zu betrachten, sondern als in die Erkenntnisproduktion eingebundene, dynamische Werkzeuge, die das epistemische Ding temporär reifizieren (vgl. ebd., S. 58). Auf Spuren und Daten, die der Modellbildung vorangestellt sind, wird im Folgenden genauer eingegangen, da sich an ihnen die von Ungeheuer festgestellte, nur vermeintlich widersprüchliche doppelte Funktion der Meyer-Eppler'schen Experimentaltonbänder (als Modell und Experiment) näher bestimmen lässt.

Unter einer Spur versteht Rheinberger in Rekurs auf den Spurbegriff von Jacques Derridas *Grammatologie* (1983)[90] die „Manifestation eines epistemischen

---

[89] Für die Verwendung eines Modellbegriffs der empirischen Wissenschaft (und nicht den der Kybernetik) spricht vor allem, dass Meyer-Eppler in seinen frühen Publikationen zur Elektronischen Musik keine Verweise zur Informationstheorie und Kybernetik aufstellt (vgl. u. a. Meyer-Eppler 1951b, 1952 sowie 1953). Zudem öffnet dieses Verständnis den Modellbegriff hin zum offenen Experiment und vermeidet die Verengung des kybernetischen Modellbegriffs, der auf eine Steuerung von Musik und Komponist*in zuläuft, was der Perspektive und Rolle Meyer-Epplers in der Genese Elektronischer Musik eher zu entsprechen scheint.

[90] „Die Spur ist nicht nur das Verschwinden des Ursprungs, sondern besagt hier – innerhalb des Diskurses, den wir einhalten, und des Parcours, dem wir folgen – daß der Ursprung nicht einmal verschwunden ist, daß er immer nur über den Rückweg durch einen Nicht-Ursprung sich konstituiert hat, eben die Spur damit zum Ursprung des Ursprungs wird" (ebd., S. 107 f.).

Dings" (Rheinberger 2021, S. 19). Sie ist das primäre Produkt des Experiments, die Materialisierung und „Versinnfälligung" (ebd., S. 17) des genuin obskuren Wissenschaftsobjekts – sie verweist (im Peirce'schen Sinne indexikalisch) auf etwas Abwesendes, sie ist charakteristisch substitutär. Dabei bringt sie ihren eigenen Ursprung überhaupt erst in Erscheinung:

> Dieses Etwas, als der supponierte Ursprung der Spur, ist nicht nur abwesend im Sinne eines Nicht-mehr-da, sondern ist in einem viel stärkeren Sinne als solcher nie da gewesen. Wir können das die Spur erzeugende Ding nicht *in flagranti* ertappen. Wäre dies möglich, so bedürfte es des ganzen experimentellen Aufwandes nicht. Der epistemische Zugang zur Welt beruht auf dieser Nachträglichkeit. (Ebd., S. 20)

Daten beschreibt Rheinberger als Fixierung jener Spuren, als mediale Haltbarmachung der wesenhaft flüchtigen Manifestationen des epistemischen Dings. Die Wandlung von Spuren zu Daten stellt im Experiment einen zusätzlichen Transformationsvorgang dar, bei dem die Spuren ihrem ursprünglichen Erscheinungskontext enthoben „und in einen Zusammenhang gestellt werden, der es uns erlaubt, sie zu Erkenntniszwecken zu betrachten und zu bearbeiten" (ebd., S. 29). Die Datenwerdung von Spuren ist eine Arretierung, sie schafft „Dauerhaftigkeit", sie macht Spuren haltbar und ermöglicht dadurch eine „neue Beweglichkeit im Datenraum, eine Eigenschaft, die den Spuren im Spurenraum fehlt" (ebd., S. 32).

Der Begriff des Datums erscheint zumindest für die Übertragung in den Bereich auditiver Forschung nicht ganz unproblematisch, meint er doch diskrete Werte, in die die kontinuierlichen Spuren Rheinbergers Theorie zufolge gewandelt werden müssen, um festgestellt bzw. gespeichert zu werden. Dies klammert allerdings eine Reihe nicht-digitaler Speichertechniken aus, wie z. B. die Phonographie, die Phänomene analog aufzeichnen, ohne sie im engeren Sinne zu codieren. Diese Inkompatibilität erklärt sich womöglich aus dem epistemischen Okularzentrismus der modernen Wissenschaft (vgl. hierzu u. a. Jay 1991 sowie Latour 1986), dem auch Rheinberger in seiner Phänomenologie des Experiments anheimfällt, der experimentelles, empirisches Forschen primär als ein „Sichtbarmachen" (Rheinberger 2021, S. 67) versteht und das Hören als Erkenntnisorgan übersieht (zur auditiven Forschungspraxis der Naturwissenschaft vgl. u. a. Volmar 2015). Die Beschränkung des Arretierens und des Fassbarmachens auf die Codierung in „Zahlen-, Buchstaben- oder Pixelfolgen" (Rheinberger 2021, S. 32) ist demnach zu hinterfragen; zumindest widersetzt sie sich einem Transfer in den Bereich der Klangforschung.[91]

---

[91] Interessanterweise ist das Zwischenstadium des Datums in Rheinbergers Phänomenologie des Experiments noch nicht von vornherein enthalten, sondern erst vergleichsweise spät hinzugekommen, womöglich um den Entwurf an die zunehmende Verbreitung (und Normierung) datenbasierter Experimentierpraktiken in den Wissenschaften anzupassen bzw. um den Tendenzen der

Dennoch hilft Rheinbergers Systematik, die Rolle von Tonbändern in Meyer-Epplers Experimentalsystem besser zu beschreiben (auch wenn sie sich hierin nicht erschöpft). Für eine erhellende Anwendung muss zunächst bestimmt werden, wonach der Forscher bei seinen Experimenten genau sucht, also was das epistemische Ding in seinem Forschungsarrangement ausmacht. Zwar adressiert Meyer-Eppler diese Frage in seinen Publikationen nicht direkt, sie lässt sich aber aus den oben ausgeführten Überlegungen zu einer ‚authentischen' Kompositionsweise herleiten. So erscheint es plausibel, dass es ihm bei seinen Experimenten primär darum geht, die „[n]eue Klangwelt" (Meyer-Eppler 1951b, S. 28) der elektronischen ‚authentischen' Komposition auszuloten, die durch elektrische Instrumente hervorgerufen und auf Tonband geschichtet, bewegt, transformiert und untersucht werden kann. In dieser ‚wundersamen Elektronenwelt', mit der er sich auch schon in seiner Monografie zur elektrischen Klangerzeugung (1949) befasst, sieht Meyer-Eppler etwas Unbekanntes, das aufgedeckt werden kann und „noch völlig unübersehbare[] Möglichkeiten der authentischen Komposition" (Meyer-Eppler 1951b, S. 28) birgt.

Mit seinen Experimenten versucht er dann, den Klangeigenschaften und musikalischen Potentialen der elektrischen Ströme ‚phänomenotechnisch' (vgl. hierzu u. a. Bachelard (1934) 1988, S. 18) auf den Grund zu gehen. Sein Experimentalsystem scheint mehr oder weniger dem oben beschriebenen und abgebildeten Aufbau der sukzessiven Schichttechnik (Abb. 10) zu entsprechen, bei der elektrische Klänge mit entsprechenden Instrumenten und Apparaturen erzeugt, teilweise über Filter verformt und dann auf Tonbändern gespeichert werden. Die anschließende Analyse der Klänge erfolgt entweder auditiv über das Abhören der auf Tonband gespeicherten (und eventuell transformierten) Klänge mithilfe von Lautsprechern oder über den Anschluss von Messgeräten, welche die auf den Tonbändern aufgezeichneten Signale visualisieren (z. B. mithilfe eines Spektrometers).

Das Tonband tritt in dieser Vorrichtung erst an zweiter Stelle auf. Am Anfang des Experiments stehen die elektrischen Klangerzeuger, die im Sinne Rheinbergers damit die originär zeitlichen Spuren des epistemischen Dings hervorbringen – hier zeigt sich die intendierte elektronische Klangwelt in ihrer *primären* Materialisierung. Das folgende Speichern dieser Spuren auf Tonband erscheint zunächst als eine Verdatung der Spuren, bei der die Signale (selbst unter Auslassen des akustischen Stadiums) verräumlicht und dadurch beweglich werden. Wie oben bereits angedeutet, handelt es sich hierbei aber (wenn überhaupt) um eine unge-

---

Digitalisierung gerecht zu werden. So gelten in Rheinbergers Beschreibungen des Experiments in den 1990er Jahren „graphematische Spuren" noch als bewegliche Einheiten, „aus denen der Experimentator sein ‚Modell' zusammensetzt" (Rheinberger 1992, S. 30). Erst in neueren Arbeiten spaltet Rheinberger die Spur, macht sie zu etwas Flüchtigem und verlegt ihre zur Modellierung unabdingbare Fixierung und Beweglichkeit in den Datenraum (vgl. Rheinberger 2021, S. 29 ff.).

wöhnliche Form der Verdatung, da streng genommen keine Daten produziert werden. Der Datenraum ist in Rheinbergers Konzept, das sich an die Peirce'sche Zeichentheorie (Ikon–Index–Symbol) anlehnt, symbolischer Natur (vgl. Rheinberger 2021. S. 30); Daten fungieren hier als bewegliche Stellvertreter und gewinnen ihre Beweglichkeit in einem Akt der Dekontextualisierung von den charakteristisch indexikalischen Spuren (vgl. ebd., S. 19).

Technisch gesehen können auf Tonband gespeicherte elektrische Ströme nun zwar als entkoppelte Stellvertreter des Schwingungsverlaufs (und damit symbolisch) verstanden werden, aufgrund ihrer Analogizität zum Ursprungssignal wirken sie aber indexikalisch (auf diese phänomenologische Ebene des Experiments kommt es Rheinberger im Prinzip an). In genau dieser Unmittelbarkeit erkennt Meyer-Eppler das besondere Potential der Tonbandtechnologie, da sich ihr Aufschreibeprozess in der elektronischen Musik annähernd verlustfrei vollzieht und sie das Signal gewissermaßen fortführt, und eben nicht ‚nur' repräsentiert. Diese Qualität veranlasst Meyer-Eppler auch dazu, den Zusammenschluss elektrischer Klangerzeuger mit dem Tonbandgerät als neue Möglichkeit ‚authentischer' Komposition zu verstehen, da sich durch diesen ‚Pfropf' – unter Pfropfen versteht Rheinberger das „Einfügen neuer Apparate oder Prozeduren in ein bereits bestehendes Experimentalsystem", das den „Stand der Dinge erh[ält] und andererseits dennoch prospektiv etwas Neues ermöglich[t]" (Rheinberger 2021, S. 94) –elektronische Klänge, also Spuren, so direkt und frei bewegen lassen, wie sonst nur Daten im Datenraum. Oder, mit Kittler und Ernst gesprochen: „Manipulierbar wird statt dem Symbolischen" (Kittler 1986, S. 57) „das signaltechnisch Reale" (Ernst 2013b, S. 17). Bei Tonbandaufzeichnungen elektrischer Ströme fallen für Meyer-Eppler folglich Spuren- und Datenraum zusammen; sie tragen verräumlichte, bewegliche und manipulierbare Spuren, die einen anderen Zugriff auf das immer noch vorhandene, latente epistemische Ding gestatten – sie sind *Spuren zweiter Ordnung*.

Diese Vermengung hat auch Konsequenzen für die weitere Adaption von Rheinbergers Konzept des Experimentalsystems, insbesondere für die Einordnung von Meyer-Epplers „Modellen" (einige Experimentaltonbänder tragen den Titel „Grundmodelle" oder „Elektronische Modelle", vgl. Ungeheuer 1992, S. 160). Modelle versteht Rheinberger als Datenanordnungen, die damit einen „Medienwechsel voraus[setzen]" (Rheinberger 2021, S. 36). Dieser für Rheinbergers Modellbegriff essentielle „ontische Schnitt" (ebd.) findet bei Meyer-Epplers Modellen auf Tonband jedoch gar nicht statt; sie befinden sich, wie eben dargelegt, weiterhin im Spurenraum. Damit erinnern Meyer-Epplers Modelle eher an Präparate (zu Grenzfällen der Trennung zwischen Präparat und Modell vgl. u. a. Keil 2020), die für Rheinberger ebenfalls Modellierungen darstellen, sich in ihrer Materialität aber wesenhaft von Modellen unterscheiden. Sie sind, wie Rheinberger ausführt, keine abbildenden, imitierenden Repräsentationen, sondern Formen der

Darstellung ganz im Sinne Heideggers, insofern sie die (Wissenschafts-)Dinge „zu sich selbst" bringen (vgl. Rheinberger 2005, S. 67).

Während also das Modell immer auch eine Grenze markiert, es also bestenfalls beanspruchen kann, dem Modellierten ‚täuschend ähnlich' zu sein, hat das Präparat gewissermaßen teil an der Materialität des untersuchten Sachverhalts. Es ist, wenn man so will, aus dem gleichen Stoff gemacht wie dieser. Es ist eine Figuration, die diesem Stoff abgerungen wird. (Ebd.)

Über die Herstellung von Klangbeispielen mithilfe von Tonbandtechnologie präpariert Meyer-Eppler im übertragenen Sinne also den elektronenmusikalischen ‚Stoff' und bringt spezifische Materialeigenschaften bzw. Formungspotentiale durch diese artifizielle Formation zum Vorschein. Wie alle wissenschaftlichen Präparate sind damit auch Meyer-Epplers elektronischen Musikpräparate inhärent paradox konstituiert, da „die ganze Arbeit der Zurichtung, die im Wortsinn des lateinischen *praeparare* steckt, genau dann als erfolgreich gelten darf, wenn sie im Objekt zum Verschwinden gebracht wurde" (Rheinberger 2006, S. 338).

Wie sich zeigt, sind Tonbänder ein irreduzibler Bestandteil von Meyer-Epplers Experimentalsystem. Erst durch sie erhalten die Signale der elektrischen Klangerzeuger eine Beweglichkeit, die für den weiteren Erkenntnisprozess essenziell ist. Die flüchtigen elektrischen Ströme lassen sich durch Tonbänder festhalten, u. a. durch veränderte Bandlaufgeschwindigkeit skalieren und wiederholt abhören, ohne wesenhaft transformiert, d. h. verstellt zu werden. In anderen Worten: Tonbänder schaffen die Voraussetzung für kontrolliertes Experimentieren. Sie ermöglichen die Reproduktion derselben Spur und durch die mannigfaltigen Bearbeitungsmöglichkeiten ein Hervorbringen von Differenzen, ohne die „reproduktive Kohärenz zu zerstören"; sie erlauben „differentielle Reproduktion" (Rheinberger 1992, S. 26). Darüber hinaus kann Meyer-Eppler vor allem über das magnetophonische Schichtverfahren das elektronische Klangmaterial beispielhaft modellieren, um einzelne Eigenschaften sowohl der Materialbeschaffenheit, d. h. Klang im elektronischen ‚Stadium', als auch der ‚authentischen' Kompositionsweise hervorzustellen. Als „typologisch überhöht[e]" (Rheinberger 2003, S. 12) Stoffzurichtungen zu Demonstrationszwecken erstellt Meyer-Eppler im engeren, wissenschaftstheoretischen Sinne Präparate, auch wenn diese bei ihm „Modelle" und „Muster" heißen. Es geht also weniger darum, Aussagen über das Ganze zu treffen und den kompositorischen Umgang im kybernetischen Sinne zu regulieren, sondern um eine exemplarische Darstellung von Kombinations- und Formungsmöglichkeiten.

Dementsprechend heterogen stellen sich auch die von Meyer-Eppler auf sieben Tonbändern erhaltenen Klangbeispiele elektronischer Musik dar, die Elena Ungeheuer in ihrer Monografie *Wie die elektronische Musik „erfunden" wurde ...* (1992) aufarbeitet. Ihren Systematisierungen zufolge lassen sich die Beispiele formell in zwei idealtypische Klassen teilen, zwischen denen sich teilweise auch

Mischformen ergeben: zum einen statische Schichtungen „von melodischen, rhythmischen Bändern oder Rauschbändern, die untereinander quasi nicht in Kontakt treten" (ebd., S. 179) – „Statische Schichtungsgestalten" – und zum anderen „Entwicklungsgestalten", die das „charakteristische kontinuierliche Sich-Entwickeln verschiedener akustischer Wahrnehmungsqualitäten innerhalb eines Klangvorgangs demonstrier[en]" (ebd., S. 183).

Bei den Statischen Schichtgestalten bringt Meyer-Eppler „deutlich separierte[] Frequenzbänder" (ebd.) miteinander in Kontakt, indem er aus unterschiedlichen Quellen stammende Signale übereinanderschichtet und so das Ohrenmerk auf den entstehenden Zusammenklang richtet. Den Begriff des Statischen erläutert Ungeheuer nicht näher, vermutlich versucht sie mit ihm aber das synchrone bzw. vertikale Hören zu fassen, das bei den Schichtgestalten im Vordergrund steht. Mit den Statischen Schichtgestalten scheint Meyer-Eppler primär der Frage nachzugehen, wie sich zwei Signale tonbandtechnisch synthetisieren lassen und was für ein Höreindruck sich hierdurch ergibt, z. B. über die für diese Gestalten „charakteristische Verknüpfung von Klangfarbe mit Klangtyp (Motiv, rhythmisches Muster etc.) in einem bestimmten Frequenzband" (ebd.).

Den Schichtungsgestalten stehen laut Ungeheuers Systematik die sogenannten Entwicklungsgestalten gegenüber, die die Entwicklung einer Klanggestalt z. B. über die stetige, akkumulierende Klangschichtung einer identischen Klangquelle, also die diachrone bzw. horizontale Hörebene, adressieren. Hierfür arbeitet Meyer-Eppler u. a. mit einem Iterationsverfahren, das er für die „Messung und Hörbarmachung" (1951a) von Klangverzerrungen durch elektroakustische Medien entwickelt hat.

> Ein geeigneter Testvorgang (Sprache, Musik, Geräusch, Impulse) wird auf Band aufgenommen und über das zu untersuchende System abgespielt. Eine zweite Magnettonapparatur am Systemausgang zeichnet den einmal verzerrten Vorgang auf. Das Band wird sodann von der ersten Apparatur aus erneut über das System abgespielt und dieses Verfahren so lange wiederholt, bis das Ohr völlige Klarheit über die Art der auftretenden Verzerrungen gewonnen hat. [...] Mit wachsendem Iterationsgrad nimmt die Qualität des Testvorgangs ab. Die Verschlechterung folgt umso rascher, je stärker das Übertragungssystem verzerrt. (Ebd., S. 78)

Es handelt sich hier also um eine Art Feedback-Verfahren, bei welchem das aufgezeichnete Signal mit sich selbst in Schleife addiert wird. Bei Meyer-Epplers Anwendung dieses Testverfahrens für seine Klangforschung ergibt sich dabei ein „kontinuierlicher Übergang von Ton zu Geräusch und zwar in einem dynamischen Crescendo" (Ungeheuer 1992, S. 183). Mit jeder Iteration wandelt sich die Klanggestalt sowie ihre Wahrnehmung, und zwar als Resultat des technischen (Selbst-)Kopierverfahrens.

Während bei den Statischen Schichtungsgestalten also das Synthetisieren und Zusammenhören von verschiedenen elektrischen Klangquellen im Vordergrund steht, sind die Entwicklungsgestalten Versuche, die Veränderung der Klangwahrnehmung zu erforschen, die bei fortschreitender, technischer Manipulation eines Ausgangssignals entsteht. Die beiden Gestalten versteht Ungeheuer, wie bereits erwähnt, als charakteristische Idealtypen, zwischen denen auch Mischformen auftreten, z. B., indem „Statische Schichtungsgestalten einer Klangmodulation nach Art der Entwicklungsgestalt unterzogen" (ebd., S. 188) werden.

Tonbandtechnologie schafft bei diesen Klang- und Hörexperimenten nicht nur die Voraussetzung für das Schichtverfahren, welches bei nahezu allen Beispielen zur Anwendung kommt, sondern auch für eine Vielzahl der Klangmanipulationen der Entwicklungsgestalten. Exemplarisch hierfür sind die Klangbeispiele, die Meyer-Eppler für den *First ICA-Congress Electro Acoustics* 1953 in Delft erstellt hat, die sich auf dem sechsten der sieben Experimentaltonbänder (Tonband *M*) befinden. Die Aufnahme enthält diverse tonbandtechnische „Verwandlungen" eines zuvor vorgestellten Klangbeispiels („Multiplikative Mischung"), namentlich „Rückwärts (Krebs)", „Halbe Geschwindigkeit", „Doppelte Geschwindigkeit", „Elektronisches Flatterecho" und „Ansteigender Kanon" (zit. nach Ungeheuer 1992, S. 176). In der Einbettung der Beispiele innerhalb seiner Vorträge erläutert Meyer-Eppler, so Ungeheuer, dass sich beim Tonbandkrebs nicht nur die Laufrichtung der Töne, sondern die gesamte Klangstruktur umkehrt. Zudem weist er darauf hin, dass bei Erhöhung der Wiedergabegeschwindigkeit vormals separierte Klangereignisse wahrnehmungstechnisch verschmelzen und dafür „Spektralkomponenten erkennbar [werden], die vorher nicht zu hören waren" (Ungeheuer 1992, S. 189) sowie dass bei Verlangsamung umgekehrt „zeitliche Phänomene deutlich hervortreten, die bei normaler Geschwindigkeit nicht wahrgenommen würden" (ebd.). Beim „Flatterecho" macht sich Meyer-Eppler die Versatzzeit zwischen Aufnahme- und Wiedergabekopf der Tonbandmaschinen zunutze:

> Durch Rückkopplung des Hörkopfes der Wiedergabemaschine auf den Sprechkopf einer Aufnahmemaschine lassen sich, wenn man die Aufnahme danach sofort wieder abspielt, periodisch wiederholte Echos von abnehmender Stärke elektronisch erzeugen. Erzeugt man Echos mit größerem Abstand, entstehen Klangformen vom Kanontypus, wie sie Meyer-Eppler in den letzten Beispielen des Bands *M* vorführte. (Ebd., S. 194)

Die Dominanz von Tonbandtechniken als bevorzugte Mittel der Klangmodulation und -erforschung sticht aus dem Tonband *M* deutlich hervor. Dass es sich bei der Aufnahme auch um das letzte datierte Experimentaltonband Meyer-Epplers (1953) aus Elena Ungeheuers gewählten Untersuchungszeitraum der „Frühzeit elektronischer Musik" (ebd., S. 155) handelt, ist dabei nicht von minderem Interesse. Es bildet den Abschluss der Vorgeschichte bzw. der ‚Erfindung' der Elektronischen Musik durch Meyer-Eppler, die der offiziellen Geburt mit der Vorführung der „sieben ersten elektronischen Stücke" am 19. Oktober 1954, vorausgeht. Bei ihrer Einteilung der

Arbeitsphasen in „kompositionstheoretische Etappen" (ebd., S. 199) ordnet Ungeheuer das Tonband *M* Meyer-Epplers vierter Phase zu, die sich durch stärkere terminologische Abgrenzungen der Elektronischen Musik entsprechend der Eingrenzung des Forschungs- und Kompositionsgegenstands auf „schwingende Elektronen" (ebd., S. 206) sowie durch eine Annäherung an die Begrifflichkeiten der Dodekaphonie auszeichnet (vgl. ebd.).

Diese abschließende, theoretische Einordnung der zurückliegenden Klangexperimente unter Rückbezug auf seine eigene „Theorie der elektrischen Klangerzeugung" von 1949 koinzidiert mit einer arbeitstechnischen Konzentration auf den Bereich magnetophoner Postproduktion – sie fällt also zusammen mit einer Fokussierung der nachträglichen Verformbarkeit des elektronischen Materials. Mithilfe „aktivierter Magnetbandtechnik" (Humpert 1987, S. 64) lassen sich typische kompositorische Bearbeitungstechniken der Dodekaphonie (wie z. B. die Krebsform) auf elektrische Schwingungen anwenden und mit dem Phantasma einer ‚authentischen', interpret*innenbefreiten, omnipotenten Kompositionsweise durch unmittelbare Aufschreibung[92] kombinieren. Die Vielfalt der potentiellen Formung, die sich in der praktischen Tonbandarbeit offenbart, macht Signale so *ex post* zu einem eigenständigen Material, das den zeitgenössischen Anforderungen angemessen und der Schallformung gegenüber sogar überlegen erscheint.

Gleichzeitig wird bei genauer Betrachtung der tonbandinformierten Klangforschung Meyer-Epplers noch einmal deutlich, dass er mit seinen Experimenten ein doppeltes Anliegen verfolgt: Zum einen versucht er, wie eben dargelegt, elektronische Schwingungen zeitgenössischen Komponist*innen zuträglich zu machen. Zum anderen, und hier ergibt sich eine bisher in der Forschung wenig beachtete Parallele zu der Arbeit Pierre Schaeffers, geht es ihm bei seinem hörenden Forschen (das zugleich ein forschendes Hören ist) auch um eine Erkundung der „Klangwahrnehmung" (Ungeheuer 1992, S. 211).

3.2.5 Erforschung der Klangwahrnehmung: Parallelen zwischen Meyer-Eppler und Schaeffer

Bereits in den ersten Kapiteln seiner Monografie zur elektrischen Klangerzeugung von 1949 befasst sich Meyer-Eppler mit den „Eigenschaften des Gehörs" (S. 9), der „Umwandlung von Schall in Klangempfindungen" (S. 12) sowie mit „Klirrverzerrungen im Ohr" (S. 20). Erste Spuren dieser Beschäftigung mit den

---

[92] Der Begriff der Einschreibung wird an dieser Stelle explizit vermieden und durch Aufschreibung ersetzt, da dieser den medientechnischen Spezifika der Tonbandtechnologie näherkommt.

Wahrnehmungsmodalitäten erkennt Elena Ungeheuer in Meyer-Epplers frühen Forschungstätigkeiten am Phonetischen Institut der Universität Bonn 1947–1949:

> Seine phonetischen Arbeiten eröffnete Meyer-Eppler mit der Erforschung des sogenannten Tonhöhenschreibers. Diese Untersuchungen hatten zum Ziel, den zeitlichen Verlauf der Tonhöhe des gesprochenen Wortes, seine „Melodie", objektiv aus Messungen der Schallfeldgröße abzuleiten, wobei die Tonhöhenaufzeichnung dem vom Ohr vermittelten Eindruck entsprechen sollte. Mit diesem Forschungsprojekt setzte Meyer-Eppler erstmals konsequent seine experimentellen Anordnungen zur Schwingungsanalyse mit Fragen der Klangwahrnehmung und der Hörtheorien in Beziehung. (Ungeheuer 1992, S. 25)

Die Verschiebung des Forschungsbereichs von der physikalischen Akustik zur semantischen Phonetik rückt die menschliche Klangwahrnehmung bzw. die Differenz zwischen Schallereignis und -empfindung in den Mittelpunkt seiner Arbeit. Wenn Meyer-Eppler elektrische Schwingungen und ihre kompositorische Verwendung untersucht, geht es ihm – trotz aller Mühen, ein Bearbeitungsverfahren jenseits des Schallstadiums zu entwickeln – auch um die Wahrnehmung elektronischer Klänge.

Wie Pierre Schaeffer nutzt Werner Meyer-Eppler damit Tonbandtechnologie, um zwei Wissenschaftsobjekte gleichzeitig zu fassen: das zu gestaltende Material (in Schaeffers Fall Klangobjekte und in Meyer-Epplers Fall elektrische Ströme) sowie die Wahrnehmung desselben. Ähnlich wie Schaeffer in seinem *Traité des objets musicaux* interessieren auch Meyer-Eppler die spezifischen Klangwahrnehmungsmodalitäten und er sucht nach Möglichkeiten, die Übereinstimmungen und Differenzen „zwischen den physikalisch-akustischen Vorgängen [...] und den akustischen Empfindungsqualitäten" (Meyer-Eppler 1954b, S. 30) adäquat zu analysieren und zu beschreiben. Hierfür übernimmt er zunächst den in der psychologischen Optik verwendeten Begriff der Valenz als Bezeichnung für „diejenige[n] Eigenschaften eines Reizes, die die Gleich- oder Verschiedenartigkeit der Empfindung bedingt" (ebd.).

Zur Untersuchung der Valenz schlägt er eine Untersuchung der akustischen Reize über eine Zeit-Frequenz-Analyse vor, da sich anhand des hierfür erstellen Zeit-Frequenz-Spektrums (Abb. 11) bei Anpassung des Analyseintervalls entsprechend der Ohreigenschaften bis zu einem gewissen Grad auch die Hörempfindung darstellen lasse (vgl. ebd., S. 31). Trotz unterschiedlicher Herleitung erinnert Meyer-Epplers dreidimensionales Zeit-Frequenz-Spektrum dabei an Schaeffers Referenztrieder („Trihedron of Reference", hier: Abb. 12), mit welchem er in *À la recherche d'une musique concrète* die drei Klangdimensionen (Pegel, Tonhöhe und -dauer) darzustellen versucht (vgl. Schaeffer (1952) 2012, S. 215).[93]

---

[93] Obwohl Meyer-Eppler in dem korrespondierenden Artikel von 1954 (b) sich an einer Stelle auf Schaeffers Unterscheidung von Materie und Form bezieht, stellt er ansonsten keine weiteren Verbindungen her.

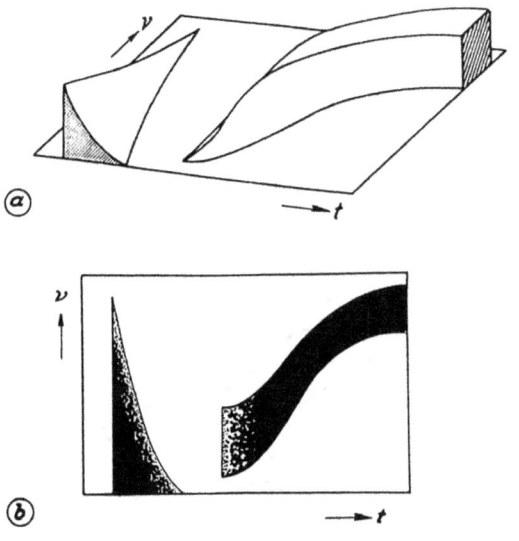

Abb. 2
Zeit-Frequenz-Spektrum:
a) in perspektivischer,
b) in Schwärzungsdarstellung

Abb. 11: Meyer-Epplers Zeit-Frequenz-Spektrum. © Werner Meyer-Eppler.

Sowohl Schaeffer als auch Meyer-Eppler befassen sich also mit den Differenzen zwischen physikalisch messbaren und auf Tonband speicher- und zurichtbaren Schallvorgängen sowie ihren teilweise hörphysiologischen und -psychologisch verzerrten Wahrnehmungskorrelaten, mit dem Unterschied, dass Meyer-Eppler diese Abweichungen als Valenzen und Schaeffer sie als temporale Anamorphosen (vgl. Kapitel zwölf und dreizehn in Schaeffer (1966) 2017, S. 163 ff.) bespricht. Als objektiver Gradmesser der auralen Wahrnehmungskapazitäten kommt bei beiden Tonbandtechnologie zum Einsatz. So bestimmt z. B. Meyer-Eppler die Mindestzeit der separierten Tonerkennung nicht nur in Millisekunden (25 ms), sondern auch in Tonbandzentimetern (1,9 cm bei 76,2 cm/s Bandgeschwindigkeit), als sogenannte „kritische Bandlänge" – „Bandstückchen bis zu dieser Länge können ohne Änderung der Klangempfindung vorwärts oder rückwärts abgespielt werden" (Meyer-Eppler 1954b, S. 32).

Die größte Überschneidung zu Schaeffers Tonbandforschung findet sich schließlich bei Meyer-Epplers Beschreibung der „Frequenzkompression und -expansion" (ebd., S. 36) in der er sich mit den Verschmelzungs- und Separierungseffekten durch Veränderung der Bandgeschwindigkeit befasst. Ähnlich wie Schaeffer, beobachtet

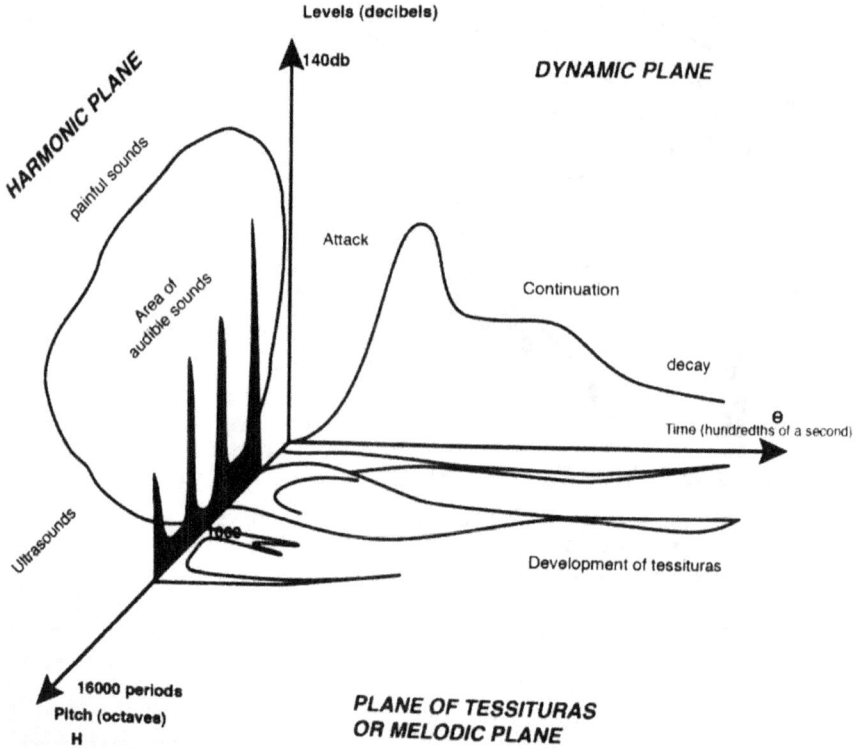

Abb. 12: Schaeffers Referenztrieder der drei Klangdimensionen. © Pierre Schaeffer.

Meyer-Eppler zeitgleich die ästhetischen Veränderungen des Materials bei tonbandtechnischer Transposition sowie die Eigenarten und technischen Defizite des Gehörs:

> Mit einer Frequenzkompression oder -expansion sind [...] Empfindungsänderungen verbunden, die über die Wirkung einer bloßen Frequenztransponierung (im musikwissenschaftlichen Sinn) und Tempoänderung hinausgehen. Eine Erhöhung der Bandgeschwindigkeit bspw. führt nicht nur zu höheren Frequenzen und kürzeren Zeitdauern, sondern auch zu einer stärkeren Betonung der Geräuschkomponente und zu wachsender Verschmelzung. Nichtstationäre Vorgänge rhythmischer Art können auf diese Weise durch Erhöhung der Bandgeschwindigkeit stationär werden, d. h. eine rhythmisch nicht mehr differenzierte Geräuschempfindung hervorrufen. Bei genügender Erhöhung der Bandgeschwindigkeit verwandeln sich schließlich nahezu alle Schallvorgänge in ein zwitscherndes Geräusch. Umgekehrt führt eine Erniedrigung der Bandgeschwindigkeit dazu, daß stationäre Töne, Klänge und Geräusche in nichtstationäre Einzelvorgänge zerfallen, denn das Analyseninterval des Ohres ist dann nicht groß genug, um aus den einzelnen Ereignissen einen zeitunabhängigen Mittelwert bilden zu können. (Ebd., S. 37)

Bei klangtheoretischen Arbeiten mit Tonband scheint das Ohr unweigerlich in den Untersuchungsbereich zu treten – wenn auch nur als negative Differenz. Die Ähnlichkeit der Verfahren und teilweise auch der Erkenntnisse ist selbstverständlich nicht als Gleichsetzung zu verstehen. Schaeffer und Meyer-Eppler verfolgen durchaus unterschiedliche wissenschaftliche Ansätze und Ziele. Vor allem Schaeffers Phänomenologie unterscheidet sich von der primär mathematisch-naturwissenschaftlichen Perspektive Meyer-Epplers (wobei eine strenge Gegenüberstellung beiden Forschern nicht gerecht werden würde). Die Parallelen im Forschungsverfahren sind hingegen augenfällig und liegen in der ähnlichen Einbindung von Tonbandtechnologie in das jeweilige Experimentiersystem begründet. Dass die beiden Forscher häufig in Kontrast zueinander gestellt werden, erscheint daher eher der allgemeinen diskursiven Abgrenzung der Elektronischen Musik von der *Musique Concrète* (und *vice versa*) in den 1950er Jahren geschuldet als tatsächlich inhärent gegensätzlicher Verfahren.

Im Gegensatz zu Schaeffer unternimmt Meyer-Eppler dabei keine ernstgemeinten Kompositionsversuche, sondern versteht sich eher als externer Impulsgeber und sieht seine eigentliche Aufgabe in der Forschung. Nach der ‚Erfindung' der Elektronischen Musik befasst sich der Bonner Phonetiker in den folgenden Jahren primär mit der Verbindung der Informationstheorie und Kybernetik mit der Elektroakustik. 1959 veröffentlicht er hierzu sein letztes Werk *Grundlagen und Anwendungen der Informationstheorie*, bevor er ein Jahr später im Alter von 47 Jahren verstirbt.

3.2.6 Das Studio für Elektronische Musik des WDR

Ohne Meyer-Epplers Tonbandexperimente und seine ersten Systematisierungen des elektronischen Klangmaterials wäre die Gründung des *Studios für Elektronische Musik des WDR* vermutlich nicht zustande gekommen. Wie oben beschrieben, ist Meyer-Eppler bei der Gründungssitzung im Oktober 1951 anwesend und das von ihm entwickelte ‚authentische' Kompositionsverfahren unmittelbar auf Tonband wird im Protokoll argumentativ als ein Novum hervorgehoben, das die Gründung eines Studios rechtfertigt. Technisch-räumlich realisiert wird das Studio jedoch erst im Frühjahr 1953. Bis dahin experimentieren Robert Beyer und Herbert Eimert in einem der Tonträger-Räume der Rundfunkanstalt mit den Aufnahmen von Werner Meyer-Eppler, die er an seinem Institut an der Universität Bonn erstellt hat; das bedeutet primär also die Verarbeitung – das Schneiden, Kleben, Filtern und Kopieren – von Tonbandaufnahmen, ab Mitte 1952 dann auch mit selbstproduziertem (bzw. von WDR-Studiotechniker Heinz Schütz hergestelltem) Klangmaterial (vgl. Morawska-Büngeler 1988, S. 11).

Ergebnis dieser Zusammenarbeit sind das nie veröffentlichte *Spiel für Monochord*, für das Beyer und Eimert Aufnahmen von Meyer-Eppler recyceln und Ausschnitte dodekaphonisch „rhythmisieren" (vgl. Iverson 2019, S. 32) sowie die *Klangstudien I-III*, das Stück *Klang im unbegrenzten Raum* und zwei Versionen von *Ostinate Figuren und Rhythmus*, alle aus dem Jahre 1952 (vgl. Morawska-Büngeler 1988, S. 103). Wie Jennifer Iverson aufzeigt, „kannibalisieren" Beyer und Eimert für *Klangstudie II* sowie für *Klang im unbegrenzten Raum* ein Stück von Heinz Schütz, das den Titel *Morgenröte* trägt und im Archiv des Studios für Elektronische Musik mit der Laufnummer 0 geführt wird, und verbinden es mit Melochordaufnahmen (vgl. Iverson 2019, S. 40 ff.).[94] Beyer und Eimert erstellen also keine neuen elektronischen Klänge im engeren Sinne, sondern montieren für ihre ersten Stücke bloß vorhandenes elektronisches Material; ein Umstand, den Karlheinz Stockhausen bereits bei seinem Eintritt in das Studio im Juni 1953 in einem Brief an Karel Goeyvaerts kritisch kommentiert:

> Seit ungefähr einer Woche bin ich im Studio. Noch gehen die Apparate nicht richtig, und niemand hat Erfahrung. Denke zunächst bitte nicht, Dr. Eimert und [Robert] Beyer hätten die Klänge selbst gemacht. Ein Techniker vom Funk hat als Amateur synthetische Klänge gemacht, und die haben Eimert + Beyer verwandt ... (Karlheinz Stockhausen in einem Brief an Karel Goeyvaerts zwischen dem 08. und 17. Juni 1953 (undatiert), zit. nach Misch und Delaere 2017, S. 130)

Als Forschungsgegenstand für die kompositorisch-künstlerische Verwendung von Tonbandtechnologie sind die frühen elektronischen Werke Beyers und Eimerts hingegen äußerst ergiebig, verdeutlichen sie doch die Erkundungen des elektronischen Klangmaterials, insbesondere über Schnitt und Montage. Einmal mehr zeigt sich zudem eine interessante Parallele zu den anfänglichen Klangexperimenten Pierre Schaeffers, der seine ersten Studien ebenfalls mit Aufnahmen aus dem Hörspielarchiv des RTF anstellt (vgl. Kapitel 3.1 in dieser Arbeit).

In ihrer vergleichenden Analyse der Stücke zeigt Jennifer Iverson, dass Beyer und Eimert in *Klangstudie II* diverse Ausschnitte aus *Morgenröte* neu arrangieren und mit den Klängen und Filtern eines *Melochords* fusionieren, um so ihre Klangfarbe zu verändern (vgl. Iverson 2019, S. 40 ff.): Auf die anfängliche dreifache Variation eines sirenenartigen, um eine Tonstufe pendelndem Dreiklangs (TC 00:00:00–00:00:40) folgt die vierfache Klangfarbenmodifikation einer Dreitonsequenz mit hinzugefügtem Sinustonblubbern („Sine tone ‚bubbles'" (ebd., S. 43); TC 00:00:40–

---

[94] Neben seiner Arbeit für das Studio für Elektronische Musik von 1952–1956 hat Schütz beim WDR auch Science-Fiction-Hörspiele produziert, u. a. *Das Unternehmen der Wega* (1955), das mit den Sätzen „Hier Abteilung Morgenröte. Präsident bereit. Sendet Geheimbericht ‚Unternehmen Wega'" beginnt (vgl. ebd.).

00:00:57). Hiernach werden die drei Motive (Sirenendreiklang, Dreitonsequenz und Sinustonblubbern) übereinandergeschichtet und verzerrt. Nach dieser in klassischer Terminologie als Durchführung zu bezeichnenden Passage (TC 00:00:57–00:02:24) folgt ein ebenfalls aus *Morgenröte* entnommener *drone* (00:02:24–00:02:52) sowie ein vermutlich auf dem Monochord gespielter, windähnlicher Pfeifklang, der mit verschiedenen Klangeffekten und *Morgenröte*-Ausschnitten verbunden wird, vor allem aber erneut mit dem Sinustonblubbern und Verzerrungen (00:02:52–00:04:14). Am Ende des Stückes (00:04:14–00:04:28) erklingt, als eine Art Reprise, wieder das Sirenenmotiv und wird, wie das gesamte Stück, bis zur Unkenntlichkeit hin verzerrt (vgl. ebd., S. 42 f.).

Die Verarbeitung von Schütz' *Morgenröte* zu *Klangstudie II* (und zu *Klang im unbegrenzten Raum*) versteht Iverson als einen Sublimierungsakt Beyers und Eimerts, bei dem die Komponisten die für sie eigentlich ästhetisch subordinären Hörspiel-Soundeffekte in eine formalästhetische Ordnung der Hochkultur überführen und so rationalisieren (vgl. ebd., S. 47). Beyer und Eimert scheinen sich also um eine Befreiung elektronischer Klänge aus narrativen, für sie profanen Radioformaten zu bemühen – eine Weihung des elektronischen Musikmaterials. Die Aneignung der vormals unwürdigen Klangwelt erfolgt durch Montage, also durch De- und Rekontextualisierung, und durch variierte Wiederholung, bei der die Eigenmaterialität und Formbarkeit der Klänge und die Ebene der Klangfarbe in den Vordergrund gestellt wird. Das handwerklich-technisch Verfahren ist dabei ironischerweise identisch mit dem der als subaltern betrachteten *Musique Concrète* und besteht primär aus der „Montage von Klangeffekten" (Eimert 1954c, S. 44), wobei nach der Ansicht Eimerts der zentrale Unterschied, neben der von Meyer-Eppler übernommenen Exklusivsetzung elektrischer Signale, sicherlich in der Montage „im Sinne der musikalischen Tradition" (ebd.) besteht, die er Schaeffers Arbeiten gerade abspricht.

Deutlich ist bei den frühen Werken aber auch das sequenzielle Bearbeiten und Herausstellen von Klangfarbe, deren elektroakustische Handhabung Robert Beyer bereits in den 1920er Jahren hypostasiert (vgl. Beyer 1928, S. 26 ff.), sowie ein hiermit verbundenes (fast schon propädeutisches) vergleichendes Hören. Auch dieses erinnert an die Klang(er)forschungen Pierre Schaeffers, mit dem Unterschied, dass hier das variierte Wiederholen der Klänge weniger im Dienste einer eidetischen Reduktion zur Herausstellung eines invarianten Klangobjekts steht, sondern vielmehr die Bearbeitbarkeit des fetischisierten elektronischen Klangmaterials demonstriert und damit seine künstlerische Daseins- und Verwendungsberechtigung auch im Bereich ‚ernster' Musik manifestiert. Damit ist die *Klangstudie II* in doppeltem Sinne als Materialstudie zu betrachten: Erstens als Demonstration der Klangfarbenvielfalt und Wandelbarkeit elektronischer Klänge – hier besteht große Ähnlichkeit zu den Experimentaltonbändern Meyer-Epplers – und zweitens als beispielhafter Versuch,

Klänge konkret kompositorisch zu Werken zusammenzufügen, als eine Art Nachweis, der bezeugt, dass traditionell-kompositorische Prinzipien potentiell anwendbar sind und ‚ernsthaftes' musikalisches Arbeiten möglich ist.

Zur Aufführung kommen die „nach rein auditiven Kriterien entstandenen" (Morawska-Büngeler 1988, S. 12) Klangstudien von Beyer und Eimert am 26. Mai 1953 im großen Sendesaal des Kölner Funkhauses beim *Neuen Musikfest*, welches häufig als „Geburtsdatum der elektronischen Musik" (Ruschkowski 2019, S. 236) bezeichnet wird. Gerahmt von drei Vorträgen zur elektronischen Musik treffen die Werke hier auf große Aufmerksamkeit bei Publikum und Fachpresse (vgl. Morawska-Büngeler 1988, S. 12). Im Programmheft heben Herbert Eimert und Robert Beyer noch einmal die kompositionstechnische Unterscheidung zur *Musique Concrète* explizit hervor:

> Im Gegensatz zur „Musique Concrète", die mit Mikrofonaufnahmen arbeitet, verwendet die elektronische Musik ausschließlich Klänge elektro-akustischer Herkunft. Der Klang wird durch einen Klangerzeuger hergestellt und auf dem Tonband festgehalten; erst dann erfolgt seine Verarbeitung mit Hilfe sehr umständlicher und differenzierter Bandmanipulationen. Die so erzeugte Musik, die eine neue, bisher nicht bekannte Welt des Klangs erschließt, hat nichts mit der „elektronischen Musik" der Musikinstrumente-Industrie zu tun. (Eimert und Beyer 1953, zit. nach Humpert 1987, S. 30)

Den eigenen Worten widersprechend behauptet Herbert Eimert jedoch 1955, dass erst die Aufführung der sogenannten „sieben Stücke" bei einem Konzert am 19. Oktober 1954 im Kölner Funkhaus die erste Vorführung elektronischer Musik darstellt (vgl. Eimert 1955, S. 8) – vermutlich, da diese Stücke das elektronische Klangmaterial auch seriell organisieren, womit geschlussfolgert werden kann, dass Eimert zumindest retrospektiv die Gemeinschaftswerke mit Beyer eher als Materialstudien und weniger als vollständige Werke versteht. Kurz nach dem gemeinsamen Konzert im Mai 1953 trennen sich schließlich auch die Wege der beiden Komponisten, nachdem, wie Helmut Kirchmeyer postuliert, Eimert die zwischen beiden stehende Grundfrage nach der Öffnung des Studios auch jenseits des WDR für sich entscheidet und Beyer, der es als eine „Rundfunkangelegenheit für Rundfunkredakteure und Rundfunkprogramme" (Kirchmeyer 1998, S. 9) betrachtete, das Studio verlässt.[95] Die erzielte Öffnung des elektronischen Studios ermöglicht Eimert wiederum die Einstellung des damals erst 24-jährigen Karlheinz Stockhausen als „halbfester[r] künstlerische[r] Mitarbeiter" (ebd.), der, wie aus dem oben zitierten Briefwechsel mit Karel Goeyvaerts hervorgeht, im Juni 1953 vor allem noch mit teil-

---

95 André Ruschkowski sieht den Trennungsgrund dementgegen primär in formalästhetischen Differenzen begründet, da Beyer Eimerts Primat serieller Musikorganisation nicht teilte und dieses sogar gegenteilig als Verengung des Potentials elektronischer Klangerzeugung empfand (vgl. Ruschkowski 2019, S. 237).

weise dysfunktionalem Equipment im frisch eingerichteten Studio „im Vorraum des Studios II des Kammermusiksaales" (Morawska-Büngeler 1988, S. 13) zu kämpfen hat.

Eine Übersicht der Ausstattung des Studios findet sich in Marietta Morawska-Büngelers Dokumentation des Studios *Schwingende Elektronen* von 1988 (vgl. S. 32 ff.). Ein Gros der Informationen und Abbildungen stammen dabei aus einem Artikel des Studiotechnikers Fritz Enkel in den *Technischen Hausmitteilungen des NWDR* aus dem Jahre 1954, in welchem er primär die mit den technischen Geräten verbundenen Klanggestaltungsmöglichkeiten darlegt. Den beiden Darstellungen zufolge umfasst die erste technische Einrichtung nebst eines von Friedrich Trautwein konstruierten elektronischen Monochords (vgl. Trautwein 1954) und eines *Melochords*, das von Harald Bode gebaut wurde (vgl. Bode 1954), ein vierspuriges Magnetfilm-Laufwerk der Firma Albrecht, ein einspuriges *Telefunken*-Tonbandgerät (*T8*) sowie ein Kofferton-bandgerät der AEG (vgl. Morawska-Büngeler 1988, S. 32 f.).

Zu Beginn seiner Abhandlung über die technische Einrichtung und handwerklich-künstlerischen Prozesse im Studio für Elektronische Musik erläutert Enkel das leitgebende „Prinzipschema" (1954, S. 8) zur Herstellung elektronischer Musik. Seine hierfür erstellte Grafik (Abb. 13) erinnert stark an kybernetische Zeichnungen und wird von Sekundärliteratur zum WDR-Studio immer wieder aufgegriffen (vgl. u. a. Morawska-Büngeler 1988, S. 34 sowie Humpert 1987, S. 31). In seiner Skizze beschreibt Enkel (v. l. n. r.) die möglichen Inputs, Transformationen und Outputs der elektronischen Musik. Tonbandtechnik kommt bei diesem Produktionsprozess im Bereich der Transformation in Form der „Frequenzbandspreizung und -schrumpfung" sowie auf der Output-Seite (rechts) in Form des „Vierspuren-Magnetofon[s]" und des „Einspur-Magnetofon[s]" (Enkel 1954, S. 8) zur Anwendung.

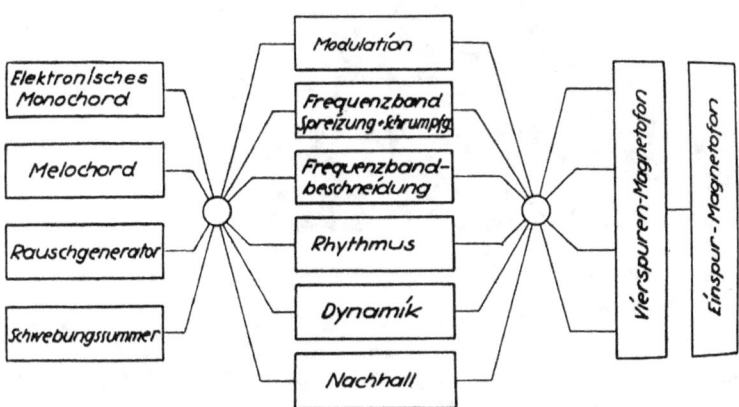

Abb. 13: Prinzipschema des Studios für elektronische Musik. © Fritz Enkel.

„Zur Frequenzbandschrumpfung und -spreizung wird ein älteres umgebautes AEG-Laufwerk (B-Gerät) verwendet" (ebd., S. 10), das „Vierspur-Magnetofon" ist das von Morawska-Büngeler erwähnte Gerät der Firma Albrecht und das „Einspur-Magnetofon" das monophone AEG *Telefunken T8*. Letztgenanntes ist ein gewöhnliches, Ende der 1940er Jahre entwickeltes Studiogerät mit fester Bandgeschwindigkeit (76,2 cm/s), auf das im Folgenden nicht näher eingegangen wird. Das Gerät der Firma Albrecht, nach Thom Holmes eines der ersten Vierspurgeräte der Welt, sowie der *Tonschreiber b* (das AEG B-Gerät) werden hingegen ausführlich beschrieben, da sich an ihrem Ge- und Missbrauch die besondere technoästhetische Rolle von aktivierter Tonbandtechnologie für die Herstellung elektronischer Musik ablesen lässt. Da es sich beim *Tonschreiber b* um das erste Tonbandgerät handelt, das mithilfe eines rotierenden Tonkopfs Tonhöhe und -länge unabhängig voneinander transponieren kann, erfolgt zudem an dieser Stelle ein längerer Exkurs zu den hiermit verbundenen audioästhetischen und -epistemischen Implikationen.

3.2.7 Die verschalteten *Magnetton-Bandspieler MB 2*

Abb. 14: Die erste technische Einrichtung des Studios für elektronische Musik. Links die zwei Magnetton-Bandspieler. © NWDR.

Bei ihren Beschreibungen der vierspurigen Magnetfilm-Apparaturen im Studio geben weder Fritz Enkel 1954 noch Marietta Morawska-Büngeler 1988 genaue Auskunft über Herkunft und Gerätetypen der Maschinen, abgesehen von Morawska-Büngelers Erwähnung der „Firma Albrecht" (S. 33), womit die *Mechanischen Werk-*

stätten *Wilhelm Albrecht* (MWA) gemeint sind. Ein Abgleich der von beiden verwendeten Fotografien der ersten Studioeinrichtung (Abb. 14) mit den Gerätetypen der Firma Albrecht deutet darauf hin, dass es sich bei den Magnetfilm-Apparaten wahrscheinlich um zwei *Magnetton-Bandspieler MB 2* handelt (Abb. 15).

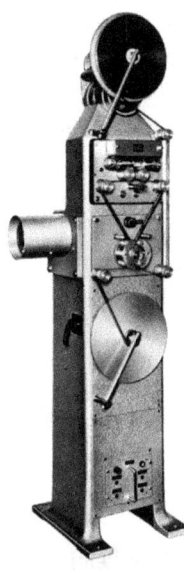

Abb. 15: Der *MB 2*. © Wilhelm Albrecht GmbH.

Im Frühjahr 1950 entwickelt die MWA im Auftrag der *Ufa* das erste Laufwerk zur Aufnahme und Wiedergabe von Magnetfilm – die *Magnetton-Kamera MTK 1* –, die den „Beginn des Magnetfilm-Zeitalters in der synchronen Tonaufnahmetechnik" (Kieß 1990, S. 279) markiert. Die Tonaufzeichnung erfolgt bei diesem Gerät auf perforiertem, „gesplittete[m] 35-mm-Material, das heißt 17,5mm breite[m] Magnetfilm" (Kieß 1965, S. 80). Die erste Verwendung des MTK 1 erfolgt bei der *Ufa* für die deutsche Synchronisation des englischen Films „Die seidene Schlinge" (vgl. ebd.).

> Die „MTK 1" war so das erste Laufwerk der Welt, das speziell für die Anforderungen der Magnetfilmtechnik konstruiert und gebaut worden ist. Die mit diesem Gerät erreichten Resultate blieben für lange Zeit Maßstab für die Entwicklung solcher Geräte. Noch heute [1965, MH] wird die 1950 gelieferte „MTK 1" in den Tempelhofer Studios im Aufnahmebetrieb eingesetzt. Bald nach der „MTK 1" entwickelte die Firma W. Albrecht die kleinere und leichtere Ausführung „MTK 4" [...]. Dieses Laufwerk hat die allgemeine Einführung des Magnetfilms in die deutsche Studiotechnik entscheidend beeinflußt. (Ebd., S. 81)

Zur Mischung und Überspielung der Magnetfilm-Aufnahmen konstruiert die Firma Albrecht Anfang 1952 ergänzend ein spezielles Wiedergabe-Laufwerk – den säulenförmigen *Magnetton-Bandspieler MB 2* (vgl. Kieß 1990, S. 279). Die Konstruktion „in Bausteintechnik" sowie die Möglichkeit, den Antrieb „für alle bekannten Verkopplungssysteme ein[zu]richten und [...] dem jeweiligen Anwendungsfall leicht anzupassen" (Kieß 1965, S. 81), macht das Gerät schnell attraktiv für eine Vielzahl von Anwendungsbereichen. Laut Prospekt des Herstellers von 1970 „können bis zu fünf Bandspielereinheiten zu einem Geräteblock mit gemeinsamen [sic!] Antrieb zusammengebaut werden" (Wilhelm Albrecht Mechanische Werkstätten GmbH 1970, o. S.). Die so verschaltbaren *MB 2*-Säulen und die Nachfolgemodelle *MB 3* bis *MB 51* kommen über die Jahrzehnte bis in die 1990er Jahre in Film- und Fernsehstudios flächendeckend zum Einsatz.

Mit den *MB 2* erhalten folglich technische Geräte in das Kölner elektronische Studio Einzug, die ursprünglich zur nachträglichen Filmtonmischung, -überspielung und Synchronisation entwickelt wurden. Die zwei angeschafften Bandspieler, die jeweils über zwei Spuren verfügen, werden so zu einem Vierspurgerät verschaltet und, wie der Artikel zur Studioeinrichtung von Fritz Enkel zeigt, auch als ein solches (im Singular) bezeichnet.

> Die Handhabung des Vierspurmagnettongeräts wird so durchgeführt, daß jeweils drei besprochene Spuren auf die vierte übertragen werden. Die frei gewordenen Spuren können dann neu beaufschlagt werden, so daß auf diese Weise beliebig viele Schichten zusammengestellt werden können. (Enkel 1954, S. 13)

Das von Meyer-Eppler entwickelte Schichtverfahren zur Herstellung elektronischer Musik trifft mit den zu einem Vierspurgerät verschalteten Magnetfilm-Bandspielern auf technisch optimierte Bedingungen, mithilfe derer sich mehrere „Schichten unabhängig voneinander" (ebd.) aufzeichnen lassen. Die Verwendung des eigentlich in der Musikproduktion unüblichen perforierten Tonfilms ermöglicht hierbei, zusammen mit dem gemeinsamen Antrieb der beiden Maschinen, eine optimierte Synchronisation der Tonspuren, die in diesem Ausmaß zu dieser Zeit keines der im Rundfunk gängigen Tonbandgeräte ermöglicht.[96] Erst nach Fertigstellung der Schichten auf Magnetfilm werden „alle Spuren gemeinsam auf ein normales Magnetofon umgespielt" (ebd.).

Grundlage für die (kultur-)technische Weiterentwicklung der elektronischen Musik ist damit ein Wechsel des Anwendungsbereichs einer eigentlich für die Filmproduktion entwickelten Maschine durch den erfindungsreichen Techniker

---

[96] Ein weiterer Vorteil der Verwendung der Magnetfilm-Bandspieler von MWA lag sicherlich auch darin, dass die hierfür benötigten perforierten 17,5 mm Magnetfilmbänder im nahegelegenen Leverkusen von der *Agfa AG* hergestellt wurden (vgl. Kieß, 1990, S. 279).

Fritz Enkel, dessen Rolle im Kölner Studio Thom Holmes mit derjenigen Jacques Poullins beim GRM vergleicht (vgl. Holmes 2020, S. 236). Zweckentfremdungen dieser Art versteht Richard Sennett in seiner Abhandlung zum Handwerk als Techniken zur Schaffung von Materialbewusstsein.

> Die Metamorphose, die den Herstellenden wohl am stärksten drängt, bewusst an der Form festzuhalten, ist der „Wechsel des Anwendungsbereichs". Von einem Wechsel des Anwendungsbereichs wollen wir dann sprechen, wenn ein für einen bestimmten Zweck gedachtes Werkzeug auch für andere Zwecke eingesetzt oder ein in einer bestimmten Praxis handlungsleitendes Prinzip auf eine andere Tätigkeit übertragen wird. [...] Beim Wechsel des Anwendungsbereichs werden [...] Grenzen zwischen verschiedenen Bereichen überschritten. (Sennett 2008b, S. 173)

Obwohl der Wechsel des Anwendungsbereichs im vorliegenden Fall keine wesentliche technische Veränderung darstellt – schließlich handelt es sich in beiden Fällen um Magnettonverfahren –, produziert der Missbrauch von Filmgerät dennoch einen produktiven Überschuss; allein schon dadurch, dass die in der Filmproduktion angewandten Montage-, Mischungs- und Synchronisierungsverfahren mit der elektronischen Musikherstellung in Zusammenhang gebracht werden. Gerade die Arbeit mit perforiertem Film und die modulare Bauweise der Geräte unter der Maxime der Synchronisierung kommen den Anforderungen des Studios entgegen und fördern die vom Filmschnitt inspirierte Montage und das von Meyer-Eppler angestoßene Denken in Schichten.[97] Der Wechsel des Anwendungsbereichs ist in diesem Sinne ein nicht zu vernachlässigender Transfer künstlerischer Bearbeitungstechniken, der Einfluss auf die Vorstellungen der Eigenschaften und Formbarkeit des Klangmaterials nimmt.

3.2.8 Vom AEG *Tonschreiber b* zum *Tempophon*

Der AEG *Tonschreiber b* (Abb. 16) ist sicherlich eines der, wenn nicht sogar das medienkultur- und musikhistorisch interessanteste Tonbandgerät, das jemals gebaut wurde; zumindest wenn man seinen charakteristischen Rotationskopf zur Tonhöhenregulierung (Abb. 17) als technischen Prototypen des in den 1950er Jahren von Anton Marian Springer konstruierten *Tempophons* versteht.[98] Vor der Prämisse, dass die Technologien der Klangbe- und -verarbeitung auch das kompositorische Denken beeinflussen, erscheint der Umstand, dass ausgerechnet dieses

---

97 Auf die Relevanz der Perforation (die bei regulären Magnetbändern nicht vorhanden ist) sowie des gemeinsamen Antriebs der Maschinen weist Enkel in seinem Artikel zur Studioeinrichtung explizit hin (vgl. Enkel 1954, S. 13).
98 Teile dieses Kapitels finden sich in stark gekürzter Form in Haberer 2018 wieder.

Abb. 16: Der AEG *Tonschreiber b*. © George Shuklin.

Koffertonbandgerät (das einzige mit der Option zur Tonhöhentransposition) zur Anfangsausstattung des Studios für elektronische Musik gehört, mehr als nur eine Randnotiz.

Abb. 17: Die Tonhöhenregulierung des *Tonschreiber b*. © George Shuklin.

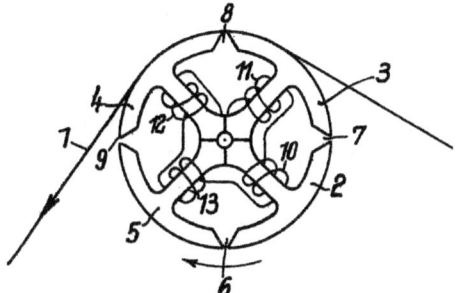

Abb. 18: Schematische Darstellung des Rotationskopfes im *Tonschreiber b*.
© Eduard Schüller.

Herzstück und Alleinstellungsmerkmal des B-Geräts ist der von Eduard Schüller 1938 zum Patent beantragte „Hörkopf zum Abtasten von Magnetogrammen mit gegenüber der Aufnahmegeschwindigkeit veränderter Wiedergabegeschwindigkeit". Der hier beschriebene Tonkopf besteht aus vier Abtastspulen, denen jeweils vier Abtastspalten zugeordnet sind, die sich in gleichem Abstand zueinander am Umfang eines Rotationskörpers befinden (Abb. 18). „Der Drehsinn des Hörkopfes ist der Bewegungsrichtung des Magnetogrammträgers entgegengesetzt" (Schüller 1938, S. 2). Durch den Rotationskopf können Abschnitte eines Tonbandes wiederholt wiedergegeben (bei höherer Rotations- als Bandgeschwindigkeit) oder auch übersprungen werden (bei langsamerer Rotations- als Bandgeschwindigkeit). In Kombination mit einer stufenlos regulierbaren Bandgeschwindigkeit ermöglicht Schüllers Hörkopf dadurch die voneinander unabhängige Transposition von Tonhöhe und -länge, viele Jahre vor Iannis Xenakis' Granularsynthese (vgl. Roads 1988).

1939 konstruiert die AEG nach diesem Prinzip für die Wehrmacht den für den Feldeinsatz ausgelegten *Tonschreiber b*. Die Bandmaschine wird von einem Vier-Motoren-Laufwerk betrieben, hat den oben beschriebenen Rotationskopf fest verbaut und verfügt über eine veränderliche Bandgeschwindigkeit zwischen 9 und 120 cm/s. Verwendung findet das Gerät primär als „Horchgerät" zum Abhören von Schnelltelegrafiesignalen und Funksprüchen, die durch Verlangsamung (ohne Tonhöhentransposition) einfacher abgeschrieben werden können (vgl. Engel et al. 2013, S. 139).

> Dieses Grundprinzip wurde genutzt, um etwa Funksignale, die per Schnelltelegrafie gesendet worden waren, mittels Verlangsamung zu dechiffrieren. Dazu wurde das mit hoher Bandgeschwindigkeit aufgenommene Signal mit langsamerer Bandgeschwindigkeit abgespielt. Nun wäre normalerweise die Frequenz des eigentlichen Signals, z. B. eines Funkspruch [sic!], so niedrig, dass es allenfalls schwer zu verstehen gewesen wäre. Der Dehnerkopf transponierte das Signal in einen höheren, im besten Fall den ursprünglichen Frequenzbereich, so dass es einfacher zu erkennen war. (Ebd., S. 145)

Die erfindungstechnischen Ursprünge des Rotationskopfes sind durch das von Schüller angemeldete Patent vergleichsweise gut dokumentiert, wohingegen die Verbreitung des Gerätes in der Nachkriegszeit vergleichsweise unklar erscheint. Ein *Tonschreiber b* gelangte laut Friedrich Engel et al. nach Ende des Zweiten Weltkrieges in die Studios des Bayerischen Rundfunks. Wie bereits beschrieben, gelangt ein weiteres Gerät in das Studio für Elektronische Musik des Westdeutschen Rundfunks „zur Transposition und Verfremdung von elektronisch erzeugten Klängen" (ebd.).

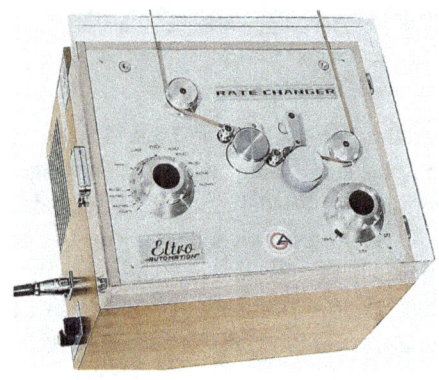

Abb. 19: Das *Tempophon*. © Infotronic Systems, Inc.

Der endgültige „Missbrauch von Heeresgerät" (Kittler 2002) erfolgt in den 1950er und 1960er Jahren durch den Ingenieur Anton Marian Springer, der Schüllers ‚Dehnerkopf' zu einem Vorbaugerät zur Klangtransposition weiterentwickelt, das er *Tempophon* nennt (Abb. 19). Zwischen 1951 und 1961 reicht Springer „für die AEG-Beteiligungsgesellschaft Telefonbau und Normalzeit, Frankfurt, zehn Patente an, die um das Thema Laufzeitregelung von Magnettonaufnahmen kreis[]en" (Engel et al. 2013, S. 146). Die erste Vorführung des Laufzeit- und Tonhöhenreglers erfolgt 1953 beim ersten *International Congress for Acoustics* in Delft (vgl. Voigtschild, Sterne und Mills 2020), an dem u. a. auch Werner Meyer-Eppler mit einem Vortrag über die „sinnvolle Anwendung elektronischer Musikinstrumente" (Ungeheuer 1992, S. 153) teilnimmt.[99] Den „akustischen Zeitregler" (Springer 1955) konstruiert Springer noch während seiner Anstellung im „Acoustical Laboratory" (Voigtschild, Sterne und Mills 2020) der *Telefonbau und Normalzeit GmbH*. Ab 1962 wird er technisch-wissenschaftlicher Mitarbeiter und Leiter der Abteilung „Informationswandlung" der „Gesellschaft für Strahlungstechnik" *Eltro GmbH* in Heidelberg (Eltro GmbH und Springer 1962), die in der Folge Springers Erfindung unter dem Namen *Tempophon* produziert und vertreibt. In den USA wird das Gerät zunächst als *MLR 38/15 Tempo Regulator* und ab 1966 als *Eltro Information Rate Changer Mark II* über *Gotham Audio Corporation* bzw. *Infotronic Systems Inc.* vertrieben. Als Hersteller

---

[99] Ob Meyer-Eppler Springers Vortrag zum Laufzeitregler gehört hat, ist nicht näher bekannt.

wird hier stets *Eltro Automation GmbH, Heidelberg, West Germany*, angegeben (vgl. Gotham Audio Corporation 1966).

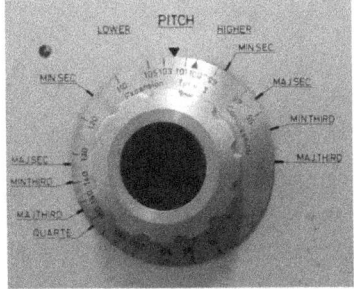

Abb. 20: Drehknopf zur Tonhöhenregulierung. © Fabio Ferrarini.

Das *Tempophon* (gelegentlich auch Springermaschine, Tonhöhenregler, Zeitregler oder Laufzeitregler genannt) ist ein Einzelgerät, das als Geräteerweiterung zwischen die Spulen eines Tonbandgerätes eingespannt wird und so den Bandlauf am rotierenden Kopf von außen regeln kann (Abb. 21). Durch Variation der Rotationsgeschwindigkeit des Tonkopfes und der Bandgeschwindigkeit können, ähnlich wie bei Schüllers Dehnerkopf, Teile des Bandes ausgelassen oder doppelt abgespielt werden, wodurch z. B. die Tonhöhe unabhängig von der Abspielgeschwindigkeit verändert werden kann (vgl. Humpert 1987, S. 88 f.).

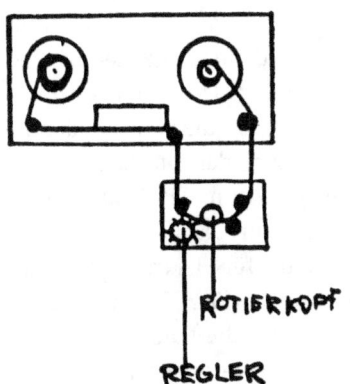

Abb. 21: Schematische Darstellung Tonbandgerät + *Tempophon*. © Hans-Ulrich Humpert.

Der zentrale Unterschied des *Tempophons* zum *Tonschreiber b* liegt nun nicht nur darin, dass beim *Tonschreiber* der Rotationskopf fest verbaut ist, sondern dass Springers neukonzipierter Laufzeit- und Tonlagenregler es außerdem ermöglicht, „anhaltende Signale wie Sprache oder Musik mit weniger Verzerrungen als der *Tonschreiber* zu manipulieren" (Voigtschild, Sterne und Mills 2020 [Übersetzung

MH]). Die Qualitätsverbesserung wird primär durch eine Änderung am Dehnerkopf erreicht, deren Notwendigkeit gleichsam eine Erklärung dafür liefert, warum der rotierende Hörkopf des *Tonschreiber b* im Studio für Elektronische Musik keine (nachweisliche) Anwendung findet:

> Es war bereits während des Krieges von Interesse, dass gewisse Nachrichten gedehnt oder gerafft werden sollten. Es hat sich aber, und das möchte ich ausdrücklich betonen, bei dem von der AEG entwickelten Gerät darum gehandelt, ganz einfache Informationen, also z. B. Morsezeichen usw., zu dehnen und zu raffen, wobei der Antrieb für den Hörkopf separat war und für die Tonwalze separat war. Nun hatte auch seinerzeit Herr Dr. Schüller von der AEG, und vor ihm übrigens, das muss ich immer wieder so sagen, sonderbarerweise die Japaner, die Idee für einen besonderen Hörkopf vorweggenommen. Und zwar, nach dem heutigen Stand der Technik, kann ich ehrlich sagen, dass beide dieser Hörköpfe sich niemals dafür geeignet hätten, kontinuierliche Modulation zu raffen oder zu dehnen oder irgendwie umzuschalten. Der AEG-Kopf hatte nämlich zwar auch am Umfang eines Kopfes vier Einzelköpfchen, aber diese Einzelköpfchen gingen je an einzelne Kollektor[en], also an Abschnitte, und infolge dessen wurde immer elektrisch umgeschaltet von einem Kopf auf den anderen Kopf. Dass das natürlich zu gewissen Störungen Anlass gibt, und Sie können sich ja vorstellen, dass wenn ich abschalte mitten an einer Amplitude, muss es knacken, dann geschieht ja irgendetwas. Und diesen Nachteil haben wir sehr bald erkannt und infolgedessen vollkommen andere Köpfe entworfen, die sich störungsfrei bewährt haben. (Springer 1961, TC 00:09:03–00:10:34)

Das von Springer beschriebene stetige Knacken beim Umschalten der vier Abtastspulen des *Tonschreiber b* hat die Tonhöhenregulierung mithilfe des Rotationskopfes folglich recht unattraktiv für musikalische Anwendungen gemacht. So weist Enkel in seinem Bericht zur technischen Einrichtung des Studios 1954 auch an keiner Stelle auf Schüllers Rotationskopf im *Tonschreiber* hin, während die „gleitenden Bandgeschwindigkeiten" des AEG-Geräts explizit genannt werden (vgl. Enkel 1954, S. 10).

Springers Weiterentwicklung des Rotationskopfes macht die voneinander unabhängige Laufzeit- und Tonhöhenregulierung schließlich der musikalisch-kompositorischen Arbeit zuträglich und das *Tempophon* gelangt in den 1960er Jahren in zahlreiche der heute kanonischen Tonstudios Westeuropas (vgl. Voigtschild, Sterne und Mills 2020). Darunter auch in das WDR-Studio für Elektronische Musik in Köln. In Herbert Eimerts *Epitaph für Aikichi Kuboyama* (1962) findet das Gerät seine bekannteste Anwendung. Dabei macht Eimert nicht die Funktion der Tonhöhen- bzw. Tempoveränderung produktiv, die ab einer Veränderung von 25 % zu Qualitätsverlusten führt, sondern ein nach Hans Ulrich Humpert „im Bauplan des Gerätes gar nicht vorgesehen[es]" (1987, S. 88) Verfahren:[100]

---

100 Dass Springer diese Geräteverwendung nicht vorgesehen hat, ist stark anzuzweifeln, da er selbst in einem Aufsatz von 1955 auf diese Funktion der unendlichen Dehnung hinweist (vgl. Springer 1955, S. 33).

[D]as Tonband steht still und wird an einer einzigen Stelle durch die 4 Tonköpfe des Rotierkopfes abgetastet. Auf diese Weise ist es möglich, kürzeste Klangerscheinungen wie die Explosivlaute der Sprache in Permanenz erklingen zu lassen. (Ebd., S. 88 f.)

Für das ausschließlich aus Sprachaufnahmen bestehende *Epitaph* nutzt Eimert dieses Verfahren, um die aufgenommenen Klänge auf vielfältige Weise zu bearbeiten und zu verfremden und den „allgegenwärtigen Dualismus zwischen Wort und Klang" aufzuheben und Sprache als „klangliche[n] Vorgang" der Musik zu offenbaren (ebd., S. 166).

1967 benutzen auch die *Beach Boys* einen *Eltro Information Rate Changer*, um in ihrem Stück „She's Going Bald" die Gesangsspuren ohne Tempoverlust künstlich nach oben zu transponieren (vgl. Wilson 2016). Wie Wendy Carlos in einem Blogeintrag anmerkt, wird der *Rate Changer* zudem 1968 zur Sonifizierung des schleichenden Abschaltprozesses der Künstlichen Intelligenz *HAL9000* in Stanley Kubricks Science-Fiction-Film *2001: A Space Odyssey* verwendet.

During the scene in which Dave (Keir Dullea) „lobotomizes" HAL, you'll easily hear how the tempo of Rain's [Actor Douglas Rain, MH] voice becomes slowly expanded and pitch-shifted gradually downwards. Actually, his entire performance as HAL has a mild amount of time stretching (no alteration of pitch) going on, as Stanley confided to me. I told him I hadn't noticed it before, and he smiled: „it was about 10-20%, rather subtle." But that was enough to enhance Rain's performance with a slightly more measured quality. It's in the final HAL scene that the Eltro effect is cranked way up. „We did that in two passes", Kubrick quietly explained. One pass gradually dropped HALs pitch down to almost zero, remaining at a constant speed. The other pass gradually stretched it out in time, but not as extreme, as HAL sang „Daisy, Daisy" (Bicycle Built For Two by Harry Dacre). And indeed, you couldn't do this simply by slowing down a regular tape recording, as many pundits have since wrongly guessed (to reach the final low pitch, the tempo would crawl to a near-stop). (Carlos 2008)

Wie Fabian Voigtschild, Jonathan Sterne und Mara Mills in ihrem gemeinsamen Essay zu Springers „Time and Pitch Regulator" (2020) andeuten, findet das *Tempophon* aber nicht nur künstlerische Verwendungen, sondern beeinflusst vor allem auch die Vorstellungen und Konzeptionen von Sound und Zeit selbst, bspw. in den Schriften Iannis Xenakis', Karlheinz Stockhausens und Pierre Schaeffers – wie genau das Gerät die Konzeptionen beeinflusst, wird hingegen leider nicht weiter ausgeführt. Dass das *Tempophon* überhaupt erst in das Blickfeld der Komponist*innen gelangt und audio-ästhetisch sowie sound- und zeitkonzeptionell reflektiert wird, hängt mit Springers breitgefächerten Bemühungen zusammen, seine Erfindung über Vorträge und Publikationen – auch in musikwissenschaftlichen Fachzeitschriften – bekannt zu machen. So findet sich z. B. in der ersten Ausgabe von Hermann Scherchens *Gravesaner Blätter* 1955 neben Aufsätzen von Iannis Xenakis und Werner Meyer-Eppler auch ein Beitrag von Anton Springer mit dem Titel „Ein akustischer Zeitregler", in welchem er die technischen und hörphysiologischen Grundlagen für die Tondehnung und -raffung seiner Erfindung näher erläutert. Demnach funktioniere die durch das *Tempophon* erreichte tonhöhenunabhängige Verlangsamung oder Beschleunigung einer Aufnahme nur aufgrund der vergleichsweisen Unempfindlichkeit des Ohres gegenüber geringfügigen Phasensprüngen. Im eigentlichen, schalltechnischen Sinne wird die Aufnahme nämlich nicht verlangsamt oder beschleunigt, sondern gedehnt oder gerafft. Der hierfür notwendige Eingriff in die materielle Integrität des Klangmaterials – die Wiederholung oder Auslöschung einzelner Bandabschnitte – wird „innerhalb von 30 % der Schallaufnahmezeit" (Springer 1955, S. 32) nicht als solcher wahrgenommen, sondern als einfache tonhöhenunabhängige Tempoveränderung. Das *Tempophon* macht sich folglich eine hörphysiologische „Mangeleigenschaft" (Springer 1961, TC 00:00:13–00:01:29) des Ohres zu eigen und ermöglicht erst hierdurch die nach „allen Regeln der Schallaufnahmetechnik" (Springer 1955, S. 32) eigentlich unmögliche Parametertrennung.[101]

Das Unterlaufen der menschlichen Zeitwahrnehmung versteht Friedrich Kittler als eine Grundeigenschaft technischer Medien (vgl. Kittler 1993, S. 183). In eben diesem Sinne „bestimmen [Medien] unsere Lage" (Kittler 1986, S. 3). So wie beim Film keine 24 Einzelbilder pro Sekunde, sondern Bewegtbilder wahrgenommen werden und das Kino damit „von Anfang an Manipulation der Sehnerven und ihrer Zeit" (ebd., S. 177) ist, manipuliert in auditiver Analogie die Zeitdehnung des *Tempophons* die klangliche (Zeit-)Wahrnehmung. Der „Hybrid-Akteur" (Latour (1999) 2000, S. 218) Tonband-*Tempophon* hört nicht nur, wie vor ihm schon der Phonograph, in höherer Frequenz als träge Menschenohren, sondern macht von dieser Überlegenheit auch produktiv ästhetischen Gebrauch. Die Manipulation des Tonträgers ist in gleichem Maße eine Manipulation der auditiven Wahrnehmung.

Dieser Umstand bringt nicht nur Kittlers Medientypologie, sondern auch seine Sounddefinition ins Wanken. In *Grammophon, Film, Typewriter* (1986) ordnet er phonographische Klangmedien dem Lacan'schen Realen und Bewegtbildmedien dem

---

[101] In einem Vortrag in Gravesano 1961 berichtet Springer von einer Begegnung mit dem Elektrotechniker Karl Kupfmüller auf einer Mathematikertagung 1953, die die für das *Tempophon* notwendige Diskrepanz zwischen Schallereignis und Hörempfindung noch einmal anschaulich hervorhebt: „[B]ei einer Mathematikertagung 1953, als wir das erste Mal so ein Modell [der Prototyp des *Tempophons*, MH] bereits fertig hatten, haben wir [Anton Springer und Karl Kupfmüller, MH] einmal darüber gesprochen und der Herr Kupfmüller hat mir gesagt: ‚Herr Springer, da haben sich schon viel berühmtere Leute darum bemüht, das geht nie'. Und ich habe ihm gesagt: ‚Ja, aber bei uns geht es aber schon', und da kam er am nächsten Tag und sagte: ‚Also theoretisch darf es nicht gehen' Das hängt eben damit zusammen, Herr Kupfmüller ist ja ein Theoretiker, nicht wahr, das hängt eben damit zusammen, weil doch da hier Vorgänge vorgehen, mit denen man normalerweise mit dem menschlichen Ohr ja nicht rechnet, und das sind eben die Phasensprünge" (Springer 1961, TC 00:14:19–00:14:58).

Imaginären zu – „Phonographie und Spielfilm stehen zueinander wie Reales und Imaginäres“ (S. 183). Das Tonband wird in beiden Abschnitten thematisiert, jedoch primär als eine grammophonische Technologie verstanden, die Sound, also das soundtechnische Reale – „das Unaufschreibbare an der Musik und unmittelbar ihre Technik“ (Kittler 1984, S. 142) – aufzeichnen und manipulieren kann (vgl. Kittler 1986, S. 163 ff.). Der Medienwechsel von Wachswalzen und Schellackplatten zu schneid- und klebbaren Plastikbändern fusioniert die Aufzeichnung des (soundtechnisch) Realen mit den imaginär-phantastischen Montagetechniken des Films. Im Unterschied zum Film werden hier jedoch keine Einzelbilder, die sich erst in der imaginären Wahrnehmung zu einem Bilderfluss verbinden, also keine von vornherein diskreten „Abtastungen, Ausschnitte, Selektionen“ (ebd., S. 182) montiert, sondern, zumindest im Kittler'schen Verständnis, der kontinuierliche Sounddatenfluss. Die „Zerhackung oder [der] Schnitt im Realen“ (ebd., S. 187) wird beim Tonband erst nachträglich beigeführt, um die beim Film unumgängliche, medienontologische „Verschmelzung [...] im Imaginären“ (ebd.) künstlich und künstlerisch herbeizuführen.

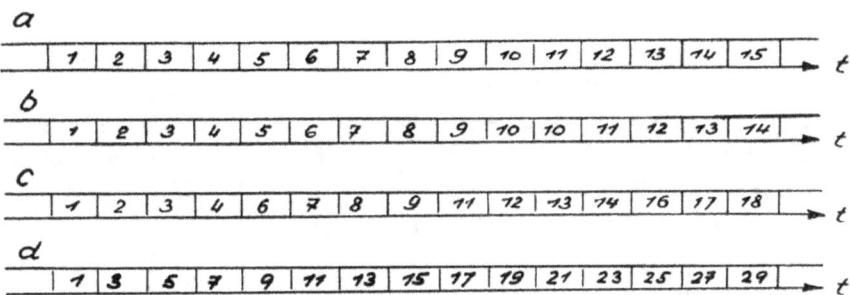

a
1 2 3 4 5 6 7 8 9 10 11 12 13 14 15 t
b
1 2 3 4 5 6 7 8 9 10 10 11 12 13 14 t
c
1 2 3 4 6 7 8 9 11 12 13 14 16 17 18 t
d
1 3 5 7 9 11 13 15 17 19 21 23 25 27 29 t
Abb. 2 Abtastung der Tonspur bei verschiedenen Graden von zeitlicher Dehnung und Raffung:
a) die Tonspur in Einzelabschnitte geteilt
b) zeitliche Dehnung um 10% jedes 10. Tonspurstück wiederholt
c) zeitliche Raffung um 20%, jedes 5. Tonspurstück ist übersprungen
d) zeitliche Raffung um 50%, jedes 2. Tonspurstück ist übersprungen

Abb. 22: Springers Darstellung der Bandabtastung des Rotationshörkopfes bei verschiedenen Geschwindigkeiten. © Anton Marian Springer.

Das *Tempophon* impliziert hingegen ein anderes Sound- und Tonaufzeichnungsverständnis. Durch die explizite Bewirtschaftung psychoakustischer Höreigenschaften ist Klang hier immer schon wahrgenommenes Gehörtes und damit auch Imaginäres. Nach der „Wahrheit“ (Kittler 2013) und „Medientheorie des Mediums“ (Engell 2014) *Tempophon* ist Sound, entgegen der Kittler'schen Definition, nicht die das Subjekt affizierende, genuin zeitliche, äußere akustische Wirklichkeit – nicht das Lacan'sche Reale –, sondern entsteht erst in der (Klang-)Wahrnehmung des Subjekts selbst. Das *Tempophon* behandelt Klang nicht (mehr) als „vibrational force" (Goodman 2010, S. 81) ‚da draußen', sondern als „ein Produkt der menschlichen Sinne" (Sterne 2003, S. 11 [Übersetzung MH]).

Eine genaue Betrachtung des medientechnischen Prinzips der Dehnung und Raffung durch den Rotationskopf birgt weiterführende Erkenntnisse, durch die sich das *Tempophon* schließlich als proto-digitale Technologie verstehen lässt. In dem bereits zitierten Artikel von 1955 beschreibt Anton Springer die Größenveränderung der abgetasteten Bandabschnitte, die bei entsprechender Variation der Bandlauf- und/oder Rotationsgeschwindigkeit des Hörkopfes entstehen. Die von ihm hierfür erstellte erläuternde Grafik teilt das Tonband in (vermeintlich) gleichgroße Abschnitte ein (Abb. 22).

Die hier unter b) erläuterte Dehnung um 10 % ist zwar anschaulich, jedoch auch etwas irreführend, denn die Extension wird über die Wiederholung des zehnten Abschnitts angezeigt. Richtiger wäre, dass sich jeder der Abschnitte um 10 % vergrößert. Anschaulich und präzise – und für die folgende Argumentationsführung relevant – ist die bei d) dargestellte Raffung um 50 %, bei der nur jedes zweite Tonspurstück ausgelesen wird. In Verbindung mit dem Wissen um die vier sich abwechselnden Abtastspalten des Rotationskopfes weisen die Darstellungen a) und d) darauf hin, dass nicht nur Springer das Tonband, primär aus didaktischen Gründen, in diskrete Abschnitte einteilt, sondern auch das *Tempophon* selbst. So ließe sich jeder der aufgeführten Abschnitte der Darstellungen a) und d) einer der vier Hörspalten zuordnen: Die erste Spalte des Rotationskopfes würde bei a) die Abschnitte 1, 5, 9 und 13 und bei d) die Abschnitte 1, 9, 17 und 25 abtasten; die zweite Spalte bei a) die Abschnitte 2, 6, 10 und 14 und bei b) 3, 11, 19, 27 usw. Zwar wird die vom Tonband ausgelesene Information am Ende als kontinuierliches Signal wieder ausgegeben, der Abtastprozess ist jedoch in vier Teile aufgespalten. Die zahlenmäßige Aufteilung in Abschnitte erfolgt daher nicht nur im Theoretischen, sie ist nicht bloß eine Verbildlichung der Dehnung und Raffung, sondern auch in der technischen Praxis. Die abschnittsweise Aufspaltung des Tonbands durch den Rotationskopf lässt sich daher als eine Form der Digitalisierung desselben verstehen – als „diskrete Abtastungen zu möglichst gleichabständigen Zeitpunkten" (Kittler 1993, S. 185), als „separation of a formerly indistinguishable mass into separate lumps" (Galloway 2014, S. xxix; vgl. auch S. 51 ff.). Dadurch, dass das *Tempophon* auch wieder ein kontinuierliches Signal ausgibt, d. h. analog synthetisiert,[102] handelt es sich im Kittler'schen Sinne bei der Verbindung *Tempophon*-Tonband

---

102 „The analog brings together heterogenous elements into identity, producing a relation of nondistinction" (ebd., S. xxix; vgl. auch S. 56 ff.).

also um einen Analog/Digital-Hybriden, ein „technisches Dispositiv[, das] auf *verschiedenen* Ebenen zugleich analog und digital" (Schröter 2004, S. 23) ist.

Das *Tempophon*, und konzeptionell auch schon Schüllers Dehnerkopf, impliziert damit ein digitalisiertes Verständnis des Tonbandes – und damit auch der Klanganalyse und -bearbeitung. Ein solches Verständnis diskreter Tonbandabschnitte, eine derartige „Digitalisierung des Realen" (Galloway 2014, S. 12 [Übersetzung MH]), ist eine zentrale Affordanz nicht nur des *Tempophons* sondern der Tonbandtechnik im Allgemeinen – vor allem vor dem Hintergrund serieller und stochastischer Kompositionen im 20. Jahrhundert. Das „Denken" des *Tempophons* und das Denken der Serialist*innen überlagert sich an dieser entscheidenden Stelle. Tonbänder lassen sich nicht nur binär magnetisieren und/oder auf mikroskopischer Ebene hinsichtlich ihrer diskreten bzw. diskontinuierlichen Eisenoxid-Partikel untersuchen,[103] sondern auch im kulturtechnischen Sinne als proto-digitale Medien verstehen.

Dies zeigt nicht zuletzt eine Parallele zum wesentlich später entwickelten MP3-Format, das sich auf ähnliche Weise wie das *Tempophon* die Toleranz des Hörsinns zu Nutze macht, um Klangdaten zu raffen bzw. zu komprimieren. Das MP3-Format ist ein in den 1990er Jahren vornehmlich am *Fraunhofer Institut* entwickelter Audiokompressionsstandard der *Moving Picture Experts Group* (MPEG) – eine 1988 von einem Konglomerat aus Elektrotechnik- und Kommunikationsindustrie gegründete Expertengruppe zur Entwicklung standardisierter Dateiformate. Das MP3-Verfahren reduziert die Größe von Audiodaten mittels verlustbehafteter Kompression und verbessert sowie standardisiert den Austausch von Audio Files in Umgebungen mit beschränkter Bandbreite wie z. B. dem Internet. Die Datenkompression basiert auf einem psychoakustischen Modell des Hörens und entfernt diejenigen Datenanteile, die für die Klangwahrnehmung unbedeutsam erscheinen – das Format imitiert in diesem Sinne das auf laute Umgebungen optimierte, filternde Hören des Subjekts und nutzt es für seine Zwecke aus (vgl. Sterne 2006a, S. 828).

> As a form of data compression, the most compelling part of the mp3 is the psychoacoustic model encoded within it. To personify the technology, it presumes that the sense of hearing discards most of the sound that it encounters, attempting to imitate the process by which the human body discards soundwaves in the process of perception. It preemptively discards data in the soundfile that it anticipates the body will discard later, resulting in a smaller file. (Ebd., S. 833)

Das implizit waltende Soundkonzept der MP3-Technologie ist – wie schon zuvor beim *Tempophon* – nicht ein Verständnis von Klang als etwas ‚da draußen', son-

---

[103] „[A]nalogue tape is just as discontinuous as the 0s and 1s in digital storage" (Sterne 2006b, S. 340 f.).

dern von Klang als ein vom Subjekt in der Wahrnehmung hergestelltes auditives Phänomen. Wie Jonathan Sterne in seiner Analyse des MP3-Formats als kulturelles Artefakt resümierend feststellt, spielt folglich nicht nur der*die Hörer*in MP3-Dateien ab, sondern das MP3-Verfahren bespielt umgekehrt auch den*die Hörer*in, indem es selbst nur noch einen Teil der Klanginformation enthält und den Rest der Arbeit auf die Körper (respektive das auditorische System) der Hörer*innen auslagert. „The mp3 plays its listener" (ebd., S. 835).

MP3 ist damit eine Form von „perceptual coding" (Sterne 2012a, S. 92 ff.), eine (informationstechnische) Bewirtschaftung der Hörwahrnehmung. Obwohl der Terminus erst in den 1980er/1990er Jahren Verbreitung findet, verwendet Jonathan Sterne ihn in seiner Abhandlung zur kulturellen Bedeutung des MP3-Formats absichtlich anachronistisch auch für prädigitale Technologien, die Kybernetik und Psychoakustik verbinden und „Hören als ein Problem von Information" (ebd., S. 20 [Übersetzung MH]) verstehen, wie z. B. das Telefon oder den Vocoder. Konzeptionell habe sich *perceptual coding* demzufolge aus einer Überlagerung von Klang-, Stimm-, Hör-, Signal- und Geräuschvorstellungen Mitte des 20. Jahrhunderts ergeben, im Speziellen aus der Verbindung einer prädiktiven Theorie von Klangverdeckungen, die dem Ohr eine aktive, klangkonstituierende Rolle zuschreibt, mit Computertechnologie in (künstlerischen) Soundzusammenhängen und einer positiven Aneignung bzw. Domestizierung von *noise* (vgl. ebd., S. 94). Vor allem die psychoakustische Verdeckung von Klängen und die Vorstellung eines klangkonstituierenden Hörens resoniert mit der Medienpraxis des *Tempophons*. Der Nachvollzug des audiotechnischen Prinzips des Geräts indiziert und verfestigt ein aktives Verständnis des Ohres bei der Klangwahrnehmung. Genealogisch kann das *Tempophon* daher sicherlich auch als eine Art *percpeptual coding* verstanden werden und auch als tonbandtechnischer Vorläufer der MP3-Kompression.[104]

Anfang der 1960er Jahre gehört das *Tempophon* zur Grundausstattung der meisten elektronischen Studios Europas, nachweislich u. a. im Studio für Elektronische Musik des WDR, im Studio der GRM in Paris, im *Studio di fonologia musicale di Radio Milano* und im BBC *Radiophonic Workshop*. Trotz seiner vergleichsweise selten dokumentierten künstlerischen Anwendung hat das *Tempophon* hier, wie Jonathan Sterne und Mara Mills 2020 in ihrem Artikel „Second Rate: Tempo Regulation, Helium Speech, and ‚Information Overload'" darlegen, erheblichen Einfluss auf die Reflexion von Klang- und Zeitkonzepten durch zeitgenössische Komponist*innen, angefangen mit Vladimir Ussachevsky, der das Gerät während seines Europaaufenthalts 1957, der

---

[104] Dass Springer sein Gerät selbst auch als eine Form der Informationskompression versteht, macht z. B. eine Werbeanzeige von 1963 deutlich, die in einem Artikel von Springer mitabgedruckt ist und in der das Verfahren nicht als Raffung und Dehnung, sondern Englisch als „Compression" und „Expansion" bezeichnet wird (vgl. Springer 1963, S. 471).

Vermutung der Autor*innen nach in Hermann Scherchens Studio, kennenlernt und feststellt, dass der Erfolg der Maschine in gewissem Maße von der Natur des Klangs abhängen müsse (vgl. Ussachevsky 1958, S. 204). Gerade in Kombination mit Shannons Informationstheorie befördert das Gerät Sterne und Mills zufolge unter Komponist*innen die experimentelle Reflexion des Zusammenhangs von Klang und Zeit und Phantasmen extensiver und mikroskopischer Klangbeherrschung. Demnach lasse sich z. B. Iannis Xenakis' Entwurf der Granularsynthese – vor allem die Theorie elementarer Klangpartikel – mit der Klangzerlegung und -zusammensetzung des *Tempophons* zusammendenken (vgl. Sterne und Mills 2020). In seinem Streichquartett *Adieu* (1966) imitiert Karlheinz Stockhausen sogar die technische Funktionsweise des Gerätes, insbesondere die Dauerabtastung eines Klangabschnitts bei Bandstillstand durch den Rotationskopf:

> „The work imitates ‚live' manipulation of a ‚dead' tape recording," Stockhausen said. „Often, the listener has the impression of listening to a tape that has jammed, freezing the continuity of the music, and abruptly suspending the perception of time, an effect capable in theory of being produced by the rotating-head ‚Springer-machine' in the Cologne studio." Stockhausen produced what he called a „right angle" effect, which is immediately audible after the first three notes and sets the tone for the time distortions that occur throughout the piece. Stockhausen later claimed the basis of his method was the independence of time and pitch: „If we were to take any given sound and stretch it out in time to such an extent that it lasted twenty minutes instead of one second, then what we have is a musical piece whose large-scale form in time is the expansion of the micro-acoustic time-structure of the original sound." In other words, through his experience with the Tempophon, Stockhausen came to understand time as a variable for sound and composition, a material with which to work. (Ebd.)

Das *Tempophon* lässt sich also als ein ‚anregendes Werkzeug' (vgl. Sennett 2008b, S. 259 ff.) verstehen, das die Klangwahrnehmung sowie die Täuschung derselben in den Vordergrund stellt und zum Nachdenken über die materielle Beschaffenheit und das (Zeit-)Wesen von Klang anregt. Springers Maschine stellt traditionelle Klangkonzepte infrage und verdeutlicht bzw. performiert und objektiviert die Spaltung zwischen außerweltlicher, akustischer Schwingung und innerweltlicher, auditiver Klangerfahrung. Es konfrontiert den*die Hörer*in mit dieser Differenz, mit diesem klangontologischen Schnitt, und verdeutlicht dem*der Komponist*in, dass Letzteres nicht nur das eigentlich zu formende künstlerische Material ausmacht, sondern, dass der Zugriff auf das Erste durch (tempophonisierte) Tonbandtechnologie, Letzteres kontrolliert gestaltbar macht.

Der Umgang mit dem rotierenden Abtastkopf ist eine Form klangmateriellen Engagements, das in dieser Ausprägung erst mit der Vollendung der Technologie durch Anton Springer Mitte der 1950er Jahre verwirklicht wird. Wie oben beschrieben, wird der zur Grundausstattung des Studios für elektronische Musik gehörende

Tonschreiber b aufgrund der übertönenden Störgeräusche aller Wahrscheinlichkeit nach nicht in dieser Weise kompositorisch oder audioanalytisch verwendet. Extensiv genutzt wird in den Anfangsjahren des Studios für Elektronische Musik hingegen die in kleinen Stufen variierbare Bandgeschwindigkeit des *Tonschreibers*, u. a. zur „Frequenzschrumpfung und -spreizung" (Enkel 1954, S. 10), durch die sich v. a. Ein- und Ausschwingvorgänge modulieren sowie „Nachhallzeiten von extremer Dauer" (ebd.) herstellen lassen. Nichtsdestotrotz kann davon ausgegangen werden, dass den Technikern des Studios und auch den Komponist*innen vor Ort das Prinzip des Rotationskopfes in Grundzügen vertraut war, denn der Rotationskopf war nun einmal in das Gerät fest verbaut und der Knopf zur Regelung der Tonhöhe deutlich sichtbar angebracht (vgl. Abb. 17).

Insgesamt spielt Magnetbandtechnik im WDR-Studio damit eine herausragende Rolle – sowohl ästhetisch, als primäres Werkzeug der Klangtransformation und als den Kompositionsprozess bestimmende Speichertechnologie, als auch klangepistemisch und -analytisch, als technologisches Objekt im Rheinberger'schen Sinne, als Fassung, in der Klangphänomene auftreten, sich wandeln lassen, reflektiert und verstanden werden. Für Hans Ulrich Humpert, Leiter des *Studios für elektronische Musik der Musikhochschule Köln* von 1972 bis 2007, stellt Magnetbandtechnik daher auch die „unverzichtbare technische Basis" und „die äußere Existenz der elektronischen Musik dar, ohne die es sie nicht gäbe" (Humpert 1987, S. 57). Schließlich verändert die multiple Anwendung der Magnettontechnik als Zwischen- und Realisationsmedium auch den gesamten Arbeits- und Kompositionsprozess. Zwar geht den meisten Kompositionen der Elektronischen Musik weiterhin eine auf Papier angefertigte Kompositionsskizze voraus, doch der Großteil der aufgewendeten Zeit wird damit verbracht, das Kompositionsmaterial auf dem Tonband (häufig mit manipulierten Tonbandgeräten) zu bearbeiten.

3.2.9 Ton-Band-Transformation: Klangver- und -bearbeitung auf und mit Magnetband im Studio für Elektronische Musik

In Adaption einiger bereits im Rundfunk etablierter Schnitt- und Montagetechniken entwickeln die im Studio für Elektronische Musik tätigen Techniker – in den Anfangsjahren v. a. Heinz Schütz und Fritz Enkel – eine Vielzahl spezialisierter Tonbandanwendungen und -manipulationen zur Be- und Verarbeitung des elektronischen Klangmaterials. Das basalste Mittel zur Klangveränderung ist hierbei der **Bandschnitt**, durch den das flexible und bearbeitungsfreudige Tonband aufgeschnitten und danach mit Klebeband neu zusammengefügt werden kann. Der Schnitt ermöglicht nicht nur die Re-Kompilierung des aufgenommenen Klangmaterials, sondern auch Klangveränderungen durch die jeweils angewandte Schnitttechnik: „ein gerader Schnitt im Winkel von 90° läßt einen Klangvorgang hart, manchmal sogar knallend einsetzen, aus mehr oder weniger schrägen Schnitten resultieren weichere Einsätze oder Übergänge" (ebd., S. 64). In dem Artikel „Zur Technik des Magnettonbandes" erläutern Fritz Enkel und Heinz Schütz 1954 die handwerklichen Herausforderungen präziser Bandschnitte und die im Laufe der Zeit entwickelten, vielfältigen Möglichkeiten, Tonband zu schneiden und zu montieren (vgl. S. 17 f.). Die Schnittpräzision lasse sich bspw. durch „das Umspielen [des Tonbands] auf eine höhere Bandgeschwindigkeit" (ebd.) erhöhen, da sich hier die Bandfläche- bzw. länge pro Sekunde vergrößere. Etwas mehr Übung erfordere der folgende Kunstgriff zur Auffindung einer bestimmten Bandstelle:

> Die zu schneidende Stelle wird in die Umgebung des Hörkopfes gebracht, wobei das ruhende Band durch ruckartiges Ziehen von Hand eine hörbare Wiedergabespannung erzeugt, die bei einiger Übung als zum akustischen Bild des Vorgangs gehörend zu erkennen ist. Die so gefundene Bandstelle kann dann über dem Hörkopfspalt durch einen Bleistiftstrich markiert und leicht geschnitten werden. (Ebd.)

Für das Abmessen von Bandlängen empfehlen Enkel und Schütz „eine Millimeterteilung auf den Umlenkrollen der Laufwerke" (ebd.) und für das Montieren der Bandabschnitte die „Verwendung des selbstklebenden Scotch-Bandes" (ebd., S. 18),[105] das hinter, nicht auf das Band geklebt wird. Schließlich erwähnen sie als kreatives Mittel zur rhythmischen Modulation das „Einkleben von Leerband" zwischen die verschiedenen Bandstreifen oder alternativ „die Beseitigung der Magnetschicht bei Schichtbändern an den entsprechenden Bandstellen durch ein Lösemittel" (ebd.). Durch das „Einschneiden und Beschneiden der Bänder vom Rand her" (ebd.) und das anschließende Hinterkleben des ‚verstümmelten' Bandes mit Weißband, könne Einfluss auf die Dynamik einer Aufnahme genommen werden und ließen sich verschiedene Hüllkurven erstellen (vgl. ebd.).

Eine weitere Bearbeitungstechnik ist die **Bandschleife**, bei der das Tonband an beiden Enden zusammengeklebt und mithilfe einer mobilen Umlenkrolle in Dauerschleife durch das Bandgerät geführt wird. Alternativ zur mobilen Umlenkrolle kann auch ein sogenanntes Schleifenbrett verwendet werden, auf dem diverse verschiebbare Umlenkrollen montiert sind, wodurch die Schleifenlänge ohne großen Aufwand verändert werden kann. Die Verwendung von Bandschleifen ermöglicht darüber hinaus, dieselbe Bandstelle mehrfach zu bespielen und so Klänge übereinander zu schichten (vgl. Humpert 1987, S. 65 f.). Enkel und Schütz begreifen Bandschleifen als „unentbehrliches und vielseitig verwendbares Hilfs-

---

[105] Diese Aussage steht in Widerspruch zu Morawska-Büngelers Darstellung der frühen Montagepraktiken der Elektronischen Musik, nach der zu dieser Zeit Tonband mit „Flüssigklebstoff" geklebt wurde (vgl. 1988, S. 43).

mittel [...] zur Auslösung von Steuervorgängen oder zur beliebig häufigen Wiederholung von Kompositionsausschnitten" (1954, S. 16).

Eine andere Bearbeitungstechnik, die ebenfalls bereits von Schaeffer bei seinen Experimenten auf Acetatplatten angewendet wird, ist das rückläufige Abspielen der Tonaufnahmen, bzw. im Fall der Tonbandmanipulation die **Umkehrung der Bandlaufrichtung**. In der Kompositionslehre ist diese Technik bereits unter der Bezeichnung Krebs bekannt, allerdings mit dem entscheidenden Unterschied, dass in der kompositorischen Tradition lediglich Tonhöhe und -länge rückwärts notiert werden. Beim technischen Krebsgang werden durch das Tonbandgerät hingegen sämtliche Parameter (bspw. auch Crescendi und Glissandi) richtungsverkehrt abgespielt (vgl. Humpert 1987, S. 66).

Beim **Dauerkopierverfahren** werden zwei Tonbandgeräte und ein Tongenerator zusammengeschlossen, um auf relativ einfache Art und Weise dichte Klangfelder zu verwirklichen. „Das Bandgerät [A] nimmt einen einzelnen Ton des Generators auf, der anschließend auf das Gerät B überspielt wird; dieses schickt den Ton wieder zurück an Gerät A, das gleichzeitig einen neuen Ton vom Generator aufnimmt usw." (ebd., S. 68). Die Tonqualität erfährt hierbei kaum Einbußen, weshalb das Dauerkopierverfahren bei Kompositionen der Elektronischen Musik häufig der oben genannten Bandschleife vorgezogen wird. Mithilfe dieses Verfahrens kann zudem ein sogenanntes ‚stehendes Glissando' erzeugt werden. Dieser Klangeffekt ergibt sich automatisch, wenn einige Dauerkopierschichten aufgenommen werden und das Hinzukommen weiterer Töne nicht den Intervallraum verändert, sondern stattdessen „eine vom Glissando herrührende innere Drehbewegung" (ebd., S. 69) erzeugt.

Ähnlich dem Dauerkopierverfahren werden auch beim **Magnethall** zwei Tonbandgeräte zusammengeschaltet. Hierbei nimmt Tonbandgerät A den auf Tonbandgerät B gespeicherten Klang (Mindestdauer etwa eine halbe Sekunde) auf, gibt die Reproduktion danach am eigenen, wenige Zentimeter versetzten Wiedergabekopf wieder und schickt dieses Signal schließlich verstärkt erneut in den eigenen Aufnahmekopf. Hierdurch entsteht zunächst ein Flatterecho, welches nach einiger Wiederholung des Verfahrens jedoch zu Klängen führt, „in denen unvermeidlich auftretende Verzerrungen des Bandes und der Verstärker mit dem ursprünglichen Klang verschmelzen und sich zu einem neuen Klang mischen" (ebd., S. 68). Da dieses Verfahren mit Rückkopplungen arbeitet, ist es relativ störanfällig und birgt weitaus größere Risiken als bspw. das Dauerkopierverfahren.

Letztlich kann durch den Zusammenschluss zweier Tonbandgeräte die **Synchronisierung** unterschiedlicher Bandlaufwerke, deren Laufgenauigkeit häufig graduell voneinander abweicht, erwirkt werden. Um die technischen Unvollkommenheiten der Geräte zu überwinden, wird hierfür häufig das sogenannte Wickel-Synchron-Verfahren angewendet, bei dem eines der beiden Laufwerke ausgeschaltet wird und stattdessen die Bänder beider Geräte von nur einem Laufwerk gezogen werden (vgl. ebd., S. 69). Die Synchronisierung von Tonbandgeräten ist bspw. auch dann notwendig, wenn, wie Herbert Eimert in einem enzyklopädischen Artikel zur Elektronischen Musik vorstellt, zwei Geräte mit identischen Tonbändern im Kanon spielen sollen (vgl. Eimert 1954b, S. 1265). Andererseits kann sich die Asynchronität unterschiedlicher Tonbandgerätlaufwerke auch explizit zur Erzeugung sogenannter **Phasenverschiebung** kompositorisch angeeignet werden. Hierbei wird zunächst das gleiche Signal von zwei Tonbandgeräten gleichzeitig aufgenommen. Die marginal variierenden Bandlaufgeschwindigkeiten der Geräte führen dann bei Wiedergabe zu differierenden Phasenlagen des Signals und somit zu Phasenverschiebungen (vgl. Humpert 1987, S. 66 und S. 86 ff.).

Wie die Beschreibung der diversen Tonband-Klangbearbeitungstechniken verdeutlicht, erfordert die Komposition bzw. die Herstellung Elektronischer Musik auf Tonband nicht nur Zeit, sondern vor allem auch handwerkliches Geschick, das erlernt werden muss. Für die Anfangsphase der Elektronischen Musik sind fach- und vor allem tonbandkundige Techniker und Ingenieure, die im Radio- und Hörspielwesen bereits Erfahrungen mit dem Medium gesammelt haben, unverzichtbar. In vielen Darstellungen wird ihre Tätigkeit, ihr Handwerk, im Vergleich zu den Komponisten Eimert, Beyer und Stockhausen marginalisiert – womöglich in Aufrechterhaltung der auch im Studio vorherrschenden Trennung zwischen kompositorischen Künstlern und ausführenden, dienstleistenden Handwerkern. Schütz und Enkel werden in diesem Prozess stets nur als sekundäre *cheirotechna* verstanden. Mehr noch, vor allem für die ersten Werke des Studios, z. B. Eimerts und Beyers *Klangstudie II*, bei der das Gros der Schnitt-, Bearbeitungs- und Montagearbeit vermutlich von Heinz Schütz verrichtet wurde, wird der künstlerische Eigenwert des Tonband-Handwerks quasi unsichtbar gehalten. Selbst die Verwendung der Ausschnitte von Schütz' *Morgenröte* werden nicht als solche gekennzeichnet. Dies ist umso verwunderlicher, da die Umgehung ausführender (das eigene Werk oftmals verzerrender) Interpreten als ein zentraler Imperativ der Elektronischen Musik verstanden wird – ein Versprechen von künstlerischer Unmittelbarkeit, das nur aufrechterhalten werden kann, solange die dazwischengeschalteten Techniker nicht künstlerisch-schaffend verstanden werden, sondern als neutrale Mittler des Komponistenwillens.

Die oben zitierte Anmerkung Karlheinz Stockhausens bei seinem Eintritt in das Studio, aus der hervorgeht, dass Eimert und Beyer die elektronischen Klänge für ihre Studien nicht selbst hergestellt haben, sondern von einem Techniker (Heinz Schütz) stammen, verdeutlicht dieses Rollenverständnis (vgl. Karlheinz Stockhausen in einem Brief an Karel Goeyvaerts zwischen dem 08. und 17. Juni 1953 (undatiert), zit. nach Misch und Delaere 2017, S. 130). Erst mit Stockhausen, der selbst Aufnahmen erstellt, manipuliert und Bänder montiert, entsteht ein neuer Komponistentypus, der das traditionelle kompositorische Handwerk mit dem elektro- und tonbandtechnischen Handwerk verbindet.

Befördert durch zahlreiche Gastaufenthalte junger Komponist*innen wie z. B. Karel Goeyvaerts und Györgi Ligeti, die dieses doppelte Handwerk hier erlernen, entwickelt sich das Studio in den folgenden Jahren zu einem wichtigen Treffpunkt für Musiker*innen, Wissenschaftler*innen, Kritiker*innen, Techniker*innen, Architekt*innen, Autor*innen und Intellektuelle mit einem gemeinsamen Interesse an Elektronischer Musik. Die im Studio zu dieser Zeit herrschende Arbeitskultur beschreibt Jennifer Iverson in ihrer Monografie *Electronic Inspirations. Technologies of the Cold War Musical Avant-Garde* als entschieden heterogen und als wichtigen Faktor für den weltweiten Einfluss der Institution auf die Musikkultur der Zeit (vgl. 2019, S. 13). Arbeitstechnisch spiegele das Studio dabei die Experimentalkultur wissenschaftlicher Laboratorien wider (vgl. ebd., S. 14). Das bedeute vor allem einen konzertierten Umgang mit Studiotechnologie, mithilfe derer in Verschränkung mit akustischen und psychoakustischen Erkenntnissen musikästhetische Fragen wie Forschungsgegenstände behandelt werden können, wodurch technische Vorrichtungen eine konstitutive, agentielle Rolle erhielten. Elektronische Musik lasse sich daher vielmehr als „collaborative effort" verstehen, an dem eine Vielzahl von Menschen und technischen Prozessen beteiligt sind (vgl. ebd., S. 30).

Vor dem Hintergrund, dass das Studio anfänglich unter der Beratung des Wissenschaftlers Werner Meyer-Eppler ausgestattet wird und somit das Bonner Laboratrium zumindest implizit als Vorbild dient, erscheint diese Ausrichtung nur konsequent – in der Tat ist die Betonung der naturwissenschaftlichen Methodik ein von Herbert Eimert vermehrt hervorgebrachtes Alleinstellungs- und Fortschrittsmerkmal des Kölner Studios, insbesondere im Unterschied zu Pierre Schaeffers *Studio d'Essai* in Paris (vgl. Ungeheuer 1992, S. 117). Dabei geht es Eimert weniger um die experimentelle Praxis, mit der neues Wissen bzw. Klänge hervorgebracht werden, sondern um die „naturwissenschaftliche Gründlichkeit" und „analytische[] Genauigkeit" (Eimert 1951, zit. nach ebd.), die er Schaeffer gerade aberkennt. Das systematisch-mathematische Analysieren und Ordnen resoniert vor allem mit Eimerts kompositorischem (Selbst-)Verständnis, insbesondere mit seiner Vorliebe für die Zwölftontechnik, die sich in der Nachkriegszeit unter vielen europäischen Komponist*innen großer Beliebtheit erfreut. Wie Max Erwin zeigt, dominiert Herbert Eimerts Verständnis der Schönberg'schen Zwölftontechnik die Diskussionen und Kompositionen der Darmstädter Ferienkurse Anfang der 1950er Jahre und bedingt eine von den Schriften Anton Weberns inspirierte Verschiebung von dodekaphonischem Vokabular zu punktueller Musik, die von den Komponisten der sich hier ausbildenden Darmstädter Schule, u. a. Pierre Boulez, Karel Goeyvaerts, Bruno Maderna, Karlheinz Stockhausen und Luigi Nono, übernommen und vorangetrieben wird (vgl. Erwin 2020, S. 1 ff.).

Eimert's curation in effect synthesizes a foundation myth for Darmstadt modernism predicated on the operative historicism used by Theodor Adorno and René Leibowitz to establish Schoenbergian dodecaphony as the singular manifestation of historically advanced musical production, a myth whose development was overseen by Eimert himself over the course of the following decade. (Ebd., S. 8 f.)

Zeitgleich affirmiert Eimert, wie oben beschrieben, Meyer-Epplers kompositorische Schichtexperimente mit elektrischen Klängen und erkennt hierin einen „neuen musikalischen Rohstoff" (Eimert 1953, S. 1), der sich über „Bandmanipulationen [...] im Sinne eines ästhetisch-formalen Ordnens" (ebd., S. 3) komponieren lasse, um „eine neue, sozusagen paramusikalische Klangwelt [zu] erschließen" (ebd., S. 2). Im Studio für Elektronische Musik finden nun diese beiden Ebenen unter Eimerts Einflussnahme zusammen. Es entstehen elektronische Klänge und Werke nach den Ordnungskriterien der Webern'schen Strukturreihe, die später unter dem Oberbegriff der seriellen Musik verhandelt werden.

Wie im Folgenden gezeigt wird, spielen die Apotheose von Sinus-Tönen zu einer Art Grundstoff Elektronischer Musik sowie die medientechnischen Affordanzen des Tonbandes – insbesondere seine Skalierbarkeit – eine zentrale Rolle für die Ermöglichung und Entwicklung dieser neuen Musikform. Dabei wird das Tonband weniger mediendeterministisch als Voraussetzung jeglichen seriellen Musikdenkens verstanden, sondern eher als Katalysator, der das Messen, Teilen, Synthetisieren und Berechnen, also die mathematisch-rationale Kontrolle von Klängen anbietet und damit bereits vorhandenes, abstrakt-serielles Denken fördert und konkretisiert, schließlich aber auch herausfordert.

3.2.10 Messen, Teilen, Skalieren: Das Tonband als medientechnischer Agens der seriellen Musik

Die Bezeichnung serielle Musik ist eine Übertragung des französischen *musique sérielle*, ein von René Leibowitz 1947 verwendeter Begriff für die zwölftontechnischen Reihenkompositionen Arnold Schönbergs. 1952 erweitert der Leibowitz-Schüler Pierre Boulez in seinem Aufsatz „Schönberg is dead"[106] die Bedeutung des Attributs *sérielle* und versteht *musique sérielle* als Ausweitung der (einfachen) Zwölftonmusik, bei der reihentechnische Prinzipien auch auf Dimensionen jenseits der Tonhöhe, z. B. auf Rhythmik und Lautstärke, angewendet werden. Karlheinz Stockhausen begegnet dem Begriff *musique sérielle* 1952 in Paris zum einen

---
106 Pierre Boulez' Essay wurde 1952 zuerst auf Englisch im Journal *The Score* publiziert und später in Erweiterung auch in anderen Sprachen veröffentlicht.

in den Kursen Olivier Messiaens als Bezeichnung für die Musik Anton Weberns und zum anderen in Gesprächen mit Pierre Boulez über dessen Komposition und tonbandtechnischen Verwirklichung der *Etude II* im *Club d'Essai*, und benutzt die deutsche Übertragung ‚serielle Musik' spätestens ab 1953 für universelle Reihenkompositionen. Flächendeckende Verbreitung erfährt der Terminus schließlich 1955 mit der ersten Ausgabe des von Herbert Eimert unter Mitarbeit von Karlheinz Stockhausen herausgegebenen Periodikums *die Reihe. Information über serielle Musik*, in dessen Vorwort der Ursprung der Begrifflichkeit in der französischen *musique sérielle* noch einmal dargelegt und serielle Musik als Ausdehnung der aus der Dodekaphonie bekannten „rationale[n] Kontrolle auf alle musikalischen Elemente" (Eimert und Stockhausen 1955, S. 7) bestimmt wird (vgl. von Blumröder 1995, S. 396 ff.).

In einem Brief an Helmut Kirchmeyer Ende der 1960er Jahre (undatiert) legt Stockhausen noch einmal dar, dass er selbst die „Übertragung des Wortes ‚serielle Musik' aus dem Französischen [...] vorgenommen [habe], als es darum ging einen Titel für ‚die Reihe' zu finden" (zit. nach ebd., S. 400) und dass der Untertitel *Information über serielle Musik* das Selbstverständnis in abgrenzender Nachfolgerschaft zur Wiener Schule markieren sollte. Als „mögliche ‚Definition'" stellt er in demselben Brief die idealtypische kompositorische Vorgehensweise serieller Musik vor:

> Möglichst in allen musikalischen Gestaltungsbereichen Skalen aufstellen, deren Abstände von Stufe zu Stufe als gleich gross empfunden werden. Die Stufen in einer bestimmten Reihenfolge vertauschen. Von dieser ‚Reihe' weitere Reihen von Reihen ableiten durch Transposition, Permutation, Interpolation, Modulation. Ein ganzes Werk mit dieser Reihe und ihren Ableitungen komponieren. (Karlheinz Stockhausen in einem Brief an Helmut Kirchmeyer Ende der 1960er Jahre (undatiert), zit. nach von Blumröder 1995, S. 401)

Elektronische Musik stellt für Eimert und Stockhausen nun einen „exemplarischen Fall des Seriellen" (Eimert und Stockhausen 1955, S. 7) dar, spätestens seit der ‚Entdeckung' des Sinustons als neuer ‚kompositorischer Grundstoff'. Die Idee, ausschließlich mit reinen, obertonlosen Sinuswellen statt mit präkonfigurierten Klängen elektronischer Musikinstrumente wie dem Mono- oder *Melochord* zu komponieren, entwickelt Karlheinz Stockhausen in den Jahren 1952/53 während seines Aufenthalts am Pariser *Club d'Essai* und während seiner ersten Tage im *Studio für Elektronische Musik des WDR*.

Der ‚Entdeckungsprozess' ist in Stockhausens Briefwechsel mit dem belgischen Komponisten Karel Goeyvaerts detailliert dokumentiert (vgl. Misch und Delaere 2017). Nach dem gemeinsamen Besuch der *Internationalen Ferienkurse für Neue Musik* in Darmstadt 1951 pflegen die beiden Komponisten in den folgenden Jahren eine innige Freundschaft und führen intensive Korrespondenz u. a. zu ihren kompositorischen Ideen, Konzepten und Entwürfen. Was beide Komponisten verbindet ist neben ihrem Interesse an reihentechnischer Komposition vor allem ein devoter und mystizistischer Katholizismus.[107] Die totale Kontrolle und rationale Ordnung der Klänge steht, wie Richard Toop 1979 darlegt, bei ihnen damit primär im Zeichen entsubjektivierter, göttlicher Perfektion: „the more rigorously organized music was in all its parameters, the more faithful was its image of the *harmonia mundi* and, indeed, the harmony of the universe" (S. 383). Die Suche nach ‚reinen' Tönen, die aus dem Briefwechsel hervorgeht, ist für Toop daher nicht nur musikalisch, sondern auch theologisch motiviert (vgl. ebd.).

Stockhausens eigene Darstellung, dass er bereits 1951 rudimentär (vgl. Cott 1973, S. 37, zit. nach ebd., S. 380) sowie im November 1952 im *Club d'Essai* (vgl. Stockhausen 1971, S. 649) mithilfe eines großen Sinuswellen-Generators mit synthetischen Klängen gearbeitet habe – die u. a. auch Robin Maconie in seiner Werkanalyse übernimmt und nach der Stockhausen im Pariser Studio nur deshalb keine Sinustonkomposition angefertigt habe, da das Kellerstudio, in welchem der Sinuswellen-Generator untergebracht war, über keine editierfreudige Tonbandtechnologie, sondern nur aufwendig zu kopierende Discs, verfügte (vgl. ebd. sowie Maconie 2016, S. 96 und S. 117) –, stellt Toop in seiner Analyse des Briefwechsels mit Goeyvaerts offen in Zweifel (vgl. Toop 1979, S. 379 f. und 390). Mit elektronischen Klängen als kompositorisches Material scheint sich Stockhausen allen vorhandenen Dokumenten zufolge in Paris nur wenig zu befassen und auch nicht aus Eigeninteresse, sondern eher für Goeyvaerts, der zu dieser Zeit eine Komposition mit identischen, der Zeit enthobenen, „toten Tönen" (*Nr. 4 mit toten Tönen*) plante und große Hoffnungen in elektronische Klangproduktion setzte – mit geringen Erfolgsaussichten, wie ihn Stockhausen in seinen Briefen wissen ließ. Bei seinen Versuchen im *Club d'Essai* zur „Decomposition' des Tons" (Karlheinz Stockhausen in einem Brief an Helmut Kirchmeyer am 09. Dezember 1952, zit. nach Kirchmeyer 2009, S. 250), die letztlich in seiner *Konkreten Etüde* münden, sowie in seinem weiteren Austausch mit Goeyvaerts erkennt Stockhausen Ende 1952, wie er Herbert Eimert gegenüber in einem Brief mitteilt, dass aufgezeichnete Klänge sich aufgrund ihrer „‚natürlichen' Individualitäten – die außerhalb der musikalischen Struktur bleiben und ihr Unwesen treiben" (ebd.) – nicht für die von ihnen idealisierte, vollständig kontrollierte, durchorganisierte Musik eignen. Die Erkenntnis und den Beweis hierfür gewinnt Stockhausen in der klanganalytischen Praxis im Studio, bei seinen Versuchen, die aufgenommenen Klänge tonbandtechnisch zu manipulieren. Es ist der Widerstand des Materials (vgl. Sennett 2008b, S. 285 ff.), das sich vor allem bei sei-

---

107 Zu den „geistlichen Grundlagen" des Serialismus bei Goeyvaerts und Stockhausen vgl. u. a. Delaere 2019.

ner Skalierung entbirgt, der Stockhausen zum Nachdenken anregt und ihn nach einem anderen Grundstoff suchen lässt.

> Ich habe versucht, die Mikrowelt eines Klanges zu organisieren in direktem Zusammenhang mit der Gesamtstruktur der Etüde. Sie glauben nicht, wie mir die Resultate – den Eigenwillen der Maschinen, Lautsprecher etc. mit hineingenommen – ins Gesicht schlagen. [...] Es geht nicht um Realisation unspielbarer rhythmischer Vorgänge. Dieses ist eine Begleiterscheinung. Es ist der Klang selbst, der uns plötzlich wie am Anfang der Welt seine schreckliche Individualität und seinen Eigensinn offenbart. Hier liegt das ganze „künstlerische" Problem. Bis heute haben wir es ohne Widerspruch angenommen, daß sich Strukturen eines Materials bedienten, das von sich aus diktierte. Material diktierte die angebliche Imagination. Aus dem wirklich lähmenden Widerspruch meiner Vorstellungen mit diesem wilden Klangmaterial werde ich wohl kaum noch viel für Instrumente zu schreiben wagen. (Karlheinz Stockhausen in einem Brief an Helmut Kirchmeyer am 09. Dezember 1952, zit. nach Kirchmeyer 2009, S. 250)

Quellen jenseits der Eigendarstellung Stockhausens, aus denen hervorgeht, dass er bereits in Paris Sinustöne tonbandtechnisch schichtet und dadurch synthetisiert, liegen nicht vor und sind nach Toops Briefwechselanalyse darüber hinaus unwahrscheinlich. Dies entspricht auch der Darstellung Herbert Eimerts, nach der Stockhausen erst 1953 in Köln mit Sinustönen in Kontakt kommt, wo ein Techniker schon ein Jahr zuvor „massenweise vielgestaltige Sinustongebilde eines Schwebungssummers auf Band festgehalten hat" (Eimert 1972, S. 43). Das einzige von Stockhausen im *Club d'Essai* tatsächlich verwirklichte Werk ist die erwähnte *Konkrete Etüde*, bei der er keine Sinuswellen, sondern die Anschläge (*attacks*) eines Klaviers als Klangmaterial verwendet. Erst im Juni 1953 bei seiner Beschreibung der technischen Ausstattung des Studios für Elektronische Musik des WDR berichtet Stockhausen gegenüber Goeyvaerts, wohlgemerkt mit einigem Zweifel, erstmalig von Sinusschwingungen als „reine Töne":

> Hinzu kommt ein Schwebungssummer, der Sinustöne gibt. Diese Grundinstrumente zur Tonerzeugung geben noch nichts Verwendbares (Du kennst doch Pfeiftöne im Radio, wenn man ‚mal den Knopf falsch dreht' – so sind die Töne, von denen ich bei den erwähnten Generatoren sprach). Du wirst doch mit „reine Töne" nicht diese meinen (Sinusschwing)? Die sind doch auch selbst bei den verschiedenen Generatoren (auf demselben Prinzip) alle identisch und geben keine Veränderungsmöglichkeit, damit man bspw. wenigstens 2 verschiedene Klänge erzeugt. (Karlheinz Stockhausen in einem Brief an Karel Goeyvaerts zwischen dem 08. und 17. Juni 1953 (undatiert), zit. nach Misch und Delaere 2017, S. 130 f.)

Dem anfänglichen Zweifel zum Trotz scheint Stockhausen diesem Gedanken in den folgenden Wochen weiter nachzugehen. Am 20. Juli berichtet er Goeyvaerts davon, dass er an einem Stück mit Sinuswellen arbeitet und dass er die hierfür erstellten Klänge als „unglaublich schön" empfindet, wie „Regentropfen in der Sonne", „völlig ausgeglichen, ‚ruhig', statisch und dabei nur von strukturellen Proportionen ‚belichtet'" (Karlheinz Stockhausen in einem Brief an Karel Goeyvaerts am 20. Juli 1953, zitiert nach Misch und Delaere 2017, S. 136 ff.). Das später als *Studie I* betitelte Stück gilt als „kompositorischer Durchbruch" (von Blumröder 1993, S. 316) und Blaupause für eine Vielzahl folgender Sinuston-Kompositionen und steht paradigmatisch für das Denken und die Klangästhetik der seriellen Musik der 1950er Jahre. Mithilfe des im *Studio für Elektronische Musik* bereits praktizierten tonbandtechnischen Schichtverfahrens, synthetisiert Stockhausen die generierten (obertonlosen) Sinustöne nach reihentechnischen Prinzipien – im konkreten Fall der *Studie I* eine von 1920 Hz (0 db) ausgehende Proportionssequenz 12:5; 4:5; 8:5; 5:12; 5:4 (vgl. ebd., S. 311). Der Verbund des Sinuswellen-Generators mit den zu einem Vierspurgerät verschalteten Magnetfilmbandspielern ermöglicht damit eine archaische Form additiver Klangsynthese, mittels der die Klangfarbe, mit einiger Schicht- und Schnittarbeit, so kontrollier-, berechen- und steuerbar wird, wie vormals nur Tonhöhe, Rhythmus und Lautstärke. Die Herstellung der *Studie I* im Kölner Studio entpuppt sich als äußerst zeit- sowie arbeitsintensiv („[m]ühsam, unendlich mühsam, aber beglückend ist diese Arbeit", Karlheinz Stockhausen in einem Brief an Karel Goeyvaerts am 20. Juli 1953, zit. nach Misch und Delaere 2017, S. 138) und ist, wie Maconie anmerkt, in erster Linie Handarbeit, denn das Ein- und Ausschwingverhalten der Klänge gestaltet Stockhausen nicht mit den Schiebereglern eines Mischpults, sondern durch händischen Bandschnitt mit anschließendem Hinterkleben der Klangausschnitte mit Weißband (vgl. Maconie 2016, S. 118).[108]

Der Sinuston stellt sich für Stockhausen als „reine Schwingung" dar, als „das Element [...], das aller klanglichen Vielfalt zugrunde liegt" (Stockhausen (1953a) 1963, S. 42), als Möglichkeit eine vorher festgelegte Ordnung in das Tonmaterial selbst hineinzutragen. Dabei vergleicht er Sinustöne mit „Atome[n]" (Stockhausen (1953b) 1963, S. 50), deren tonbandtechnische Synthese eine neue „Klangwelt" (Karlheinz Stockhausen in einem Brief an Karel Goeyvaerts am 20. Juli 1953, zitiert nach Misch und Delaere 2017, S. 138) eröffnet, durch die „unerhörte' [...] Klänge in unsere neue Ton-Weltkonzeption kommen" (ebd.). Eine Rhetorik, die nahtlos an das schon bei Meyer-Eppler zu findende (sonische) Heilsversprechen elektronischer Klangerzeugung anschließt und die sich auch in den theoretischen Schriften Herbert Eimerts (und später in denen zahlreicher anderer Komponist*innen und Autor*innen – Stuckenschmidt bspw. spricht vom Sinuston als „reines chemisches Element der Akustik, nicht mehr teilbar" (1955, S. 17)) wiederfindet. In seinem Text „Der Sinus-Ton" (1954a) beschreibt Eimert den Sinuston „als ersten und letzten Baustein der Musik" (S. 170) und sieht in ihm die

---

[108] Zur technischen Beschreibung dieses Schnittverfahrens siehe Kapitel 3.2.9 in dieser Arbeit.

Möglichkeit veranlagt, die in der Zwölftonmusik begonnene Abstraktion des Musiksystems zu Ende zu führen. Man begebe sich dabei in „eine[] ähnliche[] Lage wie der Mikrophysiker mit seinen letzten elementaren Einheiten" (ebd.) und könne Klänge auf einer Ebene berechnen, die vor jeder Wahrnehmung (in der reine Sinustöne mit im Ohr gebildeten Obertönen verzerrt werden) liege; nämlich auf Ebene der „elementaren Realität der Sinustöne" (ebd.). Damit impliziert Eimert eine tiefere, apriorische Wahrheit des Sinustons bzw. des Sonischen (wie es Wolfgang Ernst konzipiert) – gewissermaßen eine „Wahrheit der technischen Welt" (Kittler 2013) in der sich eine „wahre Ordnung der Musik offenbart" (Eimert 1955, S. 13).

In diesem Geist der Elektronischen Musik als „musikalische[] Naturbeherrschung" (ebd.) sind in den Jahren 1953/54 die sogenannten „sieben Stücke" (hierunter auch Stockhausens *Studie* I) entstanden, die nach Eimert den „ersten Bestand der elektronischen Musik" (ebd., S. 8) bilden. Ihre Aufführung am 19. Oktober 1954 im Kölner Funkhaus versteht der Studioleiter als die eigentliche Geburtsstunde elektronischer Komposition, obwohl es sich strenggenommen bereits um die zweite handelt. Denn erst hier finden elektronische Klänge (bzw. der Sinuston als elektronisches Grundelement) und die Webern'sche Strukturreihe zusammen. Die erst ein Jahr zuvor präsentierten Co-Produktionen mit Robert Beyer und die Stücke Meyer-Epplers scheinen für Eimert damit rückblickend den Status ernstzunehmender elektronischer Kompositionen zu verlieren, da es ihnen in dieser Rahmung an rationalkompositorischen Ordnungsprinzipien mangelt.

Ausgerechnet Karel Goeyvaerts, dessen religiös motiviertes „Bedürfnis nach einer unbedingten Reinheit des Klangmaterials" (Goeyvaerts 1955, S. 16) die Entbergung des Sinustons als Grundstoff der Seriellen Musik katalysiert, zweifelt wenig später (bei der Hörerfahrung seiner ersten elektronischen Werke 1954) an eben diesem Wahrheitscharakter einer schalllosen Musik vor jedem Hören. Anfang der 1950er Jahre idealisiert Goeyvaerts eine „selbstlose Musik" (vgl. Goeyvaerts 2010), die er über die Anwendung reihentechnischer Verfahren auf sämtliche Parameter zu verwirklichen versucht. Ohne selbst große Erfahrung im Umgang mit Tonbandtechnik und elektronischer Klangerzeugung gesammelt zu haben, skizziert er bereits Ende 1952 mit *Nr. 4 mit toten Tönen* „eine Art prä-elektronisches Stück" (Goeyvaerts (1988) 2010, S. 79), bei dem ausschließlich „homogene Töne, mit ständig bleibendem Spektrum [verwendet werden sollen, MH], die, wie Leichen nebeneinander, zueinander keine Beziehung haben" (Karel Goeyvaerts in einem Brief an Karlheinz Stockhausen am 12. November 1952, zit. nach Misch und Delaere 2017, S. 88), wobei Goeyvaerts mit dem Töten und Homogenisieren der Töne ein „aus der Zeit nehmen [...] und wieder in die Zeit herstellen" (Karel Goeyvaerts in einem Brief an Karlheinz Stockhausen am 05. Dezember 1952, zit. nach Misch und Delaere 2017, S. 92) meint. Wie genau diese eher abstrakte Vorstellung einer statischen und zeitlosen Musik umgesetzt wird, will Goeyvaerts „dem Techniker" (ebd.) überlassen. Während seiner Zeit im *Club d'Essai* erhält Stockhausen von Goeyvaerts den Auftrag, nach entsprechenden Realisationsmöglichkeiten Ausschau zu halten, wobei der Belgier große Hoffnung auf die Magnetbandtechnik zu setzen scheint:

> Wie weit sind wir mit den Apparaten? Ist es möglich, einen oder mehrere Klänge aufzunehmen mit einem Magnetophon, das [sich] nicht dreht? Das kann doch nicht so schwer sein? Auf diese Weise kommen alle Töne in einem Punkt zusammen, auch in einem Ton alle die Spektrums-Änderungen. Wenn man diesen Punkt wieder klingen läßt und mit drehendem Magnetophon imprimiert [aufnimmt] (also wieder in die Zeit stellt), hat man einen toten Ton. Solch ein toter Ton kann eine beliebige Frequenz-Kurve haben, kann sehr kompliziert sein, aber hat gar keinen Ablauf in der Zeit, und also ist die Zeit-Dimension immer sauber gehalten. (Ebd., S. 92 f.)

Wie oben beschrieben, findet Stockhausen in Paris keine geeigneten Mittel für das von Goeyvaerts imaginierte Töten der Töne mit Magnetbandtechnik, auch weil er ein Aus-der-Zeit-Stellen von Tönen in dieser Form nicht für möglich hält, da es ein „,stehendes' Magnetophon" (noch) nicht gebe (Karlheinz Stockhausen in einem Brief an Karel Goeyvaerts am 07. Dezember 1952, zit. nach Misch und Delaere 2017, S. 94). Auch Schaeffers *Phonogène* komme hierfür nicht infrage (vgl. Karlheinz Stockhausen in einem Brief an Karel Goeyvaerts am 26. März 1953, zit. nach Misch und Delaere 2017, S. 116 f.). Ein geeignetes Mittel für die Herstellung von *Nr. 4 mit toten Tönen* scheint aus heutiger Sicht das *Tempophon* darzustellen, welches eine Dauerabtastung bei stehendem Band durch seinen Rotationskopf ermöglicht, das aber, wie oben beschrieben, 1952/53 in dieser vollendeten Form noch nicht zur Verfügung steht. Goeyvaerts prä-elektronisches Stück kommt daher über den Entwurfsstatus nicht hinaus und wird erst 1981 mit der Hilfe von Herman Sabbe und Walter Landrieu realisiert (vgl. Goeyvaerts (1988) 2010, S. 81). Nichtsdestoweniger offenbart Goeyvaerts Konzeption von *Nr. 4* eine Vorstellung von Tonbandtechnik als ‚magische', fast schon transzendentale Manipulationsmaschine, durch die sich sogar eine Entzeitlichung der Musik imaginieren lässt; eine Vorstellungswelt, die wenig später dem *Tempophon* und dem *Phonogène universel* als materialisiertes Imaginarium (vgl. Schulze 2014, S. 110 ff.) bereits physisch einschrieben ist.

Als Stockhausen dank der gedanklichen Hilfestellung Goeyvaerts 1953 im *Studio für Elektronische Musik des WDR* für sich den Sinuston als unvorbelasteten Grundstoff Elektronischer Musik ‚entdeckt', komponiert auch Goeyvaerts ein Stück mit Sinuswellen (*Nr. 5 mit reinen Tönen*), das Ende 1953, Anfang 1954 (primär von Stockhausen) im Studio fertiggestellt wird und auch zu den „sieben Stücken" gehört, die für Eimert beim Konzert im Kölner Funkhaus 1954 die Elektronische Musik inaugurieren. Mit dem Ergebnis zeigt sich Goeyvaerts jedoch unzufrieden, da sich ihm bei der Herstellung eine „Kluft zwischen abstrakter Strukturbildung und psycho-physiologischer Wahrnehmung" (Goeyvaerts (1955) 2010, S. 156) offenbart. Die Reflexion dieser Erfahrung führt ihn zu einer Abkehr vom elektronischen Klangmaterial als Träger einer „größeren musikalischen Reinheit" (Goeyvaerts 1955, S. 16). Zugleich identifiziert er die lang idealisierte „Verfahrenswahrheit" (ebd.) als Holzweg und erkennt die akustische Wahrnehmung als „einzig gültige musikalische Wahrheit" (ebd.).

Goeyvaerts Wende ist paradigmatisch für die Frühphase künstlerischer Tonbandanwendung in den 1950er/60er Jahren, insbesondere für die Komponist*innen der (seriellen) Elektronischen Musik. Nach längerem Festhalten an der Verfahrenswahrheit schreibt z. B. auch Herbert Eimert 1959 in „Probleme der elektronischen Musik" von der Unerlässlichkeit des Hörens für den Komponisten (vgl. S. 152) und Karlheinz Stockhausen gestaltet seine 1954 erstellte *Studie II* bereits unter stärker hörästhetischen Maximen, indem er die erzeugten Klänge zusätzlich durch ein „Reverberation-System" (Holmes 2020, S. 242) schickt. Die Erfahrung der Inkongruenz zwischen technisch-mathematischem Verfahren – das kontrolliert errechnete, geschichtete und ausgemessene Klangarrangement auf Tonband – und tatsächlich empfundenem Hörphänomen ist für viele Komponist*innen Ausgangspunkt einer auralen Wende, welche die (psychoakustischen) Wahrnehmungsmodalitäten fokussiert und Klang als dezidiert auditives Phänomen begreift.

Damit tritt die doppelte Dispositionierung durch das Tonband zum Vorschein, seine doppelte Ver-Ortung von Subjekt und Klang: Einerseits offeriert das Tonband die Schichtung und die Montage von Signalen sowie von zu elektrischen Schwingungen gewandeltem Schall. Es verspricht und ermöglicht einen Zugriff auf die äußere Daseinsweise von Klang, auf das sound- und signaltechnische Reale und fördert damit Imaginarien absoluter Klangkontrolle und einer metaphysischen, schalllosen Klangwelt vor dem Hören. Andererseits konfrontiert der aktive Tonbandgebrauch aber auch das abhörende Subjekt mit dem eigenen Hören sowie mit der Inkongruenz zwischen Akustik und Audition; es verdeutlicht vorhandene auditive Wahrnehmungsschwellen, und zwar insbesondere dadurch, dass sich die affordierten mikrologischen und mikrozeitlichen Operationen am Klangäußeren nicht eins zu eins in die Klangerfahrung übersetzen. Gehörtes wird in der Folge zum primär zu gestaltenden Klanglichen, auf das über Tonbandtechnologie als Schnittstelle, bzw. als prädigitales Interface, mittelbar zugegriffen werden kann.

Auf operativer Ebene ist hierfür primär eine Eigenschaft des Tonbandes verantwortlich, die es auch zum idealtypischen Medium und medientechnischen Agens der seriellen Musik macht: seine Skalierbarkeit. Mit Tonbandtechnologie lassen sich über veränderte Abspielgeschwindigkeiten und verschiedene Bandbreiten nicht nur Klänge (in Abhängigkeit zur Tonhöhe) beschleunigen und verlangsamen, und dadurch raffen und vergrößern, also skalieren, sondern Tonbänder lassen sich auch mit Lineal und Schere ausmessen und einteilen und ermöglichen auf diese basale Weise die Zuordnung von Bandlängen zu Zeitwerten. Was für alle Klangreproduktionstechnologien wie für Gralsmythen (vgl. Wagner 1883)[109] zu gelten scheint, gilt damit auch beim Tonband: zum Raum wird hier die Zeit – und dieser Raum kann beim Tonband im besonderen Maße skaliert werden.

Skalieren ist eine „Basisoperation in der Welt der Medien" (Spoerhase und Wegman 2018, S. 417) und in jüngerer Vergangenheit zunehmend in den Fokus der Medienkulturwissenschaft gerückt (vgl. u. a. Spoerhase, Siegel und Wegman 2020 sowie Clarke und Wittenberg 2017).[110] Wie Spoerhase und Wegman in ihrem Artikel im *Historischen Wörterbuch des Mediengebrauchs* anmerken, versteht schon Marshall McLuhan 1964 in *Understanding Media* (vgl. S. 7) Skalieren als eine mediale Grundfunktion (vgl. Spoerhase und Wegman 2018, S. 416). Demnach wirken Medien primär durch die Veränderung von Maßstäben und bedingen „strukturelle Veränderungen in den inter-personalen und sozialen Verhältnissen, in die hinein skaliert wird" (ebd., S. 417). Medien müssen dieser Argumentation zufolge nicht neu sein oder nach neuen technischen Prinzipien funktionieren, um große Wirkung zu entfalten, sie müssen neue Maßstäbe setzen. Zum „eigentliche[n] Thema" der Medienwissenschaft wird damit die „Veränderung von Größenverhältnissen" und die „Medienanalyse wird zur Skalierungsanalyse" (ebd.).

Als Minimaldefinitionen von Skalieren nennen Spoerhase und Wegman „das Messen oder Sortieren nach einer Größenskala" (ebd., S. 414) sowie, in etymologischem Rückbezug auf die Treppe und Leiter (it. *scoela*), die

> Verschiebung von Objekten, Phänomenen oder Praktiken auf einer gradierten Linie (Skala), die einzelne Formen und Formate voneinander trennt, aber gleichzeitig auch wieder verbindet, weil der gemeinsame Maßstab noch Phänomene zusammenbringt, die bis dahin als nicht vergleichbar wahrgenommen wurden. (Ebd., S. 414 f.)

Skalieren versteht sich also sowohl als *Vermessung* einer Sache nach einem vordefinierten Maßstab als auch als ihre *Transformation* (die Vergrößerung oder Verkleinerung) in ein bestimmtes Größenverhältnis. Vor allem für epistemologische und ästhetische Fragestellungen der Medienkulturwissenschaft zeigt sich Skalierung damit als relevante Analysekategorie. Epistemologisch als Frage nach der Rolle von Maßstäblichkeit für Erkenntnispraktiken (insbesondere die Größenveränderung von Artefakten zwecks Handhabbarmachung für wissenschaftliche

---

109 Claude Lévi-Strauss bezeichnet die Raumwerdung von Zeit in Wagners Parsifal als „wahrscheinlich die tiefgründigste Definition, die jemals für den Mythos gewählt wurde" (Lévi-Strauss (1983) 1985, S. 326).
110 Auch die Stanford/Leuphana Summer Academy 2022 zum Thema „Scale" (Berlin, 20.–24. Juni 2022) kann als Hinweis für diese Tendenz gelesen werden (vgl. Leuphana University Lüneburg 2022).

Beobachtung und Bearbeitung) und kunsttheoretisch als Frage nach der ästhetischen Wirkung von Maßstabveränderungen (vgl. ebd., S. 419).

Für Karlheinz Essl besteht die „grundlegende Absicht der seriellen Musik [...] in der Vermittlung zwischen dem extrem Kleinen und dem extrem Großen" (1996, S. 9). Die serielle Methode ist in diesem Sinne eine Form der Vereinheitlichung unter dem Gebot der Zahl und stellt eine Anwendung derselben Organisationsprinzipien auf möglichst viele Parameter dar. Sie ist eine Inbezugsetzung verschiedener musikalischer Aspekte durch eine „verbindliche Folge von Zahlenproportionen" (ebd., S. 13). Herman Sabbe macht eine ähnliche Beobachtung und erkennt, zumindest im kompositorischen Denken Karlheinz Stockhausens, das Serielle als Hilfsmittel zur integralen Komposition, zur Vermittlung des Kontinuums zwischen Mikro- und Makrostruktur (vgl. Sabbe 1981, S. 62).

> Dies geschieht mittels neuartiger Anwendungen der Diminution und Augmentation: „Stauchung" und „Spreizung", das heißt Transposition in verschiedenste Größe-Ordnungen unter Beibehaltung der Proportionen, vermitteln eine rationale, von einem Mittelpunkt ausgehende bzw. auf einen Mittelpunkt hin gerichtete Beherrschung des totalen Tonraumes. (Ebd.)

Serielle Musik ist damit eine Musik der Skalierung *par excellence*. Das macht das Tonband, das, gerade im Unterschied zu Vorgängertechnologien wie Grammophonplatten, millimetergenau gemessen, montiert und transformiert werden kann, zu einem privilegierten Speicher- und Bearbeitungsmedium des Serialismus. Mehr noch, die Affordanzen der Technologie fördern proportionales und skalierendes Denken. Beim Tonband stehen Klangdauern in unmittelbarer Beziehung zu Bandlängen, die sich in gleichmäßige Abschnitte gliedern lassen und in Bandzentimetern angegeben werden können. Es offeriert die Anwendung mathematisch-proportionaler Strukturprinzipien und die Skalierung von Klängen in vordefinierte Maßstäbe.

Im ‚Werkzeugkasten' des Studiotechnikers befinden sich daher nicht nur Schere und Klebeband, sondern auch ein Lineal mit Millimeterangaben und eine Tabelle zur Konvertierung von Sekunden in Bandzentimeter. Hiervon erzählt z. B. Gottfried Michael Koenig in seinem Beitrag zur „Studiotechnik" (1955) in der ersten Ausgabe von *die Reihe* sowie einige Jahre später in seinem Artikel „Studium im Studio" (1959), in welchem er u. a. von der (Un-)Möglichkeit berichtet, die einzelnen Schwingung eines Kammertons (440 Hz, also eine 440stel Sekunde) millimetergenau auf Band zu isolieren und zu schneiden (vgl. S. 82).

Die Erfahrung dieser tonbandtechnischen Klang-Skalierungen beeinflusst auch das Verständnis des zu formenden Klangmaterials. Schließlich ist „[d]ie Frage nach der Skalierung [...] nichts anderes als die grundlegende Frage danach, wie ein beliebiger Bezugsgegenstand auf die Veränderung seiner Größe reagiert" (Spoerhase 2020, S. 14). Dies betrifft vor allem die Reflexion des Zeitwesens von

Klängen und der Klangerfahrung. Karlheinz Stockhausens viel zitierter Aufsatz „... wie die Zeit vergeht ..." (1957) und seine kompositorische Fokussierung klangmaterieller Kontinuitäten ab Mitte der 50er Jahre (u. a. in *Gruppen*, *Gesang der Jünglinge* und *Kontakte*) lässt sich auf diese Weise als Ergebnis seiner Skalierungserfahrungen im Studio verstehen.

In „... wie die Zeit vergeht ..." erkennt er die wesenhafte Einheit von Tonhöhe und Dauer als zeitliche Funktionen. Zwar würden Dauern und Höhen als unterschiedliche Phänomene wahrgenommen, bei mikrologischer Betrachtung erweisen sie sich jedoch als Vorgänge desselben (zeitlichen) Spektrums, die sich lediglich in ihrer Phasendauer unterscheiden (vgl. Stockhausen 1957, S. 13). Zur Verdeutlichung seiner Überlegungen beschreibt Stockhausen, wie aufeinanderfolgende Impulse bei entsprechender Beschleunigung (ab ca. $\frac{1}{16}$ Sekunde Phasendauer) nicht mehr getrennt voneinander wahrgenommen würden, sondern als Tonhöhe.

> Bis zu Phasendauern von ca. $\frac{1}{16}$ sec unterscheidet man also Dauern, und im Bereich von ca. 6 sec bis $\frac{1}{16}$ Phasendauer spielte sich in unserer bisherigen Musik die sogenannte ‚Metrik und Rhythmik' ab, die Zeitordnung der Dauern. Von ca. $\frac{1}{16}$ sec bis zu ca. $\frac{1}{32}$ sec Phasendauer – Instrumente mit höheren Tönen benutzte man nicht – erstreckt sich der Zeitbereich, in dem Phasenproportionen als Tonhöhenbeziehungen in ‚Harmonik und Melodik' definiert wurden.
>
> Der Übergang von einem Zeitbereich in den anderen verursacht also einen Phasen-Empfindungswandel. Diese Beobachtung könnte eine neue Morphologie der musikalischen Zeit begründen. (Ebd.)

Für Stockhausen (und die serielle Komposition im Allgemeinen) ist diese Erkenntnis deshalb von großer Relevanz, da sich hierdurch sämtliche musikalische Parameter als zeitliche Funktionen fassen lassen, die Mikro- und Makrostrukturen verbindet und eine gemeinsame Ordnung ermöglicht. Tonhöhe und Dauer zeigen sich so als nur in der Wahrnehmung getrenntes Kontinuum, deren zeitliche Wesenseinheit durch Skalierung (Beschleunigung bzw. Verkleinerung von Dauern oder Verlangsamung bzw. Vergrößerung von Tonhöhen) erkennbar wird. Gleichzeitig zeigt sich hierin aber auch die poetische Kraft der auditiven Wahrnehmung, welche die Unterscheidung zwischen Dauer und Tonhöhe überhaupt erst herstellt.[111]

Nicht nur Tonbandgeräte kommen im elektronischen Studio als Skalierungsmaschinen zur Geltung, auch Audiotechnologien wie z. B. Impulsgeneratoren oder weitere umfunktionierte Messgeräte stehen im Zeichen dieser vierten Medienfunktion.[112] Doch bei keinem anderen Gerät steht die Klangskalierung – die *Vermessung*

---

111 Das Hören als schöpferischen Akt führt Stockhausen einige Jahre später in „Erfindung und Entdeckung" ((1961) 1963) weiter aus.
112 Die Tetrade der Medienfunktionen würde dann lauten: Speichern, Übertragen, Prozessieren und Skalieren.

von Klang als verräumlichte Zeitfunktion sowie die *Transformation* von Klang in einen anderen Maßstab (z. B. in einen anderen Wahrnehmungs-Zeitbereich) – so sehr im Vordergrund wie beim Magnettonband. Auf Tonband zeigt sich Klang als messbares, in seiner Größe veränderbares Material. Damit ist es nicht gleich der Ursprung der seriellen Musik, geschweige denn seriellen Denkens – dieser findet sich, wie M. J. Grant (2001) nachzeichnet, an vielen Stellen der Musik- und Geistesgeschichte der Moderne –, aber es hat mit Sicherheit die sich ausbildenden kompositorischen Tendenzen der Nachkriegszeit, insbesondere die mathematisch-rationale Klangkontrolle, hinreichend katalysiert und konkretisiert, wenn nicht sogar co-determiniert. Im „komplexen kulturellen Umfeld" (Grant 2001, S. 2 [Übersetzung MH]), das serielle Kunst hervorbringt, erweist sich das Tonband als maximal anschlussfähig und erscheint in seiner Agentialität und Klangbestimmung den Serialist*innen womöglich auch deshalb unsichtbar.[113] Gleichzeitig forciert der Gebrauch von Tonbandtechnik im Studio die Begegnung mit psychoakustischen Grenzphänomenen und befördert die klangkonzeptuelle Differenzierung zwischen akustischen sowie elektrischen Schwingungen auf der einen und wahrgenommenen Klängen auf der anderen Seite. Das Tonband schreibt mit an der Elektronischen Musik und der Klang- und Musiktheorie der 1950er und 1960er Jahre.

---

[113] Zur medientypischen Unsichtbarkeit siehe u. a. McLuhan 1964, S. 302 ff.

3.3 Schichten, Schichten, Schichten: Das Tonband in der populären Musik

> Erst das Tonband machte die nachträgliche Manipulation der aufgenommenen Schälle möglich. Diese Entwicklung hatte nicht nur technische Konsequenzen [...], sie veränderte auch das Denken. (Helms 2003, S. 198)

> The move to tape was very important, because as soon as something's on tape, it becomes a substance which is malleable and mutable and cuttable and reversible in ways that discs aren't [...]. The effect of tape was that it really put music in spatial dimension, making it possible to squeeze music, or expand it. (Eno (1983) 2004, S. 128)

Anders als bei der *Musique Concrète* und der Elektronischen Musik wird in historischen und analytischen Publikationen zur Entwicklung der *recording culture* der populären Musik im 20. Jahrhundert die umwälzende Rolle des Tonbandes regelmäßig thematisiert und hervorgehoben – wenn auch nicht als Monografien zu den Effekten der Magnetbandtechnik, sondern im Zusammenhang größerer Musikhistoriografien. Gerade die Erfindung und Verbreitung von Mehrspuraufnahmen Ende der 1950er Jahre gilt hier häufig als Wegbereiter neuer, bis heute fortwirkender (audio-)ästhetischer Ideale und Praktiken, die das Verständnis von Popmusik und Sound nachhaltig prägen (vgl. u. a. Théberge 1989, Wicke 2001, Helms 2003, Smudits 2003 sowie Wicke 2011). Die folgenden Ausführungen zur Verwendung und Bedeutung von Tonbandtechnologie in der populären Musik sind daher weniger historisch-mikroanalytisch aufgebaut als die der vorausgehenden Kapitel. Stattdessen werden die im Diskurs präsenten Darstellungen und Thesen aufbereitet und vor dem Hintergrund der Frage reflektiert, wie die Einführung von Tonbandtechnologie die ästhetische Praxis und Klangkonzeptualisierungen bedingt.

Grundlage hierfür ist eine von vielen Autor*innen festgestellte, umfassende Veränderung der Arbeitsprozesse in den Tonstudios der Musikindustrie, den die flächendeckende Einführung von Magnetbandtechnik bewirkt, der Musik-Machende in ein neues Verhältnis zu Klangaufnahmen stellt und häufig als Befreiung von dem raumzeitlichen Diktum der Gleichzeitigkeit der phonographischen Schallaufzeichnung verstanden wird. Magnetbandtechnik macht es möglich, zuvor Aufgenommenes nachträglich zu bearbeiten, sequenziell zu montieren und (über *sound on sound*-Verfahren und *multitracking*) zu synthetisieren. Statt sämtliche Klangquellen gleichzeitig aufnehmen und in Echtzeit auf eine Masterdisk mischen zu müssen, können bei mehrspurigen Bandaufnahmen verschiedene Tonspuren nacheinander und in mehreren Versionen (als verschiedene *takes*) eingespielt und erst in einem zweiten Schritt zusammengestellt werden. Das Primat des Konzertsaals bzw. des Aufnahmeraums als Ort des Musik-Machens wird damit gebrochen und der Abhör- und Mischraum des*der Toningenieur*s*in oder des*der Produzent*in gewinnt an Bedeutung. Durch die resultierende Aufspaltung der Produktion in Aufnahme, Postproduktion (*mixing*) und *mastering* führt das Tonband ein Moment der Nachträglichkeit ein, das unabhängig macht von der Gleichzeitigkeit der Klangquellen und so die Aufnahmekultur in ein neues Zeitregime stellt, das sein Vorbild v. a. im (ebenfalls nachträglich montierten) Film hat. Wie Brian Eno scharfsinnig bemerkt, wird Musik auf diese Weise verräumlicht und das auf Tonband Gespeicherte offenbart sich als „eine Substanz, die formbar und veränderbar, schneidbar und umkehrbar ist" (Eno (1983) 2004, S. 128 [Übersetzung MH]). Die Befreiung von den räumlichen und zeitlichen Gesetzen der Live-Aufführung legt die Tonaufnahme (das phonographische Material) also als etwas Eigenes frei.

Neben der Beobachtung, dass Tonbandtechnik eine Form der Nachträglichkeit in die populäre Musikproduktion einführt und so Phonographisches (also Schallaufzeichnungen) als Formbares verfügbar macht, lassen sich drei (teilweise miteinander verschränkte) Tendenzen des Umgangs mit und der Konzeptualisierung von Klang feststellen, die mit der Verbreitung von Magnetbändern in den Studios der Musikindustrie in den 1950er und 1960er Jahren koinzidieren: Erstens, eine Verschiebung und Brechung des phonographischen Imperativs treuer Klangnachbildung (*high fidelity*), zweitens, ein Soundideal maximaler Klangdichte, das, drittens, in der Her(vor)stellung idiosynkratischer, begehrter Soundsignaturen mündet.

Die Co-Genese dieser produktionstechnischen, audioästhetischen und konzeptionellen Entwicklungen der populären Musik im 20. Jahrhundert mit der Einführung und Anwendung von Tonbandtechnologie soll im Folgenden genauer betrachtet werden. Ein Künstler-Produzent erfährt hierbei besonderes Gewicht: der Gitarrist und Erfinder Les Paul, der eine Art *early adopter* von Tonbandtechnologie im Sinne eben dieser Klangpraktiken, -ideale und -konzeptualisierungen ist. Vor allem seine „quest for sonic singularity" (Schmidt Horning 2013, S. 150) Ende der 1940er Jahre zeichnet den Weg der populären Musik der folgenden Dekaden voraus und veranschaulicht die sich durch Tonbandtechnologie verändernden Produktionsprozesse und Klangverständnisse. Er ist Arche- und Idiotyp dieser Verschiebungen und ein wiederkehrender Anker in den folgenden Kapiteln. Neben Les Paul behandelt dieses Kapitel vor allem Produzenten der 1950er Jahre – namentlich Sam Phillips, Norman Patty, Phil Spector und Joe Meek –, deren Tonbandverwendungen leitgebend sind für die ästhetische Entwicklung der *recording culture*, und die damit das Fundament für eine populäre Musik der synthetischen Klangwelten schaffen, deren sichtbare Kehrseite eine aktivierte Magnetbandtechnik ausmacht.[114]

Am Anfang dieses Kapitels steht jedoch zunächst eine Analyse der (medientechnischen) Lage der populären Musikindustrie *vor* dem Tonband, die, wie Peter Wicke einmal treffend formuliert hat, vor allem einem Imperativ folgt, nach der „die Musikaufnahme im Studio ein möglichst realistisches Abbild der Studio-Performance in Analogie zum Live-Musizieren sein sollte" (2011, S. 68) – ein Imperativ der *fidelity*, der sich vor allem aus dem Aufschreibesystem des Phonographen ergibt, dessen Genese und Verbreitung dem Einschlag des Tonbandes vorausgeht und demgegenüber sich die neue Magnetbandtechnologie auch erst einmal beweisen muss. Es folgt daher eine Darstellung, warum und vor allem wie die phonographische Reproduktion den besonderen Anspruch formuliert, vormediale Klangrealität(en) treu wiederzugeben, wie dieser Wahrheitsanspruch sich ausbildet, wie er zum ästhetischen Ideal der *recording industry* aufsteigt, was für ein Verständnis von *fidelity* hier genau vorherrscht, wie dieses sich im Verlauf des 20. Jahrhundert verändert und schließlich mit Tonbandtechnik infrage gestellt wird.

3.3.1 Prolog: Der treue Phonograph

Am Anfang der technischen Reproduktion von Schall (d. h. sowohl Aufzeichnung als auch Wiedergabe)[115] steht bekannterweise Edisons Phonograph, der das Gerät 1877 primär für Sprachaufzeichnungen konzipiert.[116] Eine Membran am Ende

---

[114] Nicht weiterführend berücksichtigt werden hierbei die gegenüber Paul, Phillips, Patty, Spector und Meek später erfolgten Tonbandanwendungen George Martins (*The Beatles*) und Brian Wilsons (*The Beach Boys*), deren kreativer Produktionswettstreit Mitte bis Ende der 1960er Jahre, mit Wilsons *Pet Sounds* (1966) und Martins *Sgt. Pepper's Lonely Hearts Club Band* (1967) als Höhepunkt, für eine flächendeckende Popularisierung langwieriger, synthetischer *multitrack*-Produktionen sorgt (vgl. u. a. Kramarz 2013). Ihre Produktionen und aktivierten Magnetbandtechniken sind vielfach und dicht beschrieben, z. B. in Cunningham 1998, S. 47 ff. und S. 137 ff. Die vorliegende Arbeit fokussiert damit frühe Tonbandanwendungen in der amerikanischen und britischen populären Musik der 1950er und frühen 1960er Jahre und die *Ausbildung* tonbandspezifischer Produktionstechniken und -ästhetiken. Zudem wird mit Joe Meek als Abschluss des Betrachtungsrahmes der Fokus auf eine Figur gelegt, die im Vergleich zu den *Beatles* und den *Beach Boys* in den Pophistoriografien vergleichsweise wenig Aufmerksamkeit erhält, jedoch im Wesentlichen die meisten von Martin und Wilson verwendeten Tonbandtechniken viele Jahre vorwegnimmt.
[115] Schall aufzeichnen kann bereits der 1857 von Édouard-Léon Scott de Martinville erfundene Phonautograph. Die Tonwiedergabe ermöglicht jedoch erst der Phonograph.
[116] In seiner Patentschrift nennt Edison als ersten Zweck der Maschine die Speicherung und Wiedergabe der menschlichen Stimme noch vor der Aufnahmemöglichkeit anderer Klänge (vgl. Edison 1877).

eines Trichters wird hierbei durch Schallwellen in Bewegung gesetzt und überträgt die Schwingungen auf eine Nadel, die Kerben in eine mit Zinnfolie bezogene Walze ritzt. Die Schallwellen können so auf der Walze gespeichert und danach wiedergegeben werden. Der Effekt, den das Hören von eigentlich längst vergangenen Stimmen auf den*die Nutzer*in des Phonographen Ende der 1870er Jahre auslöst, ist befremdlich und überwältigend zugleich, wie Edward Johnson 1877 berichtet:

> Nothing could be more incredible than the likelihood of once more hearing the voice of the dead, yet the invention of the new instrument is said to render this possible hereafter. It is true that the voices are stilled, but whoever has spoken or whoever may speak into the mouthpiece of the phonograph, and whose words are recorded by it, has the assurance that his speech may be pronounced audibly in his own tones long after he himself has turned to dust. A strip of indented paper travels through a little machine, the sounds of the latter are magnified, and posterity centuries hence hear us as plainly as if we were present. Speech has become, as it were, immortal. (Johnson 1877, S. 304)

Insbesondere aufgrund dieser Möglichkeit, Stimmen und damit Spuren von Subjekten aufzuzeichnen und wiederzugeben, begleiten den Phonographen von Anfang an Diskurse um Glaubwürdigkeit und Treue (*fidelity*) der Schallreproduktionen gegenüber einer nicht-mediatisierten, wahrgenommenen realen Klangumwelt. In ihrem Aufsatz *Defining Phonography: An Experiment in Theory* beschreiben Eric Rothenbuhler und John Durham Peters 1997 das Wesen der Phonographie daher als ein indexikalisches. Indem die phonographische Reproduktion eine kontinuierliche physische Beziehung zum ursprünglich aufgezeichneten Klangereignis unterhält, so die Argumentation, verweise sie stets auf ein eigentlich absentes Anderes, auf ein ihr selbst vorausgehendes Original. Dieser immer postulierte Anspruch auf Treue zum Original sei dem Phonographen wesenhaft, er trage im zeichentheoretischen und im buchstäblichen Sinne *Spuren* eines ursächlichen Klangphänomens. „The index that is the record groove holds forth the possibility of oneness between the transcription and the playback devices" (Rothenbuhler und Peters 1997, S. 254). Die „phonographic attitude" (ebd., S. 249) bestehe Rothenbuhler und Peters zufolge also darin, sich treu zu einem Original zu verhalten. Sie ist, in anderen Worten, *fidelity*. Aus dieser Wesentlichkeit des Phonographen sei durch die Verwendung und Verbreitung der Technologie Ende des 19., Anfang des 20. Jahrhunderts eine „culture of fidelity" (ebd., S. 254) erwachsen, die auf eine quasi-religiöse, auditive Transzendenzerfahrung abziele, auf eine Einheit mit dem Referenzierten, der man durch Perfektionierung des Apparates, die seine Transparenzwerdung anstrebt, nahekommen könne (vgl. ebd.).

> The phonograph is an indexical tracing system, holding out the hope of perfection and union with something not-here, not-now. It has a logical correspondence with the values of

high fidelity, which aim to replicate the original musical event. [...] [T]he phonograph is as if designed for the pursuit of transcendence. (Ebd., S. 257)

In *The Audible Past* stellt Jonathan Sterne dieser technodeterministischen Perspektive, die *fidelity* als eine inhärente Qualität der Phonographie versteht, eine kulturorientierte Alternative entgegen, die *fidelity* als gelernte (kulturelle) Attribuierung der Medientechnik begreift. Demnach werde der Treue- und Wahrheitsanspruch der phonographischen Reproduktion gegenüber einem präsupponierten Original, das für Sterne selbst erst im Moment der Reproduktion entsteht, vor allem diskursiv hervorgebracht und stabilisiert (vgl. Sterne 2003, S. 219). Dass die wesentliche Identität zweier verschiedener Klänge (Original und phonographische Reproduktion) erst gestiftet und gelernt wird, verdeutlichen unter anderem die frühen Vermarktungsstrategien der Phonographen- und Grammophonhersteller Ende des 19., Anfang des 20. Jahrhunderts, die bereits ab 1878 den Begriff der *fidelity* als Maßstab der Glaubhaftigkeit (*faithfulness*) einer phonographischen Reproduktion verwenden.

[T]he imagined correspondence between live and reproduced had to be invented along with the sound media; listeners had to be convinced of this equivalence. Since true fidelity could never be achieved (since a copy would under all circumstances suffer some loss of being from the original, however small), a set of procedures and aesthetics had to be developed to stand in for reality within the system of reproduced sounds. Through the conventions of realism and the rhetoric of fidelity, listeners could collapse the difference between live and reproduced into a single continuum of likeness and difference. Sound fidelity became an ever-shifting standard for the functioning of sound-reproduction technologies, a means by which to measure the distance between original and copy: it was an impossible vantage point from which to assess the fidelity of the machines to a fictitious external reality. (Ebd., S. 285)

Als Beispiel dieser diskursiven Indexikalisierung der phonographischen Reproduktion mit (s)einem Original nennt Sterne unter anderem die sogenannten *Tone Tests* der *Edison Phonograph Company*, die zwischen 1915 und 1925 zu Tausenden in den Vereinigten Staaten durchgeführt wurden (vgl. ebd., S. 261 ff.). Die *Tone Tests* (vgl. Abb. 23) sind eine Reihe von Konzerten zur Demonstration der hohen Übereinstimmung der *Diamond Disc* – ein speziell für die Musikwiedergabe von Edison entwickeltes Schallplattenformat – mit Live-Musik, vor allem Gesangsperformances. Bei den Konzerten treten Sänger*innen im Duett (oder, je nach Perspektive, im Duell) mit auf *Diamond Discs* gespeicherten phonographischen Reproduktionen ihrer selbst auf. Ziel der Tests ist es, nachzuweisen, dass die *Diamond Disc*-Aufnahmen der echten Stimme des*der Künstler*s*in so nahekommen, dass das Publikum nicht zwischen Live-Auftritt und Aufnahme unterscheiden kann. Die Künstler*innen singen hierfür zuerst gleichzeitig mit ihren Duplikaten und unterbrechen gelegentlich ihren Gesang, sodass nur die Aufnahme weiterläuft. Am Ende der Show wird schließlich das Licht im Saal ausgeschaltet und der*die Sänger*in verlässt leise die Bühne.

Wenn das Licht wieder angeschaltet wird, läuft nur noch der Plattenspieler und das bei erfolgreichem *Tone Test* sich überrascht zeigende Publikum kann nicht sicher sagen, zu welchem Zeitpunkt der*die Künstler*in genau den Saal verlassen hat (vgl. u. a. Cornell 2015, Thompson 1995, S. 148 ff. sowie Milner 2009, S. 39 ff.).

Abb. 23: Werbeanzeige für eine Edison *Diamond Disc Tone*-Test-Veranstaltung. © Edison Phonograph Company.

Verschiedenen Zeitungsberichten zufolge war es dem Publikum bei den *Tone Tests* nur unter größter Anstrengung möglich, zwischen Aufnahme und Live-Performance zu unterscheiden (vgl. Cornell 2015). Was dem erstaunten Publikum jedoch vorenthalten wird: Die vermeintliche Deckungsgleichheit ergibt sich erst aus zwei kulturtechnischen Anpassungen. Zum einen bemühen sich die live performenden

Künstler*innen beim Singen, ihre Stimme an ihre technische Reproduktion anzupassen und werden nach eben dieser gesangstechnischen Fähigkeit dezidiert für die *Tone Tests* ausgewählt.[117] Zum anderen unterliegen auch die Live-Performances denselben Störgeräuschen wie die *Diamond Discs*, die für eine erfolgreiche Differenzierung nicht unwesentlich erscheinen:

> The trick was that the record player was never stopped, so the noise produced by the scratching of the needle on the record's surface was always present. It can be said that the test itself was based on the acceptance of an audile technique (Sterne 2003, S. 98 f.) consisting in the „unconscious" cancellation of the system's inherent noise – a technique that any listener to phonograms such as shellac or vinyl records or cassettes remembers. (Fabbri 2016, S. 252)

Dass Reproduktion und Original identisch klingen, ist folglich das Ergebnis sowohl eines speziell zugerichteten, auf die Reproduktion abgestimmten Originals als auch von auf spezifische Klangeigenschaften hin ausgerichteten Ohren, also der Entwicklung auf den Phonographen abgestimmter Hörtechniken (*audile techniques*). Vor allem aber etabliert, wie Sterne erkennt, das Nebeneinander von Live-Performer*innen und Reproduktionsapparaten eine Art metonymische Logik – „if these great performers can share a stage with the Edison phonograph, then live musical performance and recording can be understood as two species of the same practice" (Sterne 2003, S. 262 f.).

Ob *fidelity* nun eine dem phonographischen Aufschreibesystem inhärente Qualität ist oder eine gelernte Zuschreibung, es entsteht um die Jahrhundertwende auf jeden Fall mit der Verbreitung und Vermarktung des Phonographen eine Hörkultur der *fidelity*. Das Abhören von Schallaufzeichnungen impliziert also eine Erwartungshaltung, die ein Original hinter der Reproduktion vermutet, deren klangliche Essenz übereinstimmt und in *fidelity* zu messen ist. Wie Emily Thompson in ihrer Untersuchung der *Tone Tests* und der Diskursgeschichte phonographischer *fidelity* beschreibt, umfasst *fidelity* dabei mehrere Bedeutungsdimensionen, die sich historisch verändern und teilweise überlappen, und von denen „quality of tone" erst am Ende einer längeren Entwicklung steht. So wird in den 1870er und 1880er Jahren, zum Zeitpunkt der Erfindung des Phonographen und seiner Verwendung als phänomenale Stimmfotografie, *fidelity* zunächst für Verständlichkeit in einem funktionalen Sinne verwendet, als basale „faithfulness to the source" (Thompson 1995, S. 137). Zehn Jahre später, als Edison den Phonographen als Diktiergerät nach längerer Vernachlässigung wiederentdeckt, steht *fidelity* hingegen in einem primären Zusammenhang mit Intelligibilität. *Fidelity* ist hier die Erkennbarkeit des gesprochenen Wortes (seine Inhaltsebene) – „,[f]idelity'

---

[117] In einem Interview mit John Harviths 1972 gesteht z. B. die für ihre *Tone Tests* bekannte Anna Case: „I gave my voice the same quality as the machine so they couldn't tell" (zitiert nach ebd.).

now referred to the retrievable *truth* of a message" (ebd. [Hervorhebung MH]). Erst mit der zunehmenden Verwendung der Technologie für Musik (insbesondere in Form sogenannter „nickel-in-the-slot"-machines) rückt schließlich die Tonqualität („[q]uality of tone", ebd.) als neues Kriterium in den Vordergrund des *fidelity*-Diskurses, die sich dann mit der *Diamond Disc* und den *Tone Tests* stabilisiert und dominiert.

Angetrieben durch die Werbekampagnen insbesondere der *Edison Company* stiftet der Diskurs um den Phonographen um die Jahrhundertwende also einen Glauben an die Technologie, authentische Klangreproduktionen herzustellen, die glaubwürdig und wahrheitsgetreu auf eine Ursprungssituation verweisen und das Wesen von Musik beinhalten. Phonographische Aufnahmen, so die Litanei der *Edison Company*, imitieren keine Musik, sondern *sind* Musik, weshalb ab 1913 das Unternehmen auch nicht mehr von Reproduktionen, sondern dezidiert von „re-creations" (ebd., S. 142) spricht (vgl. auch Abb. 23). Um diesen Anspruch, Musik nicht zu imitieren, sondern sie zu rekreieren, aufrechtzuerhalten, wird der Phonograph als transparentes Medium, als Gerät ohne eigene akustische Eigenschaften („There are no acoustic properties [...] The New Edison has no tone of its own", ebd., S. 146) inszeniert. Am Übergang von Reproduktion zu *re-creation* zeigt sich jedoch noch eine weitere Verschiebung im *fidelity*-Diskurs. Denn relevant erscheint bei der *re-creation* einer musikalischen Performance die affektive Ebene der bekannten Hörerfahrung. Das Wesen der treuen Klangproduktion ist demzufolge die Rekreation der ästhetischen Erfahrung. In den Vordergrund tritt ein (neuer) audio-ästhetischer Realismus.

> The goal in reproducing live events was not reproducing reality but producing a particular kind of listening experience. Early sound reproduction – whether live or wholly contrived – sliced up reality in order to fashion a new aesthetic realism. The point was never to capture the event in its positivity but rather to create a new form of sonic realism appropriate to the events being represented and to the listeners auditing them. The desire for sound-reproduction technologies to capture reality and faithfully reproduce it thus quickly gave way to the use of those technologies to fashion an aesthetic realism worthy of listeners' faith. (Sterne 2003, S. 246)

Diese Tendenz spiegelt sich auch auf Seiten der Musikproduktion wider, deren Kunst gerade nicht darin besteht, möglichst neutrale Mitschnitte von Konzerten herzustellen, sondern eigene Praktiken der Klang(re)produktion auszubilden, um die ästhetische auditorische Konzerterfahrung an die technischen Kapazitäten der Phonographie anzupassen. So wie bei den *Tone Tests* die Künstler*innen ihr Original an die Reproduktion anpassen, impliziert auch die frühe *recording culture* die Produktion künstlicher Originale für die Herstellung authentischer Kopien – und bleibt dennoch der möglichst getreuen Nachbildung der Musik- und Raumhörsituation von Live-Musik-Performance verpflichtet, um eben diese ästhetische Hörerfahrung zu transportieren. Dies zeigt sich z. B. an den Ansichten der

Aufnahmeleiter und Produzenten früher phonographischer Aufnahmen. Fred Gaisberg, der Aufnahmeleiter der *Gramophone Company*, die unter anderem auch die frühen Aufnahmen Enrico Carusos herstellt, kann sicherlich als Prototyp dieser Perspektive betrachtet werden:

> Gaisberg's attitude to recording was to produce in the studio some kind of snapshot of the kind of performance each artist would normally give in public venues. (Beadle 1993, S. 27)

Die phonographische Aufnahme erfüllt hiermit bis spätestens Mitte der 1950er Jahre vor allem die medialen Grundfunktionen des Speicherns und des Übertragens. Klang, wie er im Konzerterlebnis, wie er beim Raumhören, unmittelbar erlebt wird, soll dokumentiert bzw. konserviert und musikalische Aufführungen wiederholbar gemacht und in die Haushalte übertragen werden. Dabei ist der Phonograph mit Nichten ein neutraler Beobachter, der unbeteiligt mithört. Wie Mark Katz in seiner Monographie *Capturing Sound. How Technology Changed Music* ((2004) 2010) darlegt, führen die technischen Voraussetzungen des Phonographen gegenteilig sogar zu einer Veränderung und Anpassung der aufgenommenen Musik selbst. Der frühe, rein mechanische Phonograph erfordert Anpassungen der Instrumentenauswahl, im Musikerarrangement und sogar in der Spieltechnik:

> The demands this system [the phonograph, MH] placed on performers were tremendous. Soft and loud notes, for instance, demanded drastically different techniques. A vocalist might literally stick her head inside the horn to ensure that her pianissimo would be heard, but then, with the timing of a lion tamer, quickly withdraw for her fortissimo, so as to avoid „blasting" the engraving needle out of its groove. Alternatively, studio assistants would push the artists toward the horn or pull them away according to the changing dynamics of the music. (Katz (2004) 2010, S. 38 f.)

Da sie lauter spielen und besser zum Trichter des Phonographen gerichtet werden können, ersetzen Blechbläser häufig Streicherpartien. Bei der Strohvioline verschmelzen Streich- und Blechinstrument: Das Griffbrett, der Steg und Kinnhalter der Violine bleiben erhalten, doch an die Stelle des traditionellen hohlen Holzkorpus tritt ein kegelförmiger Aluminiumtrichter. Die medialen Bedingungen beeinflussen vor allem aber die Spiel- und Gesangstechniken. Die heute übliche großzügige Verwendung von Vibrato in der klassischen Musik ist so u. a. auch dem Umstand geschuldet, dass diese Lautstärkenerweiterung den technischen Bedingungen des Phonographen entgegenkommt (vgl. ebd., S. 94 ff.).

Der Phonograph in dieser Aufzeichnungspraxis verhält sich folglich nicht wie ein gewöhnlicher Konzertbesucher, der in Stellvertretung das Aufgeführte als Ohrenextension speichert. Der Phonograph ist vielmehr der Nexus akustischer Anrufung, für den artgerecht musiziert wird. Die Tonaufnahme ist somit kein einfacher Mitschnitt der Konzertsituation, sie ist kein ‚authentisches' Dokument, kein „Schnappschuss einer gewöhnlichen künstlerischen Aufführung", um die Worte Gaisbergs noch einmal zu bemühen. Kurz: Die phonographische Tonaufnahme hat mit der realen Konzert- und Klangsituation, die sie zu übertagen verspricht, wenig gemein. Doch, und dies ist für den *fidelity*-Diskurs entscheidend, sie folgt dennoch dem „Imperativ" (Wicke 2011, S. 68), die Musik- und Hörerfahrung einer Live-Musik-Performance nachzubilden. Die Aufnahme erfolgt unter der Leitlinie, den *Anschein* dieser Konzerterfahrung zu produzieren. Der Anspruch der phonographischen Aufnahme besteht daher weiterhin im Dokumentarischen, in der neutralen Körperextension, im Verschwinden des Mediums hinter dem Inhalt.

An diesem Imperativ ändert auch die Elektrifizierung des Studios und die damit verbundene Verwendung von Mikrofontechnik wenig. Denn obwohl die Anzahl der phonographischen Ohren mit der Anzahl der Mikrofone anwächst und somit auch die fixierte Hörposition, die die mechanische Aufzeichnung noch garantiert, verloren geht, dominiert ungebrochen das Ideal der Nachbildung idealtypischer Hörsituationen und hiermit das Ideal der *fidelity*, also die Treue zur realakustischen Hörerfahrung. In den Vordergrund der Soundproduktion tritt eine Art Konzertsaalrealismus („concert hall realism", Schmidt Horning 2013, S. 103), der, wie der leitende Toningenieur der *Bell Labs* 1926 betont, letztlich darauf abzielt, die „atmosphere' or contact between the artist and the audience" und also eine „illusion of the presence of the artist" (Maxfield 1926, S. 104) zu erzeugen.

Wie Jonathan Sterne bei seiner Beschreibung der Sozialgenese von *sound fidelity* abschließend feststellt, ist das Abhören von Schallplatten und anderem audiotechnischem Equipment nach Maßstäben einer von der Phonographie-Industrie selbst festgelegten Definition von Klangtreue eine vor allem in den 1920er und 1930er Jahren gelernte, bis heute persistierende Hörtechnik (*audile technique*) im Umgang mit Klangreproduktionen – ein ultimativer Maßstab zur Beurteilung des *Sounds* von Klangmedien, deren Überprüfung in die Ohren der entsprechend erzogenen Konsument*innen (und Toningenieur*innen) gelegt wird und weniger objektives Messen als Glaube an die transzendierenden Qualitäten von Reproduktionstechnologie ist. Klangproduktion wird einem Ideal der Mediation unterstellt, dessen implizites Ziel darin besteht, die Fülle der Präsenz eines Originals zu reproduzieren, nach deren Maxime Schallplatten gehört und produziert werden (vgl. Sterne 2003, S. 282 ff.).

3.3.2 (Un-)Treue Bänder: *High fidelity* und die tonbandtechnische Verschiebung des Reproduktionsimperativs

Aus dem Imperativ, die Präsenz der nicht-mediatisierten Klangerfahrung perfekt zu reproduzieren, erwächst schließlich auch der hochtrabende Begriff der *high fidelity* (HiFi). 1926 durch den Toningenieur Harold A. Hartley geprägt, beschreibt *high fidelity* zunächst in technischer Hinsicht verbesserte Radios und elektrische Grammophone (vgl. Fabbri 2016, S. 251). HiFi kann in diesem Sinne als ein Synonym für besonders hochwertige und hochpreisige Soundanlagen verstanden werden, die eine besonders große Treue gegenüber dem aufgenommenen Klang versprechen. *Fidelity* bezieht sich hier also zunächst nicht auf die Transparenz des Phonographen gegenüber der Live-Aufführung im Moment der Aufnahme, sondern die Klangtreue des Wiedergabesystems des*der Konsument*in gegenüber der gekauften Schallplatte. Dennoch persistiert der Imperativ der Nachbildung der Live-Erfahrung und das Ideal sonischer Transparenz; begehrt und referenziert wird schließlich weiterhin die Erfahrung der Live-Performance, die am Anfang der Verweiskette steht. *High fidelity* kann also auf alle Klangtechnologien bezogen werden, die an diesem Vermittlungsprozess beteiligt sind, und beschreibt ihren Transparenz- bzw. Verzerrungsgrad, wobei *high fidelity* hohe Transparenz bzw. geringfügige Verzerrung bezeichnet. Da wahrhaftige (unmediatisierte) Transparenz niemals erreicht werden kann, beschreibt *high fidelity* die niemals endende Annäherung an ein fetischisiertes Ideal und ist mehr Trope als messbarer Eigenklang der Geräte.

> „High fidelity" meant better reproduced sound, but neither music critics nor engineers could agree to what the reproduction should be compared, or who should be the final arbiter of the quality of reproduction. (Magoun 2002, S. 19)

Eine Reihe technischer Entwicklungen in den 1940er Jahren – vor allem FM-Radio, Tonbandtechnik mit Hochfrequenz-Vormagnetisierung und Schallplatten mit breiterem Frequenzgang – sowie ein gesteigertes Interesse der männlichen amerikanischen Mittelklasse an Klangreproduktion (allen voran in militärischer Abhörtechnik geschulte Veteranen des Zweiten Weltkriegs) katalysiert in den 1940er Jahren den *high fidelity*-Diskurs in den Vereinigten Staaten (vgl. ebd., S. 14 ff.). Der hieraus resultierende *high fidelity*-Boom der Nachkriegszeit findet seinen Höhepunkt in den 1950er Jahren und spiegelt sich in der Gründung von Fachjournalen wie z. B. das 1951 erstmals erschienene *High Fidelity. A Magazine for Audiophiles* wider, welches neben Artikeln zu den Grundprinzipien der Klangaufnahme vor allem Rezensionen zu Schallplatten und Aufnahmegeräten beinhaltet. Der Imperativ der treuen Nachbildung von Live-Performances wird hier stetig wieder hervorgebracht. So beschreibt z. B. der Herausgeber des Magazins Charles Fowler in seinem Vorwort zur ersten Ausgabe, dass eine erfolgreiche Aufnahme gerade darin bestünde, die *Illusion* einer Live-Performance zu schaffen (vgl. Fowler 1951, S. 8). Fowlers Ideal stimmt damit auch ungefähr mit der Definition des Musikjournalisten Edwin Canbys überein, der im Oktober 1947 *high fidelity* als „relative high degree of naturalness, of faithfulness to the imagined original sound" und als eine „illusion of reality" beschreibt (Canby 1947, S. 62, zit. nach Magoun 2002, S. 19).

Ende der 1940er, Anfang der 1950er Jahre ist die Diskussion um *high fidelity* damit allgegenwärtig und wird nicht nur zwischen audiophilen Konsument*innen, sondern auch unter Toningenieur*innen geführt. Wie Susan Schmidt Hornig darlegt, bestimmt die kongruente Herstellung sonischer Illusionen realistischer Hörräume auch die Ausrichtung der großen Tonstudios dieser Zeit (vgl. 2013, S. 103). Aufgrund der unterbrochenen Kommunikations- und Handelswege während des Zweiten Weltkriegs sowie der strengen Geheimhaltung (audio-)technologischer Fortschritte, spielt Tonbandtechnologie bis in die späten 1940er Jahre in den Vereinigten Staaten keine tragende Rolle – erst recht nicht in den Tonstudios der Musikindustrie, welche Tonbänder aufgrund ihres (fälschlicherweise) unumgänglich gewähnten Grundrauschens für unbrauchbar halten und ausschließlich auf Schellack-, Vinyl- und Acetatplatten aufzeichnen. Zwar werden die Vorteile nachträglicher Montage und langer Aufnahmezeit durchaus gesehen, doch das hohe Grundrauschen früher (amerikanischer) Geräte, wie z. B. des ab 1945 erhältlichen *Brush BK-401 Soundmirrors*,[118] macht sie gegenüber rauschärmeren phonographischen Verfahren unattraktiv und verhindert eine Integration in das *high fidelity*-Dispositiv (vgl. Chinn 1947 sowie Schmidt Horning 2013, S. 105 f.). Dies ändert sich erst mit der Überführung deutscher, mit Hochfrequenz-Vormagnetisierung ausgestatteter Tonbandgeräte durch Personen des US-Militärs um die Jahre 1945/46, insbesondere durch den Radioingenieur Jack Mullin, der sein in Einzelteile zerlegtes *Magnetophon K4* erfolgreich an die Motorenmanufaktur *Ampex* vermarktet, welche, angefangen mit dem *Ampex 200*, sich dadurch zu einem der führenden Tonbandgeräteherstellern der Vereinigten Staaten entwickelt und ab April 1948 zahlreiche Rundfunk- und Tonstudios mit Magnetbandgeräten ausstattet.[119]

Erst die technologische Weiterentwicklung in Sachen *fidelity* – d. h. die signifikante Reduktion des Grundrauschens durch HF-Vormagnetisierung – macht das Tonbandgerät begehrenswert für die von der *high fidelity*-Maxime geprägte professionelle Musikproduktion in den Vereinigten Staaten. Nach Installation der ersten *Ampex 200A* in den Studios der *ABC* in Chicago, New York und Hollywood

---

118 „The big problem at that time was the very high noise level of the Brush recorder, only about minus 35 dB. And you couldn't rerecord, because the resulting distortion was so high it was unthinkable" (Tall 1978, S. 20).
119 Vgl. hierzu ausführlich das erste Kapitel dieser Arbeit.

(v. a. im Rahmen der Speicherung und Übertragung der *Bing Crosby Shows*) verbreitet sich in der Branche schnell die Nachricht von der stabilen, rauscharmen Performance der Geräte und nach *Capitol Records* hinterlegen auch *RCA Victor, Columbia, Decca* und *MGM* eine entsprechende Order bei *Ampex* (vgl. Schmidt Horning 2013, S. 106).

> Tape recording seemed a godsend, for it solved many of the problems associated with disc recording. It was capable of higher fidelity than disc recording because frequency response was not limited by the inertia of mechanical parts, dynamic range was not limited by the dimensions of the groove, and surface noise and needle scratch were eliminated from the original recording. (Ebd.)

Erst über die Erfüllung des *high fidelity*-Imperativs erhält Tonbandtechnologie Ende der 1940er Jahre also Einzug in den Tonstudios und gilt bald schon auf Seiten der Produktion, gemeinsam mit der der Einführung der Langspielplatte (LP) durch *Columbia Records* 1948 sowie Stereoaufnahmeverfahren Anfang der 1950er Jahre, als eine der drei Grundlagentechnologien für *true high fidelity*, um deren technische Weiterentwicklung in der Folge eine Vielzahl der Diskussionen und Rezensionen der Audio-Journale kreisen. Wie Eric Barry herausstellt, resoniert in den 1950er und 1960er Jahren die *high fidelity*-Verwendungsmaxime dieser Technologien zur (illusorischen) Vermittlung der Konzertsaalerfahrung („concert hall realism") mit einem Verlangen der Toningenieur*innen und „audiomaniacs" nach technologisch vermittelter, spektakulärer und erhabener Erfahrung künstlerischer Präsenz (vgl. Barry 2010, S. 116 ff.; ein ähnliches Argument macht auch Milner 2009, S. 139 ff.). In Referenz auf Michel Chions Überlegungen zur Bedeutung und Wirkung der Klangebene im Tonfilm, argumentiert Barry, dass die *high fidelity*-Kultur der 1950er und 1960er Jahre ein grenzenloses Verlangen nach Definition (vgl. Chion (1990) 2012, S. 85 ff.), also nach klanglichen Details, ausmacht, nach deren Grad die *fidelity* einer Aufnahme beurteilt wird. Die Darstellung „materialisierender Klanghinweise" (ebd., S. 96), also klanglicher Details, die die materiellen Bedingungen der Klangursache hör- und spürbar machen, verleiht einer Aufnahme den Eindruck klanglicher Präsenz, die als Transzendentes und Erhabenes fetischisiert wird. Dieses Begehren nach erhabenen Hörerfahrungen definierter, ‚reiner' Klanglichkeit sowie die Lust an einer dezidiert untreuen, künstlichen Klangwelt schiebt sich dabei vor das auditorische Verlangen nach Treue gegenüber einem als original imaginierten Klangereignis (vgl. Barry 2010, S. 130).

Merklich wird diese Tendenz der Untreue nicht nur als implizites Begehren der Audiophilen, sondern auch in der Produktionspraxis der Musikindustrie jener Zeit. Ob das eine das andere bedingt oder umgekehrt, ist eines der Henne-Ei-Probleme der Mediengeschichtsschreibung (vgl. Winkler 1999) und nicht endgültig aufzulösen – gerade auch weil die Toningenieur*innen und Produzent*innen der

Musikindustrie auch den Rezeptionsdiskurs mitschreiben. Deutlich erscheint jedoch, dass im Bereich der Musikproduktion die von Barry beobachtete Verlagerung des *high fidelity*-Imperativs weg von den, in Peirce'scher Terminologie, indexikalischen, hin zu den ikonischen Qualitäten einer Klangaufnahme mit der verbreiteten und aktivierten Anwendung von Tonbandtechnologie koinzidiert.

3.3.3 Early Adopter und *bricoleur par excellence*: Les Paul

> Les Paul hat Sounds erzeugt, die noch nie zuvor jemand gehört hatte. Meine Mutter sagte, ich solle diese Musik nicht hören, sie sei falsch. Sie meinte, das ist ein Typ, der uns betrügt. (Jeff Beck in *Achtung, Aufnahme!* 2016, TC 00:05:52–00:06:15)

> [W]hen I heard „How High the Moon", which did not have one natural sound in it, I thought, „Damn, there's hope!"
> (Buskin 2007)

Einer der ersten populärmusikalischen An- und Umwender der für die US-Amerikanischen Musikindustrie neuen Magnetbandtechnik ist der Gitarrist Les Paul. Sein kreativer, bastlerischer Umgang mit Tonbandtechnologie und die hiermit verbundenen Aufnahmeverfahren des *sound on sound recordings* (bzw. *overdubbings*) und des *multitrack recordings* sind leitgebend für die Entwicklung einer durch das Magnetband geprägten populären Musikästhetik der 1950er und 1960er Jahre, mit der eine Verschiebung des *high fidelity*-Imperativs weg von treuer Klangraumimitation hin zu imaginativen Hörräumen und maximaler Klangsättigung (bzw. -dichte) einhergeht sowie sich ein Verständnis von Sound als idiosynkratische Klangsignatur ausbildet.

Schon bevor Paul 1946 mit Tonbandtechnik in Berührung kommt, befasst er sich eingehend mit Elektro- und Radiotechnik, mit phonographischer Klangreproduktion sowie mit Elektroakustik. Als Jugendlicher zerlegt er das Reproduktionsklavier seiner Mutter, setzt es wieder zusammen, erstellt eigene Klavier-Lochkarten und experimentiert mit dem Wiedergabetempo des Instruments (vgl. Paul und Cochran 2016, S. 22 f.). Mit dreizehn Jahren konstruiert er sich ein eigenes elektronisches Verstärkersystem, für das er seine Akustikgitarre mit dem heimischen *radio-phono player* verschaltet und ein Telefonmundstück zu einem Mikrofon umfunktioniert (vgl. ebd., S. 28). Und um das Jahr 1929, mit ca. vierzehn/fünfzehn Jahren, baut sich der junge Musiker eine eigene Schallplattenschneidemaschine, bestehend aus der Schwung-

3.3 Schichten, Schichten, Schichten: Das Tonband in der populären Musik — 233

scheibe eines alten Automobilmotors und den Antriebsriemen eines Zahnarztbohrers (vgl. ebd., S. 32).

Les Paul erscheint damit wie der Inbegriff des *bricoleurs*, der improvisierende Bastler, den Claude Lévi-Strauss in *Das wilde Denken* ((1962) 1986) dem planenden Ingenieur gegenüberstellt (vgl. S. 29 ff.). Der *bricoleur* kommt mit den Mitteln aus, die ihm zur Hand liegen und nimmt dabei Wege, die nicht vorgezeichnet sind; er ist „jener Mensch, der mit den Händen werkelt und dabei Mittel verwendet, die im Vergleich zu denen des Fachmanns abwegig sind" (ebd., S. 29). *Bricolage* ist eine Form induktiven Denkens. Beim Bastler ist der Verwendungszweck der gesammelten Bauelemente und Werkzeuge daher auch nur begrenzt bestimmbar:

> [Z]war genügend, daß der Bastler nicht die Ausrüstung und das Wissen aller Berufszweige nötig hat; jedoch nicht so sehr, daß jedes Element an einen genauen und fest umrissenen Gebrauch gebunden wäre. Jedes Element stellt eine Gesamtheit von konkreten und zugleich möglichen Beziehungen dar; sie sind Werkzeuge, aber verwendbar für beliebige Arbeiten innerhalb eines Typus. (Ebd., S. 30 f.)

In seinen weiteren Ausführungen verbindet Lévi-Strauss die *bricolage* mit dem mythischen Denken ‚primitiver' Gesellschaften – ‚das wilde Denken' – und erkennt hierin eine der abendländischen Wissenschaft entgegengesetzte Epistemologie und Ästhetik. Lévi-Strauss interessiert sich weniger für die Figur des Bastlers, sondern eher für die Tätigkeit des Bastelns selbst und seine spezifischen Erkenntnis- und Kunstpotentiale. Dabei schließt der französische Strukturalist an anthropologische und ethnologische Diskurse zu handwerklichen Tätigkeiten sowie an kunsttheoretische Überlegungen an, die sich mit der Poetik des (kontrollierten) Zufalls befassen, wobei Letztere sich beim *bricoleur* aus der Beschränkung und dem Eigensinn der akut verwendeten Mittel ergibt (vgl. Bies 2014, S. 208 ff.). Les Paul ist ein *bricoleur* in ebendiesem Sinne, ein bastelnder Künstler-Handwerker, der unvorgezeichnete Wege geht, um eine Sache (den begehrten ‚New Sound') zu erreichen, und dessen (Klang-)Ästhetik ein Stückweit von der Eigenpoesie der von ihm zweckmäßig zusammengetragenen Mitteln abhängig ist, die er sich wiederum, als distinktionsbemühtes, geschäftstüchtiges Künstlersubjekt der kapitalistischen Moderne, produktiv aneignet und zu einem Eigenen macht.

Es ist daher wenig verwunderlich, dass Anfang der 1930er Jahre auch etwas Gebasteltes, nämlich Pauls oben beschriebene Schneidemaschine für Acetatplatten, am Anfang seiner musikästhetisch und -historisch bedeutsamen Erfahrung mit elektroakustischer Klangschichtung (*sound on sound recording*) sowie mit Delay-Effekten steht. Nach einer Probe mit dem *Les Paul Trio* sind die beiden anderen Ensemblemitglieder Jimmy Atkins und Ernie Newton bereits gegangen, als Paul einfällt, dass sie eigentlich noch das Stück *Limehouse Blues* einüben wollten.

Er überlegt deshalb allein fortzufahren, indem er den Rhythmuspart der Gitarre vorab auf Platte aufzeichnet und sich damit selbst begleitet.

> And as I started to do that the idea struck me, „Why don't I just record two of these things out and play Ernie's part and then play Jim's part and then play my part?" So I thought about it, and I dug out another playback arm and added it because I've got to cut the record twice on the outside groove to get the rhythm track. So, on the first pass, I recorded the rhythm guitar, and then, on the next set of grooves, I laid down the bass line using the low string on my rhythm guitar.
> To do this, I had to have two pickups to play these things back on and be able to start them at the same time. And, of course, that was the toughest thing in the world to do, to take two pick up arms and put them down at the same time and start them off together. But I kept at it and in a few days I had the thing so I could play back a rhythm section in sync and play my part over it. (Paul und Cochran 2016, S. 81)

Bei der filigranen Aufnahmeprozedur treten immer wieder ungewollte, minimale Einsatzverzögerungen (Delays) auf, die den Klang zu verstärken und zu vergrößern scheinen und deren produktionsästhetisches Potential, eigenen Aussagen zufolge, Les Paul bereits zu diesem Zeitpunkt erkennt (vgl. ebd., S. 82), jedoch danach lange nicht weiter anzuwenden oder weiterzuentwickeln scheint. Zehn Jahre später, 1947, verbindet Paul jene Delay-Effekte mit dem *sound on sound*-Verfahren, um einen unverwechselbaren Sound, um seine individuelle Klangsignatur, zu kreieren, die es ihm ermöglicht, sich von anderen E-Gitarristen mit rein akustischen Mitteln abzugrenzen, und die nicht ohne Weiteres imitiert werden kann. Hierfür perfektioniert er seine Klangschichtung und entwickelt ein Vorgehen, bei dem Rillen- und Leitungsstörgeräusche möglichst unterdrückt werden. Er benutzt zwei Plattenschneidemaschinen, um nicht eine einzelne Rille stetig überspielen zu müssen und stattdessen zuvor Aufgenommenes mit Neueingespieltem auf einer frischen Platte summieren zu können. Zudem priorisiert er die Reihenfolge der Spuren: Eher hintergründige Rhythmusparts werden zuerst eingespielt und wichtige Melodieteile ganz zum Schluss. Der resultierende Arbeitsprozess ist konsequenterweise äußerst zeit- und materialintensiv:

> You'd lay your first track down on a disk, then listen back and play something along with it while you used the second machine to record the combined sound on a second disk. You repeated that step as many times as it took, discarding one disk after another, until you got those first two tracks blended just right. Then you'd take that two-layer disk, move it over to the playback machine, and repeat the process adding the third layer, the fourth layer, and so on. Each time you added a track, you were mixing it with everything you'd layered before onto a fresh disk. (Ebd., S. 178)

Das optimierte Schichtverfahren ergänzt der vormals ungewollt entstandene, klangsättigende Delay-Effekt, den Paul nun kontrolliert reproduziert, indem er einen zusätzlichen Tonarm hinter den Schneidestichel der Plattenschneidemaschine montiert (vgl. ebd., S. 177). Schließlich experimentiert er noch mit der Abspielgeschwindigkeit seines Aufnahmegeräts. Er halbiert die Geschwindigkeit einer Rhythmusgitarrenaufnahme und spielt hierüber, in normaler Geschwindigkeit, einen Solopart ein. Bei Wiedereinstellung der Ursprungsgeschwindigkeit erklingt der Soloteil technisch eindrucksvoll in doppeltem Tempo. Gleichzeitig erhöht sich das gesamte Frequenzspektrum der Sologitarre um eine Oktave und erhält eine völlig neue, helle und klare Klangcharakteristik (vgl. Kane 2014, S. 167). Der Effekt, den Paul hiermit erzielt, ist vergleichbar mit der *Transpositionsskordatur* von Saiteninstrumenten – der „Veränderungen der gesamten Normalstimmung um einen oder mehrere Töne nach oben" (Rônez 2016) –, wodurch das Soloinstrument (vor allem im Zusammenspiel mit normalgestimmten Instrumenten) an Brillanz gewinnt.[120] Dabei verändert Les Paul die Geschwindigkeit und Tonhöhe der Aufnahmen gerade so, dass einzelne Gitarrenparts zwar schneller und höher als eigentlich üblich klingen, jedoch mit natürlichen Mitteln und großer Virtuosität noch erreichbar erscheinen (vgl. Kane 2014, S. 167).

Durch die Geschwindigkeitsveränderungen im Herstellungsprozess kann, wie Brian Kane darlegt, der neue, idiosynkratische Les Paul-Sound nicht mehr ohne Aufnahmetechnologie reproduziert werden und manifestiert dadurch ein soundästhetisches Abhängigkeitsverhältnis:

> Half-speed techniques exploited the affordances of recorded sound in a way that simply layering sound-on-sound in real time did not. Potentially, a talented arranger could create transcriptions of sound-on-sound recordings, giving each of the parts to a different guitarist, and perform them live, so long as no half-speed techniques were used. But this is no longer the case once the tape speed is manipulated. Simply put, there is no way to perform sounds with the heightened speed, transposition, and spectral shift of half-speed recordings live onstage – one can only play them back from the recording. (Ebd., S. 167)

Die Verbindung von Klangschichtung, Delay und medientechnischer Skordatur ist die Grundformel für Les Pauls ‚New Sound'[121] und prägt das Klangbild der 1948 bei *Capitol Records* veröffentlichten Single *Lover (When You Are Near Me)*, bei der es Paul gelingt, acht nacheinander eingespielte Gitarrenparts auf der Aufnahme un-

---

120 Ein berühmtes Beispiel für diese Praxis ist Niccolò Paganinis *Violinkonzert Nr. 1 in Es-Dur*, für das die Sologeige durch das Hochstimmen um einen Halbton (also auf as-es'-b'-f''") im saitenoffenen D-Dur spielen kann und brilliert, während die Orchesterbegleitung in Normalstimmung und in Es-Dur eher gedämpft klingt (vgl. Guhr 1831, S. 4 f.).
121 „Finishing Lover completed the creation of my signature sound, which came to be known as the New Sound" (Paul und Cochran 2016, S. 178). Die Phrase „The New Sound" befindet sich bereits auf dem Etikett der Single und ist auch der Titel des 1950 erschienen ersten Albums von Les Paul bei *Capitol Records*.

terzubringen (vgl. Paul und Cochran 2016, S. 178). Die mit jeder Klangschicht stark absinkende Tonqualität sowie der enorme Zeit- und Materialaufwand bleiben jedoch vorerst nicht zu behebende Probleme seines Verfahrens, weshalb sich der Erhalt eines Tonbandgeräts 1949 für den Gitarristen als lebensverändernder Wendepunkt darstellt (vgl. ebd., S. 203).

3.3.4 Das manipulierte *Ampex 300*

Im Juli 1949 erhält Les Paul vom befreundeten Sänger und Schauspieler Bing Crosby ein überraschendes Geschenk: eines der ersten *Ampex 300 mono tape decks*. Crosby, der es leid war, seine Shows stets zweimal – einmal für die West- und einmal für die Ostküste – einzuspielen, ist in der Nachkriegszeit einer der zentralen Förderer US-amerikanischer Tonbandtechnologie, Financier des ersten *Ampex 200A* und auch für den Vertrieb der *Ampex*-Tonbandgeräte (vor allem an Ton- und Rundfunkstudios) zuständig. Den Impuls, auf Tonbandtechnologie zu setzen, erhält Crosby von Les Paul selbst, der 1947 nach einem Konzert in New York von Colonol Richard Ranger sein aus Deutschland übergeführtes *Magnetophon K4* vorgeführt bekommt und Bing Crobsy daraufhin Tonbandtechnologie als Lösung für seine Aufzeichnungsprobleme empfiehlt, was schließlich in der Kooperation zwischen Jack Mullin und *Ampex* mit Bing Crosby mündet. Das *Ampex 300* schenkt Crosby 1949 an Paul als Dank für seine Hilfe, wohlwissend, dass der Gitarrist etwas mit dem Tonbandgerät anfangen könne (vgl. ebd., S. 200 f.).

Bereits kurz nach Erhalt der Maschine dämmert es Paul: Durch eine geringfügige Manipulation des neuen Gerätes ließen sich die meisten Probleme seines *sound on sound recordings* einfach lösen. Es müsste lediglich ein zusätzlicher Wiedergabekopf vor die anderen drei Tonköpfe (Löschkopf–Aufnahmekopf–Wiedergabekopf) montiert werden. Der weitere Wiedergabekopf würde zuvor Aufgenommenes in Pauls Mischpult spielen und könnte dann, in Kombination mit einer neuen eingespielten Tonspur, bspw. eine Gitarrenaufnahme, zum Aufnahmekopf des Tonbandgeräts geleitet werden, wo die Klangsumme auf das durch den Löschköpf inzwischen wieder leere Tonband gespeichert wird. Dieses Verfahren würde nicht nur das *sound on sound recording* um ein Vielfaches vereinfachen und Materialkosten reduzieren, sondern auch die Qualitätseinbußen pro Klangschicht maßgeblich verringern und die Anzahl der möglichen Klangschichten signifikant erhöhen. Nach kurzer Rücksprache mit Jack Mullin zur Verkabelung des vierten Tonkopfes lässt sich Les Paul von *Ampex* einen Ersatzwiedergabekopf für sein Tonbandgerät liefern, schraubt diesen vor den Löschkopf (Abb. 24) und kann seine Idee schnell und erfolgreich in die Praxis umsetzen. Schon bald benutzt Paul ausschließlich die manipulierte Bandmaschine zum *sound on sound recording*, mit dem praktischen Nebeneffekt, dies nun an jedem beliebigen Ort durchführen zu können – alles, was er fortan für seine Aufnahmen braucht, ist sein erweitertes *Ampex 300*, ein Mischpult, seine Gitarre und ein Mikrofon (vgl. ebd., S. 204 ff.).

Das erfolgreichste und einflussreichste Stück, das Paul nach diesem System gemeinsam mit seiner Ehefrau Mary Ford aufnimmt, ist die Single „How High the Moon", die sich über 1,5 Millionen Mal verkauft und 1951 für neun Wochen auf Platz eins der US-Billboard-Charts rangiert. Seit 2003 ist die Aufnahme Teil des *National Recording Registry* der amerikanischen *Library of Congress*, das damit seine besondere kulturhistorische Bedeutung würdigt, vor allem Les Pauls Einführung von *overdubbing*-Techniken in der Populärmusik, die bis heute in Tonstudios Verwendung finden (vgl. Library of Congress 2002). „How High the Moon" umfasst zwölf Gitarren- und zwölf Gesangsaufnahmen, also insgesamt 24 Parts, die Paul übereinanderschichtet, wodurch das Arrangement eine hohe Klangdichte erhält, die Dave Hunter in seinem Gastbeitrag (2002) für die *Library of Congress* als „lush" und „ethereal", also als üppig und sphärisch beschreibt. Von der besonderen, andersartigen und imaginativen Wirkung dieses Sounds, der nicht mehr auf einen realakustischen Raum zu verweisen scheint, berichtet auch der Toningenieur Bruce Swedien in einem Gespräch mit Richard Buskin:

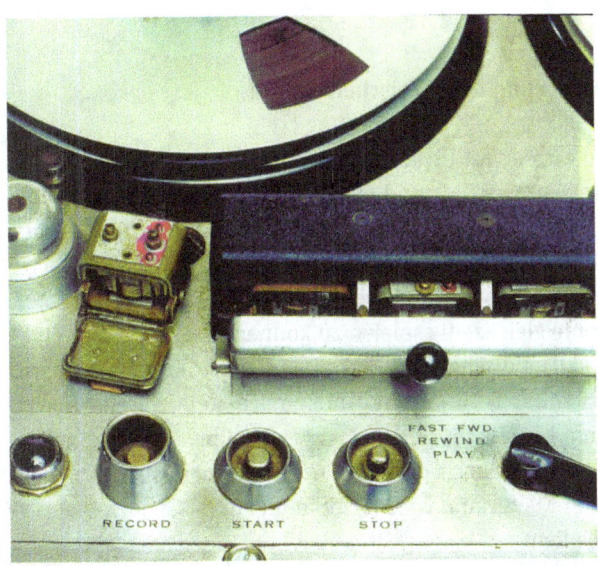

Abb. 24: Les Pauls *Ampex 300* mit zusätzlichem Wiedergabekopf. © Wolf Hoffmann.

The first time I really got excited about pop music was when I discovered that it was possible to use my imagination. That had come with a record that I myself didn't work on, Les

> Paul and Mary Ford's „How High the Moon", in 1951. Up to that point the goal of music recording had been to capture an unaltered acoustic event, reproducing the music of big bands as if you were in the best seat in the house. It left no room for imagination, but when I heard „How High the Moon", which did not have one natural sound in it, I thought, „Damn, there's hope!" (Bruce Swedien in Buskin 2007)

Das von Paul tonbandtechnisch erneuerte Verfahren hat jedoch noch ein schwerwiegendes und vor allem zeitraubendes Problem: Sobald sich der Gitarrist auch nur einmal verspielt oder das Mikrofon übersteuert, wird alles zuvor Aufgenommene unbrauchbar und er muss noch einmal von vorne beginnen. Auch „How High the Moon" gelingt erst beim dritten Durchlauf, nachdem beim ersten Versuch eine Sirene und beim zweiten eine Toilettenspülung die Aufnahme unbrauchbar machte (vgl. ebd.). Im Unterschied zu seinem System mit zwei Plattenschneidemaschinen ist es bei der Arbeit mit nur einem manipulierten Tonbandgerät eben nicht möglich, auch Zwischenschritte zu speichern. „Whether you blew it on the third pass or the twenty-ninth pass, when you made that mistake, you were done. You had to go back and start the whole process over again" (Paul und Cochran 2016, S. 210). Nach einem finanziell ertragreichen Jahr 1950 schafft sich Les Paul daher 1951 noch eine zweite *Ampex 300* an, die es ihm ermöglicht, automatisch Sicherheitskopien der vorausgegangenen Durchläufe zu speichern (vgl. ebd., S. 226).

3.3.5 Enthüllung und Verdeckung der magischen Geräte

Der „new, strange, and unsettling, yet thrilling" (Kane 2014, S. 168) Sound von Les Paul fasziniert seine Hörer*innenschaft und erhält seinen Reiz mitunter daher, dass Paul den wirklichen (tonband-)technischen Produktionshintergrund geheim hält und stattdessen seine Hörer*innenschaft bei Radioshows auf falsche Fährten führt, indem er den besonderen Sound ungewöhnlichen, kleinen Gitarren sowie seiner Fähigkeit, Instrumente gleichzeitig spielen zu können zuschreibt (vgl. ebd.). Dabei macht er von den akusmatischen Eigenschaften des Radios gebrauch, bei dem die Klangquelle unsichtbar ist und durch imaginäre Stellvertreter ersetzt werden kann. Das Publikum kann nicht sehen, dass Les Paul bloß eine Aufnahme abspielt und geht, konditioniert durch den *high fidelity*-Imperativ, davon aus, dass das Gehörte den realen Klangraum wiedergibt und Paul tatsächlich mehrere Instrumente gleichzeitig bedient.

Die akusmatische Verhüllung der Klangursachen gehört folglich zu seinem Erfolgsrezept – selbst *Ampex* gegenüber verrät er bei der Bestellung des zusätzlichen Tonkopfes nicht seine eigentliche Absicht, das Gerät zu manipulieren, sondern führt stattdessen an, den regulären Wiedergabekopf der Maschine versehentlich zerstört zu haben und nun ersetzen zu wollen (vgl. Paul und Cochran 2016, S. 204 f.). Und obwohl er über das Neubespielen von Tonbandschleifen *sound on sound* jetzt auch ohne Unterbrechung, also in Echtzeit, durchführen kann (wenn auch nur unter der Vermeidung jeglicher Fehler beim Einspielen neuer Klänge), stellt Les Paul, in Einklang mit seiner Verhüllungsstrategie, bei Live-Shows die manipulierte Bandmaschine und das sequentielle Produktionsverfahren für seinen Sound nicht offen zur Schau. Stattdessen entwickelt er Wege, seinen Sound mit versteckten Mitteln live nachzubilden. Bei den ersten Live-Shows mit Les Pauls ‚New Sound' verbirgt er z. B. zur Verdopplung von Mary Fords Stimme ihre Schwester Carol hinter einem Vorhang, sodass die Wirkung entsteht, dass Mary tatsächlich zwei Stimmen auf einmal singen könne (vgl. Kane 2014, S. 168 ff.).

Mit steigender Erwartungshaltung des Publikums, auch live das zu hören, was sie von Les Pauls und Mary Fords Aufnahmen kennen, beginnt das Duo zu vorproduzierten Aufnahmen zu spielen und die hierfür benötigte Tonbandtechnik hinter einem Vorhang zu verstecken. Zur Aufrechterhaltung der Illusion entwickelt Paul eine sowohl simplifizierende als auch mystifizierende Erklärung für die übernatürlichen Stimm- und Gitarrenvervielfachungen: Den *Les Paulverizer*, eine schwarze „magic box" (Buskin 2007), die er für alle Klangeffekte und Stimmmultiplikationen verantwortlich zeichnet. Als jedoch Vorwürfe laut werden, Les Pauls und Mary Fords Musik sei nicht das Ergebnis musikalischen Talents und ehrlicher Arbeit, sondern gründe allein auf elektronischem Trickreichtum, enthüllt Paul in einer Ausgabe der Fernsehsendung *Omnibus* vom 23. Oktober 1953 das Geheimnis hinter seinem ‚New Sound'. Beide *Ampex*-Geräte deutlich im Vordergrund der *mise en scène*, erläutert der Gitarrist Schritt für Schritt das Aufnahmeverfahren und die damit einhergehenden technischen und musikalischen Anforderungen. Dabei wird nicht nur kommuniziert, dass Les Paul und Mary Ford hart arbeitende, begabte Musiker*innen mit einem „accurate ear for harmony" (*Omnibus* 1953, TC 00:05:40) seien, sondern es werden implizit auch die magischen Eigenschaften und Imaginationen des *Les Paulverizers* auf die wahren Wundermaschinen hinter Pauls ‚New Sound' – die beiden Tonbandgeräte – übertragen.

Widererwartend bedeutet die Enthüllung dieser medientechnischen Wahrheit der üppig-sphärischen Klangschichten allerdings noch nicht das Ende des *Les Paulverizers*. Wenige Jahre später, 1956, konstruiert Paul tatsächlich eine kleine schwarze Box, die er an seine E-Gitarre montiert und wieder *Les Paulverizer* tauft, mit der er die beiden Tonbandgeräte per Knopfdruck fernsteuern kann und sie somit wieder auf ihren ursprünglichen Platz hinter dem Vorhang verweist. Für Brian Kane wird der materialisierte *Les Paulverizer* im Dispositiv von Pauls Liveshows damit zum Inbegriff einer „*black box* – an input, an output, and a mechanism where one is never sure what happens inside" (2014, S. 176) –, mithilfe derer der Gitarrist die für seine Performances essenzielle Aura des Magischen und Unerklärlichen wiederherstellt und die Tonbandgeräte wieder verhüllt. Vor allem aber kann Les Paul, so Kane weiter, durch die Fabrikation der *black box* seine eigene Rolle bei Liveshows wieder besser in den Vordergrund stellen:

> [H]e could press buttons and claim responsibility for the invention of the amazing Paulverizer, which did all sorts of astonishing electronic transformations, while in reality, it simply played back what was already there. But it did something else as well: [...] the Les Paulverizer made Les Paul into something of a mimic. In order to secure his own identity, the fabrication forced Paul to ventriloquize himself. Miming along with a recording, the duo pretended as if the sound was being created spontaneously, but in actuality, Les and Mary lip-synched or added an additional part to a prerecorded track. Acting as both ventriloquist and dummy, the duo gestured along to a voice thrown onto recordings and back onto their bodies. (Ebd., S. 176 f.)

Viele Jahre vor den *Beatles* markiert Les Paul damit einen kulturellen Umschlagpunkt, der das populäre Musikwesen der folgenden Jahrzehnte auf den Kopf stellen wird, weg von der treuen Nachbildung von Liveperformances im Tonstudio hin zur Imitation vielschichtiger, sequenzieller Studioaufnahmen auf der Bühne. Dabei reagiert er primär auf eine beim Publikum als störend empfundene Inkongruenzerfahrung zwischen den aus Funk und Tonträgern bekannten dichten, sphärischen Tonbandschichten und den im Vergleich hierzu eher dünn und allzu weltlich klingenden Liveauftritten.[122] Um nicht im Lichte vermeintlich profaner Medientechnik zu verblassen, kommt Paul nicht um die von ihm einst rein fiktiv geschaffene magische *black box* umher, um seinen ‚New Sound' als sakrales Virtuosentum bzw. Erfinderreichtum zu inszenieren und zu legitimieren.

Gleichzeitig erschafft Paul, wie Brian Kane in seiner Untersuchung des Akusmatischen in Les Pauls Musik abschließend anmerkt, mit seinen Aufnahmen eine Musik, die sich radikal von der seiner Zeitgenoss*innen unterscheidet – auch von anderen mit *Overdub*-Verfahren hergestellten Werken wie denen Patti Pages. Seine Stücke sind „uncanny and unsettling" (Kane 2014, S. 177), vor allem Mary Fords Stimme, die Paul distanzlos mikrofoniert, künstlich verhallt und schichtet und dadurch ihre ursprüngliche Verbindung zum physischen Raum auftrennt. Fords Stimmvielfache erscheinen dem akustischen Raum der Wirklichkeit enthoben, sie gehen vollständig im künstlichen Raum der Tonaufnahme auf – „they seem to sound from within the head of the listener" (ebd.).

---

122 „Wherever we performed, people kept asking the same thing [i. e., why doesn't the duo sound like they did on the records?, BK], so what I did was sit down and build a box that I called the Les Paulverizer" (Les Paul in Buskin 2007, zit. nach Kane 2014, S. 175).

3.3.6 *Multitrack recording*: Materialisierung und Katalysation der Klangschichtung und Zeitachsenverschiebung im Studio

Das von Les Paul über einige Umwege und -bauten bereits realisierte und praktizierte Imaginarium dichter Klangschichtung materialisiert sich 1957 endgültig mit der Konstruktion des ersten Achtspurrekorders *Ampex 5282*, der selektiv-synchronisiertes (*sel-sync*) *multitrack recording* ermöglicht. Bei dem Gerät sind acht Tonköpfe übereinandergestapelt (Abb. 25), sodass acht verschiedene Eingangssignale auf voneinander getrennten Abschnitten eines ein Inch (25 mm) breiten Tonbandes synchronisiert nebeneinander gespeichert werden können.

Die Ideengeschichte hinter der Achtspurenmaschine ist umstritten: Nach Les Pauls Darstellung habe er sich 1953 das *sel-sync*-Mehrspurenprinzip der übereinandergeschichteten Tonköpfe als Erleichterung seines arbeits- und zeitintensiven *sound on sound recordings* ausgedacht und seinen von ihm als weltverändernd[123] betrachteten Einfall an verschiedene Tonbandgerätehersteller herangetragen, von denen sich letztlich *Ampex* überzeugen ließ, ein solches Gerät herzustellen. Der ehemalige Manager der *Special Products Section* von *Ampex* Ross Snyder behauptet hingegen, er habe sich *sel-sync* 1955/56 auf Grundlage der zu dieser Zeit fortschreitenden Kompetenz von *Ampex*, mehrkanalige Tonköpfe präzise vertikal zu stapeln, ausgedacht:

> The Sel-Sync invention was mine. Nothing like it had been discussed earlier, but the technology now encouraged its creation. Certainly I invented the scheme intending to improve the recording process for those doing overdubs for any reason, and Mr. Paul was on my mind. I had high hope he would find it a useful contribution to his art and was gratified when he received our description, saw its advantages and accepted our proposal. (Snyder 2003, S. 210)

Zudem erläutert Snyder, dass die Wahl von acht Spuren für das Gerät kein Wunsch von Les Paul gewesen sei, sondern mit der zu diesem Zeitpunkt größten verfügbaren Tonbandbreite von einem Inch (25 mm) zusammenhing, das maximal in acht Spuren aufgeteilt werden konnte, um einen gerade noch akzeptablen Signal-Rausch-Abstand zu erhalten (vgl. ebd., S. 211). Unbestritten ist, dass Les Paul das erste nach diesem Prinzip konstruierte Gerät, das *Ampex 5282*, ausgeliefert bekommt und dass dieses, aufgrund seiner acht Kanäle, seines massiven Gewichts von 100 kg sowie einer Größe von 2,1 m den Beinamen ‚Octopus' erhält. Über den Auslieferungszeitpunkt und den Kaufpreis herrscht hingegen wieder Uneinigkeit. Paul spricht von der Konstruktion und Lieferung des Prototyps um 1954/55, von einer ersten Rechnung über \$14.000 und von vielen Revisionen, die

---

[123] „I think it will change the world" (Paul 1998, S. vii).

Abb. 25: Nahaufnahme der acht übereinandergestapelten Tonköpfe des *Ampex 5282* („Octopus'). © Wolf Hoffmann.

die Kosten auf insgesamt $36.000 erhöhen und von einer ersten funktionsfähigen Maschine um 1957 (vgl. Paul und Cochran 2016, S. 287 f.). Unter Berufung auf eine erhaltene Rechnung des verantwortlichen Zwischenhändlers David Sarser an Les Paul über $10.000 datiert Snyder dementgegen den Verkauf der Maschine auf 1956 und die Auslieferung auf 1957 sowie eine Revision im selben Jahr – vor allem die Bandgeschwindigkeit war fehlerhaft und musste von 30 und 60 Inches pro Sekunde zu 15 und 30 korrigiert werden (vgl. Snyder 2003, S. 211 ff.).

Wie Ross Synder später lamentierend feststellt, kann Les Paul trotz eines nun funktionalen selektiv-synchronisierten Achtspursystems nicht an Erfolge wie „How High the Moon", die mit seinem *Ampex 300 sound on sound*-Verfahren entstanden sind, anschließen; vermutlich auch aufgrund von ihm selbst mit in Bewegung gesetzter, sich verselbstständigender klang- und popästhetischer Entwicklungen der 1950er Jahre – „rock ,n' roll had taken over and he was not a rock artist" (Ross Snyder in Petersen 2005). Und obwohl sich Paul furchtbar stolz zeigt („I'm terribly proud", Les Paul in ebd.), multitracking (mit-)erfunden zu haben, gibt er an, dass letztlich rund 90 Prozent seiner Aufnahmen mit der *Ampex 300* und nicht mit dem ‚Octopus' entstanden sind (vgl. Buskin 2007). Womöglich lässt das von den *Ampex*-Ingenieuren für Pauls Zwecke konstruierte Achtspurgerät nicht genügend Raum für Umwendungen und Eingriffe durch den *bricoleur* Paul – die Mittel sind in diesem Sinne überbestimmt. Alle Wege, die Paul vornehmen würde, sind hier schon vorgezeichnet; das *Ampex 5282* ist das Werkzeug experimentierender Ingenieure, nicht bastelnder Künstler-Handwerker.

Für den leitenden Toningenieur des New Yorker Labels *Atlantic Records*, Tom Dowd, der schon seit 1952 mit einem Zweispursystem arbeitet (vgl. Schmidt Horning 2013, S. 121), stellt sich der *eight track recorder* hingegen als verheißungsvolle Neuerung dar. Als er von Pauls *sel-sync* ‚Octopus' erfährt, überzeugt er die Besitzer von *Atlantic Records* davon, sofort ein *Ampex 5282* anzuschaffen, da ein Achtspurenrekorder wesentlich zum Erfolg des Unternehmens beitragen könne, und nimmt bereits 1957 die dritte von *Ampex* nach diesem Typ gebaute Maschine entgegen.[124] Eines der Hauptargumente, das Dowd gegenüber den bei *Atlantic Records* angestellten Songwritern Jerry Leiber und Mike Stoller für die unmittelbare Verwendung des Achtspurgeräts im Studio vorbringt, ist die Möglichkeit, eine Aufnahme über *overdubbing* größer klingen zu lassen („make a record sound bigger", ebd., S. 174).

> [...] Leiber and Stoller immediately embraced the concept, and it influenced the way they composed. Reportedly, they said to Dowd, „You can do that? Here we go, look out world!" Very quickly they began writing with overdubbing in mind, Down recalled, „to take advantage of the new technology." (Ebd.)

Nicht nur die Songwriter adaptieren zügig die Produktionslogik und -ästhetik des klangmaximierenden Mehrspurverfahrens, auch *Atlantic Records* ist, wie Dowd sich erinnert, „notorious for the 8-track machine" (ebd., S. 175). Und trotz anhaltender Proteste (und Streiks) der Studiomusiker*innen (vor allem ihrer Gewerkschaften) gegen die nicht zusätzlich vergütete Verwendung ihrer Tonaufnahmen durch *overdubbing*, wird Mitte der 1960er Jahre *multitrack recording* übliche Praxis in den meisten Tonstudios der Musikindustrie (vgl. ebd., S. 176). Der Einfluss, den dieser technologische Wandel auf die Arbeitsweise und die Musikästhetik der Zeit nimmt, ist umfassend. Peter Wicke spricht in diesem Zusammenhang gar von einer „kopernikanischen Wende in der Musikproduktion" (2001, S. 32). Denn während vor der Verbreitung des *sel-sync* Achtspurenrekorders *overdubbing* in Tonstudios routinemäßig höchstens dafür eingesetzt wird, die ‚eigentlichen' (Echtzeit-) Aufnahmen zu reparieren oder zu verbessern (vgl. Schmidt Horning 2013, S. 174), überträgt sich mit der Materialisierung von Pauls Imaginarium dichter, raumzeitunabhängiger Klangschichtung in Form des *Ampex 5282* auch seine sequenzielle Produktionspraxis und die hiermit verbundene Herstellung und Privilegierung idiosynkratischer, „synthetischer Klangwelten" (Wicke 2001, S. 33) – also Klänge, die ‚wirkliche' Resonanzräume weder ‚treu' wiedergeben, noch hyperrealistisch nachzubilden versuchen, sondern, die sich erst über die sequentielle Produktionstechnik im Tonstudio herstellen lassen.

Eine ähnliche Beobachtung macht auch Wolfgang Hagen, wenn er in der Einführung von *multitrack recording* eine Zerschlagung der „Zeitachsen der Musik" (2005, S. 352) erkennt. Die Herauslösung der Aufnahme aus ihrer ursprünglichen

---

124 Die Maschine mit der Seriennummer 0001 gehört Les Paul. Das zweite Gerät erhält der bei *Columbia Records* angestellte Mitch Miller (vgl. Cunningham 1998, S. 48).

Echtzeit führe demnach zu einer Aufspaltung und Ausdehnung der einzelnen Sounds sowie zu einer neuen (synthetischen) Klangkultur und Produktionspraxis:

> Räumlich betrachtet, wird ein Musikstück dabei horizontal in seine Klangelemente (‚Spuren') zerlegt. Zeitlich gesehen, wird es dilatorisch gedehnt und in vielfacher ‚Unterzeit' eingespielt. Im Ergebnis kann dann der Echt-Zeit-Remix feinste klangliche Überlagerungen und Überlappungen des Gesangs und der Instrumentationen erzeugen. Ihre Effekte wirken subliminal und gehen zu schnell vorbei, als dass das Ohr sie noch einmal auflösen könnte. Sie sind sozusagen mit jener ‚Akustischen Zeitlupe' hergestellt, von der schon Kurt Weill 1925 in seinen Schriften zum Radio träumte. Abgesehen von einer ungeahnten Perfektion im Zusammenspiel der ‚Stimmen' (Gesang und Instrumente), ergeben sich Sound-Effekte, die sich niemals in Echtzeit herstellen ließen. Mehrspurtechnik also ‚verbessert' nicht nur den Sound, sondern lässt völlig neue entstehen. Sie werden in (zuweilen endlos) gedehnten Aufnahmen Spur für Spur mühsam erzeugt, um in deren Überlagerung völlig unvorhersehbare Echtzeit-Klänge zu bewirken. (Ebd., S. 352 f.)

Auf Grundlage der im Vergleich zu Acetat- und Vinylplatten geringen Materialkosten von Magnetbändern, ihrer Wiederbeschreib- und nachträglichen Bearbeitbarkeit (vor allem durch Schnitttechnik) sowie ihrer selektiven Synchronisierung bei Mehrspuraufnahmen findet also eine fundamentale Veränderung der Produktionsprozesse statt, die, wie der Produzent Phil Ramone einmal feststellt, in ihrer wesentlichen Nachträglichkeit (d. h. im Schichtverfahren) nun eher an das Vorgehen der Filmproduktion und weniger an die bis dahin praktizierte Tonstudiopraxis erinnern (vgl. Schmidt Horning 2013, S. 173). Während zuvor Aufnahmen hauptsächlich darin bestehen, Künstler*innen, Bands oder Orchester ein Stück so häufig gemeinsam einspielen zu lassen, bis eine fehler- und störungsfreie Version auf die irreversible Masterdisk eingraviert werden kann, ermöglicht *multitrack recording* die verlustfreie, nachträgliche Bearbeitung und Fusionierung zuvor hergestellter *takes*. Aufnahme, *mixing* (Postproduktion) und *mastering* (das finale Abmischen der Tonspuren) werden zu voneinander getrennten Arbeitsschritten und der ‚eigentliche' Ort der Musikproduktion verlagert sich zunehmend heraus aus dem Aufnahmeraum und hinein in die Tonregie (vgl. Burgess 2014, S. 49).

Produzent*innen als diejenigen, die den Überblick und die Macht (vgl. Brautschek 2023) über die finale, zusammengesetzte Klangproduktion haben, gewinnen künstlerisch enorm an Bedeutung (vgl. u. a. ebd., Olsen, Verna und Wolff 1999 sowie Moorefield 2010). Durch die Mehrspur-Tonbandtechnik erfährt das phonographische Material eine wesentlich verbesserte Handhabbarkeit, die auf einer Dekontextualisierung der ursprünglichen Aufnahme und also auf der Zerschlagung der musikalischen Zeitachsen gründet. Bereinigt von den raumzeitlichen Zwängen der Phonographie, wird Klang auf Tonband als etwas Eigenes, als etwas nachträglich Formbares verfügbar. Die Qualität und Quantität des zu gestaltenden Materials der Toningenieur*innen und Produzent*innen wird größer und der Sound einer Aufnahme tritt zunehmend in den Vordergrund.

3.3.7 Von der *high fidelity* der Phonographie zur *no fidelity* des Tonbands

Da sich die Produktions- und Rezeptionsästhetik im Zuge der tonbandtechnischen Wende der 1950er und 1960er Jahre grundliegend verändert, sind die potentiellen Beispiele für diesen Wandel zahllos und reichen von Sam Phillips' *slapback echo*-Effekt Mitte der 1950er über Joe Meeks unheimlich-visionäres *I Hear a New World* von 1960 bis hin zu den zeitlich und finanziell äußerst aufwendigen Studioproduktionen Mitte bis Ende der 1960er Jahre, wie z. B. das ikonische *Pet Sounds* (1966) der *Beach Boys* oder *Sgt. Peppers Lonely Hearts Club Band* (1967) von den *Beatles*. Die vom Tonband angeschobene Verschiebung des HiFi-Imperativs, also die Aufkündigung des Konzertsaalrealismus, mündet schließlich in einem Verständnis vom Tonstudio als „compositional tool", wie es Brian Eno 1983 rückblickend formuliert.

Seinen Arche- und Idiotypen findet die Verschiebung, wie bereits angedeutet, erneut in Les Paul. Seine mit *sound on sound* und Tape-Delay hergestellten Aufnahmen, die nicht mehr in Echtzeit entstehen, sondern erst in der nachträglichen Synthese, verweisen auf keine ursprüngliche Konzertsaalsituation, die phonographisch rekonstruiert wird – sie verlassen den ‚alten' Imperativ der *high fidelity*. Und dieses Umstandes ist sich Paul auch bewusst. Er weiß um die Andersartigkeit und um den unheimlichen Effekt seiner räumlich referenzlosen Aufnahmen, die sich nur bedingt in sein an Live-Auftritten orientiertes, primär vom Jazz beeinflusstes ästhetisches Konzept einpassen lassen. Seine erst fiktive und später materielle Erfindung des *Les Paulverizers* wirkt wie ein Kompensationsversuch, den verschwundenen Referenten durch einen künstlich geschaffenen Stellvertreter zu ersetzen. Damit nehmen Pauls Musik und Auftritte eine moderierende Rolle bei der Verschiebung des HiFi-Imperativs vom Klang-Index zum Ikon ein. Bei der Produktion seiner Aufnahmen scheint auch Paul ‚reine', dekontextualisierte, nicht-indexikalische Klanglichkeit zu begehren – hierauf deutet im Übrigen auch seine präferierte Abhörpraxis über Kopfhörer hin (vgl. u. a. Niklas 2014, S. 105 ff.) –, bei seinen Live-Auftritten hingegen bleibt er aber der Vorstellbarkeit eines einzelnen, hinter der Aufnahme stehenden Raumes (auch wenn es ein technischer ist) ein Stück weit verpflichtet und greift hierfür auf akusmatische Verhüllungseffekte wie den *Les Paulverizers* zurück. Die Verschiebung des Imperativs, die neue technoästhetische ‚Wahrheit', kündigt sich in Pauls Musik an, wird von ihm aber noch strategisch verdeckt.

Dies verhält sich bei Sam Phillips, dessen ‚untreue' Sound(re)produktionen häufig zur Illustration des soundästhetischen Wandels der 1950er Jahre bemüht werden (vgl. u. a. Wicke 2011, S. 65 ff. sowie Baumgärtel 2015, S. 113 ff.), bereits anders. Das von ihm popularisierte[125] *slapback echo*, mit dem er Elvis Presleys Stimme künstlich verdoppelt und ihm so eine idiosynkratische Soundsignatur (vgl. Kapitel 3.3.8 in dieser Arbeit) verleiht, kennt keinen realakustischen Referenten mehr – und will auch keinen kennen. Anfang der 1950er Jahre führt die breite Verfügbarkeit hochqualitativer, vergleichsweise günstiger Tonbandgeräte in den USA zur Gründung zahlreicher kleiner Aufnahmestudios, die einen von den großen Labels (*RCA Victor*, *Decca*, *Mercury* und *Capitol*) vernachlässigten Nischenmarkt bedienen – insbesondere Genres kulturell und sozial marginalisierter Gruppen wie *boogie-woogie*, *rhythm and blues*, *country* und *rock ‚n' roll* – und zu einer Diversifizierung der Musikindustrie und Aufnahmeästhetik beitragen (vgl. Schmidt Horning 2013, S. 140 ff.).

> Independent studios increased dramatically with the postwar availability of affordable tape recorders that made professional-quality recording attainable by less technically inclined amateurs, who were more interested in recording unique musical expression than in understanding how electrons flowed through vacuum tubes or the intricacies of disc cutting. (Ebd., S. 143)

Einer dieser vermeintlichen ‚Amateure' ist Sam Phillips, der im Januar 1950 den *Memphis Recording Service* (später *Sun Studios*) gründet, um unbekannten Künstler*innen und Amateur*innen für vergleichsweise wenig Geld die Möglichkeit zu bieten, eigene Songs in seinem Studio aufzunehmen.[126] Aufgrund der geringen Produktionskosten sowie Phillips' intrinsischem Interesse an technischen Klangeffekten („I am a sound freak. I could play around with sound forever", Phillips 2001, zit. nach Schmidt Horning 2013, S. 143), gehört das Experimentieren mit Aufnahmen zu Phillips' üblichen Produktionspraxis und entwickelt sich zu einem Schlüsselfaktor seiner individuellen Audioästhetik (vgl. Schmidt Horning 2013, S. 143).

Eines dieser Experimente, bei dem Phillips Elvis Presley mit zwei Tonbandgeräten (zwei *Ampex 350*) verschaltet – die sogenannten *Sun Sessions* –, markieren nach Tillman Baumgärtel den Ausgangspunkt der Rockrevolution der zweiten Hälfte des 20. Jahrhunderts (vgl. Baumgärtel 2015, S. 120 f.). Elvis ist zu dieser Zeit noch ein unbekannter Sänger ohne große Bühnenerfahrung. Im Juli 1953 nimmt

---

125 Wie Tomy Brautschek kürzlich noch einmal herausgestellt hat, findet sich die erstmalige Verwendung des *slapback echoes* nicht bei Sam Phillips, sondern auf Little Walters Titel *Juke* (1952), produziert von Bill Putnam (vgl. Brautschek 2023, S. 112). Sam Phillips popularisiert mit seinen Elvis-Produktionen den audioästhetischen Effekt hingegen in nicht unerheblichem Maße.
126 Nach Tilman Baumgärtel verlangt Phillips 1953 $3,98 für zwei Songs auf einer Acetat-Schallplatte (vgl. Baumgärtel 2015, S. 116). 1952 ergänzt Phillips noch sein Studio durch ein dazugehöriges Label mit dem Namen *Sun Records*.

er bei Phillips privat zwei Songs auf, woraufhin der Produzent ihm weitere Engagements in Aussicht stellt. Ein Jahr später erhält Elvis den langersehnten Anruf von Phillips und begibt sich am 6. Juli 1954 zu den *Sun Studios* für eine erste Aufnahmesession mit dem Bassisten Bill Black und dem Gitarristen Scotty Moore. Nachdem ihre ersten Versuche, eine Ballade einzuspielen, missglücken, fangen sie an, wohl zur Stimmungsaufhellung, das Stück *That's All Right, Mama* (1954) (wohlbemerkt keine Ballade) des Schwarzen Blues-Gitarristen Arthur Crudup zu jammen. Sam Phillips findet Gefallen daran und regt die Musiker an, das Gespielte zu strukturieren, um es dann aufzunehmen. Als Phillips dem Trio die Aufnahme in Anschluss an die *session* vorspielt, erkennen sie ihren eigenen Song nicht wieder, da Phillips ihn mit einem Tonband-Soundeffekt verfremdet hat, der heute als *slapback echo* bekannt ist (vgl. ebd., S. 120 ff.).

> To get slap-back echo, the signal from the vocal mike was split into two identical parts. One part went straight to the tape. The other took a more circuitous route, traveling to a second tape machine, which then routed the signal to the first machine's tape. There was no tape in the second machine; it was there solely to delay the signal. This added step would make the second signal hit the tape a moment after the first, creating the echo. (Milner 2009, S. 151)[127]

Ein *Ampex* Tonbandgeräte-Duo lässt Elvis mit sich selbst im Duett erklingen und erschafft mit dem *slapback echo* eines der wichtigsten sonischen Merkmale des Rockabilly. *That's All Right, Mama* wird innerhalb kurzer Zeit eine Hitsingle und ermöglicht Elvis den Aufstieg zum Weltstar. Die nach heutigen Maßstäben geringfügige Manipulation führt somit zu weitreichenden Folgen in der allgemeinen Popmusikproduktion. Der durch *slapback* manipulierte Sound auf Phillips' Tonband klingt nicht mehr wie der Sound, den Elvis, Black und Moore kurz zuvor noch im Studio produzieren. Anders gesagt: ohne die Zuhilfenahme von Phillips' Studiotechnik wäre die Band nicht dazu in der Lage, den auf dem Tonband gespeicherten Sound zu reproduzieren. Sam Phillips' kleiner Tonbandtrick ebnet den Weg für eine „Musik, die nur noch im Studio produziert werden kann und deren Live-Aufführung sekundär zu ihrer Aufnahme ist" (Baumgärtel 2015, S. 116).

Mit ‚natürlicher' Akustik hat *That's All Right, Mama* also nur noch wenig zu tun. Zwar existiert noch ein gewisser Verweis auf Hörerfahrungen des Halls – Wicke vermutet, dass das *slapback echo* einen „überwältigenden Klangeindruck, der dem Charakter eines Live-Events in einer der vielen Musik-Kneipen in Mem-

---

[127] Das genaue technische Prozedere hinter dem *slapback echo* ist viel debattiert (vor allem die Angabe der hierdurch erzielten Laufzeitdifferenz variiert je nach Quelle zwischen 25 und 200 ms). Die zitierte Darstellung von Milner stimmt mit den meisten Quellen überein und erscheint konzise. Für eine Übersicht der Darstellungen siehe Alt 2023. Für eine anschauliche audiovisuelle Darstellung siehe Elvis Presley (YouTube-Channel) 2017.

phis nachempfunden war" (Wicke 2011, S. 66), erzeugen sollte –, der kreierte Sound ist aber in jeder Hinsicht künstlich und technifiziert. Phillips' Apparaten-Verbund funktioniert dabei technisch sehr ähnlich wie das manipulierte *Ampex 300* von Les Paul. Das weitere Tonbandgerät übernimmt hierbei die Rolle des zusätzlich montierten Tonkopfes. Dennoch besteht, wie Tilman Baumgärtel beschreibt, ein fundamentaler Unterschied zwischen den beiden Manipulationstechniken: Während es Les Paul darum geht, seine Gitarrenparts möglichst natürlich (authentisch) übereinanderzuschichten, will Phillips einen Sound kreieren, der gerade kein ‚natürliches' Abbild seiner Aufführungssituation mehr darstellt. Bei Paul soll der*die Hörer*in die Manipulation gar nicht bemerken, seine Aufnahmen sollen so klingen, als spielten einfach acht Gitarristen gleichzeitig. Bei Phillips steht die Manipulation hingegen im Vordergrund; Er lässt zu, „dass der Sound ein elektronisches Eigenleben entwickelt[], das sich nicht nur vom Ausgangsklang entfernt[], sondern sich sogar teilweise seiner Kontrolle entz[ieht]" (Baumgärtel 2015, S. 126).

> Die Popmusik hat die Austreibung von Sinn durch technische Manipulation in den folgenden Jahrzehnten zu einem ihrer wichtigsten Themen gemacht. [...] Indem sich Elvis' Stimme von seinem Körper löst und ein technisches Eigenleben anzunehmen beginnt, nimmt das diese Praktiken voraus. (Ebd., S. 128)

Die *bricoleurs* Les Paul und Sam Phillips wirken so auf ihre jeweils eigene Weise auf die Entwicklung von Popmusik und professioneller Musikproduktion ein. Paul durch sein *sound on sound*-Verfahren und Phillips durch die intendierte Soundverfremdung und der damit verbundenen Veränderung der Rolle des Produzenten hin zum kreativen Gestalter. Tonbandgeräte rücken damit immer tiefer in musikgestalterische Sphären vor.

Ein weiteres, vor allem von Peter Wicke vermehrt angeführtes Beispiel des sich vollziehenden musikalischen Paradigmenwechsels der 1950er Jahre ist Buddy Hollys *Words of Love* aus dem Jahre 1957 (vgl. u. a. Wicke 2001, S. 35 sowie Wicke 2011, S. 70). Norman Petty, der ab 1956 als Produzent für Holly tätig ist, realisiert in dieser Aufnahme ein Klangkonzept, das sich von der vermeintlichen akustischen Realität weit entfernt hat. Allen voran ist hierbei die Verdopplung der Singstimme Hollys zu nennen sowie die Kombination zwei divergierender Raumperspektiven, die Peter Wicke wie folgt beschreibt:

> Perkussion und Bass sind in *Words of Love* ausgesprochen „trocken" aufgenommen. Die kleine Trommel im Schlagzeug hat Petty durch einen Pappkarton ersetzt, um einen hinreichend „trockenen" Hintergrund für die hallige E-Gitarre Budy Hollys und seine Singstimme zu erhalten. Das Instrument selbst hebt sich mit seinem Klangprofil entweder nicht genügend von den Gitarrenlinien ab oder wirkt bei entsprechend höherem Aufnahmepegel auch in „trockenen" Räumen relativ hallig. Der Hall auf Singstimme und E-Gitarre ist in der zur Echo-Kammer umfunktionierten Toilette des Gebäudes erzeugt. In einem realen Raum, der

entweder hallig oder „trocken" ist, kann beides unmöglich zusammen erklingen, ebenso wenig wie Buddy Holly real nicht mit sich selbst im Duett singen kann. Aber gerade die Ablösung des Klangs von seiner realen Verortung in Zeit und Raum und damit die Loslösung von den Parametern der Aufführung rückt ihn in seiner sinnlichen Eigenwertigkeit in den Vordergrund. (Wicke 2011, S. 70)

Mit Sam Phillips und Norman Petty bröckelt der ‚alte' Imperativ der *fidelity* gewaltig; ihre Synthesen verschiedenartiger und Schaffung neuer, medientechnisch generierter Räume zeitigen eine Änderung des Wesens der Musikproduktion und die damit verbundenen ästhetischen Verschiebungen. Das ausgerechnet Rock ‚n' Roll-Produktionen diesen Abgesang der *high fidelity* vollziehen, ist dabei wenig verwunderlich, äußert sich an der Absage der Treue zu einem präsupponierten Original und in der Schaffung neuer, unbekannter Klangwelten doch auch der rebellische Geist der Gegenkultur, der dieses erste Genre der Pop-Musik (nach Diederichsen 2014) ausmacht. Paul Théberge erkennt daher auch eine Symbiose zwischen *multitrack recording* und Rock. Einerseits wurden demnach *multitrack recording* und damit assoziierte Studiopraktiken eigens dafür entwickelt, um den ästhetischen und technischen Bedürfnissen der zu dieser Zeit sich entwickelnden Rockmusik zu entsprechen und andererseits habe Mehrspurtechnologie auch dazu beigetragen, Rockästhetiken zu definieren und Rock als musikalische Praxis zu reorganisieren (vgl. Théberge 1989, S. 99).

Das Ideal der Nachbildung von Live-Aufführungen rückt so mit der Verbreitung von Tonbandgeräten und insbesondere Mehrspurtechnik immer weiter in den Hintergrund. Der Imperativ der *high fidelity* weicht langsam einem Imperativ der *no fidelity*, zumindest in Bezug auf die Live-Aufführung. Durch Tonbandaufnahmen entstehen neue, künstliche Hörräume, die keine realakustischen Äquivalente suchen. Dabei deuten die gezeigten Beispiele der 1950er Jahre einen Paradigmenwechsel an, bei dem Klangaufnahmen ihren Verweischarakter verlieren und stattdessen als verfügbares, formbares künstlerisches Material der Studioproduktion verstanden werden. Wie Albin Zak III anmerkt, entsteht durch das Zurückdrängen des Referenten ein neues Verhältnis der Toningenieur*innen und Produzent*innen zu dem von ihnen gestalteten phonographischen Material und ein textuelles Verständnis desselben.

> Although none would have put it so academically, they [the record producers, MH] conceived of records as texts; and they created their new works mindful of a burgeoning field of other texts similarly composed. That is, they made records *as* records, not high-fidelity renderings but distinctive rhetorical flourishes in a new language of musical sound. (Zak III 2012, S. 54)

Das Tonband-Verständnis von Klangaufzeichnungen als referenzlose, beliebig gestaltbare Texte ermöglicht schließlich, wie im folgenden Kapitel genauer veranschaulicht wird, die Entstehung einer primär über Soundzeichen kommunizierenden und damit wesentlich semiotisch verfassten Pop-Musik und befördert ein Distinktionsbestreben zwischen den Pop-Produzent*innen, das sich in der Idealisierung einer einzigartigen, wiedererkennbaren und mystifizierten Klangsignatur äußert – eine auf der *high fidelity*-Kultur aufbauende Suche nach sonischer Singularität.

3.3.8 Fat Icons: Tonband-Soundsignaturen

Bereits vor der Verbreitung von Magnetbandtechnologie beginnt sich die Hierarchie der bei einer Tonaufnahme primär zu gestaltenden Parameter zu verschieben; weg vom *Song*, also das in einer Partitur schriftlich fixierbare Lied mit seinen primären Parametern Tonhöhe und Rhythmus, hin zum *Sound*, der nicht einfach als Klangfarbe zu verstehen ist, sondern, wie Susan Schmidt Horning in Anschluss an das von ihr identifizierte Soundverständnis der Toningenieur*innen und Produzent*innen der 1950er/60er Jahre feststellt, als eine Vielzahl von Elementen, zu denen neben dem ‚Stil‘ der Künstler*innen, dem musikalischen Arrangement und der Instrumentation vor allem die technologischen Variablen des Tonstudios („the studio acoustics, types of microphones used, and any effects such as echo or double tracking", Schmidt Horning 2013, S. 131) zählen, die den Tonaufnahmen eine Art studiotypische Soundsignatur verleihen (vgl. ebd.). Sound, verstanden als diese technoästhetische Signatur, als dieses singuläre medientechnische Dispositiv einer Tonaufnahme, das „die besondere Textur einer Aufnahme, ihr klangliches Gewebe" (Wicke 2001, S. 37) bestimmt, entwickelt sich zu einer relevanten ästhetischen Kategorie der Aufnahmekultur.

Diese „zeitgenössische Idee eines einzigartigen und identifizierbaren ‚Sounds'" (Théberge 1997, S. 188 [Übersetzung MH]) hängt, wie auch Paul Théberge betont, folglich mit der Entwicklung und Verbreitung mechanischer und elektronischer Reproduktionsmedien („radio, television, sound film, and phonograph recording", ebd.) eng zusammen. Sound impliziert dadurch eine medienmaterielle Komponente, die nicht (mehr) von der ‚Musik‘ der Künstler*innen zu trennen ist. Im frühen 20. Jahrhundert, vor der flächendeckenden Verwendung von Tonbandtechnologie, macht dieses technoästhetische Dispositiv, das den Sound der Aufnahme bestimmt, primär die Akustik (v. a. die Nachhallzeit) des gewählten Aufnahmeraums, die technischen Eigenschaften (z. B. das Frequenzspektrum), die Anzahl und die Positionierung der verwendeten Mikrofone, das Pegeln und Mischen (*mixing*) der eingehenden akustischen Signale im Mischpult sowie die Materialien und Stechverfahren der Schallplattenherstellung aus. Eine der ersten, begehrten Soundsignaturen ist z. B. die Akustik der New Yorker *Liederkranz Hall*.

The first really great studio for sound was the Liederkranz Hall [...]. This particular room turned out to be marvelous for recording because it was old, solid wood, and its natural sound was quite terrific. Victor used it, but Columbia really made the greatest use of it and early 78 rpm recordings of the Columbia pop artists of the late 1930s and 1940s established that hall as the industry's standard for sound. (George Avakian im Interview mit Susan Schmidt Horning am 10. Dezember 1996, zit. nach Schmidt Horning 2013, S. 87)

Im vielumkämpften Bereich der populären Musik wird der einzigartige Sound einer Aufnahme zu einem ebenso wichtigen Erfolgsparameter wie der Song selbst. Dabei ist Sound, wie bei dem Beispiel der *Liederkranz Hall* zu sehen ist, primär auf den Resonanzraum bezogen, d. h. Nachhallzeit, direkte vs. indirekte Mikrofonierung etc. Unter der Maßgabe des *concert hall realism* ist die Soundsignatur also eine (wenn auch künstlich hergestellte) Raumsignatur, also die Vermittlung einer besonderen Raumerfahrung. Seit den späten 1930er Jahren führt dies u. a. auch zur Entwicklung künstlicher Halleffekte wie *spring reverb* und Echokammern, durch die die Aufnahmen noch einmal geschickt werden, um sie zu verhallen bzw. größer klingen zu lassen. Was genau den ‚richtigen' Sound ausmacht, wird häufig opak gehalten, ist weniger eine Sache von Messungen und mehr eine Frage von empfundener Adäquanz – ein Gefühl für den richtigen Sound für den richtigen Song (vgl. Schmidt Horning 2013, S. 91 ff.).

Die Suche nach einer distinkten Studio-Signatur als wiedererkennbares Qualitätsmerkmal trifft dabei auf ein dominant über Film und Rundfunk vermitteltes Star-Begehren, das über die Illusion sonischer Intimität durch nahmikrofonierte Stimmaufnahmen temporär gestillt wird (vgl. Wicke 2001, S. 28 ff.). Gerade diese Nahmikrofonierung und das sogenannte *crooning* – das sanfte, dem Anschein nach völlig unangestrengte, intim-liebevolle Singen, das nur mit Mikrofontechnik und elektronischer Verstärkung möglich ist (vgl. u. a. Frith 1986, S. 263 ff.) – hebt auf das ab, was Roland Barthes die unverwechselbare, personalisierte „Rauheit der Stimme" (Barthes (1977) 1990) beschreibt – die „Materialität des Körpers, der seine Muttersprache spricht" (ebd., S. 271), „der Körper in der singenden Stimme" (ebd., S. 277). Sound ist damit in der populären Musik vor allem auch der Sound *von etwas* (z. B. der *Liederkranz Hall* oder bestimmter Labels wie der *Atlantic Sound*) oder *von jemandem* (z. B. der *crooner* Bing Crosby und Frank Sinatra).

Zugrundeliegende Kraft dieser Dynamik, Ziel der Ausrichtung des Studiodispositivs ist dabei weiterhin ein vom *fidelity*-Diskurs getragener Konzertsaalrealismus, der wesenhaft indexikalisch ist, also einen Referenten suggeriert, der durch Reproduktionstechnik dem*der Hörer*in vermittelt und nähergebracht werden kann. Die oben skizzierte Veränderung der Aufnahmekultur durch Tonbandtechnologie (bzw. *multitrack recording*), allen voran die Zerschlagung der Zeitachsen der Musik und die damit verbundene Entfernung vom *concert hall realism* und Annäherung an das synthetische Wesen des Films, hat auch Implikationen für die

Gestaltbarkeit und Ausrichtung der Soundsignaturen. Mit Tonbandtechnologie bzw. mit einer tonbandgeprägten Produktionskultur löst sich Klang von seinem Referenten ab und wird durch diese Dekontextualisierung „als eigenständiges Phänomen verstanden" (Helms 2003, S. 198).

Wie Diedrich Diederichsen in seinem Opus Magnum *Über Pop-Musik* anmerkt, verändern sich hierdurch auch die Praktiken der Produktion und führen zu einem neuen Konzept von „Autorschaft". Das Tonband verändert die materiellen Bedingungen, es verändert den Zugriff auf Klang, der nun dem „immer wieder neu nachtragenden und nachformenden [Produktionsstil] des Bildhauer-Ateliers" entspricht und eine „neue Autorschaft" des*der Produzent*in hervorbringt (Diederichsen 2014, S. 51 f.). Statt indexikalische Soundzeichen zu schaffen, statt Raum-, Technologie- und Stimmerfahrungen zu übertragen, schaffen die ermächtigten Produzent*innen des Tonbandzeitalters „synthetische[] Klangwelten" (Wicke 2001, S. 33). Sie gestalten die indexbefreite Materie und schaffen neue Bedeutungen.

Tatsächlich versteht Diederichsen die im Tonstudio gewonnene Autonomie des „primären Musikobjekts (die abgemischte, soundmanipulierte, ‚produzierte' Pop-Single)" sogar als Grundstein des Wandels der „alten Popularmusik" zur gegenkulturellen, novellierenden, semiotischen Praxis der Pop-Musik (vgl. Diederichsen 2014, S. 49).[128] Pop-Musik ist für Diederichsen ein Zeichensystem bzw. „ein performativer Umgang mit einem solchen" (ebd., S. xxi), das Mitte der 1950er Jahre als medienhistorisches Kind der Phonographie in Verbund mit Fernsehen aufkommt. Die Produktion von Pop-Musik ist für Diederichsen dabei immer eine Selbsttechnik, eine Performance, bei der sich der*die Künstler*in metonymisch in Bezug zur Musik – und damit vor allem auch zu bereits vorhandenen Soundzeichen – stellt. Diese Inbezugsetzung geschieht über die Aneignung von und ein Spiel mit musikalischen und nicht-musikalischen Pop-Musik-Zeichen. Sie ist zugleich aber auch immer ein Abgrenzen, eine Suche nach Neuem; eine Suche nach Singularitäten, nach dem „phonographisch Besondere[n]", sie ist das Streben, etwas „technisch wiederholbares Unwiederholbares" herzustellen, ohne der „Gefahr des Authentizismus" oder Willkür anheim zu fallen (ebd., S. 21 f.).

Nach Diederichsen kennt die Pop-Musik dabei zwei Klangzeichen,[129] „ein kurzes, punktuelles und ein langes, das wie eine Färbung des ganzen Musikobjekts

---

[128] „Pop-Musik ist die Praxis, die aus der phonographischen Aufzeichnung ein Format ableitet, in dessen Mittelpunkt empirische, konkreter Personen stehen" (ebd., S. xviii).
[129] Sein Klangzeichen-Konzept entwickelt Diederichsen 2008 in seinem Beitrag zum Sammelband *Sound Studies*. In *Über Pop-Musik* (2014) greift er sein Konzept (größtenteils wortwörtlich) wieder auf und integriert es in seine großangelegte (semiotische) Theorie von Pop-Musik (S. 115 ff.). Zu Popmusik als ein über Klangzeichen kommunizierendes, semiotisches System siehe fortführend auch Bonz 2001.

funktioniert" (Diederichsen 2008, S. 109). Zum Ersteren zählt Diederichsen u. a. Sound-Logos, produzierte Klangindizes, wie sie z. B. in der Werbeindustrie verwendet werden, sowie „konkrete' Geräusche aus der Außenwelt" (ebd., S. 111). Sie werden in der Pop-Musik als Erkennungszeichen verwendet, erhalten dadurch eine kommunikative Bedeutung und haben wesentliche indexikalische Qualitäten. Innerhalb subkultureller Strömungen werden sie begehrt und teilweise fetischisiert – sie sind Totem, Fetisch und Kommunikationsbeschleuniger (vgl. ebd., S. 109 ff.). Der zweite Zeichentypus, den Diederichsen später „Klang-Flächen" (Diederichsen 2014, S. 123) nennt, ist eng mit der Entwicklung von *multitrack recording* verbunden und prägt sich etwas später, in den frühen 1960er Jahren, aus. Unter ihm versteht Diederichsen ein kontinuierliches Klangzeichen, eine Art Färbung der gesamten Aufnahme, die erst die Produktion auf Tonband möglich macht.

> Die Möglichkeit, Tonspuren ganz für sich als Objekt von Gestaltung und Manipulation zu betrachten, trug zu einer Denaturalisierung des Produktionsprozesses im Bewusstsein von Produzenten bei, für die die Liedform und die klassischen (populär-) musikalischen Attraktionen noch den Status einer (zweiten) Natur hatten. Die buchstäbliche Greifbarkeit des Aufzeichnungsbandes mit seinen Manipulationsmöglichkeiten, die Mischbarkeit von musikalischen und nicht-musikalischen Klängen von unterschiedlicher Art, hatten seit Spector, Morton, George Martin, Joe Meek und anderen in den frühen 60ern eine ganz ähnliche Wirkung wie auf die Komponisten der neuen Musik im Köln der unmittelbaren Nachkriegszeit. Der Unterschied war nur der, dass die Pop-Produzenten (mit Ausnahme von Martin) nicht aus einem avancierten immanenten Musikverständnis auf die neuen Möglichkeiten reagierten, sondern mit einer effekt- und attraktionsfixierten Naivität. Mit einem lakonischen bis kalten, von außen auf die Musik gerichteten Blick entwickelten sie in dieser Unbefangenheit einen eigenen Konzeptualismus der Pop-Musik. Eine entscheidende Konsequenz dieses Konzeptualismus war die Erweiterung des (nicht-) musikalischen Sound-Verständnisses: von der punktuellen Attraktion mit ihrer fetischistischen und/oder totemistischen Funktion hin zum Sound-Anstrich, zum kontinuierlichen Soundzeichen. (Ebd., S. 125 f.)

Als Prototypen dieser Praxis nennt Diederichsen Phil Spectors „Wall of Sound", auf die noch genauer eingegangen wird. Wie oben dargestellt, findet sich aber bereits lange vor der von Diederichsen auf Mitte der 1950er Jahre datierten Genese des Systems Pop-Musik eine „quest for sonic singularity" (Schmidt Horning 2013, S. 150) der Toningenieure und *recording studios*. Bis zur Einführung von Tonbandtechnik unterliegt dieses Distinktionsstreben jedoch der Maxime des Konzertsaalrealismus und besteht primär in der Gestaltung und Herstellung von Resonanzräumen. Als erster archetypischer Nutzer des kontinuierlichen Soundzeichens im Sinne Diederichsens kann daher erst Les Paul verstanden werden, da es bei ihm nicht mehr darum geht, einen Song über Sound zu vermitteln, sondern beides ineinander fällt bzw. der Sound sogar über den Song gestellt wird. Dies machen u. a. die Titel der ersten mit *sound on sound*-Verfahren produzierten Alben von Les Paul deutlich, die *The New Sound* (1950) und *Les Paul's New Sound Vol. 2* (1951) heißen. Der Sound, nicht der Song wird als das primäre Objekt des Begehrens dargestellt, und der *New Sound* ist nicht irgendeiner, sondern der Sound *von* Les Paul.

Der Grundstein tonbandtypischer Soundsignaturen findet sich also bei Les Pauls Aufnahmeverfahren, das mit seiner Produktionstechnik der Klangsynthese und -multiplikation durch maximal dichte Schichtung sowie der Idee einer geheimen, magischen Formel auch das ästhetische Prinzip hinter Spectors „Wall of Sound" vorwegnimmt. Schon in den Liner Notes zu *The New Sound* wird Les Pauls idiosynkratische Ästhetik als eine der magischen Vervielfachung beschrieben:

> Les Paul now brings us a captivating demonstration of his theory that what is good on one guitar is eight times as good on eight guitars – and to prove it, he plays them all himself!
> How this can be done is Les' secret, and he steadfastly refuses to divulge it ... (Liner Notes von Paul 1950)

Dabei zeigen sich spannende Parallelen zu einer Klangästhetik bzw. einem Soundkonzept, das auf den ersten Blick ferner kaum scheinen kann: Die transzendental-ekstatische (vgl. u. a. Chafe 2005), phantasmagorische (vgl. Adorno 1952, S. 107 ff.) Musik Richard Wagners. In seinem *Versuch über Wagner* weist Theodor W. Adorno darauf hin, dass das gezielte Arbeiten mit Klangfarbe (vgl. ebd., S. 87 ff.) sowie die Verdeckung der (klanglichen) Produktionsmittel – Phantasmagorie (vgl. ebd., S. 107 ff.) – zwei wesentlichen Merkmale der Wagner'schen Ästhetik sind. Dabei beobachtet Adorno bei Wagner eine Verdinglichung von Klang an sich, die mit einer Entsubjektivierung einhergeht und den Eindruck erweckt, Wagner würde nicht einzelne Melodien und Instrumentenparts komponieren, sondern Klang als eine von den einzelnen Instrumenten getrennte, amorphe Masse formen. Dies gelingt dem Komponisten, indem er intensiv mit Verdopplung von Instrumentengruppen arbeitet – ähnlich der Schichtung und Vervielfachung der Stimmen bei Les Pauls *sound on sound*-Verfahren. Durch die Verdopplung vergrößert Wagner dabei nicht bloß das Klangvolumen, sondern verändert aktiv die Klangfarbe und verdinglicht den Orchesterklang.

> Damit nähert er sich dem dinghaften Orgelton an. Er gewinnt aber zugleich – und das ist höchst bezeichnend für den Doppelcharakter von Wagners Instrumentationskunst – höhere Flexibilität zugunsten des Ganzen. Was dem einzelnen Instrument durch Verdopplung an spezifischem Klangcharakter verloren geht, wird aufgewogen von der Möglichkeit, es bruchlos der Totalität des Orchesterklangs einzufügen. Vermag es weniger, die eigene Spielweise zu bekunden; werden die subjektiven Teilaktionen der Spieler vom Gesamtklang aufgesogen, so wird dieser eben in solcher Einheit zum willigen Medium des Ausdrucks, den der Komponist ihm zumutet. (Ebd., S. 91 f.)

[...]

> Wagners nuancierende Orchesterklangkunst ist der Sieg der Verdinglichung in der instrumentalen Praxis: der objektive Klang, zur Verfügung des komponierenden Subjekts, hat den Anteil der unmittelbaren Produktion des Tons aus der ästhetischen Gestalt vertrieben. (Ebd., S. 103)

Die Verdopplung verschleiert die Einzelklänge – und damit auch, dass der Ursprung der Musik bzw. des Orchesterklangs in einzelnen Instrumenten liegt. Wagner betreibt Klangsynthese in Echtzeit. Die Verdeckung der eigentlichen Klangursachen geht soweit, dass Wagner in dem nach seinen Entwürfen eigens für seine Musik gebauten Bayreuther Festspielhaus das Orchester in einem besonders tiefen Graben verschwinden und den Saal abdunkeln lässt (vgl. Wagner 1873).[130] Wie Adorno darlegt, ist die Verdeckung der Produktionsmittel Teil der Phantasmagorie Wagners, also seines akustischen Blendwerkes, das den „illusionären Charakter des Kunstwerks" vollendet und durch diese lückenlose Darstellung des Scheins das Kunstwerk als „absolute Erscheinung" präsentiert, das den „Anspruch des Seins" erhebt (Adorno 1952, S. 107). In semiotischer Terminologie: Wagner verdeckt den Index zugunsten des Ikons; in bester akusmatischer Manier (vgl. Kane 2014, S. 97 ff.) verhindert er den kompromittierenden Blick auf das Orchester und das Hören der einzelnen Geige. Stattdessen zeigt er Klang, der für die Wahrnehmung der Opernbesucher*innen aus dem Nichts entspringt, also einfach da ist und von Wagner beherrscht wird. Wagners Phantasmagorie ist die „Illusion der absoluten Wirklichkeit des Unwirklichen", wodurch für Adorno der ästhetische Schein bei Wagner vom „Charakter der Ware ergriffen" wird, womit sich der Kreis zur Verdinglichung des Klangs schließen lässt (Adorno 1952, S. 113).

Was Richard Wagner über Instrumentation und Konzertsaal- bzw. Orchestergrabenarchitektur produziert, machen Les Paul, Phil Spector, Sam Phillips, George Martin, Brian Wilson und all die anderen Phantasmagoriker*innen der populären Musik der 1950er und 1960er Jahre mithilfe von Tonbandtechnik. *Sound on sound*, *overdubbing* oder *multitrack recording* sind Verdinglichungen von Klang, des phonographischen Materials. Sie machen die Quellen der aufgenommenen Klänge vergessen, um stattdessen „Illusionen der absoluten Wirklichkeit des Unwirklichen" zu schaffen, oder, wie es der Komponist Virgil Moorefield einmal treffend ausgedrückt hat, statt eine „illusion of reality" zu schaffen, produzieren sie die „reality of illusion" (Moorefield 2010, S. xiii).

Während Les Paul, wie oben dargestellt, auf einen letzten Referenten, auf den seine Aufnahmen verweisen, nicht verzichten kann und mit dem *Les Paulverizer*

---

[130] In dieser Schrift beschreibt Wagner u. a. die „erhabene Täuschung (S. 11) des Festspielhauses und beurteilt „die stets sich aufdrängende Sichtbarkeit des technischen Apparates der Tonhervorbringung" als „widerwärtige Störung" (S. 21), die sich durch eine Verlegung des Orchesters in die Tiefe umgehen lasse, sodass die Musik „aus dem ‚mystischen Abgrunde' geisterhaft erkling[t]" (S. 23).

hierfür Abhilfe schafft, entspricht Phil Spectors ästhetisches Konzept bereits dem verdinglichten Klangverständnis des nicht-indexikalischen Wesens der Mehrspurentechnik, weshalb sich, wie Tomy Brautschek kürzlich auch dargelegt hat, die Renaissance und „popkulturelle Wendung" der Wagner'schen Klangästhetik bei ihm besonders deutlich beobachten lässt (vgl. Brautschek 2023, S. 133 ff.). Ausgebildet bei den Songwritern Jerry Leiber und Mike Stoller, die in der amerikanischen Musikindustrie für ihre Hitproduktionen am Fließband in den 1950er Jahren große Bekanntheit erlangten, entwickelt sich Spector in den 1960er Jahren zu einer der „hottest figures in American pop music" (Moorefield 2010, S. 9). Grund für diesen Aufstieg ist ein von ihm entwickeltes, kontinuierliches Soundzeichen (im Sinne Diederichsens): Die sogenannte „Wall of Sound", teilweise auch als „Spector sound" (Wolfe 1964, S. 43) bekannt.

> So what *is* this Wall of Sound that dominated the sound of American pop music between 1960 and the arrival of the British invasion in 1964? In the most obvious sense, it is simply putting a lot of instrumentalists in the recording studio and having them all play at once. [...] A more complete definition of the Wall of Sound would add the obligatory massed instrumental and vocal forces the fact that it incorporates an augmented R&B rhythm section [...] as well as the liberal use of echo chamber and tape echo effects [...]. Overall, the technique was a celebration of sonic grandeur, achieved by both physical and technological means. (Moorefield 2010, S. 11 f.)

Spectors *signature sound* entsteht nach seiner Trennung von Leiber und Stoller zwischen 1962 und 1963 und ist, wie Mark Cunningham ausführt, das Resultat von Spectors künstlerischer Vision und der technischen Einrichtung seiner damaligen Arbeitsstätte, der *Gold Star Studios*, insbesondere der Akustik derer zweier Echokammern sowie Mehrspur-Tonbandgeräten, später auch einem Achtspurengerät (vgl. Cunningham 1998, S. 61 ff.). Zur genuinen Ästhetik der „Wall of Sound" gehört nun die Klangmaximierung und -verdichtung, wie sie schon bei Les Pauls *sound on sound*-Verfahren zu erkennen ist, durch die bei Spector Klang Verdinglichung erfährt. Der ursprüngliche Kontext der Aufnahmen sind für ihn uninteressant, sie sind in seinen Händen nichts weniger als verfügbares Material; (Klang-)Farben, mit denen er in der Tonregie und am Schneidetisch sein ‚Klanggemälde' malt.[131] Les Pauls Devise, nach der ein Stück mit acht, statt mit einer Gitarre auch achtmal besser klingt, gilt dabei auch für Phil Spector – frei nach dem Motto, *bigger is better* bringt er so viel Klang wie nur möglich auf den Spuren der Bandmaschinen unter, und das heißt nicht nur die Herstellung zahlreicher *overdubs*,

---

[131] Nach Moorefield lässt sich Spectors Arbeit mit Klang weniger als ein Musik-Machen im herkömmlichen Sinne denken, sondern eher als das Herstellen einer Stimmung, „painting a picture with timbre" (Moorefield 2010, S. 131).

sondern auch eine Multiplikation der Studiomusiker – Spectors über 20-köpfige „Wrecking Crew" –, die, zusammengepfercht im kleinen Studioraum, größtenteils von den zahlreichen Wiederholungen vollkommen erschöpft, gemeinsam ihre zahlreichen *takes* einspielen.[132]

Ausgehend von den Affordanzen des *multitrack recordings*, entwickelt sich in den 1960er Jahren eine expansive Klangästhetik der „fullness" und „fatness", die unter anderem die Entwicklung von Delay-Systemen befördert, mit denen sich durch minimalverzögerte Signalverdoppelungen Aufnahmen mit wenig Aufwand vergrößern lassen (vgl. Théberge 1997, S. 208 f.). Les Pauls Klangmaximierung durch dichte Schichtung und Phil Spectors „Wall of Sound" finden viele Nachahmer. Ihre Verdinglichung von Klang, die in diesem Maße die (elektrifizierte) rein phonographische Aufzeichnung nicht erreicht, verändert den Imperativ der *fidelity*, sie löst den Klang von seiner Quelle, macht die vormals indexikalischen Soundzeichen zu ikonischen und befördert eine neue Produktionspraxis des Musik-Machens.

3.3.9 The Tape Side of the Moon: Tonbandprophet Joe Meek

Etwa zeitgleich mit Spectors Genese der „Wall of Sound" findet auf der anderen Seite des Atlantiks ein etwas anderer, aber nicht minder zukunftsweisender, Umgang mit Tonbandtechnik statt. Anfang der 1960er Jahre sorgt der für seine Unmusikalität[133] bekannte Toningenieur Joe Meek, der oft auch als „England's Phil Spector" (Cleveland 2015, Kapitel 9, „Beat by the Beat") bezeichnet wird, mit seinen aufregenden, außerweltlichen Pop-Produktionen für Aufsehen. Ähnlich wie bei seinem amerikanischen Pendant bilden extensive Montage, Delay- und Echoeffekte sowie *overdubbing* die medientechnische Basis seiner idiosynkratischen Klangsignatur. Mehr noch als Spector bindet Meek hingegen experimentelle Klänge und Tonbandtechniken in seine Produktionen ein, die stark an die avantgardistische Kunstmusik der 1950er Jahre, d. h. vor allem die *Musique Concrète, Elektronische Musik, Music for Tape* und den *BBC Radiophonic Workshop* erinnern.

---

132 Tomy Brautschek weist darauf hin, dass die immense Größe der „Wrecking Crew" sowie deren systematische Ermüdung durch Spector bei den Aufnahmesession einer Desubjektivierung gleichkommt, ähnlich wie sie Adorno für Wagners Behandlung der Einzelstimmen des Orchesters formuliert. „Individualität wird zum Ziel einer höheren Klangordnung aufgelöst und bleibt nur noch als nebulöse Spur zurück auf dem Magnetband. Die feinen Regungen und solistischen Darbietungen der Studiomusiker werden vom Gesamtsound des Studioapparats quasi absorbiert und lediglich als sonische Silhouette identifizierbar" (Brautschek 2023, S. 136).
133 „tone-deaf and incapable of playing any instruments" (Cleveland 2015, Kapitel 9, „Beat by the Beat").

Nach Verrichtung seines Militärdienstes bei der Royal Air Force 1950 arbeitet Meek zunächst im Elektronikfachhandel, wo er unter der Hand Fernsehgeräte repariert und, zum Unmut seiner Arbeitgeber, viel Zeit mit einem selbstkonstruierten Tonbandgerät verbringt.

> He was more interested really in sound effects than repairing tellies, because he always said to me, „It's a dead-end job". But he didn't mind mixing the two. He'd tape music and edit it as if he was a disc jockey. And he did it very, very well. In fact, he lent me some of his recordings he'd made up. He used to get the hits from the radio. (Geoff Woodward in Repsch 1989, S. 22, zit. nach ebd., Kapitel 1, „Joe's Been a Gittin' There")

1953 konstruiert Meek auch eine Plattenschneidemaschine, mit der er 1954 seine erste Aufnahme schneidet: Eine Gesangsaufnahme („Secret Love"), die er mit einem Delay-Effekt versieht, den er (ähnlich wie Les Paul) angeblich mit einem modifizierten Tonbandgerät hergestellt hat – vermutlich über das Hinzufügen eines weiteren Aufnahmekopfes (vgl. Cleveland 2015, Kapitel 1, „Joe's Been a Gittin' There"). 1954 zieht Meek nach London und tritt einen Job als Filmvorführer bei einer Tochterfirma der *Independent Broadcasting Company* (IBC) an, bei der seine technischen Fähigkeiten schnell erkannt werden und er zunächst zum *Junior Engineer* und wenig später zum *Chief Recording Engineer* der mobilen Radioshow *People are Funny* des Senders *Radio Luxembourg* befördert wird. Parallel hierzu arbeitet Meek als „tape monkey" der Tonaufnahmestudios von IBC, wo er ebenfalls nach kurzer Zeit eine Beförderung erhält und bald selbstständig Aufnahmesessions leitet, die ihn zum „most sought-after engineer at IBC" machen. Aufgrund persönlicher Zerwürfnisse, die vor allem mit Meeks Jähzorn und Egozentrik sowie einem homophoben Arbeitsumfeld in Zusammenhang gebracht werden, verlässt Meek schließlich im September 1957 die IBC und wird Englands erster „independant producer engineer" (ebd., Kapitel 2, „IBC").

Die Formel für Meeks einmaligen Sound Ende der 1950er Jahre beschreibt Barry Cleveland als eine Mischung aus naher Mikrofonierung, einem exzessiven Gebrauch von *limiting* und *compression* sowie der Verwendung künstlicher Halleffekte, sodass ein „very tight, punchy [and] forward" (ebd.) Sound entsteht. Vor allem aber zeichnet sich Meeks Produktionspraxis durch minutiöse, langwierige Bandmontagen aus:

> One of the most important editing and compositional tools in Meek's production arsenal was the razor blade. He did an exceptional amount of tape editing to come up with final versions of many of his songs. Besides simply trying to patch together an acceptable track, Meek might want to employ hard tape editing for other reasons. For example, he might splice if he wanted to use a lot of overdubs in one or two short sections such as an introduction or a bridge, without reducing the overall sonic quality of the recording. He might also want to use dramatically different sounds in two sections, using different processing, in

which case he would record the parts separately and edit them together later. [...] Another thing Meek used his razor blade for [...] was making tape loops. [Ted] Fletcher recalls: „Yes, there were 30 or 40 tape loops hung on nails on the wall, five or six loops per nail. They weren't labeled." The loops contained short bits of sound, or musical phrases, which would be added to recordings wherever appropriate. This reinforces Meek's connection with the French tape composers; links him to Brian Eno, Robert Fripp, and other '70s-era tape loopers; and makes him a Great Grandfather of the loop-based musics of today, including electronica, rap, and hip-hop. (Ebd., Kapitel 7, „Joe's Equipment")

Meek ist auch einer der ersten britischen Toningenieure, die mit *sound on sound* arbeiten, aller Wahrscheinlichkeit nach ohne von Les Pauls Verfahren gewusst zu haben. Wie Paul nimmt auch Meek (gemeinsam mit dem Produzenten Michael Barclay) hierfür zuerst die Rhythmusparts auf, um über sie anschließend andere Elemente und zuletzt Gesangsaufnahmen zu schichten (vgl. ebd., Kapitel 2, „IBC"). Eine der aus heutiger Perspektive bemerkenswertesten Aufnahmen Joe Meeks, bei der er umfänglich von aktivierter Magnetbandtechnik Gebrauch macht, ist das Studio-Konzeptalbum *I Hear a New World*, von dem im Februar 1960 zunächst (als erster Teil) eine EP mit vier Tracks erscheint, worauf im Mai desselben Jahres eigentlich eine zweite EP sowie das gesamte Album als LP folgen sollen. Zum *release* des zweiten Teils und der LP kommt es aufgrund finanzieller Probleme des von Meek betriebenen *Triumph Records*-Label jedoch nicht; es geraten aber wenige Demo-EPs und -LPs in Umlauf, aus denen 1991, *post mortem*, das Album rekonstruiert, neu abgemischt und auf dem Label *RPM Records* als restauriertes *re-release* veröffentlicht wird. Inspiriert vom *Space Race* des Kalten Krieges, SciFi-Visionen interplanetarer Raumfahrt, aber auch Gustav Holsts *The Planets*, ist *I Hear a New World* Joe Meeks Versuch einer „Outer Space Music Fantasy" über Leben und Natur auf dem Mond.

> Yes! This is a strange record; I meant it to be. I wanted to create a picture in music of what could be up there in outer space. I can already see and hear in my imagination from the studies I have made on outer space what wonderful new sights and sounds are in store for us.
> I must admit that most of the ideas on this record were to please myself, at the same time hoping it will please you, after all you buy records for entertainment not often for education. This I hope you will find entertaining and different. (Liner Notes von Meek 1960)

Darüber hinaus dient *I Hear a New World* der Vorführung von Stereosound („as you will hear on this record things actually move", ebd.) und wird Händler*innen als Demonstrationsplatte zum Verkauf ihrer Stereosysteme vorgeschlagen (vgl. Reetze 2006). Aufgenommen wird das Album Ende 1959 innerhalb von ca. sechs Wochen in seinem privaten *home studio*, gemeinsam mit Rod Freeman und seinen *Blue Men* – eine sechsköpfige Rock ,n' Roll-Band. Nach Mark Brend ist *I Hear a New World* eines der ersten Beispiele, bei dem experimentelle Tonbandtechniken der elektronischen Musikavantgarde für ein Album benutzt werden, das dezidiert populär sein will (vgl. Brend 2012, S. 99). Joe Meek selbst spricht davon, mit dem Album eine junge Generation ansprechen zu wollen, mit Musik, die ihnen verständlich ist – „[a]fter all, they are the people that will be concerned, very much, with interplanetary exploration" (Meek auf einer Tonbandaufzeichnung um 1960, zit. nach Cleveland 2015, Kapitel 4, „I Hear a New World").

Mit welchen Geräten und wie genau Meek die Stücke des Albums produziert hat, ist nicht gesichert überliefert, vermutlich hat der Produzent aber eine *EMI TR50-* sowie eine *TR51*-Tonbandmaschine (beide mono) verwendet und den Stereomix in einem anderen Studio (z. B. bei *Star Sound Studios*) durchgeführt. Neben den üblichen Instrumental- und Gesangaufnahmen der *Blue Men* benutzt Meek auch die Sounds einer *Clavioline* (eines der ersten elektronischen Tastaturinstrumente, das Meek später prominent in der von ihm produzierten Hitsingle „Telstar" der *Tornados* verwendet) sowie ein von ihm modifiziertes, umgestimmtes Reproduktionspiano, dessen eigenwilligen Sound Meek äußerst schätzt und für hunderte seiner Aufnahmen benutzt (vgl. Cleveland 2015, Kapitel 4, „I Hear a New World"). Daneben finden sich auf dem Album noch zahlreiche konkrete Klänge, oder, wie Brian Eno sie später bezeichnet, „found sounds", die Meek seiner Soundumwelt entnimmt und mit Tonbandtechnologie (z. B. über Verlangsamung oder Beschleunigung, Rückwärtsspielen oder Dauerschleifen) vielfach manipuliert – hier haben Meeks Produktionen klanglich große Ähnlichkeit mit Pierre Schaeffers und Pierre Henrys *Musique Concrète*. Zudem benutzt er die dreiköpfigen Tonbandgeräte, um Delay-Effekte zu erzeugen (vgl. ebd.).

I Hear a New World umfasst insgesamt zwölf Titel, die Meeks eigene Vorstellungen von Leben auf dem Mond sonifizieren. Dies umfasst neben Darstellungen der physikalischen Beschaffenheit und Phänomenen bzw. der Natur des Satelliten (z. B. Nr. 2 „Glob Waterfall", Nr. 5 „Magnetic Field" oder Nr. 7 „The Bublight")[134] auch drei von Meek imaginierte Mondvölker, die Globbots (Nr. 3 „Entry of the Globbots" und Nr. 11 „Disc Dance of the Globbots"), die Dribots (Nr. 8 „March of the Dribots" und Nr. 10 „Dribot's Space Boat") und die Saroos (Nr. 4 „Valley of the Saroos" und Nr. 9 „Love Dance of the Saroos"). Gerade zur Hervorstellung der Fremdartigkeit dieser neuen Welt und Kulturen verwendet Meek Tonbandeffekte, z. B. in der Tonhöhe nach oben transformierte Stimmen, als Zeichen der „speech of the aliens", wie Mark Brend suggeriert (vgl. 2012, S. 99; z. B. Track 3 „Entry of the Globbots", TC 00:01:12–00:02:02).

Schon beim einführenden ersten Titel des Albums, der wie das Album „I Hear a New World" heißt, kommen diese auffälligen Transformationen zum Ein-

---

[134] Die Nummern der Stücke beziehen sich auf die Reihenfolge der von Meek 1960 zur Veröffentlichung vorgesehenen LP (vgl. Reetze 2006 sowie Meek (1960) 2019).

3.3 Schichten, Schichten, Schichten: Das Tonband in der populären Musik — 261

satz und verleihen dem sphärisch, transceartig-träumerisch gesungenen Songtext prophetische Bedeutung. So singt eine sanft-passiv klingende Stimme die folgenden Worte, fast schon im Stile eines spirituell-religiösen Mantras:

> I hear a new world
> Calling me
> So strange and so real
> Haunting me
> How can I tell
> What's in store for me?

Jede Zeile erfährt dabei zwei technisch manipulierte Wiederholungen, die mit jedem Male distanzierter und fremdartiger klingen. Bei der ersten, ursprünglichen Version ist eine durch Nahmikrofonierung im Vordergrund der Aufnahme positionierte, präsente Stimme zu hören, die lediglich von einer hintergründigen, leisen zweiten Stimme (vermutlich dieselbe als *overdub*) in Terzen harmonisiert wird (z. B. TC 00:00:22–00:00:25). Die erste Wiederholung klingt demgegenüber wesentlich distanzierter: die nahmikrofonierte Stimme entfällt und es klingen nur die fernmikrofonierten *overdubs*. Zudem wird die Gesangsmelodie bei dieser Wiederholung durch eine E-Gitarre mit Flatterecho gedoppelt (z. B. TC 00:00:25–00:00:27). Die zweite Wiederholung bewegt sich noch weiter weg vom Original: Hier sind die fernmikrofonierten *overdubs* der ersten Wiederholung mithilfe von Tonbandtechnik eine Oktave hochtransponiert, vermutlich indem sie mit halber Geschwindigkeit eingesungen und mit doppelter Geschwindigkeit abgespielt werden (z. B. TC 00:00:27–00:00:30), wodurch die Stimmen nicht nur höher, sondern, aufgrund des sich von der natürlichen menschlichen Stimme unterscheidenden Frequenzspektrums, fremd und unnatürlich klingen – ein Effekt, den Ross Bagdasarian (auch bekannt als David Seville) wenige Jahre zuvor, 1958, für die äußerst erfolgreiche Erfindung und sonische Prägung von „Alvin and the Chipmunks" nutzt – eine Cartoon-Musikgruppe bestehend aus drei Streifenhörnchen, deren Stimmen mit eben jener Tonbandtechnik hochgepitcht werden, weshalb der Effekt auch als „Chip Munk Effect" oder „Bagdasarian Effect" bekannt ist und, zumindest aus heutiger Perspektive, eher komödiantische, verniedlichende Konnotationen hat (vgl. Buck 2018).

Nach diesem Muster erklingt die gesamte Strophe sowie eine Wiederholung der ersten beiden Zeilen (bis „Calling me"). Hiernach setzt ein Instrumentalbreak ein, bei dem die Melodie der ersten vier Zeilen (sechzehn Takte) wiederholt wird; zunächst von der bereits gehörten E-Gitarre mit Flatterecho, dann, als erstes Echo, von der *Clavioline* und schließlich, als Wiederholung zwei, dem Höreindruck nach von einer Synthese der *Clavioline* mit der tonbandtechnisch eine

Oktave höhertransponierten E-Gitarre (TC 00:01:26–00:01:58).[135] Danach setzten die Vocals wieder bei den letzten beiden Zeilen ein, beginnen den Text von vorne an zu singen und werden ausgeblendet, sodass der Eindruck entsteht, das Mantra würde unendlich fortgetragen (ab TC 00:01:58).

Ähnlich wie Friedrich Kittlers berühmte Interpretation von *Pink Floyds* „Brain Damage" als Sonifizierung der Co-Evolution von auditiver Mediengeschichte und auralem Wahnsinn in „Der Gott der Ohren" (1984), nach der jede Strophe des Stücks für den zunehmenden Wahnsinn bei zunehmendem Eindrängen mediatisierter Klänge in die Ohren und Gehirne der Zuhörenden steht (vgl. S. 140 ff.), lässt sich auch Meeks Track „I Hear a New World" als eine Art Selbstreflexion auslegen, als ein Wissen oder eine Interpretation des Tracks über die eigenen medialen Bedingungen (vgl. Iden, Tobis und Pelleter 2022). So gesehen befasst sich der Titel „I Hear a New World" – und in gewisser Hinsicht das gesamte Album – mit der neuen Welt, die sich durch den Zugriff mit Tonbandtechnologie auf das Phonographische erschließt bzw. die sich hierin ankündigt und erschlossen werden will; und die eine Erfahrung des ursprünglichen Klangmaterials ermöglicht, die Meek letztlich heimsucht („I hear a new world calling me, so strange and so real, *haunting* me"). Dabei spiegelt die sonische Gestaltung der Strophe die historische Verschiebung des Imperativs der Aufnahmekultur weg von *fidelity* und Präsenz hin zu synthetischen Klangwelten, die keinen Referenten mehr kennen, die neu und fremd sind, und doch noch dieselbe materielle Basis haben – eine Begegnung des Selbst im Imaginären. Gleichzeitig reflektiert „I Hear a New World" den Bedeutungswandel der phonographischen Aufzeichnung innerhalb der Produktionspraxis, die nicht mehr primär auf ein vorausgehendes Original verweist, sondern selbst materielle Basis wird, aus der Vielfache und Varianten geformt werden, und als Referent fungiert, auf den implizit und untreu verwiesen wird.

Am deutlichsten drängt sich diese Auslegung bei der klanglichen Gestaltung der einzelnen Zeilen auf: Die jeweils erste Version markiert die ‚alte Welt' (und das ‚alte Selbst') – in ihrem Vordergrund steht die nahmikrofonierte Stimme, die eine zu begehrende Präsenz hinter dem Mikrofon in einem als ursprünglich imaginierten Raum suggeriert. Die erste Wiederholung streicht diese Erstheit heraus, sie zeigt nur noch die *overdubs* und macht sie als autonom-poietische Vielfache des nun absenten Originals deutlich. Sie kann auch als Metapher und Exemplifizierung der Mehrspuraufnahme an sich verstanden werden, vor allem aber ver-

---

135 Die Vermutung, dass die Gitarre mit einem Tonbandgerät hochgepitcht wird und nicht einfach die Melodie eine Oktave höher einspielt, ergibt sich daher, dass das Flatterecho bei doppelter Geschwindigkeit erklingt.

deutlicht sie die Entfernung vom Imperativ der *fidelity*. Die zweite Wiederholung dreht das Narrativ noch weiter und markiert, mit absichtlicher Übertreibung über den ‚Chip Munk Effect', einen deutlichen Bruch zur bisher bekannten Klangwelt des Konzertsaalrealismus. Die mutierten ‚Alienstimmen', die auf die entsubjektivierten *overdubs* folgen, wirken wie ein verzerrtes Echo, wie eine verstellte, widerhallend-affirmative Antwort auf das Mantra. Das Fremde – *the alien(s)* – nach dem die neue Welt abgehört wird, deutet seine Identität mit bzw. sein metonymisches Verhältnis zu den beiden Vorgängerversionen an. Sie stehen stellvertretend für Meeks Vision einer neuen Klangwelt, die durch Tonbandtechnologie freigelegt wird, die eine neue Qualität hat, die fremd ist und doch vertraut.

Wie bereits beschrieben, findet die LP *I Hear a New World* zu Meeks Lebzeiten kein *release* und auch die als erster Teil veröffentlichte EP findet keine große Resonanz. 1962, zwei Jahre später, landet Meek hingegen mit der Produktion einer anderen *space odyssey* – „Telstar" von *The Tornados* – einen echten Welthit, der die Spitze der US-Charts erobert, was vor Meek noch keinem Nicht-Amerikaner gelungen war, womit Meek den „erste[n] Brückenkopf für die britische Invasion der Beatles und Stones in den folgenden zwei Jahren" (Diederichsen 2014, S. 53) einschlägt. „Telstar" ist inspiriert vom gleichnamigen Satelliten, den die NASA am 10. Juli 1962 ins Weltall schießt und der am 23. Juli die erste transatlantische Live-Fernsehübertragung ermöglicht. Beeindruckt von den unscharfen, geisterhaften Bildern des Satelliten, kommt Meek eine Melodie in den Kopf, die er zunächst, gemäß seiner üblichen Vorgehensweise, in vager Annäherung über einen bereits existierenden *backingtrack* singt. Sein Mitarbeiter Dave Adams transkribiert daraufhin mühsam Meeks Einspielung und wenige Tage später werden die *Tornados* – eine *instrumental rock band*, mit der Meek häufig für seine Studioproduktionen zusammenarbeitet – zur Aufnahmesession in Meeks Londoner Studio in 304 Holloway Road geladen. Hiernach spielt Geoff Goddard, ein weiterer Studiomusiker, mit dem Meek regelmäßig kollaboriert, nach strengen Anweisungen des Produzenten noch die Melodieparts auf der *Clavioline* und dem Klavier ein, die der Aufnahme schließlich einen „tremulous, innocent optimism" (Brend 2012, S. 101) verleihen.

> The result was the most radical British rock ‚n' roll record yet recorded. The Shadows [sic!][136] in space, held up by the fizzing electronic trickery that begins and ends the single. It's not electronic in the pure sense. There are vogue-ish twanging guitars and galloping drums. But with a chorus of Claviolines and the tape textures so prominent, ‚Telstar' was pop's first big blast into the new electronic world, encapsulating in just over three minutes the faith in technological progress that characterized the early days of the space race. (Ebd.)

---

[136] Gemeint ist vermutlich „The Tornados".

Die „electronic trickery" am Anfang und Ende des Stücks scheint Meek dabei direkt von „Magnetic Field", Nr. 5 der geplanten LP *I Hear a New World* (und erster Titel der B-Seite der 1960 veröffentlichten EP) entnommen zu haben, die einen von Meek imaginierten Abschnitt des Mondes vertonen soll, auf dem die Schwerkraft seltsam auszusetzen scheint, wodurch alle Gegenstände ca. einen Meter über der Mondoberfläche schweben und, durch ein vom Boden wirkendes Magnetfeld, zeitweise in heftige Bewegung oder synchronisiert bzw. rhythmisiert werden (vgl. Liner Notes von Meek 1960). Meeks Beschreibung von „Magnetic Field" klingt wie eine Metapher des Mondes als magnetisierender Tonkopf – die dunkle Seite des Mondes ist eine Bandmaschine. Konsequenterweise besteht die Anfangssequenz von „Magnetic Field" aus mit Delay und Hall verräumlichten, rückwärtsgespielten Tonbandschleifen – „a 1:26 masterpiece of musique concrete" (Cleveland 2015, Kapitel 4, „I Hear a New World") –, die Meek für die elektronische Rahmung von „Telstar" wiederzuverwenden scheint. Die Vorboten der *British Invasion* kommen aus dem Weltraum; und ihr Wesen lässt sich aus dem Rahmen lesen.

Phonographendämmerung? Oder: Wie man mit dem Tonband philosophiert

Zusammenfassung, Schlussbetrachtung und Ausblick

Durch die Verfolgung der Spuren des Tonbands in den musik- und klangtheoretischen Diskursen, Kompositionen und Technologien der 1950er und 1960er Jahre konnten die vielschichtigen Zusammenhänge zwischen der Materialität des Tonbands, seinen Anwendungen in kompositorischen und produktionsästhetischen Kontexten sowie den damit verbundenen Vorstellungen bzw. Konzeptualisierungen von Klang freigelegt werden. Wie sich gezeigt hat, ermöglicht das Arbeiten mit Tonband einen besonderen *Zugriff* auf Klang, der im wiederholten formenden Umgang – im Schneiden, Kleben, Messen, Schleifen, Abhören usw. – als Handwerk erlernt wird. Das Formen und Gestalten von Klang durch dieses Tonbandhandwerk befördert eine „Neugier auf das bearbeitete Material" (Sennett 2008b, S. 163), die zu einem Nachdenken über seine Wandlungsfähigkeit führt, also eine Reflexion der Veränderlichkeit des auf Tonband gespeicherten Klangs bei verschiedenen Eingriffen und Zurichtungen. Was Klang ist bzw. sein kann, wird so durch das Tonband neu vermittelt und verhandelt. Es hat sich dabei als erkenntnisfördernd erwiesen, die mit der Tonbandarbeit einhergehenden Klangreflexionen in der Terminologie des Wissenschaftstheoretikers Hans-Jörg Rheinberger zu beschreiben und das Tonband als technologisches Objekt zu verstehen, mit dem das epistemische Ding Klang als zu verstehender Forschungsgegenstand und ästhetisches Material gefasst wird. Tonbandtechnologie bedingt in diesem Sinne die möglichen Auftrittsweisen von Klang – es bildet seine Fassung – und bestimmt darüber hinaus, wie Klang angefasst, d. h. wie mit ihm umgegangen werden kann.

Die neue materielle Disposition und Verfügbarkeit von Klang durch Tonbandtechnologie führt in den 1950er und 1960er Jahren zu umfassenden Veränderungen der musikalischen Produktionspraxis und -ästhetik und verändert weltweit den Umgang mit und das Denken über Klang. Besonders deutlich wird diese sonische Resituierung und Klangkonzeptreflexion im Umfeld der ersten kompositorischen und klangforschenden Tonbandanwendungen der *Musique Concrète* in Frankreich zwischen 1951[137] und 1966/67,[138] der Elektronischen Musik in Deutsch-

---

[137] Das Jahr der ersten Verwendung von Tonbandgeräten in Schaeffers *Club d'Essai*.
[138] Die Publikationsjahre von Schaeffers *Traité des objets musicaux* (1966) und dem *Solfège de l'objet sonore* (1967).

land zwischen 1949[139] und 1962[140] sowie in der *recording culture* der populären Musikindustrie in den Vereinigten Staaten und Großbritannien zwischen 1949[141] und 1962.[142]

In Pierre Schaeffers *Musique Concrète* wird Tonbandtechnologie in ein bereits bestehendes Experimentalsystem integriert, mit dem Schaeffer konkrete Klänge dekontextualisiert, um sie als phänomenotechnisch reduzierte, eigenständige und invariable Klangobjekte (*objets sonore*) freizustellen. Ab 1951 ersetzt hier Tonbandtechnologie, v. a. in Form speziell zur Klanganalyse und -transformation konstruierter Geräte wie den *Phonogènes*, sukzessive die von Schaeffer zur Klangdekontextualisierung konstruierten geschlossenen Schallplattenrillen (*sillon fermé*). Schaeffers Klangforschung steht dabei im Zeichen einer von Edmund Husserl inspirierten phänomenologischen Reduktion, bei der über Klangreproduktionstechnologie akusmatische Abhörsituationen hergestellt werden, um die durch Kontextualisierung und Wahrnehmung verstellte, invariante Wesenseinheit bzw. Transzendenz von Dingen (in diesem Fall von Klangobjekten) zu offenbaren. So wie Pythagoras' Vorhang die Sinne der *akusmatikoi* reduziert und ihre Ohren auf die so ‚bereinigten' Worte ihres Lehrmeisters einstellt, ermöglicht die von Schaeffer induzierte medientechnische Trennung aufgenommener Klänge von ihren Ursachen ein reduziertes, diagnostisch-‚blindes' Hören, durch das sich irreduzierbare Klangobjekte privilegiert erkennen lassen.

Während diese akusmatische Trennung allen Klangreproduktionstechnologien in Schaeffers Experimentalsystem gemein ist, erfüllt Tonbandtechnologie im Speziellen darüber hinaus die Funktion, durch Transposition und Montage Varianten von Klangaufnahmen zu erstellen, um die Klangobjekte im Sinne Husserls eidetisch zu reduzieren, d. h. die trotz Transformation gleichbleibenden Aspekte einer Klangaufnahme – ihr invariantes Substrat – zu identifizieren. Für Schaeffer sind Tonbandgeräte damit primär Test- und Hörgeräte, um ‚Abschattungen' (Husserl) eines Klangobjekts zu erstellen und es dahingehend zu diagnostizieren. Entgegen den Darstellungen Brian Kanes wurde Schaeffers Forschungspraxis in dieser Arbeit dabei nicht als ein naiver Idealismus verstanden, der vor dem individuellen Hören eine zu entbergende, ahistorische, nicht-kulturelle und transzendente Klangwahrheit vermutet, sondern als ein empirischer Experimentalismus, der, in Analogie zu

---

139 Das Jahr in dem Werner Meyer-Eppler seine ersten Tonbandexperimente vorführt.
140 Das Erscheinungsjahr des letzten Hefts der Zeitschrift *die Reihe* (Heft 8: Rückblicke) sowie das Veröffentlichungsjahr von Herbert Eimerts letztem Werk *Epitaph für Aikichi Kuboyama*.
141 Das Jahr in dem Les Paul von Bing Crosby ein *Ampex 300* geschenkt bekommt und über einen zusätzlichen Tonkopf für sein *sound on sound*-Verfahren folgenreich manipuliert.
142 Die Veröffentlichung von Joe Meeks Telstar als „erste[r] Brückenkopf für die britische Invasion" (Diederichsen 2014, S. 53).

Paul Valérys Muschelreflexion, Klangdinge ergebnisoffen befragt. Dabei stellt sich Schaeffers tonbandgeleitete Klangbefragung als eine doppelseitige heraus, die sowohl weltliche Klangobjekte als auch die Hörerfahrung des Subjekts selbst untersucht, allen voran die Klangzeitwahrnehmung. Über Schnitt, Transposition und Richtungsumkehr bearbeitet hierfür Schaeffer Klangaufnahmen, um im vergleichenden Hören Verzerrungen des Ohres zu identifizieren. Mit Tonbandtechnologie lassen sich für Schaeffer damit nicht nur Klangobjekte freistellen, sondern auch die wahrnehmungskonstitutive Rolle des Ohres nachweisen. Als integrativer Bestandteil seines Experimentalsystems co-konstituiert das Tonband damit ein phänomenologisch-psychoakustisches Konzept von Klang, das Klang als etwas Wahrgenommenes versteht, das zugleich objektivierbar ist. Klang ist hier sowohl etwas da draußen als auch in den hörenden Subjekten situiert.

In der Elektronischen Musik spielt Tonbandtechnologie ebenfalls eine entbergende Rolle, die jedoch auf etwas anderes abzielt. Wie herausgestellt werden konnte, geht es Werner Meyer-Eppler in seinen Klangexperimenten, die eine Art Nullpunkt der Elektronischen Musik darstellen, primär darum, elektrische Signale, die er als elektronische Klänge versteht, unmittelbar, also vor ihrer Er- bzw. Verschallung, auf Tonband („authentisch") zu speichern und übereinander zu schichten. Dabei implizieren Meyer-Epplers Experimente und Schriften ein Klangverständnis, das Schall als nur eine von mehreren Existenzweisen bzw. Aggregatzuständen von Klang definiert und elektronische Schwingungen als am wenigsten ‚verunreinigt' betrachtet. Die „Umgehung des akustischen Stadiums" (Meyer-Eppler 1953, S. 7) bei seinem Experimentalsystem aus elektronischem Musikinstrument und zwei Tonbandgeräten beschreibt er als Voraussetzung für eine durch die Technik neuerlangte kompositorische Bearbeitungsunmittelbarkeit. Meyer-Epplers weites Verständnis von Klang, das auch unverschallte Schwingungen einschließt, birgt dabei Parallelen zu Wolfgang Ernsts Konzept des Sonischen, das primär „Klang aus und in technomathematischen Medien" (Ernst 2015, S. 3) zu beschreiben versucht und wie Meyer-Eppler auch „nicht-hörbare Artikulationen diverser Formen von Schwingungsereignissen" (ebd., S. 14) impliziert. In einem weiteren Sinne kann Meyer-Epplers Klangverständnis damit auch als Archetyp einer Klangforschung jenseits des menschlichen Hörens bzw. der Hörwahrnehmung verstanden werden, wie z. B. Christopher Cox' anti-anthropozentrischer sonischer Materialismus (vgl. 2011).

Tonbänder treten in Meyer-Epplers Experimentalsystem dabei erst an zweiter Stelle in Erscheinung, als Speicher der durch elektrische Klangerzeuger hervorgebrachten Schwingungen. Da sich dieser Speicherprozess annähernd verlustfrei vollzieht und das auf dem Tonband Gespeicherte analog zu den ursprünglichen elektronischen Klängen erscheint, erhält Tonbandtechnologie (in der Terminologie Hans-Jörg Rheinbergers) die Charakteristik eines Pfropfes – ein angeflanschter Apparat, der sowohl die ursprüngliche Spur erhält als auch etwas Neues ermöglicht –, der die gespeicherten Schwingungen beweglich macht. Auf Tonband gespeicherte Ströme lassen sich daher (wieder mit Rheinberger) als Spuren zweiter Ordnung verstehen. Meyer-Epplers Experimentaltonbänder, auf denen er das elektronische Klangmaterial beispielhaft arrangiert, werden damit als Zurichtungen der fortgeführten Spuren zu exemplifizierenden Präparaten verständlich. Insgesamt spielen damit Tonbänder für Meyer-Epplers Klangexperimente eine wesentliche Rolle. Erst ihr mobilisierender Zugriff auf das elektronische Klangmaterial macht kontrolliertes Experimentieren möglich und Sinustöne der Dodekaphonie als kompositorisches Material zuträglich.

Meyer-Epplers experimentelles Tonband-Schichtverfahren materialisiert sich schließlich in der ersten Einrichtung des Studios für Elektronische Musik des WDR in Köln, genauer: in den zu einem Vierspurgerät verschalteten *Magnetfilm-Bandspielern MB 2*, die eine synchronisierte, unabhängige Klangschichtung in den operativen Vordergrund stellen. Ermöglicht wird diese Verfahrensoptimierung erst durch einen Wechsel des Anwendungsbereichs der eigentlich zur Filmtonsynchronisierung konstruierten Geräte. Das Denken in Klangschichten und die (ebenfalls vom Film inspirierte) Klangmontage ist damit dem Studio für elektronische Musik materiell-imaginativ eingeschrieben. Neben den verschalteten *MB 2* gehört auch der *Tonschreiber b* zur ersten Ausstattung des Studios und co-determiniert in ähnlichem Maße die Produktionspraxis sowie das kompositorische Denken. Der *Tonschreiber b* ist ein 1939 von der AEG für die die Wehrmacht konzipiertes Tonbandgerät, dessen technisches Herzstück ein von Eduard Schüller konzipierter Rotationskopf mit vier Abtastspalten sowie eine stufenlos regulierbare Bandgeschwindigkeit ausmacht, die es ermöglichen, Tonhöhe und -länge einer Aufnahme unabhängig voneinander zu transponieren. Wie unter Rückgriff auf einen Vortrag des Ingenieurs Anton Springer auf der Gravesaner Tagung 1961 deutlich wurde, machten die Komponist*innen im Studio für Elektronische Musik hingegen aller Wahrscheinlichkeit nach zunächst keinen (kompositorischen) Gebrauch vom Rotationskopf, sondern lediglich von der stufenlosen Bandgeschwindigkeit, da der Rotationskopf im *Tonschreiber* beim Abtasten des Bandes ein stetiges Knacken (beim Umschalten der Spulen) produziert, das es einer musikalischen Anwendung abträglich macht.

Anton Springer behebt diese Störquelle in den 1950er Jahren mithilfe optimierter Tonköpfe und konstruiert auf dieser Grundlage ein Tonband-Vorbaugerät zur tonhöhenunabhängigen Temporegulierung (und *vice versa*) – das *Tempophon*. Tonhöhenunabhängig verlangsamt wird eine Aufnahme hierbei durch eine Reduzierung der Bandgeschwindigkeit bei beschleunigter Rotation des ‚Dehnerkopfes' in Richtung des Bandlaufs; beschleunigt werden Klänge hingegen durch verlangsamte Rotation in Bandlaufrichtung bei normaler Bandgeschwindigkeit, sodass beim Abtasten manche Stellen des Bandes ausgelassen werden. Im eigentlichen Sinne verlangsamt und beschleunigt das *Tempophon* also keine Aufnahmen, sondern dehnt und rafft sie. Die Parameterunabhängigkeit der Transpositionen des *Tempophons* kommt damit nur aufgrund der Unzulänglichkeiten der Hörwahrnehmung zustande, durch die solche minimalen Veränderungen des Klangmaterials nicht als Dehnung und Raffung, sondern als Verlangsamung und Beschleunigung wahrgenommen werden. Manipuliert werden vom *Tempophon* in diesem Sinne nicht nur das Tonband, sondern auch die Hörenden, was Parallelen zum wesentlich später entwickelten MP3-Format zulässt, das in ähnlicher Weise (über *perceptual coding*) die Hörwahrnehmung bewirtschaftet und nach Jonathan Sterne seine Hörer*innen bespielt („[t]he mp3 plays its listener", Sterne 2006a, S. 835).

Damit ist dem *Tempophon* von vornherein ein von phonographischer Technologie abweichendes Klangkonzept eingeschrieben, da Klang hier nicht mehr als außerhalb des hörenden Subjekts verortet wird, als äußere akustische bzw. vibrierende Wirklichkeit, sondern innerhalb, als wahrgenommenes Gehörtes und Produkt des Hörens. Eine genaue Betrachtung des medientechnischen Prinzips des ‚Dehnerkopfes' hat dabei gezeigt, dass das Unterlaufen der Sinne durch eine Einteilung des abgetasteten Tonbandes in diskrete Abschnitte erfolgt, womit sich das *Tempophon* als proto-digitale Technologie bzw. als Analog/Digital-Hybrid verstehen lässt. Das kontinuierliche Tonband wird hierbei durch die vier Hörspalten des Rotationskopfes nacheinander abgetastet und damit abschnittsweise aufgespalten bzw. digitalisiert, um danach wieder als kontinuierliches Signal ausgegeben zu werden. Das *Tempophon* impliziert damit ein digitalisiertes Verständnis des Tonbandes, das nicht unwesentliche Überschneidungen mit dodekaphonischem, stochastischem und serialistischem Komponieren und Denken zulässt. So hat das *Tempophon*, wie Jonathan Sterne und Mara Mills feststellen, bspw. die Kompositionen und die Klangreflexionen Karlheinz Stockhausens geprägt, der in seinem Streichquartett *Adieu* (1966) die Dauerabtastung einer Bandstelle durch den ‚Dehnerkopf' imitiert und aufgrund seiner Erfahrungen mit der Maschine im Kölner Studio Zeit als zentral zu gestaltende Kompositionsvariable erkennt (vgl. Sterne und Mills 2020). In der Terminologie Richard Sennetts lässt sich das *Tempophon* damit als „anregendes Werkzeug" (Sennett 2008b, S. 259) verstehen, das die fehl- und dadurch manipulierbare Hörwahrnehmung ausstellt und dazu anregt, das (Zeit-)Wesen von Klang zu reflektieren. Gleichzeitig hinterfragt es tradierte Klangkonzepte (v. a. des Phonographischen) und verdeutlicht die Spaltung zwischen außerweltlicher, akustischer Schwingung und innerweltlicher, auditiver Klangerfahrung.

Mit Karlheinz Stockhausen (und mit Pierre Henry als Pariser Pendant) entsteht schließlich ein neuer Komponistentypus, der selbst Tonbänder schneidet, bearbeitet, montiert und das traditionelle kompositorische Handwerk (Tonsatz, Musiktheorie etc.) mit der praktischen Klangzurichtung und -anordnung über Oszillatoren, Mikrofone und v. a. mit Tonband verbindet. Orte wie das Studio für

Elektronische Musik des WDR in Köln und der *Club d'Essai* in Paris werden so zu Ausbildungsstätten einer neuen materiellen Praxis des Komponierens. Hier lernen in den 1950er und 1960er Jahren zahlreiche (meist junge) Komponist*innen Praktiken des Bandschnitts, das Herstellen von Tonbandschleifen, Transformationen des Klangmaterials durch Umkehr der Bandlaufrichtung sowie speziell entwickelte aktivierte Magnetbandtechniken wie Dauerkopierverfahren, Magnethall, Tonbandgerätsynchronisierung und Phasenverschiebung.

Gerade im Kölner Studio katalysiert und konkretisiert die durch Tonbandtechnologie geschaffene Möglichkeit, Klänge bzw. Klangaufnahmen millimetergenau messen, teilen und montieren zu können ein bereits vorhandenes abstraktserielles Denken mathematisch-rationalistischer Klangkontrolle – fordert dieses in letzter Konsequenz jedoch auch heraus. Dies zeigt exemplarisch Karel Goeyvaerts Arbeit an seiner Komposition *Nr. 4 mit toten Tönen*, bei der er mithilfe von Magnetbandtechnik Töne ‚aus der Zeit stellen' und rein mathematisch zu einer ‚selbstlosen Musik' zusammenfügen möchte. Als seine Komposition Ende 1953, Anfang 1954 (primär von Stockhausen) im Studio für Elektronische Musik des WDR realisiert wird, zeigt sich Goeyvaerts mit dem Ergebnis jedoch höchst unzufrieden, was ihn zu einer Abkehr von der lange idealisierten ‚Verfahrenswahrheit' bzw. dem Wahrheitscharakter einer (schalllosen) Musik vor der Wahrnehmung mit elektronisch ‚reinem' Klangmaterial führt und zu einer Hinwendung zur auditiven Wahrnehmung als „einzig gültige musikalische Wahrheit" (Goeyvaerts 1955, S. 16). Stellvertretend für eine Vielzahl serieller Komponist*innen in den 1950er Jahren fördert das Tonband somit bei Goeyvaerts zuerst Imaginarien absoluter (fast schon transzendentaler) Klangkontrolle, indem es einen unmittelbaren Zugriff auf die äußere Daseinsweise von Klang jenseits der Wahrnehmung verspricht, und offenbart in der anschließenden praktischen Anwendung eine „Kluft zwischen abstrakter Strukturbildung und psycho-physiologischer Wahrnehmung" (Goeyvaerts (1955) 2010, S. 156), wodurch das abhörende Subjekt mit dem eigenen Hören konfrontiert wird.

Für die Serielle Musik, die Herbert Eimert und Karlheinz Stockhausen als Ausdehnung der „rationale[n] Kontrolle auf alle musikalischen Elemente" (Eimert und Stockhausen 1955, S. 7) bestimmen, stellt sich Tonbandtechnologie allgemein als ein fast schon idealtypisches Medium und medientechnischer Agens dar, da es die kleinteilige und vielgestaltige Skalierung des (in der Regel elektronischen) Klangmaterials ermöglicht. Durch tonbandtechnische Skalierung (z. B. über Transposition oder proportionale Sinustonschichtungen) lassen sich die Mikro- und Makrostruktur eines Werkes als ein Kontinuum gestalten. Da beim Tonband Klangdauern in Beziehung zu Bandlängen stehen, fördert das Arbeiten mit Tonbandtechnologie sogar in gewisser Hinsicht proportionales und skalierendes Denken. Die Skalierungserfahrung des Klangmaterials auf Tonband – die Wahrnehmung seiner Zustandswandlung durch Veränderung der Größe – kann dementsprechend auch als eine medientechnische Basis für Karlheinz Stockhausens Reflexionen des klanglichen Zeitwesens und der Klang- und Zeiterfahrung verstanden werden, wie er sie beispielhaft in seinem Aufsatz „... wie die Zeit vergeht ..." (1957) darlegt. So offenbaren sich ihm in der Skalierung Tonhöhe und -dauer als ein nur in der Wahrnehmung getrenntes Kontinuum; sie bilden eine zeitliche Wesenseinheit, die nur Kraft (poetisch-)auditiver Wahrnehmung als getrennte Parameter erscheinen. Die Arbeit mit Klang auf Tonband forciert also auch hier eine klangkonzeptionelle Unterscheidung zwischen akustischen und elektrischen Schwingungen einerseits sowie Klang als auditiv Wahrgenommenes andererseits.

Auch in den Tonstudios der populären Musik verändert Tonbandtechnologie nachhaltig Produktionsprozesse und Klangkonzepte. Hier trifft das Tonband auf die phonographisch (techno-logisch und diskursiv) gefestigte audioästhetische Maxime ‚treuer' Klangreproduktion und eine entsprechende Hörkultur der *fidelity* – das Abhören von Klangaufnahmen nach Übereinstimmung mit präsupponierten (vormedialen) Originalen. Wie anhand der aktivierten Verwendung von Tonbandtechnologie durch Les Paul Anfang der 1950er Jahre veranschaulicht werden konnte, verschiebt sich mit dem Tonband dieser *recording*-Imperativ weg von nach Transparenz strebenden Illusionen realistischer Konzerterfahrungen, dem sogenannten *concert hall realism*, hin zur Herstellung synthetischer Klangwelten, die nicht länger auf ein Musizieren in Echtzeit und auf realakustische Räume verweisen. So schichtet Les Paul z. B. für seine Hitsingle „How High the Moon" (1951) bis zu 24 Spuren (zwölf Gitarren- und zwölf Gesangsparts) mit seinem zwecks *sound on sound*-Verfahren manipulierten Tonbandgerät *Ampex 300* übereinander und verleiht so seinen Aufnahmen nicht nur einen ungemein dichten, sondern aufgrund der Kombination unterschiedlicher Klangquellen und Resonanzräume auch einen sphärischen und unwirklichen (fast unheimlichen) Sound, als wären sie dem akustischen Raum der Wirklichkeit enthoben. Aufgrund des immensen Erfolgs seiner Aufnahmen und seines *new sounds* lässt sich so bei Les Paul bereits in den 1950er Jahren, lange vor den Studiojahren der *Beatles*, eine Umkehrung der Imitationshierarchie zwischen Studioaufnahme und Live-Performance beobachten: Der Musiker imitiert auf der Bühne seine Aufnahmen und nicht umgekehrt, wobei er sich – auch aufgrund seines vergleichsweise konservativen ästhetischen Konzepts – darum bemüht, seine technische Tonbandbedingung zu verhüllen und (z. B. in Form des *Les Paulverizers*) zu mystifizieren.

Inspiriert von Pauls *sound on sound*-Verfahren, bei dem dieselbe Spur nacheinander immer wieder überspielt wird, entwickelt *Ampex* Mitte der 1950er Jahre einen Achtspurenrekorder (der *Ampex 5282*), der es möglich macht, bis zu acht auf einem Band nebeneinander befindliche Spuren simultan und unabhängig voneinander zu bespielen. Les Pauls Imaginarium dichter Klangschichtung sowie seine sequenzielle Produktionspraxis erfährt in diesem Sinne medientechnische Materialisierung. Selektiv-synchrones *multitrack recording* entwickelt sich in der Folge schnell zum flächendeckenden Produktionsstandard der Musikindustrie, die sich dadurch zunehmend der Herstellung idiosynkratischer, synthetischer Klangwelten widmet, statt (Live-)Konzerterfahrungen hyperrealistisch zu reproduzieren. Dabei bewirkt die Einführung von Mehrspurentechnik, wie Wolfgang Hagen anmerkt, vor allem eine Zerschlagung der „Zeitachsen der Musik" (2005, S. 352), durch die Studioproduktionen nicht mehr notwendigerweise in Echtzeit, sondern durch das *nachträgliche* Arrangieren zuvor angefertigter *takes* entstehen, womit das Vorgehen eher an den Film als an die bis dahin gängige Tonstudiopraxis erinnert. Befreit aus den raumzeitlichen Zwängen wird das phonographische Material somit durch Tonbandtechnik als nachträglich Formbares verfügbar, wodurch Produzent*innen als diejenigen, die das Werk zusammensetzen und Überblick und Macht über die finale Produktion ausüben, enorm an Bedeutung gewinnen.

Die tonbandtechnische Wende verursacht in den 1950er, 1960er Jahren damit umfassende Veränderungen der Produktions- und Rezeptionsästhetik und mündet in einem Verständnis des Tonstudios als „compositional tool" (Eno (1983) 2004). In Peirce'scher Terminologie wandelt sich die Produktionspraxis dahingehend, dass die indexikalische (Be-)Deutung einer Klangaufnahme – ihr Verweis auf eine ursprüngliches Musikereignis bzw. auf eine Klangursache – an Relevanz verliert und stattdessen Klang an sich, als etwas, das ikonisch primär auf sich selbst verweist, in den Vordergrund rückt. Les Pauls Aufnahmen und Performances nehmen in diesem Wandel eine moderierende Rolle ein, da er zwar einerseits dekontextualisierte, d. h. nicht-indexikalische, ‚reine' Klanglichkeit begehrt, andererseits aber (zumindest bei seinen Live-Auftritten) der Vorstellbarkeit eines singulären Raumes hinter den Aufnahmen verpflichtet bleibt. Bei Popmusik-Produzenten wie Sam Phillips, Joe Meek, Phil Spector, George Martin und Brian Wilson rücken derlei phonographisch-indexikalische Treueansprüche endgültig in den Hintergrund – ihre neuen, künstlichen Hörräume kennen keine realakustischen Äquivalente mehr. Ihr Klangverständnis ist das des Tonbandes, für sie sind Klänge referenzlose, freigestaltbare phonographische Texte.

Die veränderten Produktionspraktiken führen so nach Diederichsen auch zu einem neuen Konzept von Autorschaft, bei der das freigewordene phonographische Material zu idiosynkratischen Klängen bzw. Klangsignaturen gestaltet wird; v. a. zu von Diederichsen als „Klang-Flächen" (Diederichsen 2014, S. 123) bezeichneten unverwechselbaren ‚Färbungen' der gesamten Aufnahme. Archetypen dieser Tönungen sind erneut Les Paul sowie etwas später Phil Spector mit seiner *Wall of Sound*. So wird bei der Vermarktung von Les Pauls Werken von vornherein sein unnachahmlicher *new sound* in den Vordergrund des Hörbegehrens gestellt, der als eine Art magische Vervielfachung des Musikers inszeniert wird und, bedingt durch Pauls *sound on sound*-Schichtverfahren, ein ästhetisches Ideal der Klangmaximierung bzw. maximaler Klangdichte repräsentiert. Dieses Dichtheitsideal, diese Klangästhetik der ‚*fullness*' und ‚*fatness*', die aus der technischen Bedingung des Tonbandes bzw. des *multitrack recordings* erwächst, wird bei Phil Spectors *Wall of Sound* schließlich zum produktionsleitenden Prinzip. So versucht Spector bei seinen Aufnahmen durch unzählige *overdubs* und das Zusammenpferchen einer möglichst großen Anzahl an Musiker*innen in kleinen Aufnahmeräumen so viel Klang wie möglich auf den Spuren seiner Bandmaschinen unterzubringen. In ähnlicher Weise wie Richard Wagner im 19. Jahrhundert Klang über die Verdopplung von Instrumentengruppen sowie über die Versenkung des Orchesters in einen besonders tiefen Graben verdinglicht und ihn so als singuläre, formbare Masse verfügbar macht, verdinglichen Paul, Spector, Sam Phillips, George Martin, Brian Wilson u. v. m. mithilfe von Tonbandtechnik das phonographische Material, indem sie über *sound on sound*, *overdubbing* und *multitrack recording* die vor ihren Produktionen stehenden Einzelaufnahmen unsichtbar machen und u. a. durch Klangdichtemaximierung „Illusionen der absoluten Wirklichkeit des Unwirklichen" (Adorno 1952, S. 113) schaffen.

Einen besonderen Fall dieser phantasmagorischen Klangarbeit stellen die vielschichtigen, experimentellen Pop-Produktionen Joe Meeks Ende der 1950er, Anfang der 1960er Jahre dar, der häufig als britisches Pendant zu Phil Spector betrachtet wird. Sein in Gänze erst *post mortum* veröffentlichtes Album *I Hear a New World* ((1960) 2019) ist nicht nur ein hervorragendes Beispiel diverser kreativer Tonbandtechniken zur Klangbearbeitung und -verfremdung in der populären Musikproduktion, sondern lässt sich auch als eine sonische Reflexion des neuen Zugriffs auf das Phonographische durch Tonbandtechnologie interpretieren, in dem sich für Meek eine ‚neue (Klang-)Welt' ankündigt, die ihn heimzusuchen scheint. Besonders deutlich wird das tonbandreflexive Moment des Albums in dem Stück „Magnetic Field", das in Meeks auditiver Weltraumphantasie einen Bereich des Mondes darstellen soll, auf dem Objekte über der Oberfläche schweben und durch ein Magnetfeld zeitweise synchronisiert werden. Die für diese Tonbandhommage verwendeten invertierten Tonbandschleifen recycelt Meek schließlich zwei Jahre später als Rahmung seines Welthits *Telstar* (1962), das als Vorbote der darauffolgenden *British Invasion* gilt.

Insgesamt lässt sich für die populäre Musikproduktion damit feststellen, dass Tonbandtechnologie ein Moment der Nachträglichkeit in die Musikproduktion einführt, die eine Zerschlagung der Zeitachsen der Musik ermöglicht. Dies verändert umfassend den Umgang bzw. den Zugriff auf Klang, da in der nachträglichen Bearbeitbarkeit das phonographische Material als Formbares verfügbar wird, wodurch Produzent*innen als neue ‚Autor*innen' in den Vordergrund treten. Dabei verschiebt sich ein bis dahin wirkungsmächtiger phonographischer Imperativ der (wahrheitsge-)treuen Klangreproduktion in Richtung einer Her(vor)stellung idiosynkratischer Klangsignaturen, die primär auf sich selbst oder aufeinander und nicht mehr auf Musikereignisse vor der Aufnahme verweisen. Zudem führt die Einführung von Tonbandtechnologie zu einem audioästhetischen Ideal maximaler Klangdichte.

Ist das nun das Ende der ewigen Klangdiskursherrschaft des Phonographen? „Zu End' [sein] ewiges Wissen!" (Wagner (1876) 1981, S. 60)? – in Brand gesteckt vom eigenen Abkömmling und vernichtet in überbordenden Tonbandfluten, wie das *Open Reel Ensemble* zu Beginn dieser Arbeit? Nein, so einfach ist es nicht. Ebenso wenig wie Richard Wagners Götterdämmerung notwendigerweise ein erlösendes, eindeutiges Ende der alten (bürgerlichen) Welt bedeutet (vgl. Adorno 1952, S. 189), ist auch die Hervorhebung der medienkulturellen Bedeutungen des Tonbandes nicht mit einem einfachen Ende des Phonographen zu verwechseln. Vielmehr wurde versucht, mit dieser Intervention das phonographische Regime Schicht um Schicht zu demontieren und zurechtzurücken, d. h. vor allem seinen Universalitätsanspruch infrage zu stellen und vorsichtig an solchen Stellen abzutragen, die nur dem Anschein nach in seinem Sach- und Machtbereich liegen.

Die Phonographie, verstanden als Schallaufzeichnung und -wiedergabe, nimmt so nach wie vor eine zentrale Rolle für die auditive Kultur des 20. und 21. Jahrhunderts ein. Sie speichert Klänge jenseits symbolischer Repräsentation und erschließt dadurch der Musik bzw. der Komposition einen neuen Materialbereich, der vielfache ästhetische Umwälzungen und die Geburtsstunde der populären Musik markiert (vgl. Großmann 2008a). Das Tonband tritt dementgegen erst an zweiter Stelle auf; es ist gegenüber dem Phonographen sekundär. Doch gerade in dieser Sekundarität scheint sich sein Wesen zu zeigen, seine eigentliche Entfaltung und kulturelle Bedeutung. Der Status des Tonbandes als ein Zweites und vor allem die Vorteile und Produktivität dieses Zweiseins drängen sich an zahlreichen Stellen der vorliegenden Arbeit auf: Ob als zweite Technologie der *Musique Concrète*, durch die Schaeffer seine epistemisch festgefahrenen geschlossenen Rillen (*sillon fermé*) überwinden und sein durch Phonographie ‚entdecktes' Material erst adäquat befragen kann, ob als Spurenträger zweiter Ordnung im Experimentalsystem Werner Meyer-Epplers, durch den elektrische Schwingungen (die primären Spuren der Elektronischen Musik) gespeichert, mobilisiert und präpariert werden können, oder als Bedingung sequenzieller (also nachträglicher) Produktionspraktiken in den Tonstudios der Musikindustrie, die Produzent*innen, Toningenieur*innen und Musiker*innen dazu befähigen, sonische Illusionsrealitäten statt Realitätsillusionen zu schaffen.

Als genuin Zweites macht das Tonband das Phonographische als Gestaltbares greif- und konzipierbar. Das Arbeiten und Forschen mit Tonband kann daher am ehesten auch als eine „Praktik[] des Sekundären" (Fehrmann et al. 2004) verstanden werden, also als ein Verfahren, das „gezielt auf den Status des Vorgefundenen, des Nicht-Authentischen oder des Abgeleiteten [...] [seines] Gegenstands bzw.

Materials" (ebd., S. 7) setzt. Die Frage nach Kopie oder Original stellt sich beim Tonband nicht mehr mit derselben Vehemenz wie noch beim Phonographen. Es fragt nicht mehr wie der Phonograph unentwegt nach ersten Dingen und nach Eigentlichkeit, sondern nach Dynamiken des Arrangements und der De- und Rekontextualisierung. Während phonographisches Denken in diesem Sinne also ein (vertikales) Denken der Einschreibung und ein Fragen nach Ursprüngen und Essenz darstellt, steht das Tonband für ein (horizontales) Denken der Aufschreibung, ein Verfügen und Verschieben des Phonographischen.

Damit fordert das Tonband auch mit dem Phonographen verbundenes bzw. aus ihm erwachsenes Wissen über Klang und Klangreproduktion heraus. Dies gilt sogar unabhängig von den von der phonographischen Einschreibung zu differenzierenden Aufschreibebedingungen der Magnetophonie, die, im Gegensatz zu den Einritzungen des Phonographen, Klang berührungslos durch Magnetisierung aufzeichnet. Das Tonband zweifelt auch in seinen praktischen, künstlerischen und klanganalytischen Anwendungen an phonographischen Konzepten, die Klang primär als Vibrationen bzw. Schwingungen außerhalb des wahrnehmenden Subjekts, als äußere Wahrheit der vibrierenden Welt begreifen. Wie u. a. die Klangexperimente von Pierre Schaeffer, Werner Meyer-Eppler und Karlheinz Stockhausen zeigen, konfrontiert etwa die Skalierungen von Klangaufzeichnungen mithilfe von Tonbandtechnologie das abhörende Subjekt mit den eigenen auditiven Wahrnehmungsbedingungen, die aktiv Einfluss nehmen auf das gehörte Phänomen. Die Klangarbeit mit Tonband offenbart dadurch Inkongruenzen zwischen der (vermeintlich) neutralen Schallwelt und der verzerrenden Hörwahrnehmung, was psychoakustische Konzepte von Klang fördert, bei denen Klang nicht als außenliegender Schall, sondern als Gehörtes verstanden wird.[143] Andererseits kann Klang mit dem Tonband statt mit dem Phonographen zu begreifen aber auch bedeuten, Klang sowohl unabhängig von Schall (Schwingungen in der Luft oder im Wasser) als auch unabhängig von Wahrnehmung zu verstehen, nämlich als Poetik und Tempor(e)alitäten elektronischer Medien, wie das Experimentalsystem Werner Meyer-Epplers und Wolfgang Ernsts Sonik zeigen.

Mit dem Tonband zu philosophieren heißt damit weniger, ein singuläres Klangkonzept des Tonbandes aufzustellen, sondern viel mehr, vom Phonographen bzw. vom Phonographen-Diskurs geprägte Klangbestimmungen (und -ontologisierungen) mit Gegenerzählungen des Tonbandes bzw. der Tonbandnutzung herauszufordern. Eine solche Perspektive zur Dekonstruktion des phonographischen Regimes ließe

---

[143] In kulturwissenschaftlicher Eskalation, die Klangwahrnehmung als kulturell (co-)determiniert begreift, resoniert dieses Klangverständnis auch mit Peter Wickes Konzept des Sonischen als „kulturalisierter Schall" (2008, S. 3).

sich mit Sicherheit auch produktiv auf andere Klangspeicher-, -übertragungs- und -prozessierungsmedien übertragen und wird mit diesem Ausblick dezidiert gefordert. Was für einen Umgang mit Klang erlauben andere (diskursiv marginalisierte) Klangmedien, welches Klangwissen implizieren sie und inwiefern stehen sie damit im Widerspruch zu phonographischen Klangzugangsweisen und -konzepten? Welchen Zugriff auf und welches Verständnis von Klang (und Zeit) ermöglichen z. B. die Lochstreifen von Reproduktionsklavieren[144] oder die Lochkarten des ersten programmierbaren *RCA Mark II Sound Synthesizers* im *Columbia-Princeton Electronic Music Center*? Wie ‚verstehen' *Digital Audio Workstations* (DAWs) Klang und inwiefern werden hier Klangzugänge und Verständnisse des *multitrack recordings* imitiert und fortgeführt?

Ein solcher Ansatz lässt schließlich auch Anschlüsse an andere zeitgenössische Debatten der *Sound Studies* zu, z. B. in Diskussionen zur Bedeutung des Hörens und Hörbaren von Klang für die *Sound Studies* gegenüber eines gehörlosen sonischen Materialismus (vgl. u. a. Cox 2011 sowie Kane 2015), indem diese Klangdiskurse nach der Persistenz des phonographischen Regimes bzw. die formulierten Klangverständnisse nach zugrundeliegenden technischen Zugängen befragt werden. So ließe sich die zuletzt von Maren Haffke geäußerte Kritik an Friedrich Kittlers Musikideal eines „Ertrinkens[s] im Klang" (2019, S. 5) bzw. einer Vereinigung mit dem „musikalische[n] Rauschen" (ebd.) der Natur[145] auch vor dem Hintergrund eines damit einhergehenden Phonographozentrismus reflektieren. Dass Kittler der besonderen Materialität des Tonbandes weniger Beachtung schenkt und es primär als Fortführung der Phonographie begreift, scheint so u. a. der Stabilisierung eines übergreifenden Klangnarrativs des Rauschens im Realen zu dienen, durch das auch die hochartifiziellen Tonbandproduktionen *Pink Floyds* denselben phongraphischen ‚Wahrheitscharakter' erhalten wie Rilkes Ur-Geräusch (vgl. Kittler 1986, S. 69 ff.).

Gleichzeitig lädt ein Denken mit dem Tonband auch dazu ein, tradierte Analog-/Digitalklassifizierung infrage zu stellen. Als Technologie, die sowohl durchgehende Signale als auch binäre Informationen speichern kann, sitzt das Tonband unbequem zwischen Verständnissen des Analogen als ungeteilt Kontinuierliches und des Digitalen als geteilt Diskretes. Dies hat auch die Analyse des *Tonschreiber b* im Studio für Elektronische Musik bzw. des *Tempophons* gezeigt, welchen, wie oben dargelegt, bereits ein digitales Verständnis des Tonbandes eingeschrieben ist.

---

144 Dieser Frage geht Steffen Just im DFG-Sachbeihilfeprojekt „Synkopierung und Volumen. Sondierungen einer sonischen Moderne, 1890–1945" derzeit nach (vgl. Papenburg 2021).
145 Haffke kritisiert hierbei vor allem, dass Kittler Frauenstimmen sowie schwarze Musik als nicht-kulturelles Rauschen versteht und damit vergeschlechtlichende und rassifizierende Dynamiken bedient (vgl. Haffke 2022).

Entsprechende (zum Scheitern verurteilte) Klassifizierungsversuche des Tonbandes bringen dabei vor allem die Diskursivität hinter Analog-/Digitaldifferenzen zum Vorschein, welche, obwohl der Analog/Digital-Diskurs bereits Anfang der 2000er Jahre in diesem Sinne geführt wurde (vgl. Schröter 2004), nach wie vor in Analysen digitaler (Klang-)Kulturen Verwendung finden (vgl. z. B. Kassabian 2016).[146] Mit dem Tonband Klangdiskurse gegen den Strich zu lesen, kann damit also auch bedeuten, digitale Mytheme zu entlarven. Zukünftige Forschung wird damit dazu aufgerufen, sich mit dem Tonband auch der Diskursmaschine Digitalität zu stellen und Verstellungen zurechtzurücken. Dies betrifft insbesondere Beschreibungen von *Sampling* und *Mashups* als nur vermeintlich genuin digitale Kulturtechniken.

Darüber hinaus erscheint es gewinnbringend, das digitale Nachleben bzw. Fortwirken von Tonbandtechnologie in Audiosoftware, z. B. in *Digital Audio Workstations* (DAWs) zu untersuchen. Welche durch das Tonband geprägten Zugangsweisen zu und Vorstellungen von Klang werden im Digitalen simuliert und welche neuen Bearbeitungstechniken geschaffen? Welche ästhetischen Eigenschaften des Tonbandes werden durch sogenannte *Tape Emulation Plugins* nachgeahmt? Ein letztes großes Desiderat ergibt schließlich die Verwendung von Tonbändern in zeitgenössischer Kunst und Musik. Warum arbeiten Musiker*innen wie *Hainbach*, *AMULETS* oder das *Open Reel Ensemble* mit Tonband zu einer Zeit seiner technischen Obsoleszenz? Handelt es sich um analog-nostalgische Färbungen (vgl. Schrey 2016), ähnlich William Basinskis *Disintegration Loops* (2002), oder um künstlerisch-medienarchäologische Materialitätsreflexionen sogenannter „Zombie-Medien" (vgl. Hertz und Parikka 2012)?

Eines ist sicher: Auch wenn sie nicht mehr in Rundfunk- und Tonstudios, Staatsarchiven und in Geheimdienst- und Sicherheitszentralen unentwegt unsere Lage bestimmen, verdienen Tonbänder auch in Zukunft der Beschreibung. Als essentieller Bestandteil unserer auditiven Medienkulturgeschichte, als technoästhetische Grundlage populärer Musik oder als Alternative und Herausforderung eines phonographischen Diskursregimes. Tape matters, auch und gerade im Zeitalter seiner Dematerialisierung.

---

[146] In ihrem Beitrag beschreibt Kassabian eine Vielzahl vermeintlich genuin digitaler Kultur- bzw. Hörtechniken, die eigentlich Tonband-Hörpraktiken darstellen.

Stop. Rewind?

Quellenverzeichnis

Literatur und Internetquellen

Adorno, Theodor W. (1949/75) 2021. *Philosophie der neuen Musik*. Gesammelte Schriften, Bd. 12. Berlin: Suhrkamp.
Adorno, Theodor W. 1952. *Versuch über Wagner*. Frankfurt am Main: Suhrkamp.
Adorno, Theodor W. (1973) 2019. *Ästhetische Theorie*. Hrsg. von Gretel Adorno und Rolf Tiedemann. Berlin: Suhrkamp.
Adorno, Theodor W. (2006) 2009. Current of Music: Elements of a Radio Theory. Hrsg. von Robert Hullot-Kentner. Cambridge: Polity.
AG Auditive Kulturen und Sound Studies der Gesellschaft für Medienwissenschaft. o. J. *Auditive Medienkulturen*. https://www.auditive-medienkulturen.de/. Zugegriffen am 05. Juni 2023.
Alt, Max. o. J. Slapback Echo. *Sound Design in digitalen Umwelten*. Universität Bonn. https://www.sound design.uni-bonn.de/sound-design/delay/slapback-echo. Zugegriffen am 19. April 2023.
Angliss, Sarah. 2016. Introduction. In *An Individual Note of Music, Sound and Electronics*, von Daphne Oram, 5–13. London: Anomie Academic.
Armitage, John und Friedrich A. Kittler. 2006. From Discourse Networks to Cultural Mathematics: An Interview with Friedrich A. Kittler. *Theory, Culture & Society* 23 (7–8): 17–38. https://doi.org/10.1177/0263276406069880.
Auner, Joseph. 2017. Reich on Tape: The Performance of Violin Phase. *Twentieth-Century Music* 14 (1): 77–92. https://doi.org/10.1017/S147857221700007X.
Bachelard, Gaston. (1934) 1988. *Der neue wissenschaftliche Geist*. Übersetzt von Michael Bischoff. Frankfurt am Main: Suhrkamp.
Bachelard, Gaston. 1949. Der Begriff der „Problematik". In *Gaston Bachelard. Epistemologie. Ausgewählte Texte*, hrsg. von Dominique Lecourt, übersetzt von Henriette Beese, 140–141. Frankfurt am Main: Ullstein.
Barry, Eric D. 2010. High-Fidelity Sound as Spectacle and Sublime, 1950–1961. In *Sound in the Age of Mechanical Reproduction*, hrsg. von David Suisman und Susan Strasser, 115–138. Philadelphia: University of Pennsylvania Press.
Barthes, Roland. (1957) 2020. *Mythen des Alltags*, übersetzt von Horst Brühmann. Berlin: Suhrkamp, 2020.
Barthes, Roland. (1967) 2005. Der Tod des Autors. In *Das Rauschen der Sprache*, übersetzt von Dieter Hornig, 57–63. Frankfurt am Main: Suhrkamp.
Barthes, Roland. (1977) 1990. Die Rauheit der Stimme. In *Der entgegenkommende und der stumpfe Sinn*, übersetzt von Dieter Hornig, 269–285. Frankfurt am Main: Suhrkamp.
Battier, Marc. 2007. What the GRM Brought to Music: From Musique Concrète to Acousmatic Music. *Organised Sound* 12 (3): 189–202.
Baumgärtel, Tilman. 2015. *Schleifen: zur Geschichte und Ästhetik des Loops*. Berlin: Kulturverlag Kadmos.
Bayreuther, Rainer. 2019. *Was sind Sounds? Eine Ontologie des Klangs*. Bielefeld: transcript.
Beckett, Samuel. (1958) 1959. *Krapp's Last Tape*. London: Faber and Faber.
Beller, Hans. 2009. Filmediting / Filmmontage / Filmschnitt – Berufsbild: Cutter / Schnittmeister. In *Handbuch der Filmmontage: Praxis und Prinzipien des Filmschnitts*, hrsg. von Hans Beller, 78–84. Konstanz: UVK.

Benjamin, Walter. (1936) 2003. *Das Kunstwerk im Zeitalter seiner technischen Reproduzierbarkeit.* Frankfurt am Main: Suhrkamp.

Bense, Arne, Martin Gieseking und Bernhard Müßgens. Hrsg. 2015. *Musik im Spektrum technologischer Entwicklungen und Neuer Medien. Festschrift für Bernd Enders.* Osnabrück: Electronic Publishing Osnabrück.

Bernstein, David W. 2008. The San Francisco Tape Music Center: Emerging Art Forms and the American Counterculture, 1961-1966. In *The San Francisco Tape Music Center: 1960s Counterculture and the Avant-Garde*, hrsg. von David W. Bernstein, 5-41. Berkeley, Los Angeles und London: University of California Press.

Beyer, Robert. 1928. Das Problem der „kommenden Musik". *Die Musik* 20 (12): 861-865.

Bies, Michael. 2014. 1962. Claude Lévi-Strauss und das wilde Basteln. In *Improvisation und Invention. Momente, Modelle, Medien*, hrsg. von Sandro Zanetti, 205-215. Zürich und Berlin: diaphanes.

Bijsterveld, Karin. 2004. „What do I do with my tape recorder ... ?": Sound hunting and the sounds of everyday Dutch life in the 1950s and 1960s. *Historical Journal of Film, Radio and Television* 24 (4): 613-634. https://doi.org/10.1080/0143968042000293892.

Bijsterveld, Karin. 2008. *Mechanical Sound: Technology, Culture, and Public Problems of Noise in the Twentieth Century.* Cambridge und London: The MIT Press.

Bijsterveld, Karin und Annelies Jacobs. 2009. Storing Sound Souvenirs: The Multi-Sited Domestication of the Tape Recorder. In *Sound Souvenirs. Audio Technologies, Memory and Cultural Practices*, hrsg. von Karin Bijsterveld und José van Dijck, 25-42. Amsterdam: Amsterdam University Press.

Blouch, Donald H. und Walter L. Anderson. 1963. Correlation Studies Relating Magnetic Measurements to Audio Frequency Performance of Magnetic Tape. *Journal of the Audio Engineering Society* 11 (2): 123-129.

Blumröder, Christoph von. 1993 Karlheinz Stockhausen – 40 Jahre Elektronische Musik. *Archiv für Musikwissenschaft* 50 (4): 309-323.

Blumröder, Christoph von. 1995. Serielle Musik. In *Handwörterbuch der musikalischen Terminologie. Sonderband 1. Terminologie der Musik im 20. Jahrhundert*, hrsg. von Hans Heinrich Eggebrecht, 396-411. Stuttgart: Franz Steiner Verlag.

Beadle, Jeremy J. 1993. *Will Pop Eat Itself?* London und Boston: Faber and Faber.

Bode, Harald. 1954. Das Melochord des Studios für elektronische Musik im Funkhaus Köln. *Technische Hausmitteilungen des Nordwestdeutschen Rundfunks* 6: 27-29.

Bohlman, Andrea F. und Peter McMurray. 2017. Tape: Or, Rewinding the Phonographic Regime. *Twentieth-Century Music* 14 (1): 3-24.

Bonz, Jochen. Hrsg. 2001. *Sound Signatures. Pop-Splitter.* Frankfurt am Main: Suhrkamp.

Boulez, Pierre. 1952. Schoenberg is Dead. *The Score* 6: 18-22.

Bowie, David. 2003. Confessions of a Vinyl Junkie. *Vanity Fair* 20 (11): 292-306.

Brady, Erika. 1999. *A Spiral Way: How the Phonograph Changed Ethnography.* Jackson: University Press of Mississippi.

Brautschek, Tomy. 2023. *Studio Culture: Raum- und Klangordnungen des Tonstudios.* Düsseldorf: düsseldorf university press.

Brend, Mark. 2012. *The Sound of Tomorrow. How Electronic Music Was Smuggled into the Mainstream.* New York, London und Dublin: Bloomsbury.

Brodersen, Kai. 2019. *Aristoteles / Apuleius. Über die Welt.* Griechisch-lateinisch-deutsch. Berlin, Boston u. a.: De Gruyter.

Brøvig-Hanssen, Ragnhild. 2013. The Magnetic Tape Recorder. Recording Aesthetics in the New Era of Schizophonia. In *Material Culture and Electronic Sound*, hrsg. von Frode Weium und Tim Boon, 131-157. Washington und Lanham: Smithsonian Institution Scholarly Press und Rowman & Littlefield.

Brøvig-Hanssen, Ragnhild und Anne Danielsen. 2016. *Digital Signatures. The Impact of Digitization on Popular Music Sound*. Cambridge und London: The MIT Press.

Bull, Michael. 2013. General Introduction. In *Sound Studies. Critical Concepts in Media and Cultural Studies*, hrsg. von Michael Bull, 1–22. London und New York: Routledge.

Bull, Michael und Les Back. Hrsg. 2006. *The Auditory Culture Reader*. Oxford: Berg.

Buck, David. 2018. The Bagdasarian Effect. How One Man's Discovery of a Clever Sound Effect Gave Us Alvin and the Chipmunks, One of the Most Enduring Novelty Musical Acts of All Time. *Tedium*, 18. Dezember 2018. https://tedium.co/2018/12/13/alvin-and-the-chipmunks-history/. Zugegriffen am 03. Mai 2023.

Bürger, Peter. 1974 *Theorie der Avantgarde*. Frankfurt am Main: Suhrkamp.

Burgess, Richard James. 2014. *The History of Music Production*. Oxford, New York u. a.: Oxford University Press.

Burkhart, Benjamin. 2021. VEB Messgerätewerk Zwönitz – BG 20-5 (1960). Tonbandgeräte aus volkseigener Produktion. In *Audiowelten. Technologie und Medien in der populären Musik nach 1945 22 Objektstudien*, hrsg. von Benjamin Burkhart, Laura Niebling, Alan van Keeken, Christofer Jost und Martin Pfleiderer, 407–428. Münster: Waxmann.

Burroughs, William S. (1970) 2001. *Die elektronische Revolution / The Electronic Revolution*. Übersetzt von Carl Weissner. Bonn: Expanded Media Editions.

Buskin, Richard. 2007. Classic Tracks: Les Paul & Mary Ford ,How High The Moon'. *Sound on Sound*, Januar 2007. https://www.soundonsound.com/techniques/classic-tracks-les-paul-mary-ford-how-high-moon. Zugegriffen am 20. März 2023.

Cage, John. 1959. Unbestimmtheit. *die Reihe* 5: 85–121.

Campbell, Iain. 2020. „Things Begin to Speak by Themselves": Pierre Schaeffer's Myth of the Seashell and the Epistemology of Sound. *Sound Studies* 7 (1): 100–118.

Carlos, Wendy. 2008. Vintage Technologies: The Eltro and the Voice of HAL. *Wendy Carlos*. http://www.wendycarlos.com/other/Eltro-1967/index.html. Zugegriffen am 23. März 2023.

Carrier, Martin. 1997. Die Dynamik des Experiments: Neuer Experimentalismus und Theoriewandel. In *Cognitio humana – Dynamik des Wissens und der Werte*, hrsg. von Christoph Hubig, 411–421. Berlin: Akademie Verlag.

Chadabe, Joel. 1997. *Electric Sound. The Past and Promise of Electronic Music*. Upper Saddle River: Prentice Hall.

Chafe, Eric. 2005. *The Tragic and the Ecstatic: The Musical Revolution of Wagner's Tristan and Isolde*. Oxford, New York u. a.: Oxford University Press.

Chavez, Carlos. 1937. *Toward a New Music. Music and Electricity*. Übersetzt von Herbert Weinstock. New York: W. W. Norton and Company, Inc.

Chinn, Howard A. 1947. Magnetic Tape Recorders in Broadcasting. *Audio Engineering* 1 (1): 7–10; 48–49.

Chion, Michel. 1980 *Pierre Henry*. Paris: Fayard/Fondadtion SACEM.

Chion, Michel. (1983) 2009. *Guide des objets sonores. Pierre Schaeffer et la recherche musicale [Guide to Sound Objects. Pierre Schaeffer and Musical Research]*. Übersetzt von John Dack und Christine North. Paris: Buchet/Chastel; Bry-sur-Marne: Institut National de l'Audiovisuel.

Chion, Michel. (1990) 2012. *Audio-Vision*. Hrsg. von Jörg Udo Lensing. Übersetzt von Alexandra Fuchs und Jörg Udo Lensing in Zusammenarbeit mit Michel Chion. Berlin: Schiele & Schön.

Clarke, Michael Tavel und David Wittenberg. Hrsg. 2017. *Scale in Literature and Culture*. Cham: Palgrave Macmillan.

Cleveland, Barry. 2015. *Joe Meek's Bold Techniques*. eBook. Nashville: ElevenEleven Publishing.

Connor, Steven. 2014. *Beckett, Modernism and the Material Imagination.* Cambridge, New York u. a.: Cambridge University Press.
Cornell, Bryan. 2015. Is It Live or Is It Edison? *Now See Hear* (Blog), 21. Mai 2015. https://blogs.loc.gov/now-see-hear/2015/05/is-it-live-or-is-it-edison/. Zugegriffen am 27. März 2023.
Costello, Sean. 2010. Pitch Shifters, Pre-Digital. *Valhalla DSP* (Blog), 5. April 2010. https://valhalladsp.com/2010/05/04/pitch-shifters-pre-digital/. Zugegriffen am 27. März 2023.
Cox, Christopher. 2011. Beyond Representation and Signification: Toward a Sonic Materialism. *Journal of Visual Culture* 10 (2): 145–161.
Cox, Christoph und Daniel Warner. Hrsg. 2004. *Audio Culture. Readings in Modern Music.* New York: Continuum.
Cummings, Alex Sayf. 2013. *Democracy of Sound. Music Piracy and the Remaking of American Copyright in the Twentieth Century.* Oxford, New York u. a.: Oxford University Press.
Cunningham, Mark. 1998. *Good Vibrations. A History of Record Production.* London: Sanctuary.
Dack, John. 1994. Pierre Schaeffer and the Significance of Radiophonic Art. *Contemporary Music Review* 10 (2): 3–11. https://doi.org/10.1080/07494469400640251.
Dack, John. 2019. Pierre Schaeffer and the (Recorded) Sound Source. In *Sound Objects*, hrsg. von James A. Steintrager und Rey Chow, 33–52. Durham und London: Durham University Press.
Daniel, Eric D., C. Denis Mee und Mark H. Clark. Hrsg. 1999. *Magnetic Recording. The First 100 Years.* New York: IEEE Press.
Daniels, Dieter. o. J. John Cage: „Williams Mix". Medien Kunst Netz. http://www.medienkunstnetz.de/werke/williams-mix/#reiter. Zugegriffen am 15. März 2023.
Davis, Jenny L. und James B. Chouinard. 2016. Theorizing Affordances: From Request to Refuse. *Bulletin of Science, Technology & Society* 36 (4): 241–248. https://doi.org/10.1177/0270467617714944.
Decroupet, Pascal. 2002. Komponieren im analogen Studio eine – eine historisch-systematische Betrachtung. In *Elektroakustische Musik*, hrsg. von Elena Ungeheuer, 36–66. Handbuch der Musik im 20. Jahrhundert, Bd. 5. Laaber: Laaber-Verlag.
Decroupet, Pascal und Elena Ungeheuer. 1994. Karel Goeyvaerts und die serielle Tonbandmusik. *Revue belge de Musicologie / Belgisch Tijdschrift voor Muziekwetenschap* 48: 95–118.
Delaere, Mark. 2019. Eine angewandte serielle und elektronische Musik? Stockhausen, Goeyvaerts und die musikalische Liturgiereform um 1955. *Archiv für Musikwissenschaft* 76 (2): 135–162.
Demers, Joanna. 2017. Cassette Tape Revival as Creative Anachronism. *Twentieth-Century Music* 14 (1): 109–117. https://doi.org/10.1017/S1478572217000093.
Derrida, Jacques. 1983. *Grammatologie.* Übersetzt von Hans-Jörg Rheinberger und Hanns Zischler. Frankfurt am Main: Suhrkamp.
Detel, Wolfgang, Matthias Schramm, Wolfgang Breidert, Tilman Borsche, Rainer Piepmeier, Tilman Borsche, Rainer Piepmeier und Peter Hucklenbroich. 1980. Materie. In *Historisches Wörterbuch der Philosophie*, hrsg. von Joachim Ritter und Karlfried Gründer. Basel: Schwabe Verlag.
Diederichsen, Diedrich. 2008. Drei Typen von Klangzeichen. In *Sound Studies. Traditionen – Methoden – Desiderate*, hrsg. von Holger Schulze, 109–123. Bielefeld: transcript.
Diederichsen, Diedrich. 2014. *Über Pop-Musik.* Köln: Kiepenheuer & Witsch.
Dingler, Hugo. 1928. *Das Experiment: Sein Wesen und seine Geschichte.* München: Ernst Reinhardt Verlag.
Döblin, Alfred. 1929. *Berlin Alexanderplatz. Die Geschichte vom Franz Biberkopf.* Berlin: S. Fischer.
Doflein, Erich. 1955. Gewinne und Verluste in Neuer Musik und Musikerziehung. In *Vorträge und Programme der VIII. Arbeitstagung des Instituts für neue Musik und Musikerziehung in Linda 1955*, 5–33. Hagnau: INMM.

Dreckmann, Kathrin. 2014. „Abhören und Strafen": Die Geburt der akustischen Überwachung aus dem Geiste der Phonographie. In *Resonanzräume. Medienkulturen des Akustischen*, hrsg. von Dirk Matejovski, 137–166. Düsseldorf: düsseldorf university press.
Dreckmann, Kathrin. 2017. *Speichern und Übertragen: Mediale Ordnungen des akustischen Diskurses 1900–1945*. Paderborn: Wilhelm Fink Verlag.
Drenner, Don V.R. 1947. The Magnetophon. *Audio Engineering* 31 (9): 7–11.
Edison, Thomas Alva. 1877. Improvement in Phonograph or Speaking Machine. United States Patent Office 200,521, eingereicht am 24. Dezember 1877 und veröffentlicht am 19. Februar 1878.
Eimert, Herbert. 1953. Was ist elektronische Musik? *Melos* 20 (1): 1–5.
Eimert, Herbert. 1954a. Der Sinus-Ton. *Melos* 21 (6): 168–172.
Eimert, Herbert. 1954b. Elektronische Musik. In *Die Musik in Geschichte und Gegenwart. Allgemeine Enzyklopädie der Musik*. Bd. 3. Daquin – Fechner, hrsg. von Friedrich Blume, 1263–1268. Kassel und Basel: Bärenreiter.
Eimert, Herbert. 1954c. Zur musikalischen Situation. *Technische Hausmitteilungen des Nordwestdeutschen Rundfunks* 6: 42–46.
Eimert, Herbert. 1955. Die sieben Stücke. *die Reihe* 1: 8–13.
Eimert, Herbert. Hrsg. 1957a. *die Reihe*. Bd. 3. Musikalisches Handwerk. Wien: Universal Edition.
Eimert, Herbert. 1957b. Von der Entscheidungsfreiheit des Komponisten. *die Reihe* 3: 5–12.
Eimert, Herbert. 1959. Probleme der elektronischen Musik. In *Prisma der gegenwärtigen Musik. Tendenzen und Probleme des zeitgenössischen Schaffens*, hrsg. von Joachim Berendt und Jürgen Uhde, 145–161. Hamburg: Furche-Verlag.
Eimert, Herbert. 1962. Werner Meyer-Eppler. *die Reihe* 8: 5–6.
Eimert, Herbert. 1972. So begann die elektronische Musik. *Melos* 39 (1): 42–44.
Eimert, Herbert und Karlheinz Stockhausen. 1955. Vorwort. *die Reihe* 1: 7.
Eisenstein, Sergej M. (1926) 1973. Bela vergißt die Schere. In *Schriften*. Bd 2, Panzerkreuzer Potemkin, hrsg. von Hans-Joachim Schlegel. München: Hanser, 134–141.
Eltro GmbH und Anton Marian Springer. 1962. Anstellungsvertrag zum Leiter der Abteilung Informationswandlung. Heidelberg, den 30. Juni 1962. https://soundandscience.net/texts/anstellungsvertrag-anton-marian-springers-bei-eltro-gmbh/. Zugegriffen am 07. März 2024.
Emons, Hans. 2009. *Montage – Collage – Musik*. Berlin: Frank & Timme.
Engel, Friedrich, Gerhard Kuper, Frank Bell und Wulf Münzner. 2013. *Zeitschichten: Magnetbandtechnik als Kulturträger, Erfinder-Biographien und Erfindungen. Chronologie der Magnetbandtechnik und ihr Einsatz in der Hörfunk-, Fernseh-, Musik-, Film- und Videoproduktion*. Potsdam: Polzer.
Engell, Lorenz. 2014. Medientheorie der Medien selbst. In *Handbuch Medienwissenschaft*, hrsg. von Jens Schröter, 207–213. Stuttgart und Weimar: J. B. Metzler.
Enkel, Fritz. 1954. Die technischen Einrichtungen des „Studios für elektronische Musik". *Technische Hausmitteilungen des Nordwestdeutschen Rundfunks* 6: 8–15.
Enkel, Fritz und Heinz Schütz. 1954. Zur Technik des Magnettonbandes. *Technische Hausmitteilungen des Nordwestdeutschen Rundfunks* 6: 16–18.
Eno, Brian. (1983) 2004. The Studio as Compositional Tool. In *Audio Culture: Readings in Modern Music*, hrsg. von Christoph Cox und Daniel Warner, 127–130. London: A&C Black.
Ernst, Wolfgang. 2008. Zum Begriff des Sonischen (mit medienarchäologischen Ohren erhört/vernommen. *Popscriptum* 10: 1–18. http://dx.doi.org/10.18452/20293.
Ernst, Wolfgang. 2012. *Gleichursprünglichkeit. Zeitwesen und Zeitgegebenheiten technischer Medien*. Berlin: Kulturverlag Kadmos.
Ernst, Wolfgang. 2013a. *Digital Memory and the Archive*. Hrsg. von Jussi Parikka. Minneapolis: University of Minnesota Press.

Ernst, Wolfgang. 2013b. *Signale aus der Vergangenheit. Eine kleine Geschichtskritik.* München: Wilhelm Fink Verlag.
Ernst, Wolfgang. 2014. Epistemologie des Sonischen und Medienarchäologie des Akustischen. In *Resonanzräume. Medienkulturen des Akustischen,* hrsg. von Dirk Matejovski, 87–106. Düsseldorf: düsseldorf university press.
Ernst, Wolfgang. 2015. *Im Medium erklingt die Zeit. Technologische Tempor(e)alitäten und das Sonische als ihre privilegierte Erkenntnisform.* Berlin: Kulturverlag Kadmos.
Ernst, Wolfgang. 2016. *Sonic Time Machines. Explicit Sound, Sirenic Voices, and Implicit Sonicity.* Amsterdam: Amsterdam University Press.
Erwin, Max. 2020. *Herbert Eimert and the Darmstadt School.* Cambridge, New York u. a.: Cambridge University Press.
Essl, Karlheinz. 1996. Strukturgeneratoren. Algorithmische Komposition in Echtzeit. *Beiträge zur Elektronischen Musik* 5: 1–69.
Fabbri, Franco. 2016. Concepts of Fidelity. In *Sound as Popular Culture. A Research Companion,* hrsg. von Jens Gerrit Papenburg und Holger Schulze, 251–259. Cambridge und London: The MIT Press.
Fahrer, Sigrid. 2009. *Cut-up. Eine literarische Medienguerilla.* Würzburg: Königshausen & Neumann.
Fehrmann, Gisela, Erika Linz, Eckard Schumacher und Brigitte Weingart. 2004. Originalkopie. Praktiken des Sekundären – Eine Einleitung. In *Originalkopie. Praktiken des Sekundären,* hrsg. von Gisela Fehrmann, Erika Linz, Eckard Schumacher und Brigitte Weingart, 7–17. Köln: DuMont.
Felt, Ulrike,Rayvon Fouché, A. Clark Miller und Laurel Smith-Doerr. 2017. Introduction to the Handbook of Science and Technology Studies. In *The Handbook of Science and Technology Studies,* hrsg. von Ulrike Felt, Rayvon Fouché, A. Clark Miller und Laurel Smith-Doerr. Cambridge und London: The MIT Press.
Feser, Kim. 2016. Material. In *Lexikon Neue Musik,* hrsg. von Jörn Peter Hickel und Christian Utz, 362–364. Kassel und Stuttgart: Bärenreiter und J. B. Metzler.
Föllmer, Golo. 2004. Le Corbusier; Iannis Xenakis; Edgard Varèse: Poème électronique: Philips Pavilion. *Medien Kunst Netz.* http://www.medienkunstnetz.de/werke/poeme-electronique/. Zugegriffen am 13. Mai 2023.
Fowler, Charles. 1951. As the Editor Sees It. *High-Fidelity* 1 (1): 8–9.
Frith, Simon. 1986. Art Versus Technology: The Strange Case of Popular Music. *Media, Culture & Society* 8 (3): 263–279. https://doi.org/10.1177/016344386008003002.
Fruth, Pia. 2018. *Record. Play. Stop. Die Ära der Kompaktkassette. Eine medienkulturelle Betrachtung.* Bielefeld: transcript.
Fulcher, Jane F. 2011. From „The Voice of the Maréchal" to Musique Concrète: Pierre Schaeffer and the Case for Cultural History. In *New Cultural History of Music,* hrsg. von Jane F. Fulcher, 381–402. Oxford, New York u. a.: Oxford University Press.
Galloway, Alexander R. 2014. *Laruelle. Against the Digital.* Minneapolis und London: University of Minnesota Press.
Gardner, James. 2013. Raindrops In The Sun. *These Hopeful Machines* (Podcast). Folge 2. 05. August 2013. https://www.rnz.co.nz/concert/programmes/hopefulmachines/audio/2565759/epi sode-2-raindrops-in-the-sun. Zugegriffen am 22. März 2023.
Gayou, Évelyne. 2007. The GRM: Landmarks on a Historic Route. *Organised Sound* 12 (3): 203–211. https://doi.org/10.1017/S1355771807001938.
Geertz, Clifford. 1973. *Dichte Beschreibung. Beiträge zum Verstehen kultureller Systeme.* Frankfurt am Main: Suhrkamp.

Geismar, Haidy, Daniel Miller, Susanne Küchler, Michael Rowlands und Michael Drazin. 2014. Material Culture Studies. In *Handbuch Materielle Kultur*, hrsg. von Stefanie Samida, Manfred K. H. Eggert und Hans Peter Hahn. Stuttgart: J. B. Metzler.

Gelatt, Roland. 1977. *The Fabulous Phonograph 1877 – 1977*. London: Cassell.

Gibson, James J. 1979. *The Ecological Approach to Visual Perception*. Boston: Houghton Mifflin.

Gilli, Lorenz und Jens Gerrit Papenburg. 2021. Sound & Musik: Jens Gerrit Papenburg über seine Vision von Sound Studies. *Auditive Medienkulturen*, 24. Juli 2021. https://www.auditive-medienkulturen.de/2021/07/24/sound-musik-jens-gerrit-papenburg-ueber-seine-vision-von-sound-studies/. Zugegriffen am 03. Juli 2023.

Goeyvaerts, Karel. 1955. Das elektronische Klangmaterial. *die Reihe* 1: 14–16.

Goeyvaerts, Karel. (1955) 2010. Zum Relativismus! Unveröffentlichtes Manuskript von 1955. In *Selbstlose Musik. Texte, Briefe, Gespräche*, von Karel Goeyvaerts, hrsg. von Mark Delaere, 156–157. Köln: Edition MusikTexte.

Goeyvaerts, Karel. (1988) 2010. Een zelfportret/Selbstporträt 1923–1988. In *Selbstlose Musik. Texte, Briefe, Gespräche*, von Karel Goeyvaerts, hrsg. von Mark Delaere, 20–135. Köln: Edition MusikTexte.

Goeyvaerts, Karel. 2010. *Selbstlose Musik. Texte, Briefe, Gespräche*. Hrsg. von Mark Delaere. Köln: Edition MusikTexte.

Goodman, Simon. 2010. *Sonic Warfare. Sound, Affect, and the Ecology of Fear*. Cambridge und London: The MIT Press.

Gotham Audio Corporation. 1966. Demonstration of New Eltro Mark II Information Rate Changer at AMA Exhibition Educational Technology. *Infotronic Systems Inc. News Release*, 9.–11. August 1966. https://archive.org/details/TNM_News_releases_from_Infotronic_Systems_Inc_196_20170807_0149. Zugegriffen am 23. März 2023.

Grant, M. J. 2001. *Serial Music, Serial Aesthetics. Compositional Theory in Post-War Europe*. Cambridge, New York u. a.: Cambridge University Press.

Großmann, Rolf. 2005. Collage, Montage, Sampling. Ein Streifzug durch (medien-)materialbezogene ästhetische Strategien. In *Sound. Technologie und Ästhetik des Akustischen in den Medien*, hrsg. von Harro Segeberg und Frank Schätzlein, 308–331. Marburg: Schüren.

Großmann, Rolf. 2006. Klang – Medium – Material. Über den technikkulturellen Wandel des Materials auditiver Gestaltung. In *Sonambiente Berlin 2006 klang kunst sound art*, hrsg. von Helga De la Motte-Haber, Matthias Osterwold und Georg Weckwerth, 310–319. Heidelberg: Kehrer-Verlag.

Großmann, Rolf. 2008a. Die Geburt des Pop aus dem Geist der phonographischen Reproduktion. In *PopMusicology. Perspektiven der Popmusikwissenschaft*, hrsg. von Christian Bielefeldt, Udo Dahmen und Rolf Großmann, 119–134. Bielefeld: transcript.

Großmann, Rolf. 2008b. Verschlafener Medienwandel. Das Dispositiv als musikwissenschaftliches Theoriemodell. *Positionen* 74 (2): 6–9.

Großmann, Rolf. 2012. Medienkonstellationen als Teil (musikalisch-) ästhetischer Dispositive. In *Ästhetik x Dispositiv : Die Erprobung von Erfahrungsfeldern*, hrsg. von Elke Bippus, Jörg Huber und Roberto Nigro, 207–216. Zürich, Wien und New York: Edition Voldemeer und Springer.

Großmann, Rolf. 2013. Die Materialität des Klangs und die Medienpraxis der Musikkultur: Ein verspäteter Gegenstand der Musikwissenschaft? In *Auditive Medienkulturen. Techniken des Hörens und Praktiken der Klanggestaltung*, hrsg. von Axel Volmar und Jens Schröter, 61–78. Bielefeld: transcript.

Großmann, Rolf. 2016a. Gespielte Medien und die Anfänge ‚phonographischer Arbeit'. In *Spiel (mit) der Maschine. Musikalische Medienpraxis in der Frühzeit von Phonographie, Selbstspielklavier, Film und Radio*, hrsg. von Marion Saxer, 381–398. Bielefeld: transcript.

Großmann, Rolf. 2016b. Phonographic Work: Reading and Writing Sound. In *Sound as Popular Culture: A Research Companion*, hrsg. von Jens Gerrit Papenburg und Holger Schulze, 355–366. Cambridge und London: The MIT Press.

Großmann, Rolf und Maria Hanáček. 2016. Sound as Musical Material. In *Sound as Popular Culture: A Research Companion*, hrsg. von Jens Gerrit Papenburg und Holger Schulze, 53–64. Cambridge und London: The MIT Press.

Guhr, Carl. 1831. *Ueber Paganini's Kunst die Violine zu spielen*. Mainz, Antwerpen und Brüssel: B. Schott's Söhnen.

Gumbrecht, Hans Ulrich und Karl Ludwig Pfeiffer. Hrsg. 1988. *Materialität der Kommunikation*. Frankfurt am Main: Suhrkamp.

Gunden, Heidi von. 1983. *The Music of Pauline Oliveros*. Metuchen: Scarecrow Press.

Haberer, Maximilian. 2018. Das Tempophon – Zur Medienkulturgeschichte eines akustischen Zeitreglers. *Auditive Medienkulturen*, 16. November 2018. https://www.auditive-medienkulturen.de/2018/11/16/das-tempophon-zur-medienkulturgeschichte-eines-akustischen-zeitreglers/. Zugegriffen am 17. Mai 2023.

Haffke, Maren. 2019. *Archäologie der Tastatur. Musikalische Medien nach Friedrich Kittler und Wolfgang Scherer*. Paderborn: Wilhelm Fink Verlag.

Haffke, Maren. 2022. Menschen und Singvögel. Kittlers Materialismus, musikalische Erotik und die Heilung der Schrift. In *Friedrich Kittler. Neue Lektüren*, hrsg. von Jens Schröter und Till A. Heilmann, 171–194. Wiesbaden: Springer VS.

Hagen, Wolfgang. 2005. *Das Radio. Zur Geschichte und Theorie des Hörfunks – Deutschland/USA*. München: Wilhelm Fink Verlag.

Hagener, Malte und Dietmar Kammerer. 2021. Theoretische Aspekte der Montage, der filmischen Verfahren und Techniken. In *Handbuch Filmtheorie*, hrsg. von Bernhard Groß und Thomas Morsch, 479–495. Wiesbaden: Springer VS. https://doi.org/10.1007/978-3-658-08998-6_25.

Hainge, Greg. 2013. *Noise Matters. Towards an Ontology of Noise*. New York, London und Dublin: Bloomsbury Academic.

Hardjowirogo, Sarah und Malte Pelleter. 2015. Über Klangerzeuger, Metallkisten und Breakbeat-Labore. Konstellationen aus Sound, Technik, Wissen und Praxis. *Navigationen – Zeitschrift für Medien- und Kulturwissenschaften* 15 (2): 99–111.

Heibach, Christiane und Carsten Rohde. 2015. Material Turn? In *Ästhetik der Materialität*, hrsg. von Christiane Heibach und Carsten Rohde, 9–30. Paderborn: Wilhelm Fink Verlag.

Heidegger, Martin. (1927) 1977. *Sein und Zeit*. Hrsg. von Friedrich-Wilhelm von Hermann. Heidegger-Gesamtausgabe, Bd. 2, Abt. 1, veröffentlichte Schriften 1914–1970. Frankfurt am Main: Vittorio Klostermann.

Heidegger, Martin. (1953) 2000. Die Frage nach der Technik. In *Gesamtausgabe. 1. Abteilung: Veröffentlichte Schriften 1910–1976*. Bd. 7, Vorträge und Aufsätze, 5–36. Frankfurt am Main: Vittorio Klostermann.

Helms, Dietrich. 2003. Auf der Suche nach einem neuen Paradigma: Vom System Ton zum System Sound. In *Pop Sounds. Klangtexturen in der Pop- und Rockmusik. Basics – Stories -Tracks*, hrsg. von Thomas Phleps und Ralph von Appen, 197–228. Bielefeld: transcript.

Hertz, Garnet und Jussi Parikka. 2012. Zombie Media: Circuit Bending Media Archaeology into an Art Method. *Leonardo* 45 (5): 424–430.

HfM Detmold. o. J. Komposition: HfM Detmold – Hochschule für Musik. *HfM Detmold*. https://www.hfm-detmold.de/studium/studienbereiche-und-bewerbung/komposition/. Zugegriffen am 20. März 2023.

Hicks, Dan und Mary Carolyn Beaudry. Hrsg. 2010. *The Oxford Handbook of Material Culture Studies*. Oxford, New York u. a.: Oxford University Press.
Hindrichs, Gunnar. 2014. *Die Autonomie des Klangs. Eine Philosophie der Musik*. Berlin: Suhrkamp.
Holenstein, Peter. 1996. *Die sprechenden Maschinen: Studer-Revox: das Lebenswerk des Audiopioniers Willi Studer*. Zürich: Schweizer Verlagshaus.
Holl, Ute. 2010. Materialität | Immaterialität. Einleitung in den Schwerpunkt. *Zeitschrift für Medienwissenschaft* 2 (1): 10–13.
Holmes, Thom. 2020. *Electronic and Experimental Music. Technology, Music, and Culture*. London und New York: Routledge.
Homer. 2013. *Ilias. Griechisch – deutsch*. Übersetzt von Hans Rupé. Berlin: Akademie Verlag.
Homerus. 1989. *Homerische Hymnen. Griechisch und deutsch*. Herausgegeben von Anton Weiher. München und Zürich: Artemis Verlag.
Huhtamo, Erkki. 1995. Time Traveling in the Gallery: An Archaeological Approach in Media Art. In *Immersed in Technology. Art and Virtual Environments*, hrsg. von Mary Anne Moser und Douglas McLeod, 232–268. Cambridge und London: The MIT Press.
Humpert, Hans Ulrich. 1987. *Elektronische Musik. Geschichte – Technik – Kompositionen*. Mainz u. a.: Schott.
Hunter, Dave. 2002. „How High the Moon" – Les Paul & Mary Ford (1951). *National Recording Registry of the Library of Congress*. https://www.loc.gov/static/programs/national-recording-preservation-board/documents/HowHighTheMoon.pdf. Zugegriffen am 20. März 2023.
Husserl, Edmund. (1913) 2002. *Ideen zu einer reinen Phänomenologie und phänomenologischen Philosophie. Allgemeine Einführung in die reine Phänomenologie*. Tübingen: Max Niemeyer Verlag.
Husserl, Edmund. (1929) 1981. *Formale und transzendentale Logik. Versuch einer Kritik der logischen Vernunft*. Tübingen: Max Niemeyer Verlag.
Husserl, Edmund. 1939. *Erfahrung und Urteil. Untersuchungen zur Genealogie der Logik*. Ausgearbeitet und hrsg. von Ludwig Landgrebe. Prag: Academia Verlagsbuchhandlung.
Hutchby, Ian. 2001. Technologies, Texts and Affordances. *Sociology* 35 (2): 441–456.
Iden, Lukas, Sophia Tobis und Malte Pelleter. 2022. „Recognized by sound". Oder: Acoustic Intelligence im Trackmodus. In *Acoustic Intelligence. Hören und Gehorchen*, hrsg. von Anna Schürmer, Maximilian Haberer und Tomy Brautschek, 257–280. Düsseldorf: düsseldorf university press. https://doi.org/10.1515/9783110730791-017.
Institut de Recherche et de Coordination Acoustique/Musique (IRCAM). o. J. Le voile d'Orphée 1, Pierre Henry. *IRCAM. Database on Contemporary Music*. https://brahms.ircam.fr/en/works/work/22162/. Zugegriffen am 21. März 2023.
Institut de Recherche et de Coordination Acoustique/Musique (IRCAM). o. J. Le voile d'Orphée 2, Pierre Henry. *IRCAM. Database on Contemporary Music*. https://brahms.ircam.fr/en/works/work/22163/. Zugegriffen am 21. März 2023.
Iverson, Jennifer. 2019. *Electronic Inspirations: Technologies of the Cold War Musical Avant-Garde*. Oxford, New York u. a.: Oxford University Press.
Jansen, Bas. 2009. Tape Cassettes and Former Selves. How Mix Tapes Mediate Memories. In *Sound Souvenirs*, hrsg. von Karin Bijsterveld und José van Dijck, 43–54. Amsterdam: Amsterdam University Press.
Jay, Martin. 1991. Im Reich des Blicks: Foucault und die Diffamierung des Sehens im französischen Denken des zwanzigsten Jahrhunderts. *Leviathan* 19 (1): 130–156.
Jay, Martin. 1992. Die skopischen Ordnungen der Moderne. *Leviathan* 20 (2): 178–195.

Jeschke, Lydia. 2005. Serialismus und Elektronische Musik. Paradigmenwechsel: Webern-Nachfolge – von der Reihe zum Serialismus. In *Geschichte der Musik im 20. Jahrhundert: 1945–1975*, hrsg. von Hans-Werner Heister. Lilienthal: Laaber.

Joachim, Heinz. 1984. Das Mißverständnis von Pierre Schaeffer. *Melos* 21 (5): 140–142.

Johns, Adrian. 2012. Die Moral des Mischens. Audiokassetten, private Mitschnitte und ein neuer Wirtschaftszweig für die Verteidigung des geistigen Eigentums. *Zeitschrift für Medienwissenschaft* 4 (1): 17–35. https://doi.org/10.25969/mediarep/2666.

Johnson, Edward H. 1877. A Wonderful Invention. – Speech Capable of Indefinite Repitition From Automatic Records". *Scientific American* 17 (11): 304.

Jorysz, Alfred. 1954. Bibliography of Magnetic Recording. *JAES* 2 (3): 183–199.

Jossé, Harald. 1984. *Die Entstehung des Tonfilms: Beitrag zu einer faktenorientierten Mediengeschichtsschreibung*. Freiburg im Breisgau: Alber.

Julien, Olivier. 2000. Introducing Students to Musical Technology: The Case for Reel-to-Reel Analog Tape Machines. *British Journal of Music Education* 17 (2): 197–208. https://doi.org/10.1017/S0265051700000255.

Kager, Reinhard. 1998. Einheit in der Zersplitterung. Überlegungen zu Adornos Begriff des „musikalischen Materials". In *Mit den Ohren denken: Adornos Philosophie der Musik*, hrsg. von Richard Klein und Claus-Steffen Mahnkopf, 92–114. Frankfurt am Main: Suhrkamp.

Kahn, Douglas. 1990. Track Organology. *October* 55: 67–78.

Kalthoff, Herbert, Torsten Cress und Tobias Röhl. Hrsg. 2016a. *Materialität: Herausforderungen für die Sozial- und Kulturwissenschaften*. Paderborn: Wilhelm Fink Verlag.

Kalthoff, Herbert, Torsten Cress und Tobias Röhl. 2016b. Einleitung: Materialität in Kultur und Gesellschaft. In *Materialität: Herausforderungen für die Sozial- und Kulturwissenschaften*, hrsg. von Herbert Kalthoff, Torsten Cress und Tobias Röhl, 11–41. Paderborn: Wilhelm Fink Verlag.

Kane, Brian. 2007. L'Objet Sonore Maintenant. Pierre Schaeffer, Sound Objects and the Phenomenological Reduction. *Organised Sound* 12 (1): 15–24.

Kane, Brian. 2014. *Sound Unseen. Acousmatic Sound in Theory and Practice*. Oxford, New York u. a.: Oxford University Press.

Kane, Brian. 2015. Sound Studies Without Auditory Culture: a Critique of the Ontological Turn. *Sound Studies* 1 (1): 2–21. https://doi.org/10.1080/20551940.2015.1079063.

Kane, Brian. 2017. Relays: Audiotape, Material Affordances, and Cultural Practice. *Twentieth-Century Music* 14 (1): 65–75. https://doi.org/10.1017/S1478572217000068.

Kapp, Reinhard. 1982. Noch einmal: Tendenz des Materials. In *Notizbuch 5/6. Musik*, hrsg. von Reinhard Kapp, 253–281. Berlin und Wien: Medusa.

Kassabian, Anahid. 2016. Listening and Digital Technologies. In *Sound as Popular Culture. A Research Companion*, hrsg. von Jens Gerrit Papenburg und Holger Schulze, 197–203. Cambridge und London: The MIT Press.

Katz, Mark. (2004) 2010. *Capturing Sound. How Technology Has Changed Music*. Revised Edition. Berkeley, Los Angeles und London: University of California Press.

Kealy, Edward R. 1979. From Craft to Art: The Case of Sound Mixers and Popular Music. *Sociology of Work and Occupations* 6 (1): 3–29.

Keil, Maria. 2020. Verwischte Grenzen zwischen Präparat und Modell. *Medizinhistorisches Journal* 55 (1): 75–85.

Kersting, Rudolf. 1989. *Wie die Sinne auf Montage gehen: zur ästhetischen Theorie des Kinos / Films*. Frankfurt am Main: Stroemfeld Roter Stern.

Kieß, Günter. 1965. 15 Jahre Magnetfilm in deutschen Studios. *Kino-Technik* 4: 80–82.

Kieß, Günter. 1990. UCS – das universelle Steuersystem für die synchrone Tonbearbeitung (I). 40 Jahre Magnetfilm-Geräte: Von der mechanischen Welle zum UCS-Bus. *Fernseh- und Kino-Technik* 44 (6): 279–281.
Kirchmeyer, Helmut. 1998. *Kleine Monographie über Herbert Eimert.* Stuttgart und Leipzig: Hirzel.
Kirchmeyer, Helmut. 2009. Stockhausens Elektronische Messe nebst einem Vorspann unveröffentlichter Briefe aus seiner Pariser Zeit an Herbert Eimert. *Archiv für Musikwissenschaft* 66 (3): 234–259.
Kittler, Friedrich A. 1984. Der Gott der Ohren. In *Das Schwinden der Sinne*, hrsg. von Dietmar Kamper und Christoph Wulf, 140–155. Frankfurt am Main: Suhrkamp.
Kittler, Friedrich A. 1985. *Aufschreibesysteme 1800/1900.* München: Wilhelm Fink Verlag.
Kittler, Friedrich A. 1986. *Grammophon, Film, Typewriter.* Berlin: Brinkmann & Bose.
Kittler, Friedrich A. (1986) 1999. *Gramophone, Film, Typewriter.* Übersetzt von Geoffrey Winthrop-Young. Stanford: Stanford University Press.
Kittler, Friedrich A. 1988. Signal-Rausch-Abstand. In *Materialität der Kommunikation*, hrsg. von Hans-Ulrich Gumbrecht und Karl Ludwig Pfeiffer, 342–359. Frankfurt am Main: Suhrkamp.
Kittler, Friedrich A. 1990. Real Time Analysis, Time Axis Manipulation. In *Zeit-Zeichen. Aufschübe und Interferenzen zwischen Endzeit und Echtzeit*, hrsg. von Georg Christoph Tholen und Michael O. Scholl, 363–377. Weinheim: VCH Verlagsgesellschaft.
Kittler, Friedrich A. 1993. Geschichte der Kommunikationsmedien. In *Raum und Verfahren*, hrsg. von Jörg Huber und Alois Müller, 169–188. Basel: Stroemfeld/Roter Stern.
Kittler, Friedrich A. 2002. Rockmusik – Ein Missbrauch von Heeresgerät. In *Short Cuts*, von Friedrich A. Kittler, 7–30. Frankfurt am Main: Zweitausendeins.
Kittler, Friedrich A. 2012. *Und der Sinus wird weiterschwingen: über Musik und Mathematik.* Köln: Verlag der Kunsthochschule für Medien Köln.
Kittler, Friedrich A. 2013. *Die Wahrheit der technischen Welt: Essays zur Genealogie der Gegenwart.* Hrsg. von Hans Ulrich Gumbrecht. Berlin: Suhrkamp.
Kleiner, Marcus S. und Achim Szepanski. Hrsg. 2003. *Soundcultures. Über elektronische und digitale Musik.* Frankfurt am Main: Suhrkamp.
Klotz, Volker. 1976. Zitat und Montage in neuer Literatur und Kunst. *Sprache im technischen Zeitalter* 60: 259–277.
Knobloch, Hans. 1957. *Der Tonband-Amateur.* München: Franzis-Verlag.
Knorr-Cetina, Karin. 1981. *The Manufacture of Knowlegde. An Essay on the Constructivist and Contextual Nature of Science.* Oxford: Pergamon Press.
Koch, Matthias und Christian Köhler. 2013. Das kulturtechnische Apriori Friedrich Kittlers. In *Mediengeschichte nach Friedrich Kittler*, hrsg. von Friedrich Balke, Bernhard Siegert und Joseph Vogl, 157–166. München: Wilhelm Fink Verlag.
Koenig, Gottfried Michael. 1955. Studiotechnik. *die Reihe* 1: 29–30.
Koenig, Gottfried Michael. 1959. Studium im Studio. *die Reihe* 5: 74–83.
Kramarz, Volkmar. 2013. Die Entwicklung der Recording Culture am Beispiel der Beatles in den Abbey Road Studios. In *Auditive Medienkulturen. Techniken des Hörens und Praktiken der Klanggestaltung*, hrsg. von Axel Volmar und Jens Schröter, 269–286. Bielefeld: transcript.
Krause, Jenny. 2014. Der Einfluss des Magnettonbandes auf die populäre Musik (und vice versa) oder: Shaping the „Sound" of Music. *Samples* 12: 1–22.
Lampe, Gerhard. 2002. Montage. In *Metzler Lexikon Medientheorie, Medienwissenschaft: Ansätze, Personen, Grundbegriffe*, hrsg. von Helmut Schanze und Susanne Pütz, 265–267. Stuttgart: J. B. Metzler.

Latour, Bruno. 1986. Visualisation and Cognition. In *Knowledge and Society. Studies in the Sociology of Culture Past and Present*, hrsg. von Henrika Kuklick und Elizabeth Long, 1–40. Greenwich: JAI Press.

Latour, Bruno. 1987. *Science in Action. How to Follow Scientists and Engineers Through Society.* Cambridge: Harvard University Press.

Latour, Bruno. (1999) 2000. *Die Hoffnung der Pandora: Untersuchungen zur Wirklichkeit der Wissenschaft.* Übersetzt von Gustav Roßler. Frankfurt am Main: Suhrkamp.

Latour, Bruno. 2005. *Reassembling the Social: An Introduction to Actor-Network-Theory.* Oxford, New York u. a.: Oxford University Press.

Latour, Bruno. 2006. Über technische Vermittlung. Philosophie, Soziologie, Genealogie. In *ANThology: Ein einführendes Handbuch zur Akteur-Netzwerk-Theorie*, hrsg. von Andréa Belliger und David J. Krieger, 483–528. Bielefeld: transcript Verlag.

Latour, Bruno und Steve Woolgar. 1979. *Laboratory Life. The Social Construction of Scientific Facts.* Thousand Oaks: Sage Publications.

Lepa, Steffen. 2012. Was kann das Affordanz-Konzept für eine Methodologie der Populärkulturforschung,leisten'? In *Methoden der Populärkulturforschung*, hrsg. von Marcus S. Kleiner und Michael Rappe, 273–298. Berlin: LIT Verlag.

Leslie, Eric. 1958. Les Paul: Technician and Musician. *Radio Electronics* 29 (19): 38.

Leslie, John und Ross Snyder. 2010. History of The Early Days of Ampex Corporation. *AES Historical Committee* 17: 1–14.

Leuphana University Lüneburg. 2022. Stanford-Leuphana Summer Academy 2022: ‚Scale', 20. Juni 2022. *Leuphana.* Centre for Digital Cultures. https://www.leuphana.de/en/research-centers/cdc/events/news/single-view/2022/06/20/stanfordleuphana-summer-academy-2022-scale.html. Zugegriffen am 24. März 2023.

Lévi-Strauss, Claude. (1962) 1986. *Das wilde Denken.* Übersetzt von Hans Naumann. Frankfurt am Main: Suhrkamp.

Lévi-Strauss, Claude. (1964) 2000. *Mythologica I. Das Rohe und das Gekochte.* Übersetzt von Eva Moldenhauer. Frankfurt am Main: Suhrkamp.

Lévi-Strauss, Claude. (1983) 1985. *Der Blick aus der Ferne.* Übersetzt von Hans-Horst Henschen und Joseph Vogl. München: Wilhelm Fink Verlag.

Library of Congress. 2002. 2002. *Library of Congress.* Recording Registry. National Recording Preservation Board. https://www.loc.gov/programs/national-recording-preservation-board/recording-registry/registry-by-induction-years/2002/. Zugegriffen am 20. März 2023.

Ligeti, György. (1970) 2007. Auswirkungen der elektronischen Musik auf mein kompositorisches Schaffen. In *Gesammelte Schriften.* Bd. 2, hrsg. von Monika Lichtenfeld, 86–94. Mainz u. a.: Schott.

Lonchampt, Jacques. 1969. *Pierre Henry – Voile D'Orphée I Et II / Entité / Spirale.* Liner Notes zur Schallplatte. Frankreich: Philips.

Lynch, Mike. 1985. *Art and Artifact in Laboratory Science.* London: Routledge and Kegan Paul PLC.

Maconie, Robin. 2016. *Other Planets: The Complete Works of Karlheinz Stockhausen 1950–2007, Updated Edition.* Lanham: Rowman & Littlefield.

Magoun, Alexander Boyden. 2002. An In-Depth Look at the Origins of the LP, the „45", and High Fidelity, 1939–1950. In *The Fabulous Victrola „45"*, hrsg. von Phil Vourtsis, 8–35. Atglen: Schiffer.

Manning, Peter. 2013. *Electronic and Computer Music.* Oxford, New York u. a.: Oxford University Press.

Manuel, Peter. 1993. *Cassette Culture. Popular Music and Technology in North India.* Chicago: University of Chicago Press.

Marx, Adolf Bernhard. 1852. *Die Lehre von der musikalischen Komposition. Praktisch theoretisch*. Teil 2. Leipzig: Breitkopf und Härtel.
Matejovski, Dirk. Hrsg. 2014. *Resonanzräume. Medienkulturen des Akustischen*. Düsseldorf: düsseldorf university press.
Mauser, Siegfried. 2005. Musikalische Moderne und Neue Musik als kompositionsgeschichtliche Paradigmen. In *Geschichte der Musik im 20. Jahrhundert, 1900-1925*, hrsg. von Siegfried Mauser, Matthias Schmidt und Markus Böggemann, 31-55. Handbuch der Musik im 20. Jahrhundert, Bd. 1. Laaber: Laaber-Verlag.
Maxfield, Joseph P. 1926. Electrical Research Applied to the Phonograph. *Scientific American* 134 (2): 104-105.
McLaughlin, Peter. 1995. Der neue Experimentalismus in der Wissenschaftstheorie. In *Experimentalisierung des Lebens. Experimentalsysteme in den biologischen Wissenschaften 1850/1950*, hrsg. von Hans-Jörg Rheinberger und Michael Hagner, 207-218. Berlin: Akademie Verlag.
McLuhan, Marshall. 1964. *Understanding Media. The Extensions of Men*. Cambridge und London: The MIT Press.
McMurray, Peter. 2017. Once Upon Time: A Superficial History of Early Tape. *Twentieth-Century Music* 14 (1): 25-48. https://doi.org/10.1017/S1478572217000044.
Menke, Johannes. 2015. Komponieren als Handwerk – Ein Historischer Streifzug. In *Mythos Handwerk? Zur Rolle der Musiktheorie in aktueller Komposition*, hrsg. von Ariane Jeßulat, 175-186. Würzburg: Königshausen & Neumann.
Meyer, Petra M. Hrsg. 2008. *acoustic turn*. München: Wilhelm Fink Verlag.
Meyer-Eppler, Werner. 1949. *Elektrische Klangerzeugung. Elektronische Musik und synthetische Sprache*. Bonn: Dümmler.
Meyer-Eppler, Werner. 1950. Die Nachrichtentheorie von C. E. Shannon. *Fernmeldetechnische Zeitschrift* 5: 161-164.
Meyer-Eppler, Werner. 1951a. Die Messung und Hörbarmachung sehr kleiner Dämpfungs- und Phasenverzerrungen. *Technische Hausmitteilungen des Nordwestdeutschen Rundfunks* 5: 77-80.
Meyer-Eppler, Werner. 1951b. Klangexperimente (Beispiele für die Möglichkeit authentischer Komposition). In *Bericht über die [2.] Tonmeister-Tagung: vom 3. bis 6. Oktober 1951 in der Aula der Akademie*, hrsg. von Erich Thienhaus, 26-28. Detmold.
Meyer-Eppler, Werner. 1952. Über die Anwendung elektronischer Klangmittel im Rundfunk. *Technische Hausmitteilungen des Nordwestdeutschen Rundfunks* 7/8: 130-135.
Meyer-Eppler, Werner. 1953. Elektronische Kompositionstechnik. *Melos* 20 (1): 5-9.
Meyer-Eppler, Werner. 1954a. Zur Terminologie der Elektronischen Musik. *Technische Hausmitteilungen des Nordwestdeutschen Rundfunks* 6: 5-7.
Meyer-Eppler, Werner. 1954b. Mathematisch-akustische Grundlagen der elektrischen Klang-Komposition. *Technische Hausmitteilungen des Nordwestdeutschen Rundfunks* 6: 29-39.
Meyer-Eppler, Werner. 1959. *Grundlagen der Informationstheorie*. Berlin und Heidelberg: Springer-Verlag.
Mika, Melanie, Vanessa Ossa und Kiron Patka. 2022. Montieren. In *Historisches Wörterbuch des Mediengebrauchs*. Bd. 3, hrsg. von Heiko Christians, Matthias Bickenbach, Nikolaus Wegmann, Judith Pietreck und Sina Drews, 254-277. Wien und Köln: Böhlau.
Milner, Greg. 2009. *Perfecting Sound Forever. An Aural History of Recorded Music*. New York: Faber and Faber.
Minnesota Mining and Manufacturing Company (3 M). 1968. High Frequency Bias Requirements for Magnetic Tape Recording. *Sound Talk* 1 (2): 1-4.

Misch, Imke und Mark Delaere. Hrsg. 2017. *Karel Goeyvaerts - Karlheinz Stockhausen. Briefwechsel / Correspondence. 1951-1958*. Kürten: Stockhausen-Verlag.
Miyazaki, Shintaro. 2012. Das Sonische und das Meer. Epistemogene Effekte von Sonar 1940 | 2000. In *Das geschulte Ohr. Eine Kulturgeschichte der Sonifikation*, hrsg. von Andi Schoon und Axel Volmar, 129-145. Bielefeld: transcript.
Miyazaki, Shintaro. 2013. Algorhythmisiert. Eine Medienarchäologie digitaler Signale und (un) erhörter Zeiteffekte. Berlin: Kulturverlag Kadmos.
Möbius, Hanno. 2000. *Montage und Collage: Literatur, bildende Künste, Film, Fotografie, Musik, Theater bis 1933*. München: Fink.
Moholy-Nagy, László. 1922. Produktion - Reproduktion. *De Stijl* 5 (7): 98-101.
Monse, Hanns Rolf. 1963. *Das Tonbandbuch für Alle*. Leipzig: VEB Fotokinoverlag.
Mooney, James, Dorien Schampaert und Tim Boon. 2017. Editorial: Alternative Histories of Electroacoustic Music. *Organised Sound* 22 (2): 143-149. https://doi.org/10.1017/S135577181700005X.
Moorefield, Virgil. 2010. *The Producer as Composer: Shaping the Sounds of Popular Music*. Cambridge und London: The MIT Press.
Morat, Daniel und Hansjakob Ziemer. Hrsg. 2018a. *Handbuch Sound. Geschichte - Begriffe- Ansätze*. Stuttgart: J. B. Metzler.
Morat, Daniel und Hansjakob Ziemer. 2018b. Einleitung. In *Handbuch Sound. Geschichte - Begriffe- Ansätze*, hrsg. von Daniel Morat und Hansjakob Ziemer, vii-xi. Stuttgart: J. B. Metzler.
Morawska-Büngeler, Marietta. 1988. *Schwingende Elektronen. Eine Dokumentation über das Studio für Elektronische Musik des Westdeutschen Rundfunks in Köln 1951-1986*. Köln: P.J. Tonger.
Morgan, Frances. 2017. Pioneer Spirits: New Media Representations of Women in Electronic Music History. *Organised Sound* 22 (2): 238-249. https://doi.org/10.1017/S1355771817000140.
Morton, David L. 2004. *Sound Recording. The Life Story of a Technology*. Westport: Greenwood Press.
Motte-Haber, Helga de la. 1993. *Die Musik von Edgard Varèse: Studien zu seinen nach 1918 entstandenen Werken*. Hofheim am Taunus: Wolke.
Motte-Haber, Helga de la. 1998. Kreativität und musikalisches Handwerk. In *Controlling Creative Processes in Music*, hrsg. von Reinhard Kopiez und Wolfgang Auhagen, 1-11. Frankfurt am Main und New York: Peter Lang.
Mullin, John T. 1976. Creating the Craft of Tape Recording. *High-Fidelity* 25 (4): 62-67.
Murray, Christopher. 2010. A History of „Timbres-durées": Understanding Olivier Messiaen's Role in Pierre Schaeffer's Studio. *Revue de Musicologie* 96 (1): 117-129.
Niebling, Laura. 2021. Tonband 53 5011 (undatiert). Das Tonband, das junge Radio und die ‚Schwarzhörer*innen' in der DDR. In *Audiowelten. Technologie und Medien in der populären Musik nach 1945 22 Objektstudien*, hrsg. von Benjamin Burkhart, Laura Niebling, Alan van Keeken, Christofer Jost und Martin Pfleiderer, 245-276. Münster: Waxmann.
Niebur, Louis. 2010. *Special Sound. The Creation and Legacy of the BBC Radiophonic Workshop*. Oxford, New York u. a.: Oxford University Press.
Nietzsche, Friedrich. 1981. *Briefwechsel. Kritische Gesamtausgabe*. Abt. III, 1880 - 1889. Bd. 1 Briefe: Januar 1880 - Dezember 1884, hrsg. von Giorgio Colli und Mazzino Montinari. Berlin: de Gruyter.
Nijsen, C. G. 1967. *The Tape Recorder. A Guide to Magnetic Recording for the Non-Technical Amateur*. New York: Drake Publishers.
Niklas, Stefan. 2014. *Die Kopfhörerin: Mobiles Musikhören als ästhetische Erfahrung. Die Kopfhörerin*. Paderborn: Wilhelm Fink Verlag.
Norman, Don. 1988. *The Psychology of Everyday Things*. New York: Basic Books.

Novak, David und Matt Sakakeeny. Hrsg. 2015. *Keywords in Sound*. Durham und London: Duke University Press.
Novati, Maria Maddalena und John Dack. Hrsg. 2012. *The Studio di Fonologia. A Musical Journey 1954–1983, Update 2008–2012*. Mailand: Ricordi.
Nyman, Michael. 2011. *Experimental Music: Cage and Beyond*. Cambridge, New York u. a.: Cambridge University Press.
o. V. 1949. Erste Tonmeistertagung in Detmold. *Melos* 16 (11): 301–306.
o. V. 1985. Tonbandgerät. In *Die große Bertelsmann-Lexikothek*, 14: 232. Gütersloh: Bertelsmann-Lexikothek-Verlag.
o. V. o. J. Jack Mullin. History of Recording. https://www.historyofrecording.com/Jack_Mullin.html. Zugegriffen am 27. März 2023.
Olsen, Eric, Paul Verna und Carlo Wolff. 1999. *The Encyclopedia of Record Producers. An Indispensable Guide to the Most Important Record Producers in Music History*. New York: Watson-Guptil Publications.
Open Reel Ensemble (@openreelensemble). 2023a. Here is the artist comment. *Instagram*, 18. April 2023. https://www.instagram.com/p/CrJ2cywBd4B/?utm_source=ig_web_copy_link&igshid=MjAxZDBhZDhlNA==. Zugegriffen am 28. Juni 2023.
Oram, Daphne. 1972. *An Individual Note of Music, Sound and Electricity*. London: Galliard Paperbacks.
O'Sullivan, Simon. 2016. Myth-Science and the Fictioning of Reality. *Paragrana* 25 (2): 80–93.
Palombini, Carlos. 1993. Pierre Schaeffer, 1953: Towards an Experimental Music. *Music & Letters* 74 (4): 542–557.
Palombini, Carlos. 1998. Technology and Pierre Schaeffer: Pierre Schaeffer's *Arts-Relais*, Walter Benjamin's *technische Reproduzierbarkeit* and Martin Heidegger's *Gestell*. *Organised Sound* 3 (1): 35–43.
Papenburg, Jens Gerrit. 2008. Das Sonische – Sounds zwischen Akustik und Ästhetik. *Popscriptum* 10: 1. https://doi.org/10.18452/20296.
Papenburg, Jens Gerrit. 2011. Hörgeräte. Technisierung der Wahrnehmung durch Rock- und Popmusik. Dissertation, Humboldt-Universität zu Berlin.
Papenburg, Jens Gerrit. 2017. Review. Wolfgang Ernst, *Im Medium Erklingt Die Zeit: Technologische Tempor(e)Alitäten und das Sonische als ihre privilegierte Erkenntnisform*, Kaleidogramme Vol. 130 (Berlin: Kulturverlag Kadmos, 2015), ISBN: 978-3-86599-274-1 (Pb). – Wolfgang Ernst, *Sonic Time Machines: Explicit Sound, Sirenic Voices, and Implicit Sonicity* (Amsterdam: Amsterdam University Press, 2016), ISBN: 978-08964-949-2 (Hb). *Twentieth-Century Music* 14 (1): 169–175. https://doi.org/10.1017/S1478572217000160.
Papenburg, Jens Gerrit. 2019. Klangkonzepte. Musik, Kultur, Medien. Vorlesungsreihe an der Abteilung für Musikwissenschaft und Sound Studies der Rheinischen Friedrich-Wilhelms-Universität Bonn im Wintersemester 2019/20 und im Sommersemester 2020. https://www.musikwissenschaft.uni-bonn.de/aktuell/klangkonzepte. Zugegriffen am 03. Juli 2023.
Papenburg, Jens Gerrit. 2021. Synkopierung und Volumen. Sondierungen einer sonischen Moderne, 1890-1945. *DFG. GEPRIS. Geförderte Projekte der DFG*. https://gepris.dfg.de/gepris/projekt/467278579?context=projekt&task=showDetail&id=467278579&. Zugegriffen am 24. Juni 2023.
Papenburg, Jens Gerrit. 2023. *Listening Devices. Music Media in the Pre-Digital Era*. New York, London und Dublin: Bloomsbury Academic.
Papenburg, Jens Gerrit und Holger Schulze. Hrsg. 2016. *Sound as Popular Culture. A Research Companion*. Cambridge und London: The MIT Press.
Parikka, Jussi. 2012. *What is Media Archaeology?* Cambridge und Malden: polity.

Parikka, Jussi und Garnet Hertz. 2010. Archaeologies of Media Art. Ctheory Interview with Jussi Parikka. *CTheory*, 1. April 2010. https://journals.uvic.ca/index.php/ctheory/article/view/14750/5621. Zugegriffen am 29. Juni 2023.

Passoth, Jan-Hendrick. 2014. Science and Technology Studies. In *Handbuch Materielle Kultur*, hrsg. von Stefanie Samida, Manfred K. H. Eggert und Hans Peter Hahn, 338–342. Stuttgart: J. B. Metzler.

Patka, Kiron. 2018. Technische Wolle. Tonband, Berufsrollen und Geschlecht im deutschen Rundfunk. In *Das Geschlecht musikalischer Dinge*, hrsg. von Rebecca Grotjahn, Sarah Schauberger, Johanna Imm und Nina Jaeschke, 107–119. Hildesheim, Zürich und New York: Georg Olms.

Paul, Les. 1998. Foreword. Multitracking: It Wasn't Always This Easy. In *Modular Digital Multitracks: The Power User's Guide*, von George Petersen, vi–vii. Emeryville: MixBooks.

Paul, Les und Michael Cochran. 2016. *Les Paul. In His Own Words*. Milwaukee: Backbeat Books.

Peirce, Charles S. (1903) 1983. *Phänomen und Logik der Zeichen*. Hrsg. und übersetzt von Helmut Pape. Frankfurt am Main: Suhrkamp.

Petersen, George. 2005. Ampex Sel-Sync, 1955. When the Roots of Multitrack Took Hold. In *Mixonline*, 1. Oktober 2005. http://www.mixonline.com/news/facilities/ampex-sel-sync-1955/367111. Zugegriffen am 20. März 2023.

Pfeifer, Wolfgang et al. 1993. Ton. In *Etymologisches Wörterbuch des Deutschen*, digitalisierte und von Wolfgang Pfeifer überarbeitete Version im Digitalen Wörterbuch der deutschen Sprache. https://www.dwds.de/wb/etymwb/Ton. Zugegriffen am 20. März 2023.

Pinch, Trevor J. und Wiebe E. Bijker. 1984. The Social Construction of Facts and Artefacts: Or How the Sociology of Science and the Sociology of Technology Might Benefit Each Other. *Social Studies of Science* 14 (3): 399–441.

Pinch, Trevor und Karin Bijsterveld. 2004. Sound Studies: New Technologies and Music. *Social Studies of Science* 34 (5): 635–648.

Pinch, Trevor und Karin Bijsterveld. Hrsg. 2012. *The Oxford Handbook of Sound Studies*. Oxford, New York u. a.: Oxford University Press.

Pinch, Trevor und Frank Trocco. (2002) 2004. *Analog Days: The Invention and Impact of the Moog Synthesizer*. Cambridge: Harvard University Press.

Porcello, Thomas. 2007. Three Contributions to the „Sonic Turn". *Current Musicology* 83: 153–166. https://doi.org/10.7916/CM.V0I83.5090.

Poullin, Jacques. 1954. L'apport des techniques d'enregistrement dans la fabrication de matières et formes musicales nouvelles. Applications à la musique concrète. *L'Onde Electrique* 34: 282–291.

Poullin, Jacques. 1999. L'apport des techniques d'enregistrement dans la fabrication de matières et formes musicales nouvelles. Applications à la musique concrète. *Ars Sonora* 9: 31–60.

Poulsen, Valdemar. 1898. Verfahren zum Empfangen und zeitweisen Aufspeichern von Nachrichten, Signalen o. dgl. Kaiserliches Patentamt Nr. 109569. Berlin, eingereicht am 10. Dezember 1898 und veröffentlicht am 22. Februar 1900.

Prieberg, Fred K. 1960. *Musica Ex Machina. Über das Verhältnis von Musik und Technik*. Berlin, Frankfurt am Main und Wien: Ullstein.

Reetze, Jan. 2006. Die Triumph Records Story. Teil 3: EPs und LPs / I Hear A New World. *Joe Meek. Eine Page für die Musiklegende*, 2006 (zuletzt aktualisiert am 26. März 2011). http://www.joemeekpage.info/triumph_3.htm. Zugegriffen am 02. Mai 2023.

Reinecke, Christoph. 1986. Montage und Collage in der Tonbandmusik bei besonderer Berücksichtigung des Hörspiels. Eine typologische Betrachtung. Dissertation, Universität Hamburg.

Rheinberger, Hans-Jörg. 1992. *Experiment. Differenz. Schrift*. Marburg an der Lahn: Basilisken-Presse.

Rheinberger, Hans-Jörg. 1994. Experimentalsysteme, Epistemische Dinge, Experimentalkulturen. *Deutsche Zeitschrift für Philosophie* 42 (3): 405–417.

Rheinberger, Hans-Jörg. 2003. Präparate – ,Bilder' ihrer selbst. Eine bildtheoretische Glosse. In *Bildwelten des Wissens*, hrsg. von Katja Müller-Helle, Claudia Blümle, Horst Bredekamp und Matthias Bruhn, 9–19. Wien: Akademie Verlag.

Rheinberger, Hans-Jörg. 2005. Epistemologica: Präparate. In *Dingwelten. Das Museum als Erkenntnisort*, hrsg. von Anke te Heesen und Petra Lutz, 65–75. Köln u. a.: Böhlau Verlag.

Rheinberger, Hans-Jörg. 2006. *Epistemologie des Konkreten. Studien zur Geschichte der modernen Biologie*. Frankfurt am Main: Suhrkamp.

Rheinberger, Hans-Jörg. 2008. Epistemische Dinge – Technische Dinge. Gehalten im Bochumer Kolloquium Medienwissenschaft, Bochum: Ruhr-Universität Bochum, 2. Juli 2008. https://doi.org/10.25969/mediarep/13859.

Rheinberger, Hans-Jörg. 2016. Episteme zwischen Wissenschaft und Kunst. In *Episteme des Theaters: aktuelle Kontexte von Wissenschaft, Kunst und Öffentlichkeit*, hrsg. von Milena Cario und Sarah Weßels, 17–27. Bielefeld: transcript.

Rheinberger, Hans-Jörg. 2021. *Spalt und Fuge. Eine Phänomenologie des Experiments*. Berlin: Suhrkamp.

Rivas, Francisco. 2011. What a Sound Object Is: Phenomenology of Sound in Pierre Schaeffer. In *Proceedings of the International Conference. Pierre Schaeffer: mediArt*, hrsg. von Jerica Ziherl, 35–43. Rijeka: Muzej moderne i suvremene umjetnosti/Museum of Modern and Contemporary Art.

Roads, Curtis. 1988. Introduction to Granular Synthesis. *Computer Music Journal* 12 (2): 11–13.

Robindoré, Brigitte und Luc Ferrari. 1998. Luc Ferrari: Interview with an Intimate Iconoclast. *Computer Music Journal* 22 (3): 8–16.

Rônez, Marianne. 2016. Scordatura. In *MGG Online*, hrsg. von Laurenz Lütteken. New York, Kassel und Stuttgart: RILM, Bärenreiter und J. B. Metzler. https://www.mgg-online.com/mgg/stable/13092. Zugegriffen am 20. Mai 2023.

Rothenbuhler, Eric W. und John Durham Peters. 1997. Defining Phonography: An Experiment in Theory. *The Musical Quarterly* 81 (2): 242–264.

Ruppert, Wolfgang. 2018. *Künstler! Kreativität zwischen Mythos, Habitus und Profession*. Wien: Böhlau Verlag.

Ruschkowski, André. 2019. *Elektronische Klänge und musikalische Entdeckungen*. Stuttgart: Reclam.

Sabbe, Herman. 1981. Die Einheit der Stockhausen-Zeit … In *Karlheinz Stockhausen. … wie die Zeit verging …*, hrsg. von Heinz-Klaus Metzger und Rainer Riehn, 6–96. Musik-Konzepte 19. München: edition text-kritik.

Sakamoto, Naraji, Takuyo Kogure, Masaru Ogino und Hidemasa Kitagawa. 1982. A New Magnetic Tape Recorder with Automatic Adjusting Functions for Bias and Recording Conditions. *Journal of the Audio Engineering Society* 30 (9): 596–606.

Samida, Stefanie, Manfred K. H. Eggert und Hans Peter Hahn. Hrsg. 2014. *Handbuch Materielle Kultur*. Stuttgart: J. B. Metzler.

Sanio, Sabine. 1999. *Alternativen zur Werkästhetik: John Cage und Helmut Heissenbüttel*. Saarbrücken: Pfau.

Sanio, Sabine. 2012. Werk – Prozess – Situation. Zum Konzept ästhetischer Erfahrung bei John Cage. In *Cage & Consequences*, hrsg. von Julia H. Schröder und Volker Straebel, 23–33. Hofheim am Taunus: Wolke.

Sayers, Jenterey. 2011. How Text Lost Its Source. Magnetic Recording Cultures. Dissertation, University of Washington.

Scarlett, Ashley und Martin Zeilinger. 2019. Rethinking Affordance. *Media Theory* 3 (1): 1–48.

Schaeffer, Pierre. 1951. Perfectionnements aux Appareils pour la Réalisasion de Bruits ou Sons Musicaux. République Française. Ministère de L'Industrie et de L'Énergie. FR1033682A, eingereicht am 26. Februar 1951 und veröffentlicht am 15. Juli 1953.

Schaeffer, Pierre. 1952a. *À la recherche d'une musique concrète*. Paris: Éditions du Seuil.
Schaeffer, Pierre. 1952b. Magnetophonmusikgerät. Bundesrepublik Deutschland. Deutsches Patentamt. Patentnummer 951697, eingereicht am 19. Februar 1952 und veröffentlicht am 11. Oktober 1956.
Schaeffer, Pierre. (1952) 2012. *In Search of a Concrete Music*. Übersetzt von John Dack und Christine North. Berkeley, Los Angeles und London: University of California Press.
Schaeffer, Pierre. 1954. Das Mißverständnis von Donaueschingen. Offener Brief an die Hessischen Nachrichten. *Melos* 21 (5): 138–140.
Schaeffer, Pierre. Hrsg. 1957. *Vers une musique expérimentale*. Sonderausgabe der Zeitschrift *La Revue Musicale* 236.
Schaeffer, Pierre. 1960. Anmerkungen zu den „zeitbedingten Wechselwirkungen". *Gravesaner Blätter* 17: 12–49.
Schaeffer, Pierre. 1966. *Traité des objets musicaux. Essai interdisciplines*. Paris: Éditions du Seuil.
Schaeffer, Pierre. (1966) 2017. *Treatise on Musical Objects. An Essay across Disciplines*. Übersetzt von Christine North und John Dack. Oakland: University of California Press.
Schaeffer, Pierre. 1974. *Musique concrète: von den Pariser Anfängen um 1948 bis zur elektroakustischen Musik heute*. Übersetzt von Josef Häusler. Für die deutsche Ausgabe überarbeitet von Michel Chion. Stuttgart: Klett.
Schafer, R. Murray. 1969. *The New Soundscape: A Handbook for the Modern Music Teacher*. Scarborough und New York: Berandol Music und Associate Music Publishers.
Schafer, R. Murray. (1977) 1994. *The Soundscape: Our Sonic Environment and the Tuning of the World*. Rochester: Destiny Books.
Schenk, Stefan. 2014. *Das Siemens-Studio für elektronische Musik: Geschichte, Technik und kompositorische Avantgarde um 1960*. Tutzing: Hans Schneider.
Schmidt Horning, Susan. 2013. *Chasing Sound: Technology, Culture, and the Art of Studio Recording from Edison to the LP*. Baltimore: Johns Hopkins University Press.
Schmitz-Emans, Monika. 2015. Schreiben nach Selbst-Diktat – Stimmen aus der Fremde. Über das Tonband als Medium und Modell poetischer Arbeit. In *Das Diktat. Phono-graphische Verfahren der Aufschreibung*, hrsg. von Natalie Binczek und Cornelia Epping-Jäger, 95–120. Paderborn: Wilhelm Fink Verlag.
Schönberg, Arnold. (1911) 1922. *Harmonielehre*. Wien: Universal Edition.
Schoenherr, Steven. 2002. The History of Magnetic Recording. *Audio Engineering Society*. http://www.aes-media.org/historical/html/recording.technology.history/magnetic4.html. Zugegriffen am 23. März 2023.
Schoon, Andi. 2015. *Die Ordnung der Klänge. Das Wechselspiel der Künste vom Bauhaus zum Black Mountain College*. Bielefeld: transcript.
Schramm, Holger. 2019. *Handbuch Musik und Medien: Interdisziplinärer Überblick über die Mediengeschichte der Musik*. Wiesbaden: Springer VS.
Schrey, Dominik. 2016. *Analoge Nostalgie in der digitalen Medienkultur*. Berlin: Kulturverlag Kadmos.
Schröter, Jens. 2004. Analog/Digital – Opposition oder Kontinuum? In *Analog/Digital – Opposition oder Kontinuum? Zur Theorie und Geschichte einer Unterscheidung*, hrsg. von Jens Schröter und Alexander Böhnke, 7–30. Bielefeld: transcript.
Schüller, Eduard. 1938. Hörkopf zum Abtasten von Magnetogrammen mit gegenüber der Aufnahmegeschwindigkeit veränderter Wiedergabegeschwindigkeit. Reichspatentamt 721198, eingereicht am 27. August 1938 und veröffentlicht am 29. Mai 1942.
Schürmer, Anna. 2018. *Klingende Eklats. Skandal und Neue Musik*. Bielefeld: transcript.

Schulze, Holger. Hrsg. 2008a. *Sound Studies: Traditionen – Methoden – Desiderate. Eine Einführung.* Bielefeld: transcript.
Schulze, Holger. 2008b. Über Klänge sprechen. In *Sound Studies: Traditionen – Methoden – Desiderate. Eine Einführung*, hrsg. von Holger Schulze, 9–15. Bielefeld: transcript.
Schulze, Holger. 2012a. *Intimität und Medialität.* Berlin: Avinus-Verlag.
Schulze, Holger. 2012b. Sound Studies. In *Kultur. Von den Cultural Studies bis zu den Visual Studies. Eine Einführung*, hrsg. von Stephan Moebius, 242–257. Bielefeld: transcript.
Schulze, Holger. 2014. Die Situation des Klangs – Grundlage einer Kulturgeschichte des Hörens. In *Resonanzräume. Medienkulturen des Akustischen*, hrsg. von Dirk Matejovski, 107–136. Düsseldorf: düsseldorf university press.
Segeberg, Harro. 2005. Der Sound und die Medien. Oder: Warum sich die Medienwissenschaft für den Ton interessieren sollte. In *Sound: zur Technologie und Ästhetik des Akustischen in den Medien. Marburg*, hrsg. von Harro Segeberg, 9–23. Marburg: Schüren.
Segeberg, Harro und Frank Schätzlein. Hrsg. 2005. *Sound: zur Technologie und Ästhetik des Akustischen in den Medien.* Marburg: Schüren.
Sender, Ramón. (1964) 2008. The San Francisco Tape Music Center – A Report, 1964. In *The San Francisco Tape Music Center: 1960s Counterculture and the Avant-Garde*, hrsg. von David W. Bernstein, 42–46. Berkeley, Los Angeles und London: University of California Press.
Sennett, Richard. 2008a. *The Craftsman.* New Haven und London: Yale University Press.
Sennett, Richard. 2008b. *Handwerk.* Übersetzt von Michael Bischoff. Berlin: Berlin Verlag.
Sharps, Wallace Samuel. 1961. *Tape Recording for Pleasure.* London: Fountain Press.
Smith, Oberlin. 1888. Some Possible Forms of Phonograph. *The Electrical World* 12 (10): 116–117.
Smudits, Alfred. 2003. A Journey Into Sound. Zur Geschichte der Musikproduktion, der Produzenten und der Sounds. In *Pop Sounds. Klangtexturen in der Pop- und Rockmusik. Basics – Stories -Tracks*, hrsg. von Thomas Phleps und Ralph von Appen, 65–94. Bielefeld: transcript.
Snyder, Ross H. 2003. Sel-Sync and the „Octopus": How Came to be the First Recorder to Minimize Successive Copying in Overdubs. *ARS Journal* 34 (2): 209–213.
Spoerhase, Carlos. 2020. Skalierung. Ein ästhetischer Grundbegriff der Gegenwart. In *Ästhetik der Skalierung*, hrsg. von Carlos Spoerhase, Steffen Siegel und Nikolaus Wegman, 5–15. Hamburg: Felix Meiner Verlag.
Spoerhase, Carlos und Nikolaus Wegman. 2018. Skalieren. In *Historisches Wörterbuch des Mediengebrauchs*, hrsg. von Heiko Christians, Matthias Bickenbach und Nikolaus Wegman, 412–424. Köln, Weimar und Wien: Böhlau Verlag.
Spoerhase, Carlos, Steffen Siegel und Nikolaus Wegman. Hrsg. 2020. *Ästhetik der Skalierung.* Hamburg: Felix Meiner Verlag.
Sprigge, Martha. 2017. Tape Work and Memory Work in Post-War Germany. *Twentieth-Century Music* 14 (1): 49–63. https://doi.org/10.1017/S1478572217000056.
Springer, Anton. 1955. Ein akustischer Zeitregler. *Gravesaner Blätter* 1: 32–37.
Springer, Anton. 1961. Tonlagenregler. Vortrag bei der Gravesaner Tagung, Gravesano, 6.–13. August 1961. Bd. 8 der archivierten Tonbänder Hermann Scherchens. https://soundandscience.net/audio/recordings-from-the-estate-of-hermann-scherchen-3-avm-31_6332_8-1-2/. Zugegriffen am 01.02.2024.
Springer, Anton. 1963. Ein Verfahren zur Sprachbandkompression. *Internationale Elektronische Rundschau* 17 (9): 471–475.
Stalarow, Alexander John. 2017. Listening to a Liberated Paris. Pierre Schaeffer Experiments with Radio. Dissertation. University of California Davis.

Steintrager, James A. und Rey Chow. 2019. Sound Objects: An Introduction. In *Sound Objects*, hrsg. von James A. Steintrager und Rey Chow, 1–19. Durham und London: Durham University Press.

Sterne, Jonathan. 2003. *The Audible Past. Cultural Origins of Sound Reproduction.* Durham: Duke University Press.

Sterne, Jonathan. 2006a. The Mp3 as Cultural Artefact. *New Media & Society* 8 (5): 825–842.

Sterne, Jonathan. 2006b. The Death and Life of Digital Audio. *Interdisciplinary Science Reviews* 31 (4): 338–348.

Sterne, Jonathan. 2012a. *Mp3. The Meaning of a Format.* Durham und London: Duke University Press.

Sterne, Jonathan. Hrsg. 2012b. *The Sound Studies Reader.* London und New York: Routledge.

Sterne, Jonathan. 2012c. Sonic Imaginations. In *The Sound Studies Reader*, hrsg. von Jonathan Sterne, 1–18. London und New York: Routledge.

Sterne, Jonathan und Mara Mills. 2020. Second Rate: Tempo Regulation, Helium Speech, and „Information Overload". A history of time stretching, from avant-garde composers with fantasies of control to blind people who sought to read at their own speed. *Triple Canopy* 26. https://canopycanopycanopy.com/contents/second-rate. Zugegriffen am 23. März 2023.

Stille, Curt. 1918. Verfahren zur elektromagnetischen Aufzeichnung und Wiedergabe von Licht- und Schallwellen auf einem Draht, besonders zur Herstellung sprechender Filme. Patent DE 363 642, eingereicht am 01. September 1918 und veröffentlicht am 11. November 1922.

Stockhausen, Karlheinz. (1952) 1963. Situation des Handwerks (Kriterien der punktuellen Musik). In *Texte zur elektronischen und instrumentalen Musik*. Bd. 1. Aufsätze 1952–1962. Zur Theorie des Komponierens, hrsg. von Karlheinz Stockhausen, 17–23. Köln: DuMont.

Stockhausen, Karlheinz. (1953a) 1963. Arbeitsbericht 1953. Die Entstehung der Elektronischen Musik. In *Texte zur elektronischen und instrumentalen Musik*. Bd. 1. Aufsätze 1952–1962. Zur Theorie des Komponierens, hrsg. von Karlheinz Stockhausen, 39–44. Köln: DuMont.

Stockhausen, Karlheinz. (1953b) 1963. Zur Situation des Metiers (Klangkomposition). In *Texte zur elektronischen und instrumentalen Musik*. Bd. 1. Aufsätze 1952–1962. Zur Theorie des Komponierens, hrsg. von Karlheinz Stockhausen, 45–61. Köln: DuMont.

Stockhausen, Karlheinz. 1957. ... wie die Zeit vergeht ... . *die Reihe* 3: 13–42.

Stockhausen, Karlheinz. (1961) 1963. Erfindung und Entdeckung. Ein Beitrag zur Form-Genese. In *Texte zur elektronischen und instrumentalen Musik*. Bd. 1. Aufsätze 1952–1962. Zur Theorie des Komponierens, hrsg. von Karlheinz Stockhausen, 222–258. Köln: DuMont.

Stockhausen, Karlheinz. 1971. The Origins of Electronic Music. *The Musical Times* 112 (1541): 649–650.

Stoker, Bram. 1897. *Dracula.* London: Archibald Constable and Company.

Straebel, Volker. 2012. The Studio as a Venue for Production and Performance: Cage's Early Tape Music. In *Cage & Consequences*, hrsg. von Julia H. Schröder und Volker Straebel, 101–109. Hofheim am Taunus: Wolke.

Strobel, Heinrich. 1953. Neue Musik und Humanitas. Vortrag für die Donaueschinger Musiktage, 11. Oktober 1953. Abgedruckt als Beilage in *Melos* 20 (11), 1–6.

Ströker, Elisabeth. 1970. Das Problem der ἐποχή in der Philosophie Edmund Husserls. In *Analecta Husserliana*, hrsg. von Anna-Teresa Tymieniecka, 170–185. Dordrecht: D. Reidel Publishing.

Stuckenschmidt, Hans Heinz. 1955. Die dritte Epoche. Bemerkungen zur Ästhetik der Elektronenmusik. *die Reihe* 1: 17–21.

Sziborsky, Lucia. 1979. *Adornos Musikphilosophie. Genese – Konstitution – Pädagogische Perspektiven.* München: Wilhelm Fink Verlag.

Tall, Joel. 1978. Tall Tales. *Audio* 62 (10): 16–36.

Taruskin, Richard. 2010. *Music in the Late Twentieth Century.* Oxford, New York u. a.: Oxford University Press.

Tazelaar, Kees. 2013. Threshold of Beauty: Philips and the Origins of Electronic Music in the Netherlands, 1925–1965. Dissertation, TU Berlin. https://v2.nl/wp-content/uploads/files/2020/pdf/on-the-threshold-of-beauty-digital-version-lo-res. Zugegriffen am 13. Mai 2023.

Teague, Jessica E. 2021. *Sound Recording Technology and American Literature. From the Phonograph to the Remix.* Cambridge, New York u. a.: Cambridge University Press.

Teruggi, Daniel. 1998. Le système syter: son histoire, ses développements, sa production musicale, ses implications dans le langage électroacoustique d'aujourd'hui. Lille: A.N.R.T, Université de Lille III.

Teruggi, Daniel. 2007. Technology and Musique Concrète: the Technical Developments of the Groupe de Recherches Musicales and Their Implication in Musical Composition. *Organised Sound* 12 (3): 213–231.

Teruggi, Daniel. 2017. The Treatise on Musical Objects and the GRM. In *Treatise on Musical Objects. An Essay across Disciplines*, von Pierre Schaeffer, übersetzt von Christine North und John Dack, xv–xix. Oakland: University of California Press.

Théberge, Paul. 1989. The ‚Sound' of Music. Technological Rationalization and the Production of Popular Music. *new formations* 8: 99–111.

Théberge, Paul. 1997. *Any Sound You Can Imagine: Making Music/Consuming Technology.* Hanover: Wesleyan University Press.

The British Broadcasting Corporation (BBC). 1932. *The B.B.C. Year-Book.* London: The British Broadcasting Corporation.

Thiele, Heinz H. K. Hrsg. 1993. *50 Jahre Stereo-Magnetbandtechnik: die Entwicklung der Audio Technologie in Berlin und den USA von den Anfängen bis 1943.* Brüssel: Audio Engineering Society.

Thielmann, Tristan und Erhard Schüttpelz. Hrsg. 2013. *Akteur-Medien-Theorie.* Bielefeld: transcript.

Thompson, Emily. 1995. Machines, Music, and the Quest for Fidelity: Marketing the Edison Phonograph in America, 1877–1925. *The Musical Quarterly* 79 (1): 131–171.

Thompson, Emily. 2002. *The Soundscape of Modernity. Architectural Acoustics and the Culture of Listening in America, 1900–1933.* Cambridge und London: The MIT Press.

Tompkins, Dave. 2010. *How to Wreck a Nice Beach: The Vocoder from World War II to Hip-Hop, The Machine Speaks.* Brooklyn: Melville House Publishing.

Toop, Richard. 1979. Stockhausen and the Sine-Wave: The Story of an Ambiguous Relationship. *The Musical Quarterly* 65 (3): 379–391.

Trautwein, Friedrich. 1954. Das elektronische Monochord. *Technische Hausmitteilungen des Nordwestdeutschen Rundfunks* 6: 24–27.

Ungeheuer, Elena. 1992. *Wie die Elektronische Musik „erfunden" wurde ... Quellenstudien zu Werner Meyer-Epplers musikalischem Entwurf zwischen 1949 und 1953.* Mainz u. a.: Schott.

Ungeheuer, Elena. Hrsg. 2002. *Elektroakustische Musik.* Handbuch der Musik im 20. Jahrhundert, Bd. 5. Laaber: Laaber-Verlag, 2002.

Ungeheuer, Elena. 2008. Ist Klang das Medium von Musik? Zur Medialität und Unmittelbarkeit von Klang in Musik. In *Sound Studies: Traditionen – Methoden – Desiderate*, hrsg. von Holger Schulze, 57–76. Bielefeld: transcript.

Ussachevsky, Vladimir A. 1958. The Process of Experimental Music. *Journal of the Audio Engineering Society* 6 (3): 202–208.

Ussachevsky, Vladimir A. 1959. Music in a Tape Medium. *The Juilliard Review* 6 (2): 8–9; 18–20.

Valéry, Paul. 1947. Der Mensch und die Muschel. Übersetzt von Ernst Hardt. *Merkur* 1 (2): 199–218.

Varèse, Edgard. 1966. The Liberation of Sound. Auszüge aus Vorlesungen Edgard Varèses, zusammengestellt und mit Anmerkungen hrsg. von Chou Wen-chung. *Perspectives of New Music* 5 (1): 11–19.

Varèse, Edgard. (1966) 1983. Die Befreiung des Klangs. Übersetzt von Rainer Riehn. In *Edgard Varèse. Rückblick auf die Zukunft*, hrsg. von Heinz-Klaus Metzger und Rainer Riehn. Musik-Konzepte 6. München: Edition Text + Kritik.

Vogel, Erich. 1947. Das Magnetophon im Sendebetrieb. Magnetophon-Aufnahmetechnik. *Das Elektron* 2 (2): 26–28.

Vogel, Martin. 1984. *Schönberg und die Folgen. Die Irrwege der Neuen Musik. Teil 1: Schönberg*. Bonn: Orpheus Music.

Voigtschild, Fabian, Jonathan Sterne und Mara Mills. 2020. Anton Springer and the Time and Pitch Regulator. *Sound & Science*. https://soundandscience.net/contributor-essays/anton-springer-and-the-time-and-pitch-regulator/. Zugegriffen am 01.02.2024.

Volmar, Axel. 2015. *Klang-Experimente. Die auditive Kultur der Naturwissenschaften 1761–1961*. Frankfurt am Main und New York: Campus Verlag.

Volmar, Axel und Jens Schröter. Hrsg. 2013a. *Auditive Medienkulturen. Techniken des Hörens und Praktiken der Klanggestaltung*. Bielefeld: transcript.

Volmar, Axel und Jens Schröter. 2013b. Einleitung: Auditive Medienkulturen. In *Auditive Medienkulturen. Techniken des Hörens und Praktiken der Klanggestaltung*, hrsg. von Axel Volmar und Jens Schröter, 9–42. Bielefeld: transcript.

Wagner, Monika. 2010. Material. In *Ästhetische Grundbegriffe*. Bd. 3: Harmonie – Material, 866–882. Heidelberg: J. B. Metzler.

Wagner, Richard. 1873. *Das Bühnenfestspielhaus zu Bayreuth: nebst einem Berichte über die Grundsteinlegung desselben; mit sechs architektonischen Plänen*. Leipzig: Fritzsch.

Wagner, Richard. (1876) 1981. *Der Ring des Nibelungen. Ein Bühnenfestspiel für drei Tage und einen Vorabend. Dritter Tag: Die Götterdämmerung. Vorspiel und Erster Aufzug*. Hrsg. von Hartmut Fladt. Mainz: B. Schott's Söhne.

Wagner, Richard. 1883. *Parsifal*. Orchester-Partitur. Mainz: Schott.

Weber, Heike. 2018. Kassette. In *Handbuch Sound. Geschichte – Begriffe – Ansätze*, hrsg. von Daniel Morat und Hansjakob Ziemer, 332–337. Stuttgart: J. B. Metzler.

Webern, Anton. (1933) 1960. *Der Weg zur Neuen Musik*. Hrsg. von Willi Reich. Wien: Universal Edition.

Weir, William L. 2023. *BBC Radiophonic Workshop – A Retrospective*. New York, London und Dublin: Bloomsbury Academic.

Weiss, Ulrich. 2006. Hugo Dingler, der Nationalsozialismus und das Judentum. In *Wissenschaft und Leben. Philosophische Begründungsprobleme in Auseinandersetzung mit Hugo Dingler*, hrsg. von Peter Janich, 235–266. Bielefeld: transcript.

Wen-Chung, Chou. 1966. Varèse: A Sketch of the Man and His Music. *The Musical Quarterly* 52 (2): 151–170.

Wetzler, J. 1888. Le Phonograph. *La Lumière Électrique* 29: 502–504.

Wheeler, Jim. 1988. Increasing the Life of Your Audio Tape. *Journal of the Audio Engineering Society* 36 (4): 232–236.

Wicke, Peter. 2001. Sound-Technologien und Körper-Metamorphosen. Das Populäre in der Musik des 20. Jahrhunderts. In *Rock- und Popmusik*, hrsg. von Peter Wicke, 13–60. Handbuch der Musik im 20. Jahrhundert, Bd. 8. Laaber: Laaber.

Wicke, Peter. 2008. Das Sonische in der Musik. *Popscriptum* 10: 1–21. http://dx.doi.org/10.18452/20288.

Wicke, Peter. 2011. *Rock und Pop: von Elvis Presley bis Lady Gaga*. München: C.H. Beck.

Wilhelm Abrecht Mechanische Werkstätten GmbH. 1970. Magnetton-Bandspieler MB 2. Geräteprospekt. Ausgabe 1970/71. Berlin.
Wilson, Brian. 2016. Brian Wilson: How I Finished ‚Smile'. *The Daily Beast*, 09. November 2016. http://www.thedailybeast.com/articles/2016/11/09/brian-wilson-how-i-finished-smile.html. Zugegriffen am 23. März 2023.
Wilson, Daniel R. 2017. Failed Histories of Electronic Music. *Organised Sound* 22 (2): 150–160. https://doi.org/10.1017/S1355771817000061.
Winkler, Hartmut. 1999. Die prekäre Rolle der Technik. Technikzentrierte versus ‚anthropologische' Mediengeschichtsschreibung. In *[Me'dien]¹*. Dreizehn Vorträge zur Medienkultur, hrsg. von Claus Pias, 221–238. Weimar: VGD.
Wodianka, Bettina. 2018. *Radio als Hör-Spiel-Raum*. Bielefeld: transcript.
Wolfe, Tom. 1964. The First Tycoon of Teen. *New York Herald Tribune*, 3. Januar 1964.
Young, Liam Cole. 2016. Foreword: Wolfgang Ernst's Media-archaeological soundings. In *Sonic Time Machines. Explicit Sound, Sirenic Voices, and Implicit Sonicity*, von Wolfgang Ernst, 9–17. Amsterdam: Amsterdam University Press.
Zak III, Albin. 2012. No-Fi: Crafting a Language of Recorded Music in 1950s Pop. In *The Art of Record Production. An Introductory Reader for a New Academic Field*, hrsg. von Simon Frith und Simon Zagorski-Thomas, 43–55. Surrey und Burlington: Ashgate.
Zillien, Nicole. 2008. Die (Wieder-)Entdeckung der Medien. Das Affordanzkonzept in der Mediensoziologie. *Sociologia Internationalis. Internationale Zeitschrift für Soziologie, Kommunikations- und Kulturforschung* 46 (2): 161–181.

Diskografie

Basinski, William. 2002. *Disintegration Loops*. CD. 2062.
Berio, Luciano. (1958) 1967. Omaggio a Joyce. Auf *Orient – Occident / Momenti – Omaggio A Joyce / Continuo / Transition 1*. LP. Philips.
Burroughs, William. 1981. *Nothing Here But the Recordings*. LP. Industrial Records.
Cage, John. (1952) 1959. Williams-Mix. Auf *The 25-Year Retrospective Concert Of The Music Of John Cage*. LP. George Avakian.
Eimert, Herbert. (1962) 1966. Epitaph für Aikichi Kuboyama. Auf *Epitaph Für Aikichi Kuboyama / Sechs Studien*. LP. WERGO.
Guetta, David. 2011. Titanium. 12-Inch-Single. Kein Label (Promo).
Henry, Pierre. (1953) 2010. Le Voile d'Orphée II. Auf *Le Voile d'Orphée*. LP. Doxy Music.
Holly, Buddy. 1957. *Words of Love*. Single. Coral.
Kagel, Mauricio. (1960) 2004. Anagrama. Auf *Kagel by Mauricio Kagel*. Gespielt vom SWR Vokalensemble Stuttgart. CD. Hänssler Classic.
Ligeti, György. (1961) 1967. Atmosphères. Auf *Aventures – Nouvelles Aventures – Atmosphères – Volumina*. Gespielt vom Symphonie-Orchester des Südwestfunk Baden-Baden unter der Leitung von Ernest Bour. LP. WERGO.
Little Walter and His Night Cats. 1952. *Juke*. Single. Checker.
Luening, Otto und Vladimir A. Ussachevsky. 1955. *Tape Recorder Music*. LP. Gene Bruck Enterprises Inc.
Meek, Joe. 1960. *I Hear a New World. Part 1*. EP. Triumph Records.

Meek, Joe. (1960) 2019. *I Hear a New World*. CD. Re-Release inkl. der unveröffentlichten Original-LP. Él Records und Cherry Red Records.
Nono, Luigi. (1964) 1968. La Fabbrica Illuminata. Auf *La Fabbrica Illuminata*. LP. Wergo.
Open Reel Ensemble. 2023b. *Magnetize*. EP. Magnahertzha Records.
Oram, Daphne. 1957. *Prometheus Unbound*. Hörspiel.
Paul, Les. 1950. *The New Sound*. LP. Capitol Records.
Paul, Les. 1951. *How High the Moon*. Single. Capitol Records.
Paul, Les. 1951. *Les Paul's New Sound Vol. 2*. LP. Capitol Records.
Presley, Elvis. 1954. *That's All Right*. Single. Sun Record Company.
Raaijmakers, Dick (a. k. a. Kid Baltan). (1957) 1963. Song of the Second Moon. Auf Tom Dissevelt und Kid Baltan. *The Fascinating World Of Electronic Music*. LP. Philips.
Reich, Steve. (1967) 1968. Violin Phase. Auf *Live / Electric Music*. Gespielt von Paul Zukofsky. LP. Columbia.
Reich, Steve. (1967) 1987. Piano Phase. Auf *Early Works*. Gespielt von Double Edge, Edmund Niemann und Nurit Tilles. LP. Elektra Nonesuch.
Riley, Terry. (1964) 1968. *In C*. LP. Columbia.
Ruttmann, Walter. (1930) 1994. *Weekend*. Hörspiel. Metamkine.
Schaeffer, Pierre. (1948) 1950. *Étude Pathétique*. Acetat-Disc. RTF.
Schaeffer, Pierre. (1948) 1956. Étude aux chemins de fer. Auf *1er Panorama De Musique Concrète*. LP. Club National Du Disque.
Schaeffer, Pierre und Guy Rebel. 1967. *Solfège de l'objet sonore*. LP. Assistenz: Beatriz Ferreyra unter Mitarbeit von Henrie Chiarucci und François Bayle. Office de Radiodiffusion-Télévision Française (ORTF).
Stockhausen, Karlheinz. (1955/56) 1957. Gesang der Jünglinge im Feuerofen. Auf *Studie I / Studie II / Gesang Der Jünglinge*. LP. Deutsche Grammophon Gesellschaft.
Stockhausen, Karlheinz. (1966) 1974. Adieu. Auf *Kreuzspiel – Kontra-Punkte – Zeitmasze – Adieu*. Gespielt von The London Sinfonietta. LP. Deutsche Grammophon.
Strawinsky, Igor. (1913) 1958. *Le sacre du printemps*. Gespielt vom New York Philharmonic Orchestra unter der Leitung von Leonard Bernstein. LP. Columbia.
Summer, Donna. 1977. *I Feel Love*. Single. Casablanca.
The Beatles. 1966. Tomorrow Never Knows. Auf *Revolver*. LP. EMI.
The Beatles. 1966. *Revolver*. LP. EMI.
The Beatles. 1967. *Sgt. Pepper's Lonely Hearts Club Band*. LP. EMI.
Tornados. 1962. *Telstar*. Single. Decca.
Varèse, Edgard. (1958) 1960. „Poème Électronique". Auf *Music Of Edgar Varèse*. LP. Columbia.

Filme und Fernsehserien

2001: Odyssey im Weltraum. 1968. Regie: Stanley Kubrick, Stanley. Burbank, CA: Warner Home Video, 2007, Blu-Ray.
Achtung, Aufnahme! In den Schmieden des Pop. Folge 2. Die Magie des Studios. 2016. Regie: Maro Chermayeff und Romain Pieri. 2016. Dokumentation, 52:15 Min. Ausgestrahlt am 10. Februar 2017 auf ARTE Deutschland. Straßburg: ARTE France.

Altered States. 1980. Regie: Ken Russell. *Amazon.* Videostream, 01:42 h. https://www.amazon.de/gp/video/detail/amzn1.dv.gti.42a9f6c0-0bfa-3319-d107-5ae95d5c9f30?autoplay=0&ref_=atv_cf_strg_wb. Zugegriffen am 06. Juli 2023.

Mary Irwin Kiss. 1896. Regie: William Heise. Videostream, 18 s. https://www.loc.gov/item/00694131. Zugegriffen am 06. Juli 2023.

The New Sound of Music. 1979. Produktionsfirma: The British Broadcasting Corporation (BBC). *YouTube.* Videostream, 49:00 Min. https://www.youtube.com/watch?v=dUTdun0tFE8. Zugegriffen am 23. März 2023.

Omnibus, Staffel 2, Folge 4, Les Paul and Mary Ford. 1953. Produktionsfirma: CBS Television. Ausgestrahlt am 23. Oktober 1953. *Vimeo.* Videostream, 11:21 Min. https://vimeo.com/557375766. Zugegriffen am 20. März 2023.

Online-Videoclips und Musikvideos

Elvis Presley [YouTube-Channel]. 2017. Elvis Presley – The Story Behind Sun Studio's Famous „Slap Back" Echo. *YouTube.* Videostream, 14. Juli 2017, 1:41 Min. https://www.youtube.com/watch?v=FuStmPbG528. Zugegriffen am 19. April 2023.

Open Reel Ensemble. 2023c. MAGNETIZE (Official Music Video) – Open Reel Ensemble. *YouTube.* Videostream, 03:41 Min. https://www.youtube.com/watch?v=VoxH5T-TJho. Zugegriffen am 28. Juni 2023.

Open Reel Ensemble. 2023d. MAGNETIZE (Behind The Scenes) – Open Reel Ensemble. *YouTube.* Videostream, 07:23 Min. https://www.youtube.com/watch?v=UOSd58ZAcl8. Zugegriffen am 28. Juni 2023.

Winter, David. 2010. Jack Mullin Recounts His Discovery of the AEG Magnetophon Tape Recorder and How His Life Changed. *YouTube.* Videostream, 01:53 Min. https://www.youtube.com/watch?v=FeI30D4_aUQ. Zugegriffen am 27. März 2023.

Emails/Direktnachrichten

Teruggi, Daniel. 2022. Re: Question regarding the introduction of the phonogènes and the morphophone. Direktnachricht an Maximilian Haberer über Researchgate.com am 20. Juni 2022.

Abbildungsverzeichnis

Abb. 1   Das *Open Reel Ensemble* im Musikvideo *MAGNETIZE*. © Open Reel Ensemble —— **4**
Abb. 2   Valdemar Poulsens *Telegraphon*. © Meyers Großes Konversations-Lexikon —— **43**
Abb. 3   Das *Blattnerphone*. © BBC —— **45**
Abb. 4   Das *Magnetophon K1*. © AEG —— **47**
Abb. 5   Kompositionsskizze zu John Cages *Williams Mix* (1952). © John Cage —— **66**
Abb. 6   Das chromatische Phonogène (*Phonogène chromatique*). © ORTF, INA-GRM Archives —— **119**
Abb. 7   Das Universal-Phonogène (*Phonogène universel*). Vorne abgebildet ist die Phonogène-Einheit mit Tastatur, hinten das Steuerstangen-Interface für gleitende Klangmanipulationen. © ORTF, INA-GRM Archives —— **121**
Abb. 8   Das Dreispur-Magnetophon (*Magnétophone tripiste*). © ORTF, INA-GRM Archives —— **123**
Abb. 9   Das *Morphophone*. © ORTF, INA-GRM Archives —— **125**
Abb. 10 Schematischer Aufbau von Meyer-Epplers Klangschichtungsverfahren. © Werner Meyer-Eppler —— **157**
Abb. 11 Meyer-Epplers Zeit-Frequenz-Spektrum. © Werner Meyer-Eppler —— **179**
Abb. 12 Schaeffers Referenztrieder der drei Klangdimensionen. © Pierre Schaeffer —— **180**
Abb. 13 Prinzipschema des Studios für elektronische Musik. © Fritz Enkel —— **185**
Abb. 14 Die erste technische Einrichtung des Studios für elektronische Musik. Links die zwei Magnetton-Bandspieler. © NWDR —— **186**
Abb. 15 Der *MB 2*. © Wilhelm Albrecht GmbH —— **187**
Abb. 16 Der AEG *Tonschreiber b*. © George Shuklin —— **190**
Abb. 17 Die Tonhöhenregulierung des *Tonschreiber b*. © George Shuklin —— **190**
Abb. 18 Schematische Darstellung des Rotationskopfes im *Tonschreiber b*. © Eduard Schüller —— **191**
Abb. 19 Das *Tempophon*. © Infotronic Systems, Inc —— **192**
Abb. 20 Drehknopf zur Tonhöhenregulierung. © Fabio Ferrarini —— **193**
Abb. 21 Schematische Darstellung Tonbandgerät + *Tempophon*. © Hans-Ulrich Humpert —— **193**
Abb. 22 Springers Darstellung der Bandabtastung des Rotationshörkopfes bei verschiedenen Geschwindigkeiten. © Anton Marian Springer —— **197**
Abb. 23 Werbeanzeige für eine Edison *Diamond Disc Tone*-Test-Veranstaltung. © Edison Phonograph Company —— **224**
Abb. 24 Les Pauls *Ampex 300* mit zusätzlichem Wiedergabekopf. © Wolf Hoffmann —— **237**
Abb. 25 Nahaufnahme der acht übereinandergestapelten Tonköpfe des *Ampex 5282* („Octopus'). © Wolf Hoffmann —— **242**

https://doi.org/10.1515/9783111453064-007

Personen- und Sachregister

2001. A Space Odyssey 195

À la recherche d'une musique concrète 81, 103, 106, 127–128, 138, 145, 178
ABC 55–56, 230
Abgeschnittene Glocke *Siehe clouche coupée*
Abhören 19, 40, 67, 93, 102, 119, 131, 138, 141, 143, 148, 153, 172, 191, 220, 225, 228–229, 245, 263, 265, 271
Abschattungen 139–141, 266
Actor-Network-Theory 15, 17, 69, 84
Adieu 201, 269
Adorno, Theodor W. 6, 10, 39, 72–75, 77, 88, 156, 207, 254–255, 257, 273–274
AEG 46, 48, 50–51, 53, 185–186, 189, 191–192, 194, 268
Affordanz 8, 18–19, 28, 34, 40–41, 143, 148, 153, 199, 207, 214, 216, 235, 257
agency 13, 27, 30, 51, 72, 91, 206
Agfa AG 188
Akusmatik 137, 140–141, 143–144, 148, 153, 238, 240, 245, 255, 266
Akusmatische Reduktion 141, 143–144
Akustik 5, 7, 13–15, 71, 91, 108, 120, 139–140, 154, 159, 163–167, 169, 172, 178, 192, 201, 203, 206, 211, 214, 218, 226, 234, 238, 240, 244, 247–248, 250, 255–256, 267, 271
Aleatorik 65, 93
Altered States 133
Ampex 22, 53, 55–56, 93, 95, 230, 236, 238–239, 241–243, 246–248, 266, 271
- *200* 56, 230
- *200A* 55, 230, 236
- *300* 56, 236–238, 242, 248
- *350* 246
- *400* 93, 95
- *401A* 95
- *5282* 241–243, 271
AMULETS 277
Anagrama 89
analog 3, 11, 14, 37–38, 83–84, 171, 198–199, 267, 269, 276–277
Aneignung 5–6, 25, 70, 77, 183, 200, 252

Anfassen 7–8, 10, 24, 29, 35, 65, 67, 76–78, 82–83, 86, 89–90, 92–93, 102–103, 105, 108–109, 115, 117–118, 131, 152–153, 173, 201, 214, 242, 252–253, 262, 265, 268, 270, 273, 276
Archiv 106, 127, 182
Aristoteles 58, 69, 133
Arthys, Philippe 137
AT&T 44
Atlantic Records 242–243, 251
attack 107–108, 110, 112, 121, 130, 149–152, 210
Auditive Medienkulturen 6, 13–15, 20, 76, 84
Aufdeckung *Siehe* Entbergen
Aufschreibesysteme 6, 13, 15, 17, 33, 38, 67, 72, 76–77, 221, 225
Aufschreibung 39–40, 164, 177, 275
Authentische Komposition 11, 159, 162–163, 166–168, 172–174, 177, 181
Avantgarde 5, 30, 64, 68, 70, 87, 89–90, 106, 259

Babbit, Milton 30
Bachelard, Gaston 146, 159, 172
Bagdasarian, Ross 261
Baker, John 99
Barraqué, Jean 117, 123–124
Barron, Bebe und Louis 93
Barthes, Roland 59, 68, 251
Basinski, William 277
Baudry, Jean-Louis 17
Baumgärtel, Tilman 24, 33–34, 63, 101–102, 112–113, 246–248
Bazin, André 86
BBC 45, 54, 97–99, 103, 200, 257
BBC Radiophonic Workshop 97–100, 103, 200, 257
Beckett, Samuel 21–22
Beethoven, Ludwig van 59
Begun, Semi J. 44
Beherrschen 3, 26–27, 30, 33, 59, 106, 159, 169–170, 201, 207–209, 212, 214, 218, 248, 270
Béjart, Maurice 129–130
Bell Telephone Laboratories 155, 228
Benjamin, Walter 87
Berg, Alban 62, 72
Berio, Luciano 30, 89, 102

Beyer, Robert 8, 103, 156, 158, 161, 168, 181–184, 205, 212
Bijsterveld, Karin 13–14, 17, 22
Bischoff, Friedrich 89–90
Blattner, Ludwig 45
Blattnerphone 45
Blue Men 259–260
Bode, Harald 157, 185
Bohlman, Andrea 9, 36–39, 42
Bonz, Jochen 252
Boulez, Pierre 41, 62, 116, 123, 146, 206–208
Braque, Georges 87
Braunmühl, Hans-Joachim von 49–50, 52–53
Brautschek, Tomy 244, 246, 256–257
bricolage 232–233, 242, 248
Briscoe, Desmond 97
British Invasion 12, 256, 263–264, 266, 273
Britten, Benjamin 95
Brøvig-Hanssen, Ragnhild 18, 34–36, 92
Brown, Earl 66–67, 93
Brush BK-401 Soundmirror 230
Bürger, Peter 87–89
Burgess, Richard 24, 26–28, 54, 244
Burroughs, William S. 5, 21

Cage, John 30, 36, 64–66, 74, 92–94, 97
Capitol Records 27, 231, 235, 246
Capturing Sound. How Technology Changed Music 227
Carlos, Wendy 143, 161, 195
Caruso, Enrico 227
Chavez, Carlos 161
Chion, Michel 130–134, 137–138, 140–141, 231
Clavioline 260–261, 263
clouche coupée 107, 138, 141, 149
Club d'Essai 11, 105–106, 129, 206, 208–210, 213, 265, 270
Collage 21, 87, 89–90, 133
Columbia Records 231, 243, 251
Columbia Tape Music Center 94, 103, 276
concert hall realism 220, 228, 231, 245, 251, 253, 263
Concerto 136
Copeau, Jacques 105
Cox, Christopher 14, 267, 276
crooning 251
Crosby, Bing 53, 55–56, 231, 236, 251, 266

cut *Siehe* Montage
Cut-Up 21

Dadaismus 70–71
Dailygraph 44
Dalí, Salvador 132
Darmstädter Ferienkurse 62, 74, 90, 135, 156, 206, 208
Das Unternehmen der Wega 182
Dauer 32, 58, 63, 118, 120, 129–131, 149–152, 178, 202, 217, 271
DDR 22
Decca 27, 231, 246
Dehnen 130, 152, 194–196, 198, 200–201, 244, 269
Dehnerkopf *Siehe* Rotationskopf
Dekontextualisierung 107, 111, 113, 141, 148, 173, 183, 244–245, 252, 266, 272, 275
Delay 29, 32, 75, 94, 117, 125, 233–235, 245, 247, 257–258, 260, 264
Denken 8, 10, 27, 30–31, 33, 37, 41, 57, 62–63, 71, 76, 78, 80, 91–92, 102, 105–106, 109–110, 113–114, 120, 144–145, 153–154, 160–161, 189, 193, 199, 201, 207, 210–211, 216, 219, 233, 240–241, 263, 265, 268–270, 275–276
Derbyshire, Delia 97, 99–100
Derrida, Jacques 110, 170
Design 23–24, 40, 47, 84
Diamond Disc 223, 225–226
Dictaphone 44
die Reihe 64–65, 103, 208
Diederichsen, Diedrich 24–25, 249, 252–253, 256, 263, 266, 272
différance 110
Differenz 22, 109, 114–115, 174, 178–179, 181, 184, 201, 223
digital 3–5, 18, 38–39, 171–172, 198–199, 269, 276–277
Digital Audio Workstation 276–277
Diktiergerät 43–44, 225
Dingler, Hugo 159–160
Disintegration Loops 277
Diskurs 5–10, 12–16, 37, 41–42, 57, 69–70, 75, 103, 154, 158, 163–164, 170, 219, 222, 226, 228–229, 233, 251, 265, 275, 277
Dispositiv 8, 13, 15, 17, 19, 24, 68, 113, 199, 230, 239, 250–251

Dissevelt, Tom 96–97
DIY 23
Doctor Who Theme 99
Dodekaphonie *Siehe* Zwölftonmusik
Donaueschinger Musiktage 127–128, 131, 135–136
Dowd, Tom 242–243
Dudley, Homer 154–155

Echo 29, 32, 36, 96, 107, 125, 133, 176, 245–248, 250–251, 256–257, 261, 263
Echokammer 107, 133
Ediphone 44
Edison Phonograph Company 223, 226
Edison, Thomas A. 33, 37–40, 42, 55, 221, 223, 225–226
editing *Siehe* Montage
Eidetische Reduktion 142–143, 183
Eimert, Herbert 8, 64–65, 67, 71–72, 103, 146, 154, 156, 158, 161, 168, 181–184, 194–195, 205–214, 266, 270
Einklammerung 140–141, 153
Einschreibung 32, 38–40, 76–77, 113, 164, 177, 234, 275
Eisenoxid *Siehe* Stahlpulver
Eisenstein, Sergej 86
Elektronische Klänge 11, 93–94, 96, 98–99, 106, 155, 178, 183
Elektronische Musik 8, 11, 24, 29–30, 81, 94, 97–99, 101–103, 105, 108, 154, 156, 158–160, 168–170, 173–174, 176–177, 181, 184–186, 188, 190, 201–207, 212–214, 218–219, 265, 267–268, 274
Elvis 5, 32–33, 246–248
EMI
 – *TR50* 260
 – *TR51* 260
Emons, Hans 87–89
Engel, Friedrich 6, 21, 42–44, 46, 48–50, 52–53, 55–56, 191–192
Enkel, Fritz 158, 162, 185–186, 188–189, 194, 202–203, 205
Eno, Brian 219–220, 245, 259–260, 272
Entbergen 10, 32, 71, 79, 83, 107–108, 110–111, 113, 118, 136, 138, 142–144, 146–147, 172, 212, 266–267

Entdecken 106, 110, 113, 147
Epistemisches Ding 10, 41, 81–83, 91, 106–107, 109, 114–115, 144, 146–148, 152, 160, 170–174, 265
Epistemisches Regime 7, 9, 36–39, 41–42, 274–276
Epitaph für Aikichi Kuboyama 194–195, 266
Epoché 140–141
Ernst, Wolfgang 7, 11, 13, 16, 22, 24, 31–33, 164–167, 173, 212, 267, 275
Essl, Karlheinz 216
Étude 34, 112, 136
Étude aux chemins de fer 112
Etude II 208
Étude Pathétique 34
Études de bruits 113
Experiment 11–12, 21, 24, 29–30, 36, 49, 69, 81–82, 84, 93–94, 100, 102–103, 105–112, 114–116, 120, 123, 128, 136–138, 145–148, 151–152, 155, 158–159, 164, 166, 169–174, 176–178, 181, 183, 201, 204, 206–207, 222, 232, 235, 246, 257, 259, 266–268, 273
Experimentalsystem 11, 81–82, 91, 106, 109–110, 114, 152, 155, 169, 172–174, 266–267, 274–275

Férès, Maria 128
Fernsehen 28, 97, 250
Ferreyra, Beatriz 138
fidelity 12, 22, 27, 35–36, 49, 147, 220–223, 225–226, 228–232, 238, 245, 249–251, 257, 262–263, 271
Film 9, 11, 15, 24, 33, 37–38, 44, 51, 78, 86–87, 90, 93, 98, 133, 168, 188–189, 195–196, 220, 244, 251, 268, 272
Filter 107, 125, 133, 170, 172, 181–182
Fischinger, Oskar 163
Flatterecho 176, 204, 261–262
Flesch, Hans 89–90
Ford, Mary 237–240
Forest, Lee de 44
Foucault, Michel 13, 16, 68
Fourier, Jean-Baptiste 166
Fraunhofer Institut 199
Freeman, Rod 259
Freistellen 107, 266

Frequenzen 16, 49–50, 55, 65, 72, 108–109, 121, 124, 131–132, 175, 178, 180, 191, 196, 213, 235, 250
Fruth, Pia 23–24
Futurismus 30, 70–71, 88, 95, 107, 112

Gaisberg, Fred 227–228
Geertz, Clifford 8
Gerhard, Roberto 97
Gesang der Jünglinge 89, 132, 134, 217
Geschlossene Rillen Siehe *sillon fermé*
Gesellschaft für Medienwissenschaft 14
Gibson, James J. 18
Goddard, Geoff 263
Goethe, Wolfgang von 70
Goeyvaerts, Karel 103, 169, 182, 184, 205–206, 208–214, 270
Gold Star Studios 256
Gould, Glenn 5, 36
Grammophon 9, 15, 20, 24, 38–39, 48, 51, 76, 78, 117, 153, 162–163, 196, 216, 223, 229
Grammophon, Film, Typewriter 9, 15, 24, 38, 51, 78, 196
Grammophonmusik 77
Granularsynthese 191, 201
Grimaud, Yvette 123
GRM 117, 120, 126–127, 137, 146, 189, 200
GRMC 116–117, 136–137, 146
Großmann, Rolf 5, 7, 9–10, 17–19, 25, 75–76, 79, 274
Gruppen 217
Gurdjieff, Georges I. 116

Haffke, Maren 276
Hagen, Wolfgang 5, 14, 243, 272
Hainbach 277
Hall 29, 75, 100, 125, 131, 204, 214, 248, 250–251, 258, 264
Hallo! Hier Welle Erdball 90
Hand 9–10, 24, 29, 41, 45, 51, 57, 65, 67, 71, 77, 85, 91, 93–94, 105, 107–108, 124, 135, 154, 161, 203, 211, 233, 256, 258
Handwerk 9–10, 24, 41, 57–65, 67, 77–83, 85–86, 89, 91, 93, 99, 105–108, 153, 162–163, 183, 185, 189, 203, 205–206, 211, 233, 242, 265, 269
Haptik 4, 29, 39, 92
Hartley, Harold A. 229

Haubenstock-Ramati, Roman 117
Haute-Voltage 132
Heidegger, Martin 32, 68, 77, 111, 143, 174
Henry, Pierre 11, 30, 103, 123–124, 126–133, 135–137, 260, 269
Hindemith, Paul 77, 163
Hochfrequenz-Vormagnetisierung 44, 49–50, 52–55, 229–230
Hodeir, André 116
Holly, Buddy 248–249
Holmes, Thom 24, 29–30, 92–93, 95, 98–99, 102, 105–108, 114, 116, 186, 189, 214
Holst, Gustav 259
Homer 57–58
Hörkultur 11, 164
Hörtechniken 8, 15, 19, 225, 277
Hörwahrnehmung 12, 19, 93, 138, 140–141, 145, 148–149, 152, 155, 164, 170, 176–178, 196–197, 199–201, 212, 214, 217, 226, 228–229, 267, 269–271, 275
How High the Moon 232, 237–238, 242, 271
Humpert, Hans U. 112, 168, 177, 184–185, 193–194, 202–205
Husserl, Edmund 11, 68, 139–142, 145, 266

I Hear a New World 12, 245, 259–260, 262–264, 273
I. G. Farben 46–48, 51
Ikonizität 25, 173, 232, 245, 252, 255, 257
Illusion 170, 230–231, 239, 251, 255, 271, 273
Imaginäres 38, 86, 197, 262
Imaginarien 4, 103, 163, 169, 201, 213–214, 241, 243, 270–271
In C 101–102
Independent Broadcasting Company 258
Indexikalität 25, 37–38, 107, 171, 173, 222–223, 232, 245, 251–253, 255–257, 272
Information Rate Changer Siehe *Tempophon*
Informationstheorie 65, 159, 166–167, 170, 181, 201
Instrument 28–30, 71–72, 85, 95, 100, 107–108, 117–118, 122–123, 129, 134, 149–150, 157, 167–168, 170, 172, 210, 217, 222, 235, 238, 244, 248, 254–255, 257
Interface 24, 39, 214
Invarianz 142, 150, 183, 266
Isolation 107, 112–113, 122, 216
Iverson, Jennifer 67, 158, 182–183, 206

Janet, Paul André 42
Jason Oscillator 99
Jay, Martin 171
Juke 246

Kagel, Mauricio 89, 161
Kane, Brian 39-41, 138-146, 148, 235, 238-240, 255, 266, 276
Karajan, Herbert von 5
Kassette 20, 23-24, 39
Katz, Mark 5, 14, 24-26, 76, 227
Kid Baltan 96-97
Kirchmeyer, Helmut 184, 208-210
Kittler, Friedrich A. 9, 13-17, 20, 24, 31, 37-38, 51-52, 67-68, 76, 78, 80, 82, 86, 165, 173, 192, 196-198, 212, 262, 276
Klang im unbegrenzten Raum 182-183
Klang
– Klangästhetik 6-7, 12, 17, 27, 97, 100, 103, 186, 211, 219-220, 226, 246, 254, 256-257, 273-274
– Klangdichte 12, 134, 220, 237, 257, 273-274
– Klangexperimente 11, 100, 109, 149, 163, 169, 177, 268, 275
– Klangfarbe 75, 94, 96, 98, 125, 130, 149-150, 156-157, 169, 175, 182-183, 211, 250, 254, 256
– Klangkonzepte 6-12, 19-21, 28, 33, 35, 38, 67, 77-78, 80-83, 91, 102-103, 109, 138, 143, 147, 159, 164, 167, 195-196, 199-201, 219-220, 248, 254, 256, 265, 267, 269, 271-272, 275-276
– Klangkultur 5, 13-15, 20, 75, 244
– Klangmaterial 10, 27, 35, 83, 91, 94, 97, 105-106, 108, 112, 115, 119, 121, 131, 134-135, 152, 174, 181-184, 189, 196, 202, 210, 212, 214, 216, 262, 268-270
– Klangobjekt 11, 106, 108, 114, 137-148, 153, 178, 183, 266-267
– Klangsignatur 12, 220, 232, 234-235, 246, 250-254, 256-257, 272, 274
– Klangtechnologie 5, 9, 13, 18-19, 49, 229
– Klangwahrnehmung *Siehe* Hörwahrnehmung
– Klangzeichen 249, 252-253, 256-257
Klangstudie I 182
Klangstudie II 182-183, 205
Klassifizierung *Siehe* Ordnung

Kleben *Siehe* Montage
Knorr-Certina, Karin 84
Koenig, Gottfried M. 161, 216
Komponieren 6-8, 10, 16, 29, 40, 61-63, 67, 85-86, 88, 91, 95, 98, 102, 105, 110-112, 124, 126, 129, 132, 136, 154, 157, 160-163, 166-168, 172, 174, 177-178, 184, 189, 206-208, 213, 217, 254, 267-270
Komprimieren *Siehe* Raffen
Konjunktur 107, 110
Konkrete Etüde 209-210
Kontakte 217
Kontrollieren *Siehe* Beherrschen
Kopfhörer 245
Kopieren 3, 10, 29, 57, 66, 181, 204, 223, 270
Kracauer, Siegfried 86
Krapp's Last Tape 21-22
Krebsgang *Siehe* reverse
Kubismus 88
Kubrick, Stanley 195
Kulturgeschichte 23, 25, 27-28, 34
Kybernetik 170, 174, 181, 185, 200

La coquille à planètes 105-106
La Fabbrica illuminata 89
Labor 19, 42, 84, 105, 112, 121, 127, 148, 152, 157-161, 192, 206
Lacan, Jacques 15, 24, 37-38, 86, 196-197
Langspielplatte 94, 97, 231, 259-260, 263-264
Latour, Bruno 69, 84, 109, 159, 171, 196
Lautsprecher 48, 71, 96, 122, 135, 167, 172, 210
Lautstärke 6, 108, 178, 207, 211
Lázsló 76, 162-163
Le Corbusier 95
Le sacre du printemps 88
Le Voile d'Orphée 11, 129-130, 132-135
Leiber, Jerry 243, 256
Leibowitz, René 62, 207
Les Paulverizer 239-240, 245, 255, 271
Les Paulverizer 239
Les Paul's New Sound Vol. 2 253
Lévi-Strauss, Claude 80, 215, 233
Lieben, Robert von 44
Liederkranz Hall 251
Ligeti, György 30, 154, 160-161, 206
Limehouse Blues 233
linguistic turn 68

Linguistik 68, 139, 154
Little Walter 246
Loop 10, 22, 29, 33–34, 38, 40–41, 57, 96, 98–102, 112–113, 118, 124–126, 131–132, 175, 203–204, 239, 259–260, 264–265, 270, 273
Löschen 39–40, 236
Lover (When You Are Near Me) 235
Luening, Otto 30, 93–94
Lynch, Mike 84

M ... Mix 100
Maderna, Bruno 30, 102, 206
Madonna 5
Magnetfilm 185–188, 268
Magnethall 204, 270
Magnetophon 46–50, 52–55, 122, 124, 126, 155, 157, 160, 213, 230, 236
– *AW 1* 155
– *K1* 46, 48, 50, 52
– *K2* 49
– *K4* 54, 230, 236
– *R 22a* 53
Magnétophone tripiste 11, 117, 122–124, 126
Malerei 83, 161–163, 256
Manipulation 12, 27, 31, 33, 39, 50, 52, 76, 92–94, 105–108, 111, 113, 115–116, 118, 120, 122, 124, 126, 130, 135, 138, 142–143, 150, 153, 176, 184, 193, 195–197, 201–202, 205, 207, 209, 213, 219, 236, 238, 247–248, 253, 260, 266
Manning, Peter 24, 29, 94, 97, 107, 112–113, 116, 154–157
Martin, George 221, 253, 255, 273
Marx, Adolf Bernhard 58–59, 65
mastering 26–28, 39, 220, 244
Material 7, 10, 24, 34–35, 46, 50, 60–61, 63–64, 67–79, 85–86, 89–91, 93, 99, 102, 107–108, 110–111, 113, 117, 127, 136, 177–178, 180, 182, 187, 201, 209–210, 218, 245, 249, 256, 265, 268, 274–275
Material Culture Studies 68, 85
Materialbewusstsein 41, 63, 65, 77–78, 80, 83, 91, 105–106, 189
Materialität 4–5, 8, 10, 13, 17–18, 20, 28, 33, 35–36, 38–41, 57, 65, 67–69, 71–72, 139, 165, 173–174, 251, 265, 276
Materie 10, 60, 63, 67–71, 76, 107, 111, 113, 121–122, 159, 164, 178, 252

McLuhan, Marshall 13, 215, 218
McMurray, Peter 9, 37–40, 42
Mechanischen Werkstätten Wilhelm Albrecht 185–188
Medien- und Kulturwissenschaft 5–6, 9, 13–15, 67–68, 103, 165, 215
Medien
– Medienarchäologie 4, 9, 13–16, 19, 31, 33, 165–167, 277
– Medienästhetik 24
– Mediengeschichte 9, 13, 21, 23, 26–27, 42, 262
– Medientheorie 24, 30, 38, 76, 166, 196–197, 215, 218
Meek, Joe 12, 220–221, 245, 253, 257–260, 262–264, 266, 272–273
Melochord 157, 182, 185, 208
Mercury 246
Messen 11, 23, 38, 92–93, 99, 151–154, 179, 203, 207, 214–217, 225, 228, 247, 265, 270
Messiaen, Olivier 41, 62, 117, 123–124, 208
Metamorphose 78–80, 83, 91, 106, 108, 122, 189
Metaphysik 37, 58, 144, 169, 214
Meyer-Eppler, Werner 8, 11, 103, 154–164, 166–170, 172–183, 188–189, 192, 195, 206–207, 211–212, 266–268, 274–275
MGM 27, 231
Mikrofon 100, 107, 109, 116, 155, 168, 184, 228, 232, 237–238, 247, 250–251, 258, 261–262, 269
Milhaud, Darius 117
Mills, Mara 99, 192–195, 200–201, 269
Mischpult 107, 109, 116, 211, 236–237, 250
Möbius, Hanno 88
Modell 19, 37, 56, 169–170, 172–174, 196, 199
Moholy-Nagy, László 77, 163
Monochord 183, 185
Montage 9–11, 21–22, 24, 26–27, 29, 36, 38–41, 46, 50, 55, 57, 65–67, 77, 85–94, 102, 105–109, 116, 124, 129, 134, 139, 142, 144, 147, 149–150, 152–154, 161, 173, 181–183, 189, 197, 201–203, 205, 207, 211, 214, 216, 219, 230, 235–236, 239, 257–258, 265–267, 269–270
Morawska-Büngeler, Marietta 154, 158, 181–182, 184–186, 203
Morgenröte 182–183, 205
Morphophone 11, 115, 117, 124–126, 131

Motte-Haber, Helga de la 59, 95–96
MP3 20, 199–200, 269
Mullin, Jack 54
Mullin, John T. 53–56, 230, 236
multitrack recording 28, 35, 162, 219–221, 232, 241–244, 249, 251, 253, 255–257, 272–273, 276
Music for Tape 81, 94, 168, 257
Musik
– Musikalisches Material 6, 10, 71–72, 74–75, 77
– Musikethnologie 13, 48
– Musikkultur 5–6, 8, 13, 16, 24, 62, 75, 105, 206
– Musikproduktion 7, 10, 12, 23–24, 26–27, 31, 53, 90, 96, 99, 102, 149, 154, 161, 188, 220–221, 226, 228, 230–232, 243–244, 246–249, 255, 257–258, 262, 265, 268, 271–273
– Musiksoziologie 10
– Musiktheorie 65, 71, 112, 119, 139, 218, 269
– Musikwissenschaft 10, 24, 48, 58, 71, 103, 165, 180, 195
Musikalisches Nachtprogramm 156, 158, 161
Musique Concrète 8, 11, 36, 40, 81, 89, 94, 97–98, 101–103, 105–106, 108, 110–118, 121, 123, 126–128, 137–138, 141, 145–146, 168, 178, 181, 183–184, 219, 257, 260, 265–266, 274
MWA
– *MB 2* 162, 186–188, 211, 268
– *MB 3* 188
– *MB 51* 188
– *MTK 1* 187
– *MTK 4* 187
myth-science 4

Nachträglichkeit 36, 92, 107, 162–163, 171, 177, 188, 197, 219–220, 244–245, 252, 272–273
Neue Musik 10, 60, 62, 72, 81
Noema 140
Nono, Luigi 89, 102, 206
Norman, Don 18
Nr. 4 mit toten Tönen 209, 212–213, 270
Nr. 5 mit reinen Tönen 213
NWDR 117, 156, 158, 185

Obertöne 63, 71, 125, 130, 133, 212
Oliveros, Pauline 100
Ondes Martenot 29, 96, 108

Open Reel Ensemble 3–5, 274, 277
Oper 127–128, 136
Oram, Daphne 97–99, 162
Oramics machine 98
Ordnung 10, 15, 36, 38, 58–59, 62–65, 71–73, 94, 105, 137, 145, 154, 170, 183, 206–207, 209, 211–212, 217
organized sound 94
Orphée 126–131, 134–136
– *Orphée 51* 126–129, 135–136
– *Orphée 53* 127, 129–131, 135–136
Ostinate Figuren und Rhythmus 182
overdubbing 26, 35, 38, 40–41, 161, 232, 237, 240–241, 243, 255–258, 261–263, 273
Ovid 79

Papenburg, Jens Gerrit 6, 14, 20, 31, 33, 165–166, 276
Papier 10, 39–40, 43, 46, 85, 202, 222
Parikka, Jussi 4–5, 13, 16, 277
Partitur 6, 15, 67, 74–76, 95, 124, 250
Patent 9, 42–44, 50, 117, 122, 191–192, 221
Patty, Norman 220–221
Paul, Les 12, 35, 40–41, 220–221, 232–243, 245, 248, 253–259, 266, 271–272
Peirce, Charles S. 25, 171, 173, 232, 272
perceptual coding 12, 200, 269
Percussion 96, 107
Performance 5, 201
Pet Sounds 221, 245
Peters, John Durham 5, 222
Petty, Norman 248–249
Pfleumer, Fritz 39–40, 46–47
Pfropfen 114–115, 173, 267
Phänomenologie 11, 68, 111, 137, 139–141, 144–145, 147, 153, 171, 173, 181, 267
Phantasmagorie 144, 254–255
Phasensprünge 196
Phasenverschiebung 205, 270
Philippot, Michel 117
Philips 95–96, 129
Philips Research Laboratories 96
Philips-Pavillon 95
Phillips, Sam 32, 36, 220–221, 245–249, 255, 272–273
Phonautograph 221
Phonetik 154, 156, 159, 178

Phonogène 11, 115, 117–122, 125–126, 128–132, 134–135, 142–143, 150–151, 213, 266
– *Phonogène à coulisses* 119–120, 125, 129–131
– *Phonogène chromatique* 118–120
– *Phonogène universel* 120–122, 213
Phonogène
– Phonogène chromatique 122, 132
Phonograph 5, 7, 9–10, 12–13, 15–17, 19–20, 24–28, 31–32, 35, 37–42, 48, 75–77, 79, 81, 91–93, 105–106, 108, 114, 118, 126, 138, 142, 153, 171, 196–197, 219–223, 225–232, 234, 244–245, 249–250, 252, 255, 262, 269, 271–277
Phonographisches Material 7, 10, 75–77, 79, 81, 89, 91–93, 103, 111, 220, 244, 249, 255, 272–273
Physik 20, 154, 159, 166
Piano Phase 101
Picasso, Pablo 87
Pinch, Trevor 5, 13–14, 17, 20, 84–85
Pink Floyd 5, 38, 262, 276
Plastik 10, 23, 46–47, 49, 76, 85, 197
Platon 58
Plattenschneidemaschine 39, 107–109, 116, 232–235, 238, 258
Plattenspieler 29, 98, 107–110, 113–116, 125, 127, 224
Poème Électronique 95
Poème Électronique 96
Popmusik 5, 8, 12, 14, 17, 24–26, 34, 36, 75–77, 84, 91, 97, 99, 102–104, 219–221, 237, 248–253, 255, 257, 271–274
Pop-Musik (Diederichsen) 25, 249–250, 252–253
Postproduktion 26, 90, 161, 177, 220, 244
Postpunk 23
Poullin, Jacques 11, 113, 117–118, 120, 122, 125–126, 189
Poulsen, Valdemar 42–44
Pousseur, Henri 64, 124
Präparat 173–174
Präsenz 37, 78, 228–229, 231, 262
Praxeologie 9, 15, 17, 19–20
Praxis 8, 10–13, 15–19, 21–30, 33–35, 39–42, 46, 48–52, 55, 57, 65, 67–69, 75–87, 89, 91, 94, 99, 102, 104, 105, 113, 116, 122–124, 127, 129–131, 137, 140, 144, 146–149, 153–154,
160–161, 168, 170, 172, 175–176, 178, 182, 185, 187–189, 191–192, 194–196, 198, 200, 202–203, 205–206, 209, 212, 215–216, 218–222, 225–228, 232–233, 235–237, 243, 246, 248–250, 252–253, 255, 258–259, 265, 268, 270–271, 274, 277
Prieberg, Fred 125, 135
Prince 5
Produktionsästhetik 7–8, 20
Produzent_innen 26–28, 32, 35, 98, 102, 220, 227, 231, 244–245, 247–250, 252–253, 258–260, 263, 272–274
Prometheus Unbound 98
protodigital 12, 198–199, 269
Prozessieren 181, 183–184, 202
Prüfung 107
Psychoakustik 159, 199–200, 206, 214, 218, 267
Pupître d'espace 124
Putnam, Bill 246
Pythagoras 16, 140–141, 143, 145–148, 166, 266

Raaijmakers, Dick 96
Radio 5, 14, 19–20, 28, 32, 39, 45–46, 49, 52–55, 89–90, 97, 105, 115, 120, 133, 142, 181, 183, 188, 200, 202, 205, 210, 229–230, 232, 238, 244, 250–251, 258, 277
Radio Luxembourg 258
Radiodiffusion-Télévision Française 105–107, 116–117, 120, 136–137, 182
Radiodiffusion-Télévision Française 105, 108, 113
Raffen 152, 194, 196, 198–200, 214, 269
Ramone, Phil 244
Ranger, Richard H. 54, 236
Rangertone Tape Recorder 54
RCA Mark II Sound Synthesizer 276
RCA Victor 27, 231, 246
Reales 15–16, 24, 31, 38, 76, 165, 173, 196–197, 199, 214, 276
Realismus 86, 223, 226, 228, 231, 251, 271
Rebel, Guy 138, 151
recording culture 12, 26–28, 36, 219–220, 226, 266
Reduziertes Hören 140–141, 143, 145
Reich, Steve 34, 39, 46, 52, 100–101
Reihentechnik Siehe Zwölftonmusik
Remanenz 50

Repräsentationsraum 109–110
Reproduktion 3, 5, 7, 10, 19, 25, 28, 32, 35, 44, 47–48, 50–51, 76, 85, 92, 109–110, 114, 125, 140–144, 147, 149, 157, 168, 174, 187, 204–205, 221–223, 225–226, 228–229, 232, 234–235, 250, 266, 271, 273, 275
Reproduktionsklavier 163, 232, 260, 276
Retromanie 4
reverse 29, 31, 113, 133, 147, 151–152, 176–177, 204, 260, 267, 270–271
Revolver 36
rewind 39
Rheinberger, Hans-Jörg 10–11, 81–83, 91, 108–110, 113–114, 144, 146, 159–160, 169–174, 202, 265, 267–268
Riley, Terry 100–102
Rollin, Monique 117
Rotationskopf 12, 52, 120, 186, 189, 191–195, 198–199, 201–202, 213, 268–269
RPM Records 259
RRG 46, 49–53
Ruschkowski, André 24, 29, 154, 184
Russel, Ken 133
Russolo, Luigi 71
Ruttmann, Walter 90

Sabbe, Hermann 213, 216
San Francisco Tape Music Center 100–101, 103
SAREG 117, 120, 125
Satie, Erik 88
Sauguet, Henri 117
Scelsi, Giacinto 76
Schaeffer, Pierre 5, 11, 30, 33, 36, 81, 97, 103, 105–124, 126–130, 135–153, 156, 159, 177–179, 181–183, 195, 204, 206, 213, 260, 265–267, 274–275
Schafer, Murray R. 14, 23, 92, 164
Schall 5–7, 9, 25, 38, 42, 44, 50, 65, 71, 75–77, 80–81, 85, 89–90, 108, 115, 138, 154, 164–167, 169, 177, 180, 214, 219, 221–222, 267, 274–275
Schallplatte 20, 23–24, 27, 39, 41, 43–44, 55, 76–77, 107–110, 112–113, 118, 126, 129, 135, 142, 219, 223, 228–231, 234, 246, 258
Scherchen, Hermann 120, 146, 195, 201

Schichten 11, 41, 92, 154, 157, 160–163, 172, 174–176, 188–189, 207, 210–211, 214, 219, 233–236, 239–241, 243–244, 248, 254, 257, 268, 271, 273
Schleifen *Siehe* Loop
Schmidt Horning, Susan 21, 24, 26–28, 36, 220, 228, 230–231, 242–244, 246, 250–251, 253
Schneiden *Siehe* Montage
Schönberg, Arnold 59–62, 65, 72–74, 206–207
Schröter, Jens 13, 15, 17, 19, 199, 277
Schüller, Eduard 46–47, 155, 191–194, 199, 268
Schulze, Holger 6, 14, 20, 33, 213
Schütz, Heinz 181–183, 202–203, 205
Schwingungen 11, 16, 32, 71, 163–164, 166–167, 177–178, 214, 218, 222, 267, 271, 274–275
Science and Technology Studies 10, 13, 15, 17, 69, 83–85, 91
Sekundäres *Siehe* Zweites
sel-sync 241–243
Sender, Ramón 100–101
Sennett, Richard 10, 57–58, 77–80, 83, 106, 115, 189, 201, 209, 265, 269
Serielle Musik 12, 40–41, 62, 64–65, 71–72, 74, 98, 184, 199, 207–209, 211–212, 214, 216–218, 270
Serres, Michel 109
Sgt. Pepper's Lonely Hearts Club Band 36, 221
Shannon, Claude 166–167, 201
Siemens-Studio für elektronische Musik 102
Signal 32, 43, 49, 67, 125, 148, 169, 172–175, 177, 183, 191, 193, 198, 200, 204–205, 214, 250, 267, 269, 276
sillon fermé 112–113, 121, 127, 138, 141, 143, 153, 266, 274
Silvertone Sears and Roebuck Tape Recorder 100
Sinatra, Frank 251
Sinus-Ton 207–213, 268
Skalieren 12, 174, 207–208, 210, 214–217, 270
Skordatur 235
slapback echo 32–33, 36, 245–247
Smith, Oberlin 42
Snyder, Ross 55–56, 241–242
Sobotnick, Morton 100
Solfège de l'objet sonore 138, 142, 150–151, 265
sonic turn 5, 13–14

Sonisches 7, 11, 14, 31–32, 164–167, 211–212, 257, 261, 265, 267, 273–275
sound hunter 22
sound on sound 26, 35, 219, 232–234, 236, 239, 241–242, 245, 248, 253–256, 259, 266, 271, 273
Sound Studies 6, 9–10, 13–17, 19–20, 31, 33, 37, 72, 75, 252, 276
Soundscape 14, 23, 164
Soundsignatur *Siehe* Klangsignatur
Soundzeichen *Siehe* Klangzeichen
Sozialgeschichte 23, 28
Spector, Phil 35, 220–221, 253–257, 272–273
Speichern 5, 9, 14, 19, 32, 40, 42–44, 47, 50, 55, 80, 85, 89, 93, 109, 131, 157, 160, 163, 168, 171–172, 179, 197, 216–217, 221–222, 227–228, 231, 236, 241, 252, 257, 262, 267, 274, 276
Spiel für Monochord 182
Springer, Anton M. 120, 189, 192, 194–196, 198, 200–201, 268
Springermaschine Siehe Tempophon
Spur 172
Stahlband 42, 45–46
Stahldraht 42–43, 100
Stahlpulver 46, 76, 199
Star Sound Studios 260
Steinecke, Wolfgang 156
Sterne, Jonathan 9, 14–15, 19–20, 153, 192–195, 198–200, 223, 225–226, 228, 269
Stille, Curt 44–46
Stimme 16, 22, 32, 35, 37, 40, 48, 78, 108, 131–134, 155–156, 195, 221–223, 225, 239–240, 244, 246, 248, 251, 254, 260–262
Stockhausen, Karlheinz 5, 8, 30, 36, 62–65, 67, 71–72, 74, 77, 81, 89, 97, 103, 117, 124, 132, 134, 154, 158, 161, 182, 184, 195, 201, 205–214, 216–217, 269–271, 275
Stoller, Mike 243, 256
Strawinsky, Igor 88, 124
Strobel, Heinrich 135–136
Stuckenschmidt, Hans H. 163, 211
Studie I 211–212
Studie II 214
Studio di fonologia 102, 200

Studio für Elektronische Musik 8, 11, 63, 117, 156, 158, 160, 181–182, 185, 192, 194, 200, 202, 207–208, 210–211, 213, 268, 270, 276
Suite 136
Sun Studios 246–247
Surrealismus 133
Symbolisches 15, 38, 74, 111, 165, 173
Symphonie 48, 100, 128, 135–136, 138
Symphonie pour un homme seul 128, 135
Synchronisierung 122, 154, 161, 187–189, 204, 244
Synthesizer 5, 14, 20, 25, 34, 84–85, 95

Tagebuch 11, 105–112, 116, 118, 126–128
Tainter, Charles Sumner 42
Taruskin, Richard 24, 29–30, 67, 94, 96
Technikdeterminismus 16
Technologisches Objekt 10, 41, 81–83, 91, 109–110, 114, 147, 160, 202, 265
Telefon 19–20, 43–44, 200
Telefunken 185–186
 – *T8* 185–186
Telegraphon 42–43
Telstar 260, 263–264, 266, 273
Tema – Omaggio a Joyce 89
Tempo 11, 51–52, 100, 102, 117–120, 122, 129, 131–132, 143, 150–151, 176, 179–180, 186, 191–196, 200, 202–203, 217, 232, 235, 242, 260–262, 268–269
Tempophon 12, 120, 189, 192–201, 213, 268–269, 276
Teruggi, Daniel 116–117, 119–120, 122, 124–126, 129–130, 138
That's All Right, Mama 247
The Audible Past 9, 14, 19, 223
The Beach Boys 195, 221, 245
The Beatles 5, 34, 36, 38, 221, 240, 245, 263, 271
The Fascinating World of Electronic Music 97
The New Sound 46, 235, 253–254
The Tornados 260, 263
Theater 21–22
Théberge, Paul 24, 28, 35, 219, 249–250, 257
Theremin 29–30
Thompson, Emily 224–225
Timbres-durées 124
Time Perspectives 100

Toch, Ernst 77
Tolana 117, 120, 122
Tone Tests 223-226
Tonfilm 28, 44, 89-90, 161, 188, 231, 250
Tonhöhe 52, 75, 99, 117-118, 120, 122, 130-131, 150-151, 178, 186, 189-191, 193-195, 201-202, 204, 207, 211, 214, 217, 235, 250, 260, 268, 271
Tonkopf 3, 10, 41, 45, 47-48, 50, 117-118, 120, 124-126, 131, 176, 186, 191, 193-195, 198, 203-204, 236, 238, 241, 248, 268
Tonschreiber 11, 50-53, 186, 189, 191-194, 202, 268, 276
– *Tonschreiber b* 11, 52-53, 186, 189, 191-194, 202, 268, 276
Tonstudio 3, 8, 11-12, 24, 26-30, 32-35, 55-56, 63, 66, 81-82, 91, 96-99, 101-102, 105-107, 115-118, 120, 122-123, 126, 136-137, 143, 154, 156, 158, 160-161, 165, 181-182, 184-190, 192, 194, 200-202, 205-211, 213, 216-221, 227-228, 230-231, 237, 240-241, 243, 245-247, 250-252, 256, 259-260, 263, 268-272, 274, 276-277
Tonstudio 200
Traité des objets musicaux 11, 103, 121, 138-139, 143-144, 146-148, 151, 178, 265
Transformation 17, 25, 31, 77, 82, 106, 114, 120, 122, 127, 130-133, 135, 142, 171-172, 174, 185, 202, 215-216, 218, 260, 266, 270
Transparenz 222, 229, 271
Transposition 12, 96, 113, 119-121, 142, 147, 150-152, 180, 191-192, 208, 216, 266, 270
Transzendenz 139-140, 144, 213, 222-223, 228, 231, 254, 266
Trautonium 30
Trautwein, Friedrich 156, 158, 185
Tri-Ergon-Lichtton-Verfahren 89-90
Tudor, David 66

Übertragen 14, 77, 109, 217, 227
Umkehrung Siehe reverse
Ungeheuer, Elena 6, 29, 119, 135, 154-156, 159, 161, 169-170, 173-178, 192, 206
Ussachevsky, Vladimir 30, 93-94, 146, 200-201

Valenz 178-179
Valéry, Paul 145, 267
Varèse, Edgard 6, 30, 94-96, 117
Variation 50, 64, 111, 142-143, 150, 157, 182, 193, 198, 262, 266
Verstärkerröhre 44
Verstehen 10, 16, 24-25, 42, 57, 60-61, 67-68, 75, 82-83, 85, 97, 106, 108, 114-115, 141, 143, 148, 166, 173, 181, 191, 198-201, 206, 217, 250, 265, 268-269, 275-276
Vibration 6, 76, 149, 198, 275
Violin Phase 101
Vocoder 155-156, 200
Vogel, Martin 59-61
Volmar, Axel 13, 15, 17, 19, 171
Volumen 6, 276

Wagner, Richard 69-71, 73, 144, 215, 254-257, 273-274
Wahrnehmung 7, 14, 18, 68, 108, 111, 139-141, 147, 149-150, 175, 178, 196-197, 199-201, 212, 214, 217, 255, 266, 270, 275
Wall of Sound 253-254, 256-257, 272
WDR 8, 11, 158, 181-182, 184-185, 194, 200, 202, 208, 210, 213, 268, 270
Weber, Walter 23, 49-50, 52-53
Webern, Anton 59-60, 62-63, 71-72, 206-208, 212
Weekend 90
Wehrmacht 50-52, 191, 268
Weill, Kurt 244
Werkzeug 10, 17, 41, 51, 57, 63, 65, 71, 77-81, 91-92, 94, 107-108, 110, 113-115, 144, 147-148, 152, 170, 189, 201-202, 216, 233, 242, 245, 269, 272
Wicke, Peter 6-7, 24, 31, 36, 164-165, 219, 221, 228, 243, 246-252, 275
Wickel-Synchron-Verfahren 204
Wiederholung 34, 72, 88, 95, 109, 111-113, 130-133, 149-150, 169, 174-175, 183, 191, 196, 198, 204, 234, 261-262
Wiener, Norbert 166
Williams-Mix 65, 93
Wilson, Brian 102, 195, 221, 255, 272-273

Wissenschaftsgeschichte 15, 81
Wissenschaftstheorie 10, 109, 146, 174, 265
Woolgar, Steve 84
Words of Love 248

Xenakis, Iannis 95, 191, 195, 201

Young, La Monte 100

Zeitlupe 131–132, 244
Zimmermann, Bernd Alois 89
Zombie Media 5
Zugriff *Siehe* Anfassen
Zweites 5, 25, 30, 37, 172–173, 247, 267–268, 274
Zwölftonmusik 59, 62–64, 67, 72–74, 169, 177, 182, 206–209, 211–212, 268

www.ingramcontent.com/pod-product-compliance
Lightning Source LLC
Chambersburg PA
CBHW061706300426
44115CB00014B/2581